U0562762

江南文化研究

诗礼传家：江南家风家训的变迁

叶舟 著

上海人民出版社 上海书店出版社

出版说明

江南文化是长三角地区共同的精神家园，是长三角区域高质量一体化发展的文化基础。为推动江南文化研究的深入开展，推出一批江南文化创新研究的最新成果，在上海市委宣传部的直接指导和宣传部理论处、市哲学社会科学规划办公室的大力支持下，上海市社会科学界联合会组织开展了“江南文化研究”系列课题研究工作。经专家评审鉴定，19项课题成果顺利结项。评审专家对系列课题研究整体质量表示肯定，认为课题成果总体体现了沪上江南文化研究的较高水准，既有对江南文化的总体框架性研究，也有针对江南文化重大问题的具体专题性研究，一定程度上填补了江南文化研究的一些空白领域，在江南文化研究的理论提升方面也有所突破。经遴选，挑选其中8项富有一定创造性和创新价值的研究成果以“江南文化研究”丛书的形式公开出版，为推动打响“上海文化”品牌，服务长三角高质量一体化发展贡献力量。

总　序

熊月之

江南文化是中华文化家园中的重要组成部分，是江南人民在漫长历史中创造的、有别于其他区域、极具活力的地域文化。

江南，泛指长江以南，不同时期内涵有所不同，有大江南、中江南、小江南之分。所谓“大江南”，泛指长江中下游地区，有时也包括长江上游部分地区；所谓“中江南”，主要指长江下游地区，包括江西一带；所谓“小江南”，主要指长江三角洲及周边地区。先秦时期所说江南多指大江南，唐代以后所说江南多指中江南，明清以来（包括今人）所说江南多指小江南。小江南亦有基本范围与核心范围之分，基本范围以太湖流域为中心向东、西两侧延伸，包括今江苏南京、镇江地区，浙江绍兴、宁波等地区，也包括安徽芜湖、徽州等地区，江西的婺源及长江以北的江苏扬州、泰州、南通等地区；核心范围仅指太湖流域，包括南京、镇江、常州、无锡、苏州、杭州、嘉兴、湖州与上海。

江南地区山水相连，壤土相接。自秦汉至明清，两千多年间，其行政建置，先为一体，唐代同属江南道，明代大部分属南直隶，清代前期大部分属江南省；后为毗邻省份，乾隆二十五年（1760）以后分属江苏、安徽、浙江三省。彼此人民语言相近，习俗相通，有无相济，流动频繁，认同感强，亲密度高，故文化一体化程度很高。

关于江南文化特质，学界已有很多种各能自洽的概括，今后一定还会有很多种概括。据我有限目击，以下四个方面是为较多学者所述及的。

其一，开放包容，择善守正。

江南地区经济文化的发展，得益于持续的开放与交流。

秦汉时期，江南地区地广人稀，经济文化落后于中原地区，东晋以后才快速发展，很重要一个原因，便是由于中原战乱。西晋永嘉之乱、唐代安史之乱与宋代靖康之乱，使得中原大量人口向江南迁移。北人南迁不是难民零星迁移，而是包括统治阶层、名门望族、士子工匠在内的集群性迁移，是包括生产方式、生活方式、文化知识、价值观念、审美情趣等在内的整体性文化流动，即所谓"衣冠南渡"，这对江南影响极大。这种迁移，从全国宏大范围而言，是中国内部不同区域之间的迁移，但对于江南而言，则是一种全面的文化开放与交流交融。

江南地区的开放，也包括面向世界的开放。古代中国与东亚以外的世界联系，主要通过两个方向，即今人所说的两条丝绸之路。一条是西汉张骞出使西域打通的横贯亚洲、联结亚欧非三洲的陆路丝绸之路；另一条是海上丝绸之路，形成于秦汉时期，发展于三国隋朝时期，繁荣于唐宋以后。前者以长安为起点向西，与东南沿海地区没有太大关联；后者或以泉州、广州为起点，或自杭州、扬州等港口直接出航，所载货物，或为丝绸，或为瓷器等，这就与江南地区有了直接关系。中国历史上，凡是偏向于东南地方的政权，都比较重视海洋。宋朝注意发展市场经济，拓展海上贸易。朝廷带头经营，民间积极参与，江南地区处于对外贸易前沿，江阴、青龙镇、刘河、温州、明州（今宁波）、乍浦、上海，都曾是重要港口。

江南文化长期引领中国对外开放潮流。明末清初，徐光启等知识分子与来华的西方传教士利玛窦等人，共同掀起第一波西学东渐热潮，将《几何原本》等大批西学介绍到中国来，其中代表性人物徐光启、杨廷筠、李之藻、王锡阐等，都是江南人。鸦片战争以后，上海成为第二波西学东渐中心，其代表性人物，李善兰、徐寿、华蘅芳、徐建寅、王韬、马相伯、李问渔等，也都是江南人。五四前后介绍马克思主义热潮中，亦以江南人为多，陈独秀、陈望道、沈玄庐、瞿秋白、张太雷、恽代英等，均为江南人。

江南地区在吸收大量来自外地、外国优秀文化的同时，一直有自己的选择与坚持。诚如近代思想家苏州人冯桂芬所说，“法苟不善，虽古先吾斥之；法苟善，虽蛮貊吾师之”，吸收的过程，就是比较、鉴别与选择的过程，吸收精华，排斥糟粕，唯善是从，坚守优秀。海纳百川与壁立千仞，开放与坚守，是高度统一的，其标准便是唯善是从。明清时期江南学术、文学、艺术的全面兴盛，便是典型。近代以来的海派文化，则是以江南文化为基础，吸收了西方文化的优秀部分发展起来的。

其二，务实创新，精益求精。

无论是经济领域，还是文化领域，江南人都相当务实，勇于创新，秉持实践理性。江南多数地方自然禀赋优越，气候温润，土壤肥沃，物产丰盛，人们容易解决温饱问题，故读书人多，识字率高，所以，江南进士、举人比例特高。但科举仕途太窄，绝大多数读书人在由学而仕的道路上行走不通。于是，他们除了务农，还有很多人当了塾师、幕僚、账房、讼师及各种专业性学者或艺术人才。他们有文化，竞争力强。无论何种领域，从业人员愈多，则分工愈细，分工愈细则创新能力愈强。康熙雍正年间，苏州加工布匹、丝绸的踹坊，就有450多家，苏州工艺种类多达五十余种，且加工精细，水平高超。苏绣、苏玉、苏雕、竹刻、“四王”的绘画，顾炎武、钱大昕、阎若璩的考据，方以智的哲学，桐城派的文学，各种顶尖的学术、艺术，都是沿着精益求精路子，获得成功的。

务实创新，精益求精，使得江南文化成为中华文化精致绚烂的时尚中心与审美高地。诚如明代人评论以苏州为核心的吴地文化时代所言：“夫吴者，四方之所观赴也。吴有服而华，四方慕而服之，非是则以为弗文也；吴有器而美，四方慕而御之，非是则以为弗珍也。服之用弥博，而吴益工于服；器之用弥广，而吴益精于器。是天下之俗，皆以吴侈，而天下之财，皆以吴啬也。”[1]

最为典型的例证，是清朝宫廷对苏州艺术的欣赏与垂青。学术界研究成果表明，明清两代紫禁城，从自然景观到人文环境，都浸润着苏州文化元素。紫禁城是苏州工匠领导建造的；皇家建筑使用苏州金砖、玲珑的太湖石、精美的玉雕山景；宫廷殿堂使用苏造家具，墙壁贴着吴门画派的山水画，屋顶挂着苏州花灯，桌上摆着苏州钟表，衣饰、床帐、铺垫为苏州刺绣，吴罗、宋锦等织绣；皇室享用的绣品，几乎全出于苏绣名艺人之手，服饰、戏衣、被面、枕袋帐幔、靠垫、鞋面、香包、扇袋等，无不绣工精细、配色秀雅、寓意吉祥。康熙、乾隆皇帝十二次南巡，前后在苏州驻留 114 天。乾隆皇帝对于苏州文化，已经到了痴迷的地步。孔飞力说，江南是让清朝皇帝既高度欣赏又满怀妒忌的地方。如果有什么人能让一个满族人感到自己像粗鲁的外乡人，那就是江南文人；如果有什么地方让清朝统治者既羡慕又恼怒，那就是江南文化，“凡在满族人眼里最具汉人特征的东西均以江南文化为中心：这里的文化最奢侈，最学究气，也最讲究艺术品位。”如果满人在中国文化面前失去自我的话，那么，正是江南文化对他们造成了最大的损害。[2]

这一特点到了近代，更为突出。穆藕初以一个普通的海归，能在不太长的时间里成为全国棉纺业大王，陈光甫能在金融业中脱颖而出，商务印书馆能长期执中国出版业之牛耳，难计其数的以精致著称的“上海制造”，都是务实创新、精益求精的结果，都是务实创新、精益求精的典型。当代江南，万吨水压机、人造卫星，神威·太湖之光超级计算机、蛟龙号深海探测船、上海振华龙门吊等大国重器不断涌现，无不体现江南人务实创新、精益求精的品格。

其三，崇文重教，坚强刚毅。

江南普遍重视文化，重视教育。归有光说：“吴为人材渊薮，文字之盛，甲

---

[1] 章潢:《三吴风俗》,《图书编》卷三六。

[2] [美] 孔飞力著:《叫魂：1768 年中国妖术大恐慌》，陈兼、刘昶译，上海三联书店 1999 年版，第 94 页。

于天下。”[1] 江南地区自宋代以来便书院林立，讲学兴盛，明代无锡东林书院、武进龙城书院、宜兴明道书院、常熟虞山书院、嘉兴仁文书院，清代苏州紫阳书院、杭州诂经精舍、南京钟山书院等，不胜枚举。江南所出文人儒士之众，诗词文章之繁，为天下之最，苏州作为“状元之乡”的名声早已举世闻名。科举之外，凡与文相关的方面，文赋诗词、书法绘画、戏曲音乐、雕刻园林，江南均很发达。当代江南所出两院院士，在全国人数最多，比例最高。

江南民性有小桥流水、温文尔雅一面，也有金刚怒目、坚强刚毅一面。宋末元军南下，在江南遭到顽强抵抗，常州以 2 万义军抵抗 20 万元军的围攻，坚守半年，被誉为“纸城铁人”。明初宁海人方孝孺，面对朱棣的高压，宁愿被诛十族，也不愿降志辱身，成为刚正不阿的千秋典范。清兵南下，江阴、嘉定、松江、浙东都爆发了气壮山河的抗清斗争，涌现出侯峒曾、黄淳耀、陈子龙、夏完淳、张煌言等一批刚强激越的英雄。绍兴人刘宗周宁愿绝食而死，也不愿入清廷为官。近代章太炎、徐锡麟、秋瑾，均以不畏强权、铁骨铮铮著称于世。江南人在这方面已经形成了延绵不绝的文化传统。越王勾践卧薪尝胆的故事，每到改朝换代之际，就会转化为强大的精神力量。顾炎武的名言“天下兴亡，匹夫有责”，早已成为妇孺皆知、沦肌浃髓的爱国主义营养。

其四，尚德重义，守望相助。

江南文化具有浓厚的宗教性内涵，信奉佛教、道教者（包括信奉妈祖）相当普遍，民众普遍尚道德，讲义气，重然诺。徽商、浙商、苏商均有儒商传统，崇尚义利兼顾。这种传统到了近代上海，就演变为讲诚信，守契约，遵法治，其中相当突出的现象是商业规范与信用系统的建立。诚如著名实业家穆藕初所说：数十年来，“思想变迁，政体改革，向之商业交际，以信用作保证者，今则由信用而逐渐变迁，侧重在契约矣。盖交际广、范围大，非契约不足以保障之”。

贫富相济，守望相助，是江南社会一大特色。近代以前，江南慈善事业就相

[1] 归有光：《震川先生集》卷九，周本淳点校，上海古籍出版社 2007 年版，第 191 页。

当普遍而发达，设立义田、义庄、义塾以资助贫困子弟读书，设立育婴堂、孤儿院、清节堂等慈善机构，以救助鳏寡孤独等弱势群体，是江南社会重要传统。古代中国最早的义庄，便是宋代范仲淹在苏州所设。近代以后，上海则是全国城市慈善事业最为发达的地方，也是全国慈善救助中心。近代上海有二百多个同乡组织，他们联系着全国各地，每个同乡组织都有慈善功能。从晚清到民国，全国性慈善中心上海协赈公所就设在上海。从事慈善组织活动的中坚人物，经元善、盛宣怀、谢介福等，都是江南人。每遇内地发生水灾、旱灾、传染病与战乱，上海慈善组织总是发挥领头与关键性救助作用。

以上四点，或从整体精神方面，或从经济、文化与社会方面，共同构成了江南文化的普遍性特点。这些特点，植根于江南历史，体现于江南现实，是江南地区的共同精神财富，也是我们今天所倡导和正在进行的长三角一体化文化认同的基础。

长三角地区一体化，有个从自发到自觉的发展过程。历史上，从杭州到扬州运河的开通，太湖流域多项水利工程，近代沪宁铁路、沪杭甬铁路的开通，长三角区域内河航线轮船的运行，多条公路的运行，密切了长三角内部的联系。这可视为长三角地区一体化的自发行为。

长三角地区地形的多样化，导致地区内物产的多样性，有利于区域内经济品种专业化程度的提高。自宋代以后，地区内就形成了产粮区、桑蚕区、植棉区、制盐区的有机分工，这也促进了地区内的人员流动。包括商人、学人、技术人员在内的各种人员，在区域内的频繁流动，诸如徽商到杭州、苏州、常州、扬州等地创业，绍兴师爷到江苏、安徽等地发展，近代宁波、温州、绍兴、无锡、常州、合肥、安庆等地无数商人、学人、艺人到上海谋发展。这可视为长三角地区一体化的自然基础与人文基础。

江南文化是长三角地区共同的文化标记。吴韵苏风、皖韵徽风、越韵浙风和海派文化，虽各具特色，但都是江南文化一部分，或是在江南文化基础上发展起来的。要推动长三角更高质量一体发展，比以往任何时期都更加需要江南文化提供精神资源和精神动力。

江南文化是内涵极其丰富的宝藏。对于江南文化的研究，可以从多领域、多角度、多方法入手。由上海市哲学社会科学规划办公室和上海市社会科学界联合会策划的这套“江南文化研究”丛书，涉及士人生活、江南儒学、典型家族、家风家训、海派文化、医药文化、近代报刊与新型城镇化等诸多方面。它们有的从宏观上整体把控江南文化的特征与变迁，勾勒出文化史的发展线索；有的则从某一领域着眼，深入发掘儒学、医学、新闻学等在江南这片土地上结出的硕果。书中既有能总括全局的精深见解，也不乏具体而微的个案研究。各位作者，都在相关领域里长期耕耘，确有创获，或独辟蹊径，或推陈出新。这套丛书中的作品均经上海社联邀请相关领域学者严格评审、遴选，它的出版必能为江南文化研究提供新的视角与成果。

江南文化研究的先哲顾炎武，曾将原创性学术成果比喻为“采山之铜”。可以相信，这批成果的问世，对于拓展、深入理解江南文化的内涵，对于推动江南文化研究，对于推动长三角地区一体化，都会有重要的价值。

特此遵嘱为序。

2021 年元月 23 日

目录

绪 论

一、概念与定义

在讨论本书所研究的问题之前，必须对相关的概念及其定义、属性作一明确的划分。

1. 家、家庭与家族

何谓家风家训？首先要确定“家”的含义，所谓“家”，正如麻国庆指出的，在中国汉人社会中是一个重要的象征符号，是一个伸缩性极强的概念，模糊性是其重要的特征，它可以从一个基本家庭扩展至社会和国家。[1] 在本书中，“家”至少有两个含义，即“家庭”或“家族”。

《中国大百科全书·人类学卷》对“家庭”的定义是“建立在婚姻和血亲基础上的社会组织形式，构成人类最基本的社会生活内容之一”。同书《社会学卷》的定义是“由婚姻、血缘或收养关系所组成的社会生活的基本单位”。大致而言，

[1] 麻国庆：《家与中国社会结构》，文物出版社 1999 年版，第 18 页。

家庭的定义有广义和狭义之分，狭义是指由一对夫妇和其未成年的子女组成的三角结构的“核心家庭”，而广义家庭则包括家族的范畴。正如费孝通所言：“家庭指的是这样一个基本三角，由‘夫’‘妻’‘子女’构成。各种变化逃不出这个基本三角，多夫、多妻、多子，总是从这个基本三角形变化出来的。具体的‘家’可以缺少任何一方，‘家’作为一个概念，就是这个三角。它是一个社会团体、社会组织，是组成大社会的基本单位，是社会的细胞。”[1]

在中国古典文献中，“家”是一个会意字，《易·家人卦释文》称：“人所居称家。”这其实是后有的概念。《说文解字》云：“家，居也。从宀，豭省声。”可见“家”的字形，上面是宀，表示与房屋有关，下面有豕，可以初义是“养豕之所”。段玉裁注云：“家，凥也。凥，各本作居，今正。凥，处也；处，止也。”所以学者认为，汉人社会的家一开始与家产相关，“家”存在一个从处豕到居人过程的转变，大约先是居豕，再到居主人，居妻，然后再从贵族到凡人这样的变迁历程，所以强调的是其经济功能，夫妻的婚姻关系首先也是一种经济关系。[2]

正如费孝通所认为的，家并没有严格的团体界限，在这个社群里的分子，可以依需要沿亲属差序向外扩大。[3] 他进一步指出：“中国人所说的家，基本上也是一个家庭，但它包括的子女有时甚至是成年或已婚的子女。有时，它还包括一些远房的父系亲属。之所以称它是一个扩大了的家庭，是因为儿子在结婚之后并不和他们的父母分居，因而把家庭扩大了。”[4]“如果事业小，夫妇两人的合作已够应付，这个家也可以小是等于家庭；如果事业大，超过了夫妇两人所能担负时，兄弟叔伯全可以集合在一个家里。”[5] 家如果成为一个扩大的家庭，由于人口繁衍，必然要别居析产，但又有很大的弹性，即从家到族的过渡。

何谓族？《说文》称：“族，矢锋也，束之族族也。从方从矢。”钱穆则认为，

[1] 费孝通：《社会调查自白》，《费孝通文集》第 10 卷，群言出版社 1999 年版，第 49 页。

[2] 阎爱民：《汉晋家族研究》，上海人民出版社 2005 年版，第 18 页。

[3] 费孝通：《乡土中国·生育制度》，商务印书馆 2015 年版，第 42 页。

[4] 费孝通：《江村经济》，上海人民出版社 2013 年版，第 33 页。

[5] 费孝通：《乡土中国·生育制度·乡土重建》，商务印书馆 2015 年版，第 43 页。

“族”字是一面旗帜与一支箭，同族即是在同一旗帜下的作战者。人类的会聚，即成族。《白虎通·九族》称：“族者，何也？族者，凑也，聚也。谓恩爱相流凑也。生相亲爱，死相哀痛，有会聚之道，故谓之族。《尚书》曰：‘以亲九族’，族所以有九何？九为之言究也，亲疏恩爱究竟也。”族是家的扩大，而族与家的区别，在于族比家更重视社会的团体性和组织性，族不是自然的社会细胞，而是后天的人为组织。

对于家族，或者称为宗族，[1]冯尔康曾经根据吕思勉、费孝通、许烺光、徐扬杰、陈其南等人的定义归纳出四种“规范和表述不同的”的理解方式。[2]家族的英译也有“local lineage”、“Chinese lineage”、“lineage organization”、“kinship”、“clan”等多种译法。[3]本文认可钱杭的定义，即：中国宗族（Chinese lineage）是以父系单系世系为原则构建而成的亲属集团。它以一某男性先祖为“宗”，以出自或源自一“宗”的父系世系为成员身份的认定标准；所有的直、旁系男性均包含其配偶。在理论上，宗族的基本价值表现为对共同认定之世系的延续和维系。作为社会性组织一种，宗族成员的范围在实践上受到明确限定。[4]

根据上述定义，可以归纳出家族的几个基本属性：一是家族以父系单系世系为构建原则，二是家族基本价值表现为共同认定之世系的延续和维系，三是家族是有明确限定范围的社会性组织。更简单来说，家族是以世系为认定原则，以世系的延续和维系为基本目标的有明确限定范围（即直系和旁系及其配偶）的社会性组织。李亦园曾以为，中国家族及其相关仪式有三个基本原则在交互作用，即亲子关系，表现在“慎终追远”一类的行为上；世系关系，表现在传承、继承等

[1] 宗族与家族的概念不同，钱杭作出过明确的划分，认为是分类和总类的关系，即家族可以包含宗族，而宗族是家族的一种特定历史阶段或特殊类型。参见钱杭：《宗族的世系学研究》第三章第三节，复旦大学出版社 2011 年版。由于本书只讨论宗族产生之后的一些问题，因此书中基本将宗族和家族混同使用，只是在强调世系和宗法时，更多的使用“宗族”，在强调血缘时，则更多的使用“家族”。

[2] 冯尔康：《中国宗族社会》，浙江人民出版社 1994 年版，第 7—10 页。

[3] 关于宗族的英译及相关问题，请参见钱杭《宗族的世系学研究》绪论。

[4] 钱杭：《宗族的世系学研究》，第 95 页。

权利义务行为上；权力关系，表现在分支、对抗等行为上。[1]笔者以为，在家庭中更强调亲子关系，但是在家族中则未必。正如钱杭所言，中国宗族重视的是宗的延续，而非血缘的纯洁，关心的是死后是否有人祭拜，而不是祖孙、父子之间代代相传的血缘亲情，这也正是为什么中国的宗族会有继嗣甚至有拟制形式的联宗的原因。[2]因此，在家族中起作用的更多的是世系关系和权力关系。世系关系涉及宗族构建的基本原则和目标，而权力关系则涉及宗族的基本结构及各结构之间的利益分配。在此基本关系下构建出的家族组织其运行的基本原则是世系原则和利益原则。而宗族作为一个组织，以维系本组织的延续和发展为最高目标，只要确保基本原则，维系基本关系，家族可以在各种环境下进行相应的调整。因此，在不同的地域和不同的时代，家族会呈现出不同的面相。

2. 家风、家训

家风家训，顾名思义就是家庭或者家族的教育。人们习惯把家风家训合而为一，其实二者含义不同。《说文解字注》对于“训”则是这样注释：“训，说教也。说教者，说释而教之，必顺其理，引申之川项皆曰训。”由是观之，家训最初是指长辈留给后人的说教和训诫，徐少锦称：家训“主要是指父祖对子孙、家长对家人、族长对族人的直接训示、亲自教诲，也包括兄长对弟妹的劝勉，夫妻之间的嘱托”。[3]此后随着家的发展演变，渐渐发展成为全体家庭或者家族成员所共同遵守和传承的行为规范，也延伸出了如家约、家训、家风、家规、家法、家范、家诫、家劝、庭训、遗训、遗诫、规范、世范、劝言、族规、族谕、宗约、宗规、公约、祠约等名词。

---

[1] 李亦园:《家族及其仪式：若干观念的检讨》，台北“中央研究院”《中国家族及其仪式行为研讨会》，1982 年。

[2] 钱杭:《宗族的世系学研究》，第 12 页。

[3] 徐少锦、陈延斌:《中国家训史》，陕西人民出版社 2003 年版，第 1 页。

一般而言，家训的概念可分成广义和狭义的两种。狭义的家训包括家训和家规，家训即指一个家庭或家族内部长辈对晚辈的训示、教诫（也包括兄对弟、夫对妇这两种情况），侧重于强调家族成员的伦理道德、人伦关系，通过规范家族成员的思想行为，使其符合社会要求与家族发展的需要。家规则是家训的具体化，是对家族成员言行举止的约束和规范，有着“私法”的性质，甚至带有奖惩手段。从广义的角度而言，那些本身用来范世，不指涉固定的某个家庭或者家族，但因其内容多涉及家庭伦理，故在社会中普遍流传，并被家庭和家族用来作为教育的载体，对其成员人格的塑造起到明显作用的文字，也应该属于家训这一范畴。本题所研究的家训包含广义与狭义两个层面。

家风，亦称门风。家风一词，最早见于西晋潘岳的《家风诗》，潘岳自述家族风尚，通过歌颂祖德、称赞自己的家族传统作自我勉励。在第七版《辞海》中，家风一词的解释是：一个家庭或家族的传统风尚。这一释义点出了家风产生的地点，基本包括的内容及生活的习惯多个层面。所谓家风，是指一个家庭或家族的处世和行事所表现出来的整体风格，涉及家族成员的精神风貌、道德品质、审美格调和整体气质等方面；同时广义的家风还包括家族成员的文化修养和文化素质。钱穆曾指出：“当时门第传统的共同理想，所期望于门第中人，上自贤父兄，下至佳子弟，不外两大要目：一则希望其能有孝友之内行，一则希望其能有经籍文史学业之修养。前一项之表现，则成为家风；后一项之表现，则成为家学。”[1] 钱穆在此对家风和家学作了区分，通常所谈家风多为前者，而广义的家风还包括后者。所以家风不仅仅是一个家庭（家族）的传统，还是一个家庭（家族）的文化，是一个家庭（家族）长期以来行为的结果。其包含家庭（家族）的价值理念、生活方式、生活习惯及文化氛围等内容，是一个家庭（家族）独有的特征，代表着其对生命价值、生活秩序、成员关系约定成俗的理性认知和自律遵循，并成为成员共同的文化基因和价值共识，构建了一个共有的精神家园。[2] 家

[1] 钱穆：《中国学术思想史论丛》第 3 册，三联书店 2009 年版，第 159 页。

[2] 王泽应：《中华家风的核心是塑造、培育与树立正确的价值观》，上海师范大学学报（哲学社会科学版），2015 年第 4 期。

风既有家庭作为社会细胞的个性烙印，又反映着一个民族传统文化的价值取向、道德规范和行为方式。

家风与家训虽然含义不同，但是内在联系紧密，并互相作用、相互转化、互为结果。家训虽因形式不同，内容涵盖也差别较大，但总体来说一般包括规范家庭或家族要遵守的社会道德、学习、生活及行为方式等，内容是具体的、可执行性强的。家风是家庭或家族全体或大部分成员行为的结果，是较抽象的、定性的。家风形成具有多方面的因素，但言传身教的家族教育具有至关重要的作用，家训是家族教育的重要文化载体，因此家训对于家风养成具有重要作用。按照家训执行并传承较长一段时间后，就会形成此家庭（家族）的家风。也就是说，家训的存在和执行，是家风形成的基础，家风则会影响家训的执行和传承，会促进家训的丰富和完善。

总体来说，家风家训是古代家族教育的重要文化载体，也是古代家族文化的重要表现形态，其既依附于个体独立的家庭和家族而生成演变，同时又对家庭和家族的文化教育及传承发展起到了重要推动作用。家、家族对中国人来说有着独特的意义，正如钱穆所言："家族，是中国文化一个最主要的柱石……中国文化，全部都从家族观念上筑起，先有家族观念乃有人道观念，先有人道观念乃有其他的一切。……因此，中国人看夫妇缔结之家庭，尚非终极目标。家庭缔结之终极目标应该是父母子女之永恒联属，使人生绵延不绝。短生命融入于长生命，家族传袭，几乎是中国人的宗教安慰。"[1] 作为中国家族文化的重要组成部分，家风家训对于中国文化研究而言具有了独特的学术意义。

3. 江南

江南是中国一个极为特殊的地区，很早以来就引起众多的关注，但是"江

[1] 钱穆：《中国文化史导论》，第 51 页。

南”这一概念也历经了曲折的变化，相类似的概念还有“江东”“江左”“吴地”等。周振鹤先生《释江南》[1]一文曾对此有一系统的梳理，在此仅作一简单的归纳。大致而言，“江南”作为空间概念，在不同的历史时段，涵盖范围有所不同。如在秦汉时期，江南主要包括今长江中游以南的地区，即今湖北南部和湖南全部；汉代则包含今天江西及安徽、江苏南部。较确切的江南概念到唐代才最终形成，唐太宗贞观元年分天下为十道，其中江南道的范围包括自湖南西部迤东，直至海滨。两宋时期，镇江以东的江苏南部及浙江全境被划为两浙路，自此，今天意义上的江南地区核心范围基本形成。

从我们今天的角度，按其包含地域广袤的程度，“江南”大致有以下三重含义，其一，最广义的范围，即是“江南”字面上的意义，泛指长江以南地区及江、淮之间的部分地区。其二，“江南”的基本范围，则指长江下游三角洲地区，即今太湖流域为中心向东、西两侧延绅，不仅包括今江苏的南京、镇江地区，浙江的绍兴、宁波地区及浙东诸州，还包括今安徽的芜湖、徽州等皖南地区、江西的婺源及苏北的扬州、仪征、泰州、南通等地。其三，江南的核心范围，也即狭义的“江南”则是指太湖流域地区，大致包括今江苏的南京、镇江、苏州、无锡、常州，浙江的杭州、嘉兴及上海地区。本书的“江南”以今天的长三角地区为基本范围，以太湖流域为重点区域进行讨论。

二、家风家训的历史

家风家训发展其产生的先决条件就是家庭和家族的产生。一般认为，最早的家训可以追溯到西周，周公旦的《诫伯禽》是中国家训产生的标志。中国传统家风家训历史悠久，体现出以下几个特点，一是其内涵随着社会政治、经济、文化

[1] 周振鹤：《释江南》，《中华文史论丛》第49辑，上海古籍出版社1992年版。

的发展而不断充实；二是其重点随着社会环境需要与家庭境况不同而不同；三是其形式由个别、分散的诫言而向广泛的社会规范与系统的理论教导全面深入等特点。

大致而言，家风家训在中国的历史可以分成以下几个阶段。上古至先秦是萌芽期。从理论上讲，自父权制家庭出现后，家规家训会随之产生。随着传统氏族社会的血缘关系被以嫡长子继承制为核心的宗法制度取代，以维护宗法制度和王朝统治的帝王家训逐渐开始成熟，《尚书·五子之歌》中记载了夏启之子追忆先祖大禹的三则遗训，西周文王、武王、周公等家训更是详见于《尚书》等典籍中。如《尚书》中《顾命》《康诰》《酒诰》《召诰》《梓材》《无逸》《立政》等篇章，《诗经》中《陟岵》《蓼莪》《斯干》《小宛》等诗篇，都涉及训诫和教化的内容。只不过《尚书》主要着眼于治国安邦，《诗经》是诗人的代拟之语，皆非真正的家训文本，只能算作家训的萌芽形态。春秋战国时期，私学兴起、百家争鸣，原来只见于帝王家族的家训随之进入士大夫中，孔子、孟子、荀子、曾子、墨子等各家言论中都有相关的家训内容，孔子之子伯鱼受过庭之训，孟母三迁，教子“学以立名，广则问知”更是成为佳话，流传至今。

汉唐是家风家训的定型期。由于传统家庭模式是在汉代才定型的，后世的家训最终生成和定型也是在汉代才完成的。刘邦《敕太子》和东方朔《戒子诗》分别是最早的散体和韵体的家训，班昭《女诫》是最早的女训。此外，汉代家训名篇尚有孔臧《诫子琳书》、刘向《诫子歆书》、马援《诫兄子严、敦书》、张奂《诫兄子书》、郑玄《诫子益恩书》等。到了三国两晋南北朝时期，随着门阀士族的成熟，家风家训日益成熟，这一阶段产生了如三国诸葛亮《集诫》、王昶《家戒》、晋嵇康的《家诫》等家训名篇，而其中尤以颜之推的《颜氏家训》为最著名。宋代陈振孙在《直斋书录解题》中甚至说：“古今家训，以此为祖。”可见其影响之大。《颜氏家训》出现以前，家训著作绝大部分是以书信著作形式出现的。《颜氏家训》奠定了我国传统家训文献的基本形式，至此之后，家训开始逐渐形成了专门的固定文体。《文心雕龙·诏策》曰：“戒者，慎也，禹称‘戒之用休’。

君父至尊，在三罔极。汉高祖之《敕太子》，东方朔之《戒子》，亦《顾命》之作也。及马援以下，各贻家戒。班姬《女戒》，足称母师也。”以隋唐时期为例，当时正史的目录文献中记录了多部成熟的家训专著。《旧唐书·经籍志》载有李世民的《帝范》。另，《新唐书·艺文志》子部小说家类也载有几部时人的家训著作：李恕的《诫子拾遗》4 卷、《开元御集诫子书》1 卷、狄仁杰的《家范》1 卷、卢僎的《卢公家范》1 卷、苏瑞的《中枢龟镜》1 卷、姚崇的《六诫》1 卷。《宋史·艺文志》史部传记类中著录有柳玭的《柳氏序训》1 卷、柳珵的《柳氏家学》1 卷，史部仪注类中著录有李商隐的《家范》10 卷，子部儒家类中著录有无名氏的《先贤诫子书》2 卷、黄讷的《家戒》1 卷等。

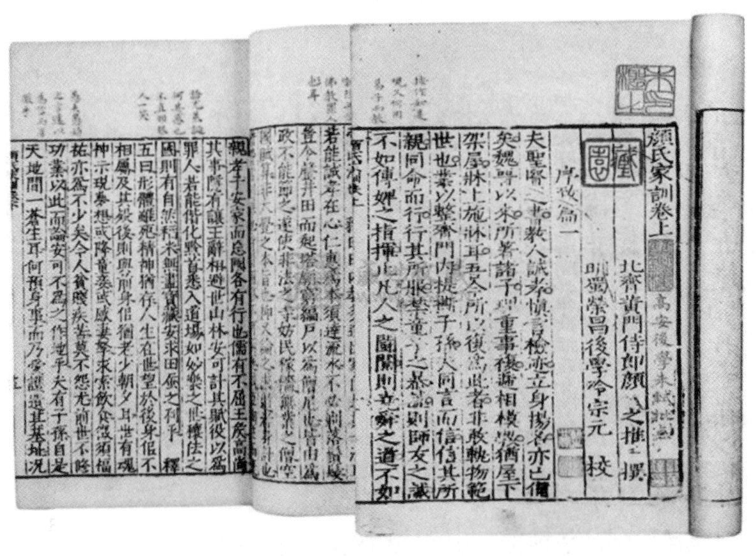
顏氏家訓卷上　高安後學朱軾評點
北齊黃門侍郎顏之推撰
明蜀榮昌後學令宗元　校
序致篇一
夫聖賢之書教人誠孝慎言檢迹立身揚名亦已備
矣魏晉已來所著諸子理重事複遞相模斆猶屋下
架屋牀上施牀耳吾今所以復為此者非敢軌物範
世也業以整齊門內提撕子孫夫同言而信信其所
親同命而行行其所服禁童子之暴謔則師友之誡
不如傅婢之指揮止凡人之鬭鬩則堯舜之道不如

颜氏家训

另外，家规家训已经开始从单纯强调家庭教育方面向家族法规方向发展。如《史记》载，任公家约，非田畜所出弗衣食，公事不毕则不得饮酒食肉。《三国志》也记载魏人田畴率族聚居，“为约束相杀伤、犯盗、诤讼立法，法重者至死，其次抵罪，二十余条”。但必须承认，此时对家族成员关系、行为的调整，主要还是依靠的习惯法，以伦理说教为主要内容的家训、家诫仍是主流；家训针对的主要对象也是家庭，特别是子女，面向整个家族的家规家训仍是少数。

到了隋唐五代，一方面唐太宗李世民《帝范》、吴越钱武肃王《家训》等流传至今，同时劝导性的家训向强制性的家法演变的趋势也开始显现。柳玭在《序训》中说：“先祖河东节度使公绰，在公卿间，最名有家法。”著有《家令》的穆宁也被时人称为“家法最峻”，“稍不如意则杖之”。女训也得到了进一步发展，出现了郑氏《女孝经》和宋若莘《女论语》等女训作品。随着诗歌的繁荣，唐代许多诗人都撰有家训诗，诸如杜甫《示宗武生日》《又示宗武》，韩愈《符读书城南》等都是著名的家训诗。到了唐昭宗大顺元年（890），以同居共爨为特色的著名的义门陈氏更形成了中国现存最古老的家法族规——《义门家法》三十三条，它以条文形式详细规定如何治理家族，除了教化作用外，还具有惩戒的作用。

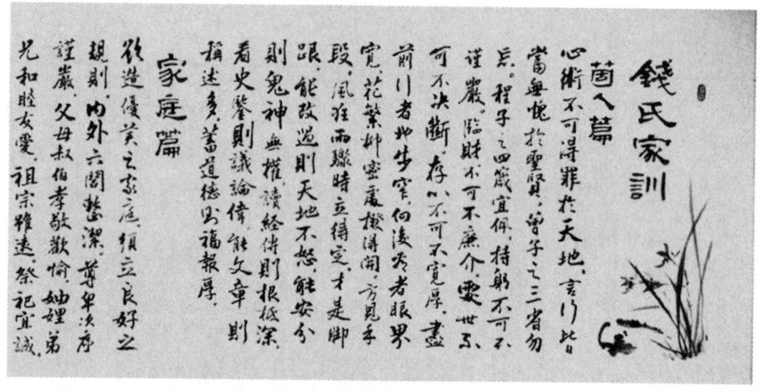

钱氏家训

宋元是家风家训的成熟期。唐以后门阀制度日趋没落，宋代已经形成了名副其实的“科举社会”，社会阶层流动加速，士绅们逐渐开始意识到，只有强大的家族力量的支持，才能保证资源的代际传承，由此才能保证本支的长久繁荣，因此宋元时期中国的平民家族开始逐渐成熟。理学的兴起也对家族的发展和家风家训转型起到了重要的推动作用，因此宋代家规家训空前繁荣，涌现出了大量的家训名著，其中代表性的有司马光的《家范》、黄庭坚的《家戒》、吕本中的《童蒙训》、朱熹的《家礼》、赵鼎的《家训笔录》、吕祖谦的《家范》、袁采的《袁氏世范》、真德秀的《教子斋规》。这一时期还涌现了第一部家训总集，孙颀编纂的《古今家诫》和现存最早的家训总集，刘清之编纂的《戒子通录》。这一时期还出现了大量专门为儿童教育撰写的蒙训作品。

明清是家风家训的繁荣期，家族进一步组织化，定期编纂家谱成为各个家族的通行习惯。在这一基础上，家规家训在范围、内容、形式上都日臻完善，家训

童蒙训

朱熹《家礼》

欽定四庫全書

戒子通録卷一

宋 劉清之 撰

列女傳 胎教

古者婦人姙子寢不側坐不邊立不蹕不食邪味割不正不食席不正不坐目不視於邪色耳不聽於淫聲夜則令瞽誦詩道正事如此則生子形容端正才德過人矣太王之子曰王季王季成童靡有過失娶太任太任之性端一誠壯惟德之行不視惡色不聽淫聲不出敖

欽定四庫全書　戒子通録 卷一　二

言能以胎教生文王而明聖太任教之以一而識百卒為周宗

禮記内則名子辭子生父咳而名之父曰欽有帥母對曰記有成

子生三日始負之異為孺子室於宮中必求寬裕慈惠温良敬恭謹而寡言者使為子師其次為慈母其次為保母皆居子室他人無事不往三月之末擇日翦髮為鬌男角女羈否則男左女右是日也妻以子見於父姆先相曰母某敢用時日祗見孺子夫對曰欽有帥父執

戒子通录

数量极其庞大，从帝王名臣到普通百姓，许多家庭和家族都会有其形态各异的家内家训作品，作为家族子孙教育的文化载体。特别是家谱大量兴起后，几乎是每种家谱都会附有家训、家规以示教化。家训作者不仅有大量男性，而且还出现了不少女性。如明代温璜母亲陆氏即撰有《温氏母训》，由温璜记录而成。而单独成书的家规家训也为数众多，如著名的《朱柏庐先生治家格言》是其中代表。家规家训在承袭之前历朝历代原有内容的基础上，覆盖范围进一步扩大，内容更加细致和丰富，从个人内在的思想观念、外在的行为规范，到家族礼仪和礼节，乃至穿衣吃饭的细节、迎送往来的礼物，明清家训都有详细的规定和教化，家训内容走向了琐碎化和泛教化。同时只规范家族活动某一方面内容的单一性家规数量也开始显著增长，如祠规、墓规以及族田、义学、义塾、义庄的规条等日益发展。

这一时期的家风家训还有以下几个特点。一是儒家伦理纲常对家训教化思想的影响达到了前所未有的强度，体现了程朱理学成为官方意识形态后，对明清家训的影响和作用日益强化；二是明清家训撰写受到了很强的政治介入，朱元璋“教民六谕”、康熙《圣谕十六条》分别成为明清家训的基本教化内容而得到很多

欽定四庫全書　子部一

温氏母訓　儒家類

提要

臣等謹案温氏母訓一卷明温璜録其母陸氏之訓也璜初名以介字于石號石公後以夢兆改今名而字曰寳忠烏程人崇禎癸未進士官徽州府推官事迹附見明史邱祖德傳乾隆四十一年

欽定四庫全書　温氏母訓　提要

賜謚忠烈璜有遺集十二卷此書其卷末所附録語雖質直而頗切事理末有跋語不著名氏稱原集繁重不便單行乃録出再付之梓案璜於順治乙酉起兵與金聲相應以拒王師凡四閱月城破抗節以死其氣節震耀一世可謂不愧於母教又高承埏忠節録載璜就義之日慨然語妻茅氏曰吾生平學為聖賢不過求今日處死之道耳因繞屋而走茅

温氏母训

家族的普遍认可而自觉遵守。家风家训的文化功能得到极大的拓展，家训的教化功能由家庭和家族教育延展到宗族教育，乃至成为整个乡村社会的乡规民约，家训同时兼有家族教育功能和社会教化功能。明人张一桂曰：“三代而上，教详于国；三代而下，教详于家。”[1] 由于古代学校教育和社会都不够发达，家族教育是古代教育的主要承载者和最重要的教育形式，因此家训作为古代家族教育的重要文化载体，对于探讨古代家族教育、家族文化和家族传承都具有重要的价值和意义。

近代是家风家训的转型期。近代以后，随着新思想、新观念的传入，除了坚持父系原则之外，传统家庭和传统家族开始发生裂变，传统家族和家风家训渐失昔日辉煌，越发趋向没落。但在整体衰落的同时，却又有一个局部开新，如对下一代的尊重，对女性的包容，职业选择的自由度以及禁止缠足之类的陋习等等内容逐渐出现，关于财产继承、婚姻存续等方面的规定也开始与近代法律制度接轨。更重要的是，家族组织的构建方式在这一时期也发生了改变。

这一时期家风家训有以下几个特点。一是从理念上来看，自由、平等思想开

[1]（明）张一桂:《颜氏家训序》,（北齐）颜之推著，王利器集解《颜氏家训集解》，上海古籍出版社 1980 年版。

始深入人心，对人格平等、人性自由意识的张扬逐渐成为社会共识。二是从受众上看，随着家族的逐渐衰落，由父母和未婚子女组建的核心小家庭和折中家庭[1]逐渐成为社会主流，家风家训的受众从以家族成员为主转为家庭成员为主。三是从形式上看更加多元化，除了原有谱牒中的家风家训外，由于家风家训更多面向家庭成员，以《曾文正公家训》为代表的书信体家训渐渐风行，民国后，文章、著作、诗歌、报纸等体裁更加多元化。四是从功能上来看，随着近代法律体系的逐渐完善，以及家风家训受众逐渐以家庭成员为主，家风家训的规制功能逐渐让位于化育功能，对其成员的文化教育和思想化育成为家风家训的主流。五是从内容上来看，爱国民族意识逐渐成为主要内容，一些近代文明因素和意识占据重要的比重。总之，原本是一姓一族之间精神纽带的家训由此发生了质的升华，家族的自我封闭属性在民族意识的觉醒中逐渐化解，并为国家和区域社会的近代化做出了一定的贡献。

三、国内外研究现状述评

吕思勉的《中国宗族制度小史》是第一部采用近代科学方法研究中国家族制度的著作，随后如陶希圣、高达观、潘光旦、林耀华、费孝通等都有关于家族研究的出色论述。20 世纪 80 年代后，国内的宗族史和家族史研究进入新的历史时期。冯尔康、常建华、唐力行、钱杭、郑振满等人均有相当多优秀的成果涌现。台湾学者如李亦园、庄英章、刘翠溶、陈其南等人的研究也颇见新意。“中央研究院”举行的“中国家族及其仪式行为研讨会”会议论文及“中央研究院”近史所编著的《近世家族与政治比较历史论文集》是其研究成果的集中体现。国外关于中国家族的研究也有相当卓著的成果。早在 20 世纪 20 年代 Kulp 所著的《华

[1] 折中家庭，此概念始见于潘光旦的《中国之家庭问题》一文，即包含祖父母、父母和未婚子女的三代家庭。

南的乡村生活》用功能学派的理论对中国的宗族类型进行过分类。弗里德曼的两部著作《中国东南的宗族组织》《中国的宗族与社会：福建与广东》所构筑的中国宗族分析模型在文化人类学领域有着里程碑的意义，之后如弗雷德、华琛、贝克、科大卫、巴博德等都有很多出色的理论分析。而邓尔麟、韩明诗、伊佩霞、贺杰、宋汉理、戴仁柱、比蒂等学者关于中国传统社会家族的案例研究也颇具参考价值。其中伊佩霞和华琛主编的《晚期中华帝国的宗族组织》是主要的成果展现。日本学界对中国家族问题的研究由来已久，著名学者牧野巽、多贺秋五郎是早期的主要开创者，其后如上田信、濑川昌久、菊池秀明、井上徹、田中一成、臼井佐知子等也有众多优秀论著。

改革开放之前的家训研究文章很少，且多为批判性研究，如邱汉生《批判"家训""宗规"里反映的地主哲学和宗法思想》(《历史教学》1964 年第 4 期)。从 20 世纪 90 年代开始，随着人们对家庭教育的日益重视以及加强伦理教化的社会呼声的高涨，许多学者在研究家族史的过程中逐渐将视线转移到古代家风家训的研究，这首先得益于王利器《〈颜氏家训〉集解》的撰写和出版，该书初稿撰于 1955 年，1978 年重稿，1989 年第三次增订。《颜氏家训》也由此成为此期的一个重要个案研究。其次是家训文献整理也推动了家训研究的兴起。其代表作是徐少锦、范桥、陈延斌、许建良主编的《中国历代家训大全》(上下册)于 1993 年由中国广播电视出版社出版，这为人们研究家训提供了方便。马镛《中国家庭教育史》(1997)的出版，虽着眼于家庭教育史研究，却大量引证家训文献，对家训研究走向繁荣有着重要的推动作用。

真正的研究则要到新世纪，综合性研究以费成康主编《中国的家法族规》(2002)最早，此书是第一部对条文式家训研究的著作。与此同时，家训史论研究大量兴起，徐少锦、陈延斌《中国家训史》(2003)和朱明勋《中国家训史论稿》(2004)是两部重要代表作。家训综合研究也得到了开展，以王长金《传统家训思想通论》(2006)为代表。家风家训文献的整理也日益丰富，1984 年台北联经出版公司出版了由联合报文化基金会国学文献馆编纂的《族谱家训集粹》，近年赵振编纂了《中国历代家训文献叙录》，楼含松编纂《中国历代家训集成》，此外国家清史编纂委员会文献丛刊出版的《中国家谱资料选编》，其中《教育卷》和《礼仪风俗卷》中都有家训的内容。

江南是中国家族组织类型中比较特殊而有个性的一个区域，20 世纪三四十年代，潘光旦曾著有《近代苏州的人才》和《明清两代嘉兴的望族》，成为江南家族史研究的先行者，尤其是后者，至今仍是江南望族研究的经典著作。20 世纪 80 年代之后，出现了大量的研究成果，如有专著问世的有江庆柏（《明清苏南望族文化研究》，南京师范大学出版社 1999 年版）、吴仁安（《明清时期上海地区的著姓望族》，上海人民出版社 1997 年版；《明清江南望族与社会经济文化》，上海人民出版社 2001 年版；《明清江南著姓望族史》，上海人民出版社 2009 年版）、唐力行（《徽州宗族社会》，安徽人民出版社 2005 年版）、马学强（《江南席家：中国一个经商大族的变迁》，商务印书馆 2007 年版）等成果。

江南地区家风家训的研究近年也逐渐展开，如曾礼军《江南望族家训研究》、蒋明宏等《明清江南家族教育》、陈寿灿等《以德传家：浙江家风家训研究》成为其中的代表作，另外各地如丹阳、安吉、无锡及部分家族如钱氏等，都有家训的整理和研究成果出版。王莉《明清苏州家训研究》（苏州大学 2014 年硕士学位论文），蒋明宏、曾佳佳《清代苏南家训及其特色初探》（《社会科学战线》2010 年第 4 期）等对苏南地区家训进行了考察。蒋明宏等著《明清江南家族教育》（知识产权出版社 2013 年版）是有关苏南家训的第一本著作，该书侧重于家训的关于教育的内容，是较早关注近代家族教育转型的研究成果。陈寿灿、杨云等《以德齐家：浙江家风家训研究》（浙江工商大学出版社 2015 年版）是一部专门探讨浙江家训的著作，也是第一部区域性家训研究专著。前三章分别探讨了浙江家风家训的理论脉络、时代传承和文献梳理，其中文献梳理重点介绍了《钱氏家训》《郑氏规范》《袁氏世范》《了凡四训》《水澄刘氏家谱》等家训家谱，后二章分别探讨了浙江名人家风家训和浙江畲族家风家训。曾礼军《江南望族家训研究》（中国社会科学出版社 2017 年版）是目前第一本对江南家风家训进行全面研究的专著，从历史演变、文化书写、文化功能、教化思想和文学价值等五个方面对江南望族家训进行了全面系统地考察和研究，首次从江南地域的空间视角对传统家训研究进行了深化和拓展。

但总体来说，对江南地区家风传承和区域发展之间的关系、江南地区家风的近现代变迁和当代的扬弃创新等研究仍属空白或者着墨不多，文献整理往往集中于少数的家训名著，大部分家谱中所刊载的家风家训并没有得到充分的发掘，相关的学术研究往往流于表面，部分地方和家族由于本身的利益原因，对本地或本家族家风家训的解读缺乏基本学术素养，夸大甚至歪曲的情况所在多有。

四、研究思路与研究框架

在中国，随着家族的发展演变，形成了各具特色的家风家训。江南地区的家风文化有着独特的发展历史，到今天呈现出了“古今承续、海纳百川、中西融汇、多元并存”的特色。上海制定了《全力打响上海文化品牌，加快建设国际文化大都市三年行动计划（2018—2020）》，确定了46项抓手，其中第14项有“培育践行城市精神的先进群体、传承良好家风家训”的内容。中共中央也将“廉洁齐家，自觉带头树立良好家风”首次写入《中国共产党廉洁自律准则》。如何弘扬传统家庭美德，建设新时代的良好家风家训成为摆在我们面前的重要课题。笔者以为，家风家训的研究至少有以下几个方面的价值。

一是深入了解江南地区的发展进程。江南地区在明清时期依托发达的商品农业和手工业为基础，经济发展和城市化水平已经在全国居于前列。时至今日，长三角地区无论在人口密度、人员素质、技术水平、管理水平等方面均在全国居领先地位，是中国发展基础最好、体制环境最优、综合实力最强的区域之一。以家风家训为切入点，可以通过一个全新的视角探究江南地区发展变化历程，为了解江南地区发展的历史动因提供了一个新的路径。

二是挖掘传统家风的时代价值。虽然传统的家风家训中一些内容在当下已经不再适用，一些内容更是证明为糟粕，但这并不意味着对传统家风家训的全盘否定。家风家训经过创造性转化、创新性发展，是可以用来规范民众的现代生活方式，帮助家庭成员确立法律规范和社会道德准则，解决当代家庭首先教育中所面临的种种困惑和矛盾，发展成与时俱进的新时代的家风文化的。这对于完善当代家庭道德教育体系，促进社会主义精神文化建设，有着重要的积极意义。

三是促进中华传统文化的复兴。习近平总书记在2015年春节团拜会上提到："家庭是社会的基本细胞，是人生的第一所学校。不论时代发生多大变化，不论生活格局发生多大变化，我们都要重视家庭建设，注重家庭、注重家教、注重家风，紧密结合培育和弘扬社会主义核心价值观，发扬光大中华民族传统家庭美德。"此外他又多次提到家风的重要性，不断强调发扬光大中华民族传统家庭美德，建设新时代的家风文化，其目的是要努力实现包括家风在内的传统文化的创造性转化、创新性发展，使之与现实文化相融相通，共同服务以文化人的时代任务。传统的家风和家训是中华优秀传统文化重要的组成部分，其精华部分仍然充满时代的活力，包含着和时代相呼应的正能量。今天要赋予其新的时代内涵，充分发掘其现代价值，对其加以拓展、完善，增强其影响力和感召力。

有鉴于此，本书的主要内容是以江南地区的家风的传承、发展、创新为研究重点，通过全面收集江南地区的家风家训文献，对江南地区家风的形成、发展、特点及新时代的创新进行全面的讨论，并对家风与江南区域发展变迁之间的关系进行深入研究，对正确看待新时代的家规家训和家族活动提出相应的看法，并就下一步如何推进江南地区传承优良家风活动提出一定的建议和措施。

本书的基本思路是：以江南地区的家风家训为研究视角，通过研究江南地区家风发展变迁的历程，来研究家族与地域、城市、商业、社会变迁之间的复杂互动，进而揭示出江南社会的内部结构及其变迁，同时对新时代家风的传承和创新提出相关的思路，其中既有全局性的论述，又注重个案分析，更注重现实功用。

本书的具体研究方法：以历史学的理论和方法为主，充分借鉴人类学与社会学的分析手段，将江南地区家风的变迁置于整体与个案互动的场景式呈现之中。在具体研究过程中，将采取结合个案研究和量化分析，书面文献和口述资料，文本解读与调查走访，宏观与微观、动态与静态、理论与实践，力求为家风研究提供一个值得参考的范例。

必须要指出的是，本书的所有研究都建立在努力发掘和解读家风家训相关文献的基础之上。近二十年来江南史研究和上海史研究的繁荣，在很大程度上既有赖于新观点的提出，也依托于新史料的发掘。目前虽然已整理出版了不少史料，但各地档案馆、图书馆、博物馆等还有大量的地方文献，由于种种条件限制，未能得到整理和利用。相关的史料发掘、整理和汇编工作仍有待加强。现有的家风文献往往集中于单本著作，大量散布于家谱中的家风文献并未得到充分的整理，因此本书尽可能全面收集江南地区，特别是上海地区现存各类文献中有关家风家训的内容，不仅利用相关图书馆、档案馆的资料，而且进行实地调查，走访民间收藏家，同时，在收集大量文献的基础上力图多角度的切入，使用多种研究方法，充分解读和阐释相关文献。

本书分绪论和四章。绪论部分明确家风家训的相关概念，回顾中国家风家训的发展历史，对国内外研究现状进行介绍，同时阐明本项目的研究重点和研究方法。第一章是传统社会江南地区家风的发展情况，包括对传统社会江南地区家族、家风家训发展的历史进行阐述。第二章是传统社会江南家风的经验，对其特点及局限性进行讨论。第三章是近代以来江南地区家风的发展变迁，对江南地区家族制度和家风家训的转型进行讨论。第四章是关于新时代长三角地区优良家风活动及其成功经验，对新时代长三角地区推动优良家风的情况，经验和不足进行讨论，提出对下一步如何推进长三角地区传承优良家风活动的思路和对策。

第一章　传统社会江南地区家风家训的发展

一、传统社会江南地区家族的变迁

家风家训是依托于家庭和家族产生的，同时家风家训又对家庭和家族的发展传承具有重要的助推作用，因此在讨论家风家训的历史变迁时，必须先明晰家庭和家族的历史演变。

中国古代最早的家族组织萌芽于原始社会末期，根据目前的考古成果，至少在公元前25世纪左右，早期亲属组织形式已经开始出现，这是一种层次较高的父权宗族，父家长权形成了对整个亲属集团的统治权，族长已成为至尊的显贵。[1] 至殷周时期，形成了所谓的世官世族宗族制，其特征是宗族制与贵族制及政治制度的合一。[2] 周代时在分封制的基础上形成了较为完善的宗法制度，所谓宗法制，即天子世代相传，每世的天子都是以嫡长子的身份继承父位为下一代天子，此为"大宗"。嫡长子可以主祭始祖，是土地和权力的法定继承者，又称

［1］ 冯尔康等:《中国宗族史》，上海人民出版社 2009 年版，第 43 页。

［2］ 常建华:《中华文化通志·宗族志》，上海人民出版社 1998 年版，第 18 页。

宗子。嫡长子的同母弟和庶兄弟封为诸侯，是为“小宗”。每世的诸侯也是由嫡长子继承父位，为下代诸侯，奉始祖为大宗，诸弟封为卿大夫，为小宗。每世的卿大夫也是由嫡长子继承父位，仍为卿大夫，诸弟为士，为小宗。士的长子仍为士，其余为平民。宗统和君统合一，宗族制与政治一致。核心是维护大宗特别是宗子（族长）的绝对权力，建立起宗子（族长）与诸弟（含庶兄）及其家族（小宗）管辖与服从的等级秩序。[1]周王既是宗主又是天子，集政权与族权于一身，成为天下共主。同时宗庙祭祀制度、官修谱牒制度、姓氏婚姻制度也随之健全。

在周代，个体家庭“处于宗法家族组织的笼罩之下，社会生活和经济、政治活动的基本实体是父权制大家庭（家族）而不是个体小家庭”。春秋战国后，“社会变革导致个体家的组织实体，并作为整个社会结构中与专制国家相对应的另一极而存在，传统家庭模式至此形成”。[2]秦国商鞅变法强制实行家庭分异政策，此后又“随着东方六国相继被兼并又逐步推行到全国，导致家庭结构明显简化，家庭规模也相应缩小”，最终普遍形成“由父母和夫妻、子女构成的直系家庭”的结构模式。到了汉代，这种小型核心家庭就成为家庭形态的主导，兄弟通常分居，平均家庭人口不超过五人，被称为“汉型家庭”。[3]自西汉中期以后，特别是东汉时期，宗族组织和宗法活动又得到有力的恢复和发展，内在的宗族内部成员联系纽带日趋紧凑，外在的对等宗族间婚姻圈初步形成，豪族之间婚姻圈更为典型。[4]由此初步形成了以宗族群体为中心的社会结构的基本模式，有政治势力和社会影响的大族，开始由武质的宗族群体向文质的宗族群体过渡，形成了集政治地位、文化背景和经济财力于一体的世家大族。至曹魏确立九品中正制，政府明确将两汉以来大族的政治地位等第化和世袭化，世家大族转化为门阀士族，成为魏晋南北时期的主要家族组织形式。[5]

[1] 常建华:《中华文化通志·宗族志》，第 21—22 页。

[2] 张国刚:《中国家庭史》第一卷，广东人民出版社 2007 年版，第 121 页。

[3] 张国刚:《中国家庭史》第一卷，第 220—221 页。

[4] 冯尔康等:《中国宗族史》，上海人民出版社 2009 年版，第 107 页。

[5] 冯尔康等:《中国宗族史》，第 112—113 页。

就在这一时期，江南出现了一些控制地方政治的大族、著姓，并在东汉末年的战乱中趁机崛起，孙权是“外杖子布廷争之忠，又有诸葛、顾、步、张、朱、陆、全之族，故能鞭笞百越，称制南州”。[1]由此吴中的顾、陆、朱、张等世家大族开始登上历史舞台。《吴郡图经续记》载曰：“自东汉至于唐，代有贤哲……而四姓者最显。陆机所谓‘八族未足侈，四姓实名家’。四姓者，朱、张、顾、陆也。其在江左，世多显人，或以相业，或以儒术，或以德义，或以文词，已著于旧志矣。”[2]除了顾、陆、朱、张之外，江南很多世家大族，如吴兴沈氏、宜兴周氏、延陵吴氏也在此时崛起，并在此后产生了深远的影响，他们在“文词”“德术”方面的成就也引导着江南习俗从尚武到尚文的转折。如东汉章帝时，顾奉为儒生，游学豫章，受业于大儒程曾，“五世同居，家聚百口，衣食均等，尊卑有序，因其所居以名之……俗传子孙多不能辨架上之衣”。[3]此后顾综以精悉儒家礼法而显名，致使汉明帝“袭三代之礼”“乞言受诲”[4]，其尊儒尚礼之家风渐渐养成，至魏晋时，有“顾厚”之称[5]。

西晋末年，八王之乱导致北方胡骑南侵，中原沦陷，大量民众纷纷渡江避难。据《宋书·州郡志》《南齐书·州郡志》和《晋书·地理志》等正史记载及近现代学者考证，从西晋末至南朝后期，前后有百万左右的北方人流亡至南方。唐代杜佑在《通典》中称：“永嘉之后，衣冠违难，多所萃止，艺文儒术，斯之为盛。”在这大移民潮中，大批北方“侨姓”世家南迁江南，江南的土著世家也得到了新的发展。《文选》卷二四载陆士衡《吴趋行》曾言：“属城咸有士，吴邑最为多。八族未足侈，四姓实名家。”李善注引张勃《吴录》：“八族：陈、桓、吕、窦、公孙、司马、徐、傅也；四姓，朱、张、顾、陆也。”柳芳《氏族论》则言：“过江则为侨姓，王、谢、袁、萧为大；东南则为吴姓，朱、张、顾、陆为大。”

[1]《晋书》卷一百《陈敏传》，中华书局 1974 年版，第 2616 页。

[2]（宋）朱长文：《吴郡图经续记》卷上《人物》，江苏古籍出版社 1999 年版，第 21 页。

[3]（宋）范成大：《吴郡志》卷一七，江苏古籍出版社 1999 年版，第 236 页。

[4]（宋）朱长文：《吴郡图经续记》卷下《冢墓》。

[5]（南朝宋）刘义庆：《世说新语赏誉》“吴四姓”条下注引。

在江南以王、谢、袁、萧为代表的“侨姓”与以朱、张、顾、陆为代表的江南本土“吴姓”世家之间，既有不可避免的相互冲突，又不断相互融合。

唐代安史之乱后，继之以藩镇割据，再加上唐末战乱，政局动荡，一方面“衣冠旧族多离去乡里”，北方阀阅世家很多从此烟消云散，另一方面居民大量南迁，经济重心南移。王禹偁曾言唐五代时“宦游之士率以东南为善地，每刺一郡，殿一邦，必留其宗属子孙占籍于治所，盖以江山泉石之秀异也。至今吴越士人多唐之旧族耳”。[1] 据学者李浩研究[2]，在唐前期，士族次序为山东、关中、江南，而至唐后期则变为山东、江南、关中，可见江南家族地位已经日趋重要。宋代靖康之难，北方人口再次大规模南迁，宁、镇、常、苏、杭成为宋高宗等宗族及百姓逃亡的基本线路，宋代名臣卫泾是“其先齐人，唐末避乱南迁，居秀州之华亭”。此后“平江、常、润、湖、杭、明、越，号为士大夫渊薮，天下贤俊多避地于此”。[3] 借助这一波波移民浪潮，江南家族完成了脱胎换骨的转变。

唐宋时期是中国传统社会士大夫转型的重要阶段，这一时期门阀士族制度彻底瓦解，所谓“自五季以来取士不问家世，婚姻不问阀阅”，[4] 与此同时，一些科举出身的新兴士大夫阶层逐步占据了政治中心舞台。自从宋代以后，江南地区在科举成就方面优势日益明显。据贾志扬（John. Chaffee）的统计，目前可考北宋进士 9630 人，南方诸路达 9164 人，占总数的 95.2%，两浙东西、江南东西和福建这东南五路进士则占到了总数的 73%。范纯仁在《上神宗乞设特举之科分路考校取人》云：“然进士举业文赋，唯闽、蜀、江浙之人所长。”[5] 吴孝宗也说：“古者江南不能与中土等。宋受天命，然后七闽、二浙与江之西东，冠带诗书，翕然大肆，人才之盛，遂甲于天下。”[6] 江南之所以能成为科举最强、人才最盛的地

[1]（宋）王禹偁：《小畜集》卷三〇《柳府君墓碣铭》，《景印文渊阁四库全书》第 1086 册，台湾商务印书馆 1986 年版。

[2] 参见李浩《唐代三大地域文学士族研究》，中华书局 2008 年版。

[3]（宋）李心传：《建炎以来系年要录》卷二〇。

[4]（宋）郑樵：《通志 · 氏族略序》。

[5]（宋）范存仁：《上神宗乞设特举之科分路考校取人》，赵汝愚编《宋朝诸臣奏议》卷八六九。

[6]（宋）洪迈：《容斋随笔 · 四笔》卷五《饶州风俗》。

区，既受惠于官学教育系统的发达，也受惠于家庭教育的重视。以南宋首都临安为中心，陆续迁入的大批北方文化世家与本土文化世家的冲突与交融，再次激发了江南士族的创新活力，并确立了其在全国文化世家的区域分布与流向中的核心地位。四明史氏、宜兴葛氏、无锡尤氏、毗陵胡氏、松江卫氏等一系列通过科举成功的家族跃升为“天下甲族”，并逐渐开始掌握中央核心政治权力。

明清两代更是江南家族发展的鼎盛时期，这一时期也是江南移民迁徙的高峰期，根据目前对江南家谱的统计，大致有三分之二以上的家族均在此时迁入。也在这一时期，江南家族出现了两个趋向，即随着商品经济和城镇经济而出现的城居化现象及由此导致的家族内部的分化与重构。

中国传统社会中精英的城居化早在宋代已出现。伊懋可、斯波义信、梁庚尧等都曾指出宋代精英的城市化倾向。一般认为，明代开始乡间地主的城居化倾向

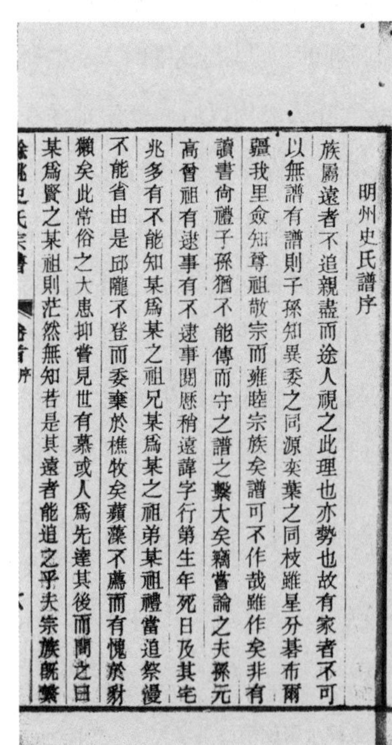

明州史氏譜序

族屬遠者不追親盡而途人視之此理也亦勢也故有家者不可以無譜有譜則子孫知異委之同源奕葉之同枝雖星分碁布爾疆我里僉知尊祖敬宗而雍睦宗族矣譜可不作哉雖作矣非有讀書尚禮子孫猶不能傳而守之譜之繫大矣竊嘗論之夫孫元高曾祖有遂事有不逮事閱歷稍遠諱字行第生年死日及其宅兆多有不能知某爲某之祖兄某爲某之祖弟某祖禮當追祭漫不能省由是邱隴不登而委棄於樵牧矣蘋藻不薦而有愧於豺獺矣此常俗之大患抑嘗見世有慕或人爲先達其後而冒之曰某爲賢之某祖則茫然無知若是其遠者能追之乎夫宗族既繫

《四明史氏谱序》

卫泾像（《吴郡名贤图传赞》）

越来越普遍，财力雄厚的江南地主开始麇集在生活优裕、条件方便、信息灵通的城市。早在1949年，北村敬直已经注意到了明清时期江南地主的城居现象，而重田德则将城居地主与士绅阶层两个范围联系起来，拟定出流行一时的城居士绅支配乡村的范式。1947年潘光旦与费孝通发表了《科举与社会流动》一文，他们分析了同治光绪年间900余名进士的社会背景，其中758人有乡里籍贯资料可查，其中52.5%来自治所所在的城市，6.3%来自市镇，41.2%来自农村聚落，其中来自江南的江苏和浙江两省的进士，出身城市的占75%和47%。[1]

以上海地区为例，大约在明代正德、嘉靖以前，地方上缙绅大族尚未热衷城居，当时“乡大夫多有居城外者，如南郊两张尚书，东郊孙尚书，西郊顾尚书有司郎于所居建坊”[2]等等。嘉靖前上海的诸多名园，如陆深的后乐园、孙承恩的东庄、顾清的遗善堂也均在城外。但是到了嘉靖以后，一方面是由于倭寇频频搔扰，居于城外不如城内安全，一方面随着城市的发展，吸引了大批士绅的迁居，至此成为士人从乡居变成城居的转折点。如上海县城在筑城前，“编户六百余里，殷实之家率多在市”，而倭寇一起，“滨海大家久已搬入城中，凡居海上者皆其佃户家人。”

士绅城居化的进程并没有随着倭乱的平定而停止。范濂《云间据目钞》称：“年十五避倭入城，城多荆榛草莽，迄今四十年来，士宦富民兢为兴作，朱门华屋，峻宇雕墙，下逮桥梁、禅观、牌坊，悉甲他郡。”[3]晚明人王沄《云间第宅志》亦称：“嘉、隆以前，城中民居寥寥，自倭变后，士大夫始多城居者。予家世居城南三百余载，少时见东南隅皆水田，崇祯之末，庐舍栉比，殆无隙壤矣。”[4]当时刚刚新建的青浦县城已是“城中数百家，皆华（亭）、上（海）贵宦

[1] 费孝通、潘光旦：《科举与社会流动》，《费孝通文集》第5卷，群言出版社1999年版。

[2] 崇祯《松江府志》卷七《风俗》，《上海府县旧志丛书·松江府卷》，上海古籍出版社2011年版。

[3]（明）范濂：《云间据目抄》卷五《纪土木》。

[4]（清）王沄：《云间第宅志》，《丛书集成新编》第95册，台北新文丰出版公司1985年版。

大家”[1]，到了崇祯间，更是“今缙绅必城居”[2]的状况了。根据《云间据目抄》《云间第宅志》的记录，松江府内大概有200处左右士绅官员的宅第，基本囊括了明代这一地区所有最重要的文化精英，叶梦珠在《阅世编》所记录的67个上海望族全部都定居于城中，所以他才说：“余幼见郡邑之盛，甲第入云，名园错综，交衢比屋，阛阓列廛，求尺寸之旷地而不可得。”[3]这一点从今天对明代上海墓葬的考古挖掘中也可以得到证明。松江区发现的49处墓葬主要是沿松江府城为中心分布。而上海县治周围的墓葬主要分布在城西门外肇嘉浜一带，即今天的肇嘉浜路、肇周路沿线，在从20世纪90年代至今的城市建设中，从上海老城西门至打浦路、沿肇嘉浜路一带，已经发现清理墓葬30多处，如徐光启、潘恩、顾从礼、陈所蕴等望族的家族墓都在这一带。而嘉定区的41处墓葬，其中一半

肇嘉浜路沿线明墓分布示意图（转引自《上海明墓》，文物出版社2009年版）

[1]（明）屠隆：《由拳集》卷一五《与沈君典》，《四库全书存目丛书》集部第180册，齐鲁书社1997年版。

[2] 崇祯《松江府志》卷七《风俗》，《上海府县旧志丛书·松江府卷》，上海古籍出版社2011年版。

[3]（清）叶梦珠：《阅世编》卷十《居第一》，第235页。

分布在嘉定老城内外，即使在乡间发现的墓葬也大都分布在市镇附近。[1]

为什么士绅家族会出现城市化的趋向？一方面，正如何良俊所言，都市中“往来多四方贤士”[2]，城市在获得文化资源方面，相对乡村而言更具有优势，使得士绅们必须移居城市。一般而言，城市相对乡村更加流动和开放，其中的文人精英能够有获得更多更好的文化资源的机会，城市的信息传播渠道也更加丰富，文人精英的“名声”相应地容易获得传播。乡村的交往空间有限，人际关系简单，更加封闭，因此会使得资本的回报欠缺。

另外，据岸本美绪等学者的研究，吸引士绅居城还有一个因素是购买城市不动产。由于重赋的原因，江南的土地会经常出现抛荒的现象，土地价格低廉，再加上赋役的因素，其收益明显不如在城市置产。岸本美绪曾举康熙《石门县志》所收勒一派《编审事宜》所言，“上房一所可当腴田百余亩”，而海盐《盐邑志林》所载刘世教《荒志略》也说，三百二十亩的土地价格最多不过2000两，下等田还不到三四百两，而最下等当铺的利润也差不多是三百二十亩上等田的10倍。根据《玉华堂日记》等相关的记载，上海地区一亩良田价格也差不多在3两左右[3]，可见大量囤积城市房产也是士绅财产增值保值的主要途径，这自然也促使大量士绅移居城市，所以江南家族往往与其他地方不同，城市化是其重要的特点。

随着商品经济的发展，特别是大量家族成员的城居，对原有江南家族的结构产生了冲击。家庭结构的小型化，敦亲睦族的宗法观念逐渐淡漠的情况在这里屡见不鲜。嘉定人娄坚曾描述吴人不能聚族、宗法荡然的情况：“吾吴之人以文学为世所推重，士大夫仕而登朝，有名声于时者不为少矣。然至言世泽，故家聚族而居，即甚疏远，犹与同其休戚，则邑不能数姓，族不能过百人也。此唯吴为然。虽世所号为能文章者，欲一见其谱牒而不可得也。问之则曰世远而湮已

[1] 何继英主编：《上海明墓》，文物出版社2009年版，第216—217页。

[2]（明）何良俊：《何翰林集》卷二二《与五山兄长书》，关于何良俊，详情可参看滨岛敦俊著《明代松江何氏之变迁》，《相聚休休亭：傅衣凌教授诞辰100周年纪念文集》，厦门大学出版社2011年版，第109—129页。

[3] 张安奇：《明稿本〈玉华堂日记〉中的经济史资料研究》，《明史研究论丛》1991年。

矣。”[1] 江南地区热衷杜撰祖先，编造家谱的情况屡见不鲜。如有松江寒士袁铉“因贫不能自养”，专门从事伪造家谱，“游吴中富室，与之作族谱，研究历代以来显者，为其所自出。凡多者家有一谱，其先莫不由侯王将相而来，历代封谥诰敕名人叙文具在，初见之甚信，徐考之乃多铉赝作者”，最终受到官府究治，同行四人亦作鸟兽散。[2] 甚至宗族内部关于占祠堂、卖祖产甚至挖祖坟的事例确实屡见不鲜，《四友斋丛说》的作者，“云间四贤”之一何良俊在死后遭受到了被自己后人挖坟盗产的悲惨命运。[3]

其实无论是否城居，从宗族本身的发展而言，随着代际的繁衍、人数的增多，分房建屋，另开家宅，散居他处势在必行，这其实是宗族内部分化的开始。而这一分化既有血缘关系意义上的分化，也有阶级意义上的分化。中国的宗法制即所谓“别子为祖，继别为宗，继祢者为小宗”。小宗的世代和范围有着明确的限制，即“五世而迁”，依世代的变化而转迁、递迁，是小宗的基本特征。随着世代的延伸，自然会有一部族人会溢出五服的范围，处于五服范围内、外的族人之间的关系，就不再是严格意义上的宗族关系，这是宗族各房支产生的原因。随着时间的推移，房支之间的血缘关系会随之疏远，这就是所谓血缘关系意义上的分化。昆山人归有光说，归氏一族除了其父祖三代近支外，其他远房族人基本上没有敦亲睦族的观念：“贪鄙诈戾者，往往杂出于其间”，“死不相吊，喜不相庆，入门而私其妻子，出门而诳其父兄”，“平时呼召友朋，或费千金，而岁时荐祭，辄计杪忽。俎豆壶觞，鲜或静嘉”，甚至有人用变质发馊的食物来调换祭祀的供品，所以归有光痛呼：“归氏几于不祀矣！”[4] 而另一方面，正如弗里德曼所言，汉人宗族组织的特点就在于“不平等地获得公共财产的利益”。[5] 由于整个社会

[1]（明）娄坚：《学古绪言》卷一《徐氏宗谱序》，《景印文渊阁四库全书》第1295册，台湾商务印书馆1986年版。

[2]（清）李延昰：《南吴旧话录》，第92—93页。

[3]（清）董含：《三冈识略》卷八《发掘祖墓》，第164页。

[4]（明）归有光：《震川先生集》卷一七《家谱记》，上海古籍出版社2007年版，第436页。

[5]［美］弗里德曼：《中国东南的宗族组织》，上海人民出版社2006年版，第95页。

普遍发生的阶级分化，宗族成员间对于权力和利益的获取是不平等的，这种社会分化最终导致了强弱不等的分支，获得科举成功的那些家族成员迁居到城市中，会获得更多的资源和利益，自然会导致宗族的分化。这就是明代宗法观念逐渐在人们眼中淡漠的最重要原因。娄坚将宗族的衰弱归咎于“习俗使然”，但其实这只是事情发展的必然趋势而已。

所以在2010年，日本学者滨岛敦俊从县级资料出发，对比江南、华南、华北的基层社会结构，指出华南是宗族性的乡绅社会，江南是非宗族性的乡绅社会，华北是非宗族性的庶民社会，江南的宗族只是一种想象的宗族，或者是一种拟制的宗族，即所谓pseudo宗族，这一看法也得到了部分中国学者的赞同，并在江南宗族研究领域上引起了巨大的反响。[1]

其实宗族分化并不会摧毁整个的宗族制度，江南也并不是“无宗族”。弗里德曼就认为阶级分化反而是中国宗族发展的基础。他认为，宗族内部权力集中于少数人手中，有利于把宗族成员汇集成一个团体，使宗族不受外界势力的侵害，并减轻国家对地方的剥削。[2] 同时，传统社会的宗族内部虽然存在分化，但是会尽量进行有效的调整，将其对宗族本身的危害减少到最低程度。宗族解决这种问题的手段是依靠在精神上对同一个祖先的认同和在物质上对宗族公产的维系。前者是通过祭祖和修谱，后者是通过宗族公产的创置和维护，而这一工作主要是由城居的士绅来推进的。士绅们之所以关心宗族的建设，很重要的原因是他们开始意识到，要保证长久的发展，必须要有宗族的拱卫。中国人常说“君子之泽，五世而斩”，而“五世”恰恰就是一个小宗世系的范围。可见传统中国社会早已从经验上得出结论，仅有小宗世系是不能维持财富和名望的代际传承的，所以维系宗族的稳定，就是为本支的发展提供一个坚实的基础。

---

[1]［日］滨岛敦俊：《江南三角洲与宗族问题讨论》，复旦大学“江南城市的发展与文化交流”国际学术研讨会2010年；［日］滨岛敦俊：《明代江南は「宗族社会」なりしや》，《中國の近世規範と秩序》，第94—135页，东京研文出版社2014年版。

[2]［美］弗里德曼：《中国东南的宗族组织》，第95—97页。

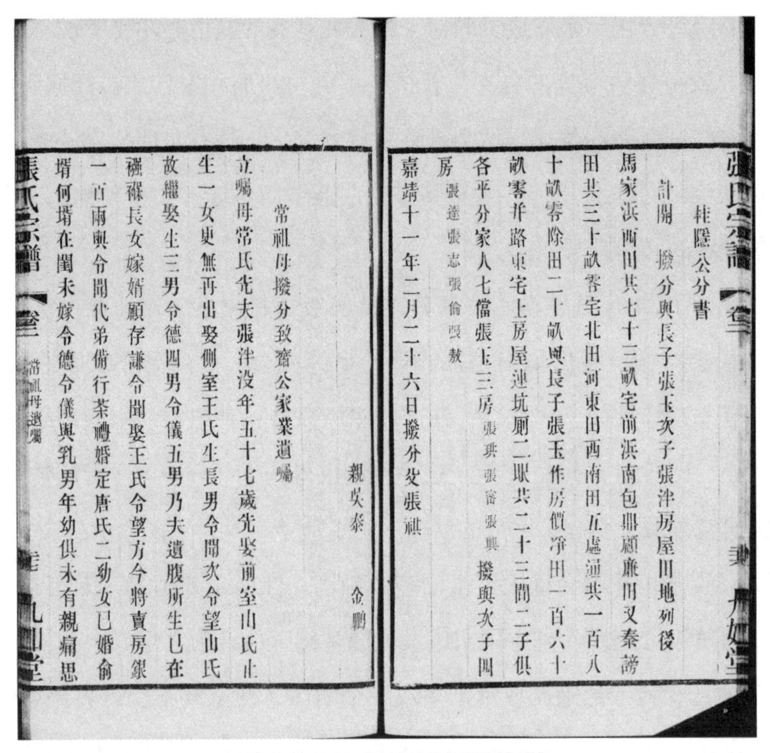
桂隱公分書

計開　撥分與長子張玉次子張泮房屋田地列後

馬家浜西田共七十三畝宅前浜南包鼎顧鼐田叉秦謗田共三十畝零宅北田河東田西南田五處通共一百八十畝零除田二十畝與長子張玉作房價淨田一百六十畝零并路東宅上房屋連坑厠二眼共二十三間二子俱各平分家人七當張玉三房張珙 張窗 張興 撥與次子四房張達 張志 張倫 張敖

嘉靖十一年二月二十六日撥分父張祺

親族秦　金鵬

常祖母撥分致齋公家業遺囑

立囑母常氏先夫張泮没年五十七歲先娶前室山氏止生一女更無再出娶側室王氏生長男令聞次令望山氏故繼娶生三男令德四男令儀五男乃夫遺腹所生已在襁褓長女嫁婿顧存謙令聞娶王氏令望方今將賣房銀一百兩與令聞代弟備行茶禮婚定唐氏二幼女已婚俞壻何壻在閨未嫁令德令儀與乳男年幼俱未有親痛思

桂隐公分家书《上海西城张氏族谱》

唐以后门阀制度日趋没落，宋代已经形成了名副其实的“科举社会”，社会阶层流动加速。何炳棣等很多学者已经指出，除了科举竞争的激烈外，财产析分制度是导致宋以后无世家的重要原因。这种析产导致的家财分散自然使得这些家族无法积聚起充分的资源来保证长远的发展。同居共财的合爨模式虽然得到历来文人的称颂，但只是个案而并非可持久的措施。士绅们逐渐开始意识到，只有强大的宗族力量的支持，才能保证文化资源的代际传承，由此才能保证本支的长久繁荣。这一点在宋代已经有很多学者认识到了。张载就说：“宗子之法不立，则朝廷无世臣。且如公卿一日崛起于贫贱之中，以至公相，宗法不立，既死，遂散族，其家不传”。[1] 归有光是明代宗族复兴的重要推动者，他对上述问题有着清

[1]（宋）张载：《张载集》《经学理窟 · 宗法》，中华书局 1978 年版，第 260 页。

醒的认识，他不仅要求复兴宗族，而且反对只复兴小宗，主张复兴大宗，他曾言：“夫古者有大宗，而后有小宗，如木之有本，而后有枝叶。继祢者，继祖者，继曾祖者，继高祖者，世世变也，而为大宗者不变。是以祖迁于上，宗易于下，而不至于散者，大宗以维之也。故曰：‘大宗以收族也。’苟大宗废，则小宗之法亦无所恃以能独施于天下。”[1] 城居和为官使士绅们有了足够的资源，他们通过建设宗祠、兴修家谱、置办族产等活动来维系宗族。有学者注意到，江南地区士大夫往往在登第之后才开始重视家谱的编纂，其原因在于此。这也是为什么《吴县志》说：“宗祠之立，在士大夫家固多，而寒门单族鲜有及之者。”[2] 日本学者井上徹曾为江南地区的宗族下了一个简单而形象的定义，即“以族田为经济基础的宗族”，是“未能通过同居共财的小家族而实现官僚身份世袭化的士大夫们，为了实现这一目标，重新构建出来的一种新的、以血缘关系为团结纽带的社会集团”。[3] 从这个角度而言，滨岛敦俊认为江南无宗族不无道理。但实质上，上述状况并不是江南宗族不存在的证据，相反却是江南宗族模式的体现，这里的宗

归有光像《吴中名贤图传赞》

[1]（明）归有光：《震川先生集》卷三《谱例论》，第 60 页。

[2] 民国《吴县志》卷五二上《风俗》。

[3] [日] 井上徹著，钱杭译：《中国的宗族与国家礼制：从宗法主义角度所作的分析》，上海书店出版社 2008 年版，第 26 页。

族依然没有脱离中国宗族的基本定义，只不过是中国宗族在不同环境下的不同发展状况而已。

此时国家祠庙政策发生的变动也推动了这一进程的发展。明初，士大夫一般按照朱熹《家礼》的规定，于正寝之东建立祠堂，祭祀高、曾、祖、父，称四世神主，而庶民之家仅在居室中祭祀祖父母、父母二代神主。洪武时，朝廷即据此制定祭祖的礼仪，规定品官可建祠堂，祭祀四世祖，庶民不得建祠堂，只能在居室中祭祀二代神主。后来，这一规定不断被突破，臣民所祭祀的祖先逐渐增多。嘉靖十五年（1536），在明世宗"大礼仪"争论的背景下，时任礼部尚书的夏言上疏建议更改以往的祭祖规定，为朝廷采纳并施行。[1]祭祖礼仪的重大变化在于原先颇为严格的限制放宽了。三品以上的官员可立庙祭祀五世祖，四品以下的官员及民间士庶，皆可立庙祭祀四世祖。允许天下臣民，包括庶民祭祀始祖、先祖，就是允许民间同姓各支宗族联合起来共同祭祀始祖，无疑，这对明代宗族制度的发展演变产生了深远的影响。而品官可以建立家庙，在家庙中设立纸制牌位祭祀始祖，也开创了家庙祭祖的先例。上行下效，品官家庙祭祖之举的发展，又促进了民间的联宗祭祖，以至民间也出现了设立家庙祭祖的现象。叶梦珠曾经描绘过上海地区立庙祭祖的情况："祭先大典，所以致其诚也。以予所见，吾邑缙绅之家，如潘、如陆、如乔，家必立庙，设祭品，四时致祭，主人必公服，备牲牢，奏乐，子孙内外皆谒庙，自岁时以迄朔望皆然。乔氏家祠内，椅桌亦按昭穆不移易，如夫妇二人者一桌二椅相连，三人者一桌三椅相连，左右各分屏障，代不相见，虽非古礼，亦见专诚之意。其余祭器之不他用，更可知已。诸士林之力薄者，或不能备物，要之稍知礼法者，必尽其诚。"[2]

中古门阀世族也重视家族的维系，但其目的在于别贵贱，而唐宋以后的宗族目的在于敬宗收族。族谱作为维系宗族血缘关系的主要纽带，对宗族组织的稳定起了相当重要的作用，所谓"夫尊祖睦族之道，莫重于谱牒"，因此编纂族谱

[1]《明史》卷五二《礼志六》，第1342—1343页。

[2]（清）叶梦珠：《阅世编》卷二《礼乐》，第43页。

上海曹氏祠堂图

上海朱氏家祠

《南汇傅氏家谱负谱图》

成为士绅复兴宗族的另一项重要工作。在江南各地的地方志中收入了很多的族谱，其中大部分由望族名绅亲自编纂。以明代上海地区为例，《华亭县志》中载有王端《王氏族谱》、朱恩《朱氏家乘》、徐阶、徐琳等相继修纂的《徐氏族谱》、李升亨《李氏世谱》、包林芳、包柽芳《包氏家谱》、宋尧武、宋懋韶《宋氏家谱》、林景龄《林氏家谱》、冯大受《冯氏族谱》、张鼒修《张氏家谱》、黄廷鹄《黄氏先懿录》、董宜阳《董氏族谱》、沈士栋《沈氏家乘永世录》。《松江府志》则载有莫如忠《莫氏宗谱》、

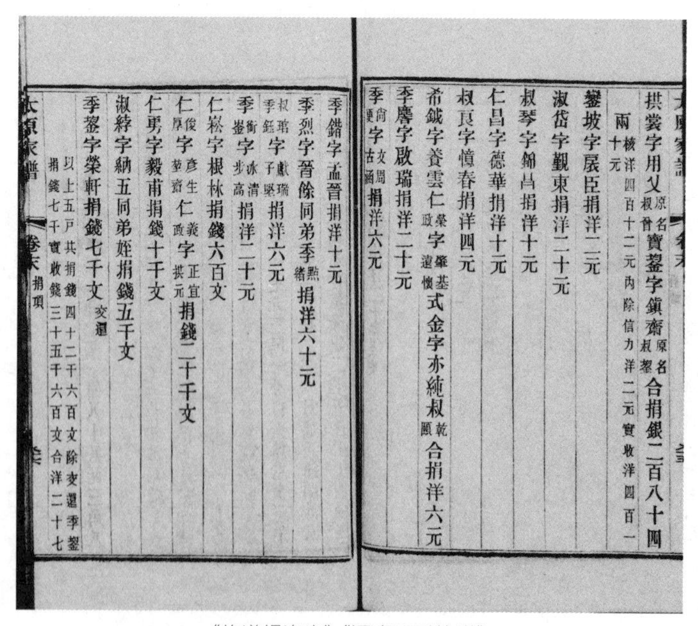
洞庭王氏家譜 卷末

拱裳字用乂原名叔晉 寶鍙字鎮齋原名叔挐 合捐銀二百八十兩
核洋四百十二元內除信力洋二元實收洋四百一十元
鑾坡字展臣捐洋二元
淑岱字觀東捐洋二十元
叔琴字錦昌捐洋十元
仁昌字德華捐洋十元
叔良字憶春捐洋四元
希鉞字養雲 仁燊政字燊基遠懷 式金字亦純 叔乾頤 合捐洋六元
季麐字啟瑞捐洋二十元
季尚更字支周古涵捐洋六元

季鍇字孟晉捐洋十元
季烈字晉餘同弟季黙緒捐洋六十元
叔琯季鈺字獻瑞子堅捐洋六元
季衡嵩字詠清步高捐洋二十元
仁崧字根林捐錢六百文
仁俊厚字彥生堃齋 仁義政字正宜拱元 捐錢二十千文
仁男字毅甫捐錢十千文
淑紓字納五同弟姪捐錢五千文
季鍙字榮軒捐錢七千文交還
以上五戶共捐錢四十二千六百文除交還季鍙捐錢七千實收錢三十五千六百文合洋二十七

洞庭王氏家譜 卷末 捐項

《修谱捐资表》《洞庭王氏族谱》

徐尔默《徐氏家谱》、乔木修《乔氏家乘》二卷、王佑《鹤沙王氏家谱》、张所敬《龙华张氏世谱》、姚士慎《姚氏宗谱》、储昱《储氏族谱》、章台鼎《章氏宗谱》、倪甫英《倪氏家乘》、唐本尧《唐氏族谱》等。值得注意的是，由于这些家谱大都出自望族，为了保证门第清白，编纂相对谨慎，所谓“同姓者非有稽考，亦不通谱称宗”。《南吴旧话录》曾载：“张庄懿（鎣）、张庄简（悦）两尚书同里而不同宗，或有以通谱之说进者，庄简曰：‘赵郡与陇西各宗，琅琊与太原别祖，不相为谱，其来旧矣。吾二人情逾手足，无忝真率，使后百年两家子姓各以其望为宗，何须假借？不然，使岁时伏腊，征逐酒食，无异市井儿，夸说世家，徒掩人耳。’”[1]嘉定人李流芳认为“谱者，一家之书，而非行世之书也。世其职者取其足以记姓氏行第而已”。[2]这种编纂思想的指导下，很大程度上避免了杜撰祖先，编造家谱现象。

范仲淹像《吴中名贤图传赞》

宗族赖以维系的基础除了血缘，最重要的就是财产，族产是宗族一切公共活动的基础。义庄是族产的重要形式，由范仲淹于北宋皇祐间（1049—1053）在苏州首创。范氏义庄作为历史上兴起最早、持续时间最长的赡族设施，对后世产生了重大的影响，后世的义庄和义田等都基本上以

[1]（清）李延昰:《南吴旧话录》卷上，第92页。

[2]（明）李流芳《檀园集》卷七《侯氏世略序》,《景印文渊阁四库全书》1295册，台湾商务印书馆1986年版。

范氏义庄为楷模和标准，“范文正公创义田以惠族，古今嘉慕之”。[1]江南地区在南宋150余间仿立义庄者，有十余例。明代时，江南设立义庄者渐见其多。其中万历时青浦县顾正心置济荒、义学、赡族诸田40000亩，其子顾懿德复置田万亩为助役田，这是当时江南义庄规模最大的。就地域而言，苏州、松江、常州、镇江、应天、杭州、嘉兴、湖州等江南各府或多或少都置义庄。而江南宗族义田真正获得发展的则是在清代，尤其是清中期以后，据范金民先生的不完全统计，仅苏州府有178所义庄，其中三分之二是太平天国之后设立的，而常熟昭阳地区的91个义庄，有65个建立于同治之后。而义田数也从康熙时6300余亩增加到清末的16万—17万亩，占苏州府所有土地总数的2.6%。[2]

另一方面，由族中尊长或有名望的人士，以“家训”“家诫”“家范”等形式对族人进行道德教化，在江南宗族中也十分流行。此类教化的内容颇为广泛，既有安身立命、为人处世的道理，也有宗族日常生活和人际关系的准则，但多以开导、劝诫的口吻述说，重在对族人品格情操的培养，并不具有强制性。其中昆山朱柏庐所编的《治家格言》是民间流传最广，影响最大的古代家训之一，被人们视作理家教子，整顿门风的治家良策，为人处己，轨物范世的箴规宝鉴，而且广泛用作私塾蒙馆的启蒙教材。文章寥寥五百多字，言简意赅，韵律优美，读起来琅琅上口，全篇内容通俗易懂，涉及了治家修身、为人处世等多个方面，蕴含着丰富的家庭伦理思想，其中“黎明即起，洒扫庭除，要内外整洁，既昏便息，关锁门户，必亲自检点。一粥一饭，当思来处不易；半丝半缕，恒念物力维艰。宜未雨而绸缪，毋临渴而掘井”等句更是为世人所传诵。家规家训是希望通过唤醒和增强宗族成员的道德自觉来维持宗族组织的稳定，尽管其对族人行为的规范是软性的、间接的，效果也可能有限，但所起的潜移默化的作用仍不可忽视。

随着宗族组织的重构，江南地区涌现出了一批新的望族，这些望族在江南

---

[1]（明）宋贤：《义田记略》，光绪《松江府续志》卷九，《上海府县旧志丛书·松江府卷》，上海古籍出版社2011年版。

[2] 范金民：《清代苏州宗族义田的发展》，《中国史研究》，1995年第3期。

地区甚至全国都产生了新的影响，“江南世家”“江南望族”也成为历来人们关注和研究的对象。

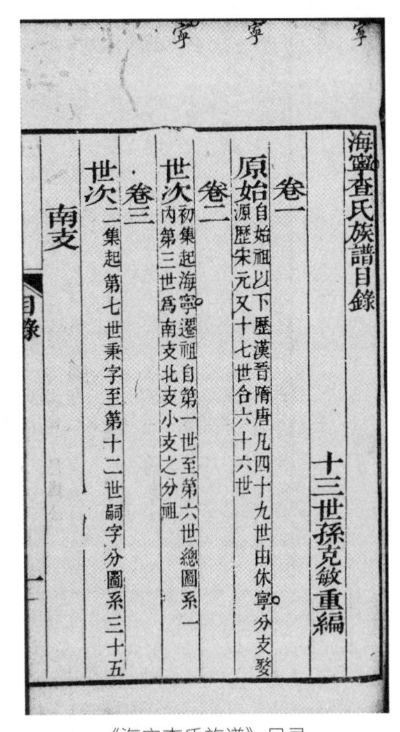

海寧查氏族譜目錄

十三世孫克敏重編

卷一

原始　自始祖以下歷漢晉隋唐凡四十九世由休寧分支婺源歷宋元又十七世合六十六世

卷二

世次　初集起海寧遷祖自第一世至第六世總圖系一內第三世爲南支北支小支之分祖

卷三

世次　二集起第七世秉字至第十二世嗣字分圖系三十五

南支

《海宁查氏族谱》目录

所谓望族，是人们对地方上有声望和影响的家族的通称，这些家族在本地乃至全国的政治、经济、文化等领域有着举足轻重的地位，“其耳目好尚，衣冠奢俭，恒足以树齐民之望而转移其风俗”。[1] 明清两代江南地区经济繁荣、文化发达，在科举方面成就显著，如前文所述，“状元之乡”“进士工厂”在江南可谓数不胜数，由此涌现出众多由科甲出仕起家的望族。学者范金民言：“明清江南进士不但分布极不均衡，极为集中，而且还集中在有限的几姓几族之间。”[2] 近人沈昌直《吴江文献保存会书目序》曰：“吾吴江地钟具区之秀，大雅之才，前后相望，振藻扬芬，已非一日。下逮明清，人文尤富，周、袁、沈、叶、朱、徐、吴、潘，风雅相继，著书满家，纷纷乎盖极一时之盛。”其他如昆山归氏世家、常州庄氏世家、钱塘许氏世家、海宁查氏世家、湖州董氏世家、无锡秦氏世家、慈溪郑氏世家等等，彼此共同展示了明清时期江南望族、世家传承之久之盛，更印证了江南家族发展史上一个空前繁荣的巅峰时刻的到来。

江南望族的一个特点是大多是平民出身。潘恩是府郡胥吏后人，他贵显之后，有人讥讽其身世，并以宋世簪缨相傲睨，潘恩并不以为然，回家后对诸弟言：“人们端须自顾，汉家名臣多从刀笔起家，何尝尽有穿着章缝袍的祖宗！今

[1]（清）张海珊：《聚民论》，（清）贺长龄编《皇朝经世文编》卷五八，《近代中国史料丛刊》初编731册，台北文海出版社1975年版。

[2] 范金民：《明清江南进士数量、地域分布及其特色分析》，《南京大学学报》1997年第2期。

養恬公譜序

歲辛巳族譜既成存與敬展而閱之泣下不能已哀吾先君子之經始其事而不及觀其成也詩曰民之質矣日用飲食夫不問其有餘不足而不可一日廢者飲食之道也族大世遠其不可以不譜也亦若五口之家之不可一日不淅米而擷蔬也然而力絀者不能爲力羸者亦復不能爲歷歲滋久成編闕如經營厥初落然難合先君子病之久矣知兄箕陳之勤足以集事而公足以服衆也一以委之箕陳於是偕兄守先學淩鄒學潤千四五人者日夜捃

莊氏族譜　卷首　原序　毛

拾而財齎贍矣朝夕繙校而篇帙完矣專心致志無旁及無鋪張文之不衷於義者刊之事之不詳於系者補之三年而後成校舊譜及譜纂義例爲尤善焉然於例應詳而時有闕不可具者以譜之曠而不修六十餘年也存與謹贅一言曰梓譜既頒自今以往每分之人各具素紙歲記其親分之名字履歷男女嫁娶生卒年月三年合成一纂三十年然後梓而頒之庶無曠而不修闕而不具之憾乎夫既知成譜之難而又知不修譜之憾其必不以斯言爲迂濶也第十二世存與謹撰

《毗陵庄氏族谱》· 庄存与序

明代状元唐文献所在唐氏世系志拓片

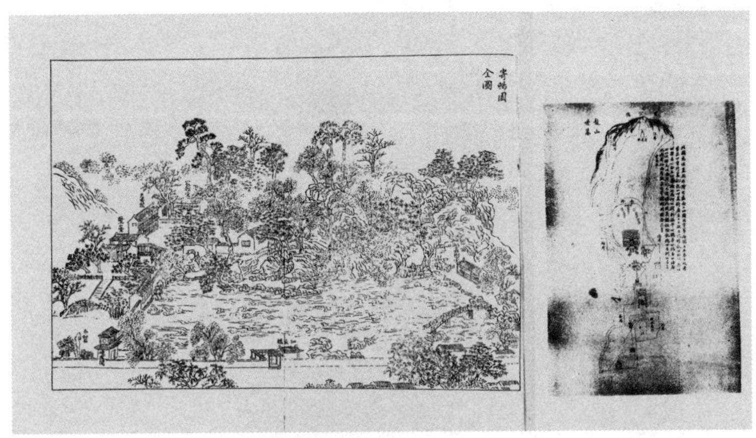

《锡山秦氏族谱》寄畅园全图

宋社已冷，犹作热面向人，若是稍读书籍，便不至于有这样的意气。”[1] 其中由务农起家，耕读传家的极多，徐阶家族是务农出身，祖“贤自小蒸赘郡城，遂家焉”。徐光启曾祖徐珣“因役中落，力耕于野”，父徐思诚也一度“课农学圃自给”，祖母和母亲“早暮纺织，寒暑不辍”。[2]

由于明清时期江南地区商品经济的发达，有很多家族是靠经商致富起家，如《阅世编》所载的上海望族有很多是经商起家，如闸港施氏“初以素封起家”。著名徽商家族中涌现的明清两朝名儒名宦则更是数不胜数，如汪道昆、曹振镛、戴震、程晋芳、程瑶田、凌廷堪、王茂荫等都是其中的代表。苏州东山洞庭商帮涌现出的莫厘王氏从明代大学士王鏊到近代物理学知识传播者王季烈，安仁里严氏从严福、严荣、严良训三代进士到近代的严庆龄、严家淦同样也是江南望族的重要代表。

江南望族另一个特点是大部分家族都非常重视教育。正如学界所公认的，中国自唐宋以后，世袭精英集团彻底退出历史舞台，至少从表面上看，科举取士已

[1] 上海通社编:《上海研究资料》,《近代中国史料丛刊》三编第 412 册，台北文海出版社 1982 年版，第 638 页。

[2]（明）徐光启:《徐光启集》卷一二《先妣事略》，第 527 页。

潘恩

徐光启

何良俊

经使得社会精英的判断标准从先天的家族出身，变成了后天的天赋才能，身份世代相传的可能性已经基本上不存在了，“夫士之子未必能为士”已经是很正常的社会现象，而衡量望族的标准是科举考试的成功与否。江南地区的科举成功、精英辈出、文化繁荣是和这些望族尊师重教的传统密不可分的，所谓“士子多以读书世其家”“崇师喜读书者，弦诵之声比屋而是”。[1] 何良俊曾回忆其父亲何孝“必欲教子孙以经学，不务姑息，急于就功。每日授以经书，亲课诵读，必至丙夜”。何孝每每反思，“今子孙虽读书守礼不坠义问，然未有显者，岂先世之业其遂不振乎？”所以“早夜遑遑欲教子孙以经学起家”。他本人“通《四书》，毛氏《诗》旁及孔安国《尚书》，皆能背诵，无一字遗失及舛错者，诸子百家亦皆

[1]（清）陈梦雷：《古今图书集成》卷六五二《江南总部·三吴风俗》，鼎文书局 1977 年影印本。

通涉”，对何良佐兄弟“讲诵不辍，耳提口授一岁无废日，一日无废时”，所以何氏兄弟“未经师授而于经史诸书已能通晓大义”。[1] 母亲也在家教中扮演了重要的角色，如徐光启曾回忆其母钱氏太夫人“早暮纺织，寒暑不辍，训不肖及女兄弟，生平未尝楚辱骂言，有所欲敕戒，则不言笑者数日，待儿辈侍立垂涕，度悔改乃已”。[2] 很多家族在教育子孙时，将培养道德情操放在非常重要的位置。这种守先绪承后学，传递家族文化传统的强烈责任感，才是江南的望族得以延续数代，保持辉煌的重要原因。

一个望族要建立社会资望、确立社会地位，除了内部发展条件之外，尚需要良好的人际关系，甚至透过婚姻的安排，与其他家族凝聚成更为密切的群体。人际网络的经营与婚姻关系的缔结，是观察家族稳固与发展的重要基点。上海的这些望族是通过彼此之间的互相联姻，再辅以师承、友朋诸多关系缀合在一起的。稳固的家族制度和家族内部对教育的重视可以保证文化资源的代际传递，而可靠的婚姻策略则可以通过建立一个更广阔的社会网络来实现文化资源的交换和增值。这些望族之间的婚姻关系，不仅促进了他们之间的文化资本的传承与交换，而且组成了一个看似松散实则严密的网络，形成盘根错节的利益关系，使得他们获得了优越于一般人的学习和交流管道，正是这一整套机制保证了家族中会不断产生新的文化精英。

贾雪飞曾经详细研究过上海望族的婚姻网络关系，如陆深家族即是一个典型的案例：陆深的姑母嫁给了玉泓馆顾氏的顾澄，顾澄子为顾定芳；陆深父亲陆平的原配为下沙瞿氏瞿晟之女，陆深次女则嫁给了瞿霖之孙瞿学召；陆深从妹嫁给了唐锦，其妻姐梅氏嫁给了唐锦的侄儿唐世明，其侄陆爌娶唐锦之子唐贇之女，而唐贇之子又娶陆爌之妹；陆深子陆楫娶华亭唐氏的唐祯孙女，长女陆清许董氏董怿之仲子，次女定桂曾与刘兆元定亲，而刘兆元后娶瞿氏，并将一女嫁给顾定芳子顾从德。日后和陆楫一起编纂《古今说海》的黄标、顾定芳、董宜阳、唐贇等大多是其

[1]（明）何良俊：《何翰林集》卷二五《亡弟南京礼部祠祭郎中大壑何君行状》。
[2]（明）徐光启：《徐光启集》卷一二《先考事略》，第526页。

姻亲。[1]

玉泓馆顾氏顾正谊山水图

这些望族在决定婚姻策略时并不完全关注对方的门第、官阶、财富，而是将文化放在重要的位置，所以陆树声说："男女婚娶，惟审其世裔相当，家法有素，苟徒慕门阀之高华，资产之丰厚，较计于目前，不知富贵不可常，贤否难预必。"[2] 著名学者钱穆的父亲家境贫困，当时有人替他向蔡氏提亲，蔡氏家境富裕，旁人劝说道：钱穆家"七房桥五世同堂一宅，俗所谓酱缸已破，独存架子，大族同居，生活艰窘，而繁文缛节，依然不废，闻新婿乃一书生，恐不解事。君女嫁之，必多受苦"。但蔡家回应道："诗礼之家，不计贫富，我极愿吾女往，犹得稍知礼。"[3] 遂定婚。

当然，也并不是所有的望族都重视子孙后代的教育，江南有些望族崛起速度过快，士绅又待遇优厚，特权颇多，很多望族起家后一步登天，威权赫奕，仗势欺人者有之，无恶不作者有之，时人称其"以侈靡争雄长，燕穷水陆，宇尽雕镂，臧获多至千指，厮养舆服，至陵轹士类，弊也极矣"。[4] 万历四十三年八月，正是因为松江名宦董其昌的次子董祖常及家仆陈明霸占同乡生员陆兆芳家使女绿英，并砸抢陆家家什，引起全城公愤，才引发了明代上海乃至整个江南地区影响

[1] 贾雪飞：《明中后期的上海士人与地方社会》，复旦大学博士论文 2012 年，第 98—100 页。

[2] （明）陆树声：《陆氏家训》。

[3] 钱穆：《八十忆双亲》，《钱宾四先生全集》第 51 册，台北联经出版事业公司 1998 年版，第 19 页。

[4] 万历《上海县志》卷一《风俗》，《上海府县旧志丛书・上海县卷》，上海古籍出版社 2015 年版。

最大的民变事件——“民抄董宦”风波。

阻碍望族持续发展的最大因素则是属于不可抗力的天灾人祸，尤其是政治动乱和战争。明清鼎革之际，众多望族遭受了天翻地覆的变化，由此破产败家，江南地区如嘉定、江阴、扬州都遭遇了令人发指的人间惨剧。曾羽王回忆：当时清兵攻入松江城时，“横尸遍路，妇人金宝捆载而去”，“由郡东察院延烧至秀野桥，大街东西之房，百无一存者。城中东南一带，悉为官兵所占。后卒为成栋之兵所拆，乡绅之楼台亭榭，尽属荒邱”，“所谓锦绣江南，无以逾此，及遭残毁，昔日繁华，已减十分之七”。[1] 很多参与抗清的江南望族也都因此消散破败，如参与嘉定抗清的夏允彝家族，参加松江抗清的陈子龙家族等从此之后就烟消云散。陈子龙投水自尽后，“存一子，侨居泖滨，家徒四壁，不堪殊甚，今闻亦殁矣”。[2] 此后清初很多江南望族又因奏销案而再遭厄运，明末大学士钱龙锡家族是“子孙以

閱世編卷一

葉夢珠輯

天象

易曰天垂象見吉凶聖人象之至治之世日月星辰行有常道次有常度無足紀也然而異日怪風中天已見或謂氣運使然未必全關人事春秋不書徵應殆爲是耶後世談占驗者莫精於劉向董子京房祖述而推廣言之鑿鑿卒無補于喪亂是果修救之無術歟抑數定不可挽歟要之天道遠人道邇不能盡人而不信天是無天也不能盡人而任天是無人也無天將太白入井而誣其渴亂亡固莫救矣無人如長星示變而勸之酒

閱世編　卷一　一　上海掌故叢書　第一集

災異其可弭乎予生也晚不獲睹景星慶雲之盛又不敢習天官言偶有見聞惟取法於春秋紀災不紀驗之意憶而紀之忘者闕焉至於徵應以俟明於理數者

崇禎三年庚午熒惑入東井退舍復贏居數月

四年辛未四月太白晝見熒惑再入鬼宿犯積屍氣

八年乙亥九月熒惑犯太微兩日並出或曰黑光摩盪也（兩日並見疑是九年事時有逆述者潘師曾稱日日嘗有二此即所謂黑光摩盪也予從潘師乃九年非八年也或九年述八年事亦未可知）

九年丙子六月夜有大星如斗光芒數十丈自西南東流聲如雷

十年丁丑正月朔日食春太白晝見六月太白經天

十一年戊寅二月朔日光摩盪竟日十一月五日日中有黑子黑氣摩盪

叶梦珠《阅世编》

[1]（清）曾羽王：《乙酉笔记》，第 14 页。

[2]（清）叶梦珠：《阅世编》卷五《门祚一》，第 136 页。

逋赋毁家，闻之流离实甚，今几同孙叔敖之后矣”，也就是说已经是耕田务农了。[1]

面对家族的荣衰不定、变迁频繁，叶梦珠异常感慨，想追究其中的奥妙：“门祚之靡常，由来尚矣。《传》曰：‘高岸为谷，深谷为陵。’三后之季，于今为庶。宁特近代为然哉？以予所见，三十余年之间，废兴显晦，如浮云之变幻，俯仰改观，几同隔世。当其盛也，炙手可热，及其衰也，门可张罗。甚者胥原、栾却之族，未几降为皂隶；瓮牖绳枢之子，忽而列戟高门。氓隶之人，幸邀誉命；朱门之鬼，或类若敖。既废而兴，兴而复替，如环无端，天耶？人耶？岂盈虚消长之数所必然耶？若曰积善必庆，积恶必殃。乃何以有时而然，有时而或不尽然耶？”。[2] 但叶梦珠没有想到，真正对家族产生最致命冲击的是来自于三百年后的近代变迁。

二、传统社会江南地区家风家训的发展历程

江南地区的家风家训兴起与江南家族的兴起相辅相成。两汉魏晋时期，随着世家大族的文质化和仕宦化，随着养成了其家族特有的门风和家教，产生了有影响的社会声望，以区别于凡庶宗族，打下了社会上宗族间最初的门第基础，也由此开始了家风家训的滥觞。[3]

顾、陆两姓可以认为是上海地区较早的两个大姓，所谓“高门鼎贵，魁岸豪杰，虞魏之昆，顾陆之裔，虽通言吴郡而居华亭为尤著”。[4] 其中尤为陆氏最出名。陆氏在西汉起已经在吴地落户，东汉初年逐渐蕃盛，陆闳建武中为尚书令，其孙陆续字智初，以忠义著称；其子陆褒好学不仕，东汉末年，陆褒子陆康

[1] （清）叶梦珠：《阅世编》卷五《门祚一》，第 132 页。

[2] 同上，第 129 页。

[3] 冯尔康等：《中国宗族史》，上海人民出版社 2009 年版，第 113 页。

[4] 嘉庆《松江府志》卷五《疆域志》，《上海府县旧志丛书·松江府卷》，上海古籍出版社 2011 年版。

任庐江（今安徽合肥）太守，命年齿较长的陆逊带领幼子陆绩返回吴郡，移家于华亭谷（今松江、青浦区境内），后建安二十四年（219 年），陆逊以破荆州擒关羽功拜抚边将军，封为华亭侯。黄武元年（222 年），又以攻蜀之功官拜右护军镇将军，由亭侯升为县侯，晋封娄侯，“华亭”、“娄”也均在今上海境内。其姑父顾雍为顾氏三大族之一，住于海盐县亭林里（今金山区境内）。孙权为吴主，封其为阳遂乡侯，改为太常，进封醴陵侯，代孙劭为吴国丞相，此后陆逊又代顾雍为吴相。孙权又将孙策的两个女儿分别嫁给陆逊和顾雍儿子顾邵，此后陆逊族子陆凯又于宝鼎元年（266）拜左丞相。从此陆氏、顾氏成为江东最为显赫的阀阅世家，《世说新语规箴》载：“孙皓问丞相陆凯曰：‘卿一宗在朝有几人？’陆曰：‘二相、五侯、将军十余人。’皓曰：‘盛哉！’陆曰：‘君贤臣忠，国之盛也；父慈子孝，家之盛也。今政荒民弊，覆亡是惧，臣何敢言盛！’”陆逊之孙陆机、陆云更成为上海人文之祖。而江南地区最早的家训文献是陆逊子陆景的《诫盈》，陆景之子陆机《与弟清河云诗》、陆云《答兄平原》也是其中代表。

陆景《诫盈》是一篇家训名作，通过阐明富贵无常，祸福相依的道理，要求族人居安思危，诫盈守谦，这正与当时政权更迭频繁，战乱不断的社会背景相对应，也正是这一时代才更凸显出家族的重要性。陆机《与弟清河云诗》是一首诫勉弟弟陆云的家训诗，陆云《答兄平原》则是对陆机诫勉的回应，两首诗暗含着浓厚的世族和门阀意识，流露出光大祖业和重振家声的强烈使命感，其与《诫盈》虽侧重不同，但“维系门第于不衰”的主旨核心却是始终如一，也代表了当时士族家风家训关注的重点。

会稽谢氏是东晋大族，其流风余韵至今不衰，而谢氏家族在当时也留有如谢混《诫族子诗》和谢灵运《述祖德诗》等家训名篇。《晋书·谢安传》载：“玄字幼度。少颖悟，与从兄朗俱为叔父安所器重。安尝戒约子侄，因曰：子弟亦何豫人事，而正欲使其佳？诸人莫有言者。玄答曰：譬如芝兰玉树，欲使其生于庭阶耳。”钱穆指出：“谢安此问，正见欲有佳子弟，乃当时门第中人之一般心情。所谓子弟亦何预人事，则因当时尚老庄而故作此放达语。”所谓“芝兰玉桃生于庭

陆机像《吴中名贤图传赞》

陆云像《吴中名贤图传赞》

勅贊晉太傅文靖公遺像

謝氏宗譜 卷一 遺像考 寶樹堂

贊曰

儀貌雍雍才華舉舉度量寬宏識見超卓係晉鼎之安危憩東山之林壑嗚呼寶戚周之召公而有商之傅說

皇宋

紹興十四年九月十二日

御書

《谢氏家谱》中谢安像

阶”即是家有佳子弟。《诫族子诗》《述祖德诗》在文学史上有着独特的地位，且自谢灵运后，历代文学家都创作过大量歌咏先世俊德盛业的“述祖德诗”，表示对家族功业的赞颂和家族道德的铭记，成为家族文化教育的示范读本。

这一时期南朝诸帝王也留下大量的家训，如南朝宋文帝刘义隆《诫江夏王义恭书》、南朝齐豫章郡王萧嶷《遗令》和《戒诸子》、梁简文帝萧纲《诫当阳公大心书》、梁武帝萧衍《答皇太子请御讲敕》等。王族子孙贤达与否，不仅关涉家族兴衰，更牵涉统治政权的延续与否，关系甚大。所以帝王均强调对子孙的教育。如萧嶷《戒诸子》：“凡富贵少不骄奢，以约失之者鲜矣。汉世以来，侯王子弟以骄恣之故，大者灭身丧族，小者削夺邑地，可不戒哉！”要求子孙立身树德，如萧纲《诫当阳公大心书》诫第二子大心曰：“立身之道，与文章异。”又如要求皇室成员团结亲睦。萧嶷《遗令》诫其子子廉、子恪曰：“人生在世，本自非常，吾年已老，前路几何。居今之地，非心期所及。性不贪聚，自幼所怀，政以汝兄弟累多，损吾暮志耳。吾亡后，当共相勉厉，笃睦为先。……圣主储皇及诸亲贤，亦当不以吾没易情也。”再如培养他们处理国家政事的能力，礼贤下士。刘义隆《诫江夏王义恭书》云：“礼贤下士，圣人垂训；骄侈矜尚，先哲所去。豁达大度，汉祖之德；猜忌褊急，魏武之累。”只不过在这乱世时代，这些单纯的道德说教往往没有现实的基础，争权夺利成为帝王家族的主题，家族道德和文化的传承往往只流于表面。

唐宋元时期，尤其是宋代，江南地区开始出现大量的家训专著，如吴县叶梦得的《石林家训》《石林治生家训要略》、范仲淹的《义庄规矩》、浙江信安袁采《袁氏世范》、金华吕祖谦《家范》、乐清王士朋的《家政集》、山阴陆游的《放翁家训》、徽州婺源朱熹的《朱子家训》《朱子家礼》等。而且家风家训的内容开始向多元化发展，在很多领域都具有开创性，如关于族人救济的范仲淹《义庄规矩》，专门强调治生的叶梦得《石林治生家训要略》、陆九韶《居家正本制用启》，具有强制性规条的郑太和《郑氏规范》，规范族谱修纂的钱惟演《谱例十八条》等，这其中很多都对后世影响深远。如五代吴越国王钱镠所撰《武肃王遗训》，对传家理国都有诸多训诫，自钱镠“化家为国”后，至太平兴国三年（978），钱俶又“还国为家”，纳土归宋，钱氏家族此后成为宋代的文化望族，文化余脉一直延续到明清乃至近代，钱氏家训养成的家风具有不可忽略的作用。又如袁采《袁氏世范》被誉为“《颜氏家训》之亚”，是这一时期江南家训日益系统性和完整性的代表，影响深远；郑太和《郑氏规范》为“江南第一家”浙江浦江郑氏家训，其家族及家训更因受到元、明两个朝代皇帝的表彰而名扬天下。

吴越武肃王钱镠像

唐宋时期是中国传统社会士大夫转型的重要阶段，美国学者郝若贝及其学生韩明诗曾提出著名的郝若贝—韩明诗假说（Hartwell-Hymes

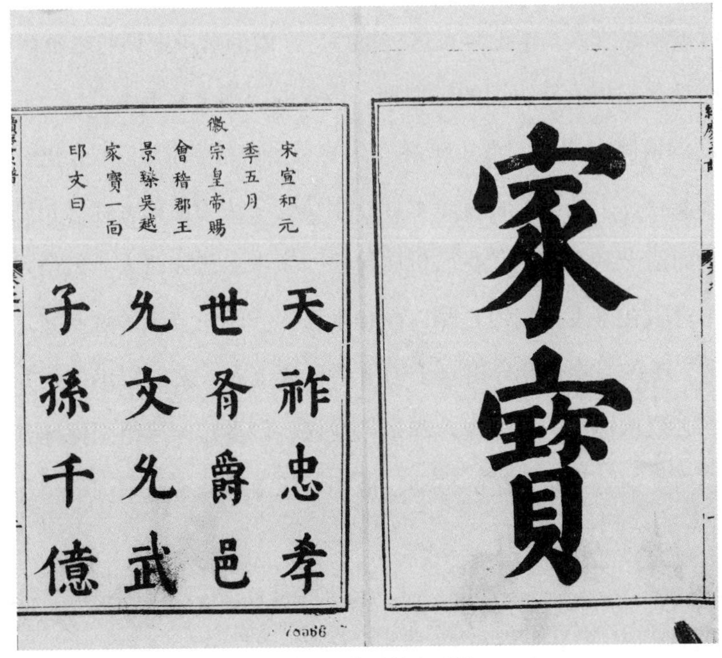
宋宣和元
年五月
徽宗皇帝賜
會稽郡王
景臻吳越
家寶一函
印文曰

天祚忠孝
世胥爵邑
允文允武
子孫千億

家寶

新镌吴越钱氏续庆系谱

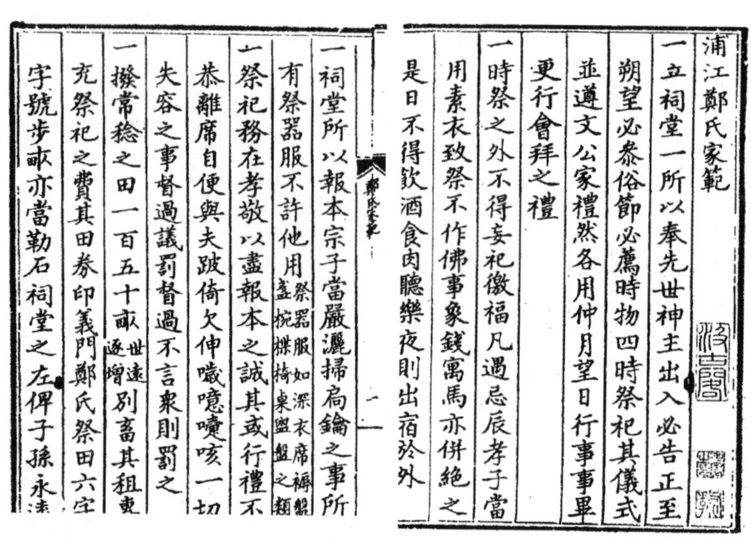

浦江鄭氏家範

一立祠堂一所以奉先世神主出入必告正至朔望必參俗節必薦時物四時祭祀其儀式並遵文公家禮然各用仲月望日行事事畢更行會拜之禮

一時祭之外不得妄祀徼福凡遇忌辰孝子當用素衣致祭不作佛事象錢寓馬亦併絶之是日不得飲酒食肉聽樂夜則出宿於外

鄭氏家範

一祠堂所以報本宗子當嚴灑掃扃鑰之事所有祭器服不許他用（祭器服如深衣席褥盤盞椀楪椅桌盥盤之類）

一祭祀務在孝敬以盡報本之誠其或行禮不恭離席自便與夫跛倚欠伸噦噫嚏咳一切失容之事督過議罰督過不言衆則罰之

一撥常稔之田一百五十畝（世遠逐增）別蓄其租專充祭祀之費其田券印義門鄭氏祭田六字字號步畝亦當勒石祠堂之左俾子孫永遠

《浦江郑氏家范》

Hypothesis 或 local hypothesis），认为宋代以后，各地均出现了一批对科举垄断的精英的家族，这些家族培养出一代又一代得到功名的子孙。这些地方社会精英从关心朝廷的权力转而注重巩固家乡的基础，在家乡缔结婚姻关系网。[1] 江南在唐宋时期兴起的新兴家族基本上具备这一特点，江南的家风家训与之密切相关。

唐宋时期是中国家族组织的转型期，传统的门阀士族逐渐消亡，宗法制度随着门阀制度的清除也遭到了严重破坏，朱熹弟子陈淳曾指出："今世礼教废已久矣，宗法不复存，士夫习礼者专于举业，用莫究宗法为何如，祢已祔则不复飨其祖，祭有嫡而诸子并立庙，父在已析居异籍，亲未尽已如路人。或语及宗法，则皓首诸父不肯陪礼于少年嫡侄之侧，而华发庶侄亦耻屈节于妙龄叔父之前，是亦可叹也。"[2] 新兴家族大部分出身于中下层普通士人，之前很难构建完整的家族传承谱系，必须重构新的宗法观念和宗族礼仪，以重建家族组织保证其成功的延续。这一趋向受到了当时宋儒的推动，他们对江南地区家风家训的构建起到了导

[1] Robert Hymes, Statesmen and Gentlemen: The Elite of Fu-Chou, Chiang-Hsi, in Northern and Southern Sung, pp.8—11, NY: Cambridge University Press, 1986.

[2] 陈淳：《北溪大全集》卷九《宗会楼记》，《文渊阁影印四库全书》第 1168 册。

向作用，因此江南家风家训的著作大多数出自于这一地区的著名儒家之手，如朱熹、吕祖谦、方逢辰、程端礼等。

正是由于他们的推动和主导，使得江南地区的家风家训首先强调服务于儒家教化的功能，修身齐家的目的为了治国平天下。如金华吕祖谦在其《家范》中指出：“宗庙严，故重社稷。盖有国家社稷，然后能保宗庙，安得不重社稷？重社稷，故爱百姓。国以民为本，无民安得有国乎？故重社稷，必爱百姓也。爱百姓，故刑罚中。刑罚中，故庶民安。”儒家教化功能的另一个体现是重建礼仪制度，并全面推广。先秦时期，仪礼是以王侯、贵族为对象的，并不适用于普通人。《礼记·曲礼》曰：“礼不下庶人，刑不上大夫。”《荀子·国富篇》曰：“由士以上则必以礼乐节之，众庶百姓则必以法数制之。”即使到了唐代，祖先祭祀所设的家庙和神主也是依据官品而设定的。普通百姓无权拥有家礼。但是到了宋代，随着大量普通士人掌握权力，他们要求重建家礼，并将其普及于平民百姓。这方面以司马光《家范》、吕祖谦《家范》和朱熹《家礼》最为突出，至朱熹《家礼》而集大成。同时正如相关研究者所指出的，也是从朱熹起，真正意义之上为后世普遍接受的宗祠制度基本完备，祠堂成了家礼体系的基石，并应用推

家範卷之一
十八世孫露十九世孫嘌嵩嶧巖崙岐梓
周易䷤離下巽上家人利女貞
彖曰家人女正位乎內謂二也男正位乎外謂五也
家人之義以內為本故先說女也
男女正天地之大義也家人有嚴君焉父母之謂也
父父子子兄兄弟弟夫夫婦婦而家道正正家而天
下定矣
象曰風自火出家人
由內以相成熾也
君子以言有物而行有恆
家人之道修於近小而不妄也故君子以言必有
物而口無擇言行必有恆而身無擇行
初九閑有家悔亡
凡教在初而法在始家瀆而後嚴之志變而後治
之則悔矣處家人之初為家人之始故宜必以閑
有家然後悔亡也
象曰閑有家志未變也

司马光《家范》

欽定四庫全書

東萊別集卷一　　宋　呂祖謙　撰

家範一

宗法

禮不王不禘王者禘其祖之所自出以其祖配之諸侯及其太祖大夫士有大事省於其君干祫及其高祖

趙子春秋纂例曰大傳云禮不王不禘明諸侯不得有也王者禘其祖之所自出所出謂所系之帝以其祖配之諸侯及

其太祖諸侯存五廟唯太廟百世不遷及者言遠祀之所及也不言禘者不王不禘無所疑也不言祫者四時皆祭故不言祫也大夫士有大事省於其君干祫及其高祖有省謂有功往見省記者也干者逆上之意言逆上及高祖也子據此事體勢相連皆說宗廟之事不得謂之祭天已上注義並趙子義非鄭玄舊釋下祭法亦然禮記喪服小記曰王者禘其祖之所自出又下云禮不王不禘正與大傳同則諸侯不得禘禮明矣是以祭法曰有虞氏禘黃帝舜祖顓頊出於黃帝則所謂禘其祖之所自出也而郊嚳帝王郊天當以始祖配天郊舜合以顓頊配天也為身繼堯緒不可捨唐之祖

宋吕祖谦《家范》

广到所有众庶百姓之家，使其成为儒家教化的重要组成部分。

其次，这一时期的家风家训主旨从门第维护转向至敬宗收族。如吕祖谦的《家范》认为敬宗收族是宗法之纲目，“敬宗”是尊其所自来，知道血脉之根本，“收族”是团结宗族之人，穷困者收而养之，不知学者收而教之。[1] 敬宗收族的根本目的在于加强家族的认同感和生存权。朱熹《家礼》也包含着敬宗收族的撰写目的，其以“祠堂”置于卷首，其曰：“此章本合在《祭礼》篇，今以极本返始之心，尊祖敬宗之意，实有家名分之守，所以开业传世之本也，故特著此冠乎篇端，使览者知所以先立乎大者。”王十朋《家政集》也置“本祖篇”于卷首，同样是敬宗收族观念的体现。敬宗收族还有一系列的制度来维系，其中最重要的是义庄、义田等宗族救济制度的出现。如前所述，正是北宋范仲淹在苏州初创义庄，同时还制定了《义庄规矩》，这也是最早的涉及财产分配和宗族救济的家规家训，通过“逐房计口给米”来保障个体困难家庭的生存，从而起到收族作用。

[1] 吕祖谦:《家范》,《中国历代家训集成》第 1 册，浙江古籍出版社 2017 年版，第 580 页。

而范仲淹《告诸子及弟侄》所言：“吴中宗族甚众，于吾固有亲疏，然吾祖宗视之，则均是子孙，固无亲疏也。苟祖宗之意无亲疏，则饥寒者吾安得不恤也。自祖宗来积德百余年，而始发于吾，得至大官，若独享富贵而不恤宗族，异日何以见祖宗于地下，今何颜入家庙乎？”[1] 更是为宗族救济提供了重要的理论基础，并为后世所接受和发扬。

崇文重教，修身积德成为这一时期家风家训的重要内容。郝若贝和韩明诗认为宋代地方士绅是通过对科举制度的垄断，以及和地方上精英家族的联姻维持自己的社会经济地位的。而无论是想要在科举上获得成功，还是构建良好的人际关系，以此建立社会资望、确立社会地位，都需要先通过教育和读书来夯实其基础，而这也与宋儒重教育，兴讲学，建书院等一系列举动相吻合，因此，家风家训中读书、修身的内容越来越占据主要地位。如吕祖谦《家范》专门辟有“学规”，主要包括《乾道四年九月规约》《乾道五年规约》《乾道五年十月关诸州在籍人》《乾道六年规约》等内容。这些学规本是为丽泽书院制定的，吕祖谦把它们辑

欽定四庫全書
東萊別集卷五　宋　呂祖謙　撰
家範五
學規
乾道四年九月規約
凡預此集者以孝弟忠信為本其不順於父母不友於兄弟不睦於宗族不誠於朋友言行相反文過遂非者不在此位既預集而或犯同志者規之規之不可責之責之不可告於衆而共勉之終不悛者除其籍
欽定四庫全書　東萊別集　卷五
凡預此集者聞善相告聞過相警患難相恤游居必以齒相呼不以丈不以爵不以爾汝
會講之容端而肅羣居之容和而莊（箕踞跛倚諠譁擁併謂之不肅狎侮戲謔謂之不莊）
舊所從師歲時往來道路相遇無廢舊禮
毋得品藻長上優劣訾毀外人文字
郡邑政事鄉閭人物稱善不稱惡

吕祖谦《家范·学规》

[1]（宋）范仲淹：《范氏义庄规矩》，《中国历代家训集成》第1册，第145页。

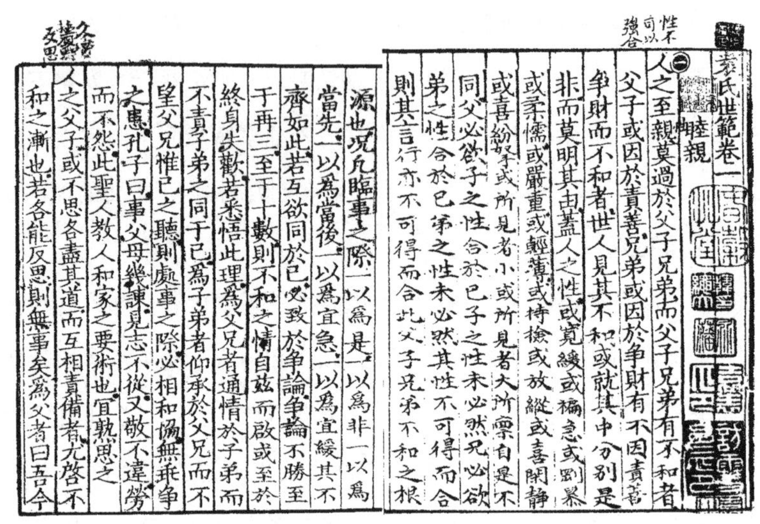
性不可以强合

袁氏世範卷一

睦親

人之至親莫過於父子兄弟而父子兄弟有不和者
父子或因於責善兄弟或因於爭財有不因責善
爭財而不和者世人見其不和或就其中分別是
非而莫明其由蓋人之性或寬緩或褊急或剛暴
或柔懦或嚴重或輕薄或持檢或放縱或喜閑靜
或喜紛拏或所見者小或所見者大所稟自是不
同父必欲子之性合於已子之性未必然兄必欲
弟之性合於已弟之性未必然其性不可得而合
則其言行亦不可得而合此父子兄弟不和之根
源也況凡臨事之際一以爲是一以爲非一以爲
當先一以爲當後一以爲宜急一以爲宜緩其不
齊如此若互欲同於已必致於爭論爭論不勝至
于再三至于十數則不和之情自茲而啟或至於
終身失歡若悉悟此理爲父兄者通情於子弟而
不責子弟之同于已爲子弟者仰承於父兄而不
望父兄惟已之聽則處事之際必相和協無乖爭
之患孔子曰事父母幾諫見志不從又敬不違勞
而不怨此聖人教人和家之要術也宜熟思之

父子貴慈孝

人之父子或不思各盡其道而互相責備者尤啓不
和之漸也若各能反思則無事矣爲父者曰吾今

《袁氏世范》

入《家范》中，体现吕氏家族对读书的重视。又如陆游《放翁家训》也强调子孙要读书，“子孙才分有限，无如之何，然不可不使读书。贫则教训童稚，以给衣食，但书种不绝足矣”。

唐宋元时期的江南家风家训奠定了此后的基本导向，其思想主导以儒家思想为主导，即其宗旨由别贵贱转向了敬宗收族，其内容更重视崇文重学和修身养性，其形式日益多元化，从此江南家风家训开始走向繁荣。

明清时期是江南家风家训发展的繁荣期，这首先表现在这一时期江南家训成文著作数量的迅速增长上。仅江南核心区域，即苏、松、常、杭、嘉、湖六府留存的成文家风家训著作的数量在这一时期就达到了一百余种，众多名家都成为家风家训的撰著者，如明代的方孝孺、王守仁、顾宪成、高攀龙、陆深、陆树声、郑晓、陈继儒、屠隆、唐文献、朱舜水、瞿式耜，清代的王时敏、冯班、陆世仪、张履祥、吕留良、陆陇其、万斯同、郑燮、袁枚、章学诚等都留下了相关著作，由此也产生了众多家训名著，如方孝孺的《宗仪》、袁黄《了凡四训》、高攀龙《家训》、朱柏庐《治家格言》、冯班《家戒》、陈确《从桂堂家约》、汪辉祖《双节堂庸训》、焦循《里堂家训》等。

朱柏庐先生治家格言 1

朱柏廬先生治家格言
黎明即起

朱柏庐先生治家格言 2

朱柏庐先生像

更重要的是，江南地区家谱中大多均附有家风家训的内容，仅据《中国家谱总目》统计，上海地区现存于各大图书馆的家谱约400种，涉及近300个家族，其中大部分家谱中都有家规家训的内容，总字数超过20万字。上海地区还是江南家谱留存数量较少的地区。同样据《中国家谱总目》统计，当时常州府地区（即今常州、无锡）留存的家谱近2000种，整个江南地区现存家谱不完全统计在4000种以上，这些留存的家谱虽然大部分修纂于晚清至民国时期，但是其中刊载的家风家训内容大多编纂于明清，特别是清代，这些家风家训的内容虽然很多是大同小异，但由于数量极为可观，其价值仍不容小视。

江南地区在明清时期家风家训为何会如此繁荣呢？首先，传统社会识字率不高，家风家训要在社会上流传，不仅必须是成文的，其制订者或后继者必须具有一定的社会地位和经济基础。缺少其中的任何一个条件，家风家训就很难为外人所知，并产生社会影响。因此家风家训的繁荣与否与读书入仕的士人群体有莫大关联。明清时期江南的科举十分发达，形成了一个通过读书而步入仕途的士人阶层，由此产生了大量的名门望族。这些望族十分强调诗礼传家，而“名门右族，莫不有规有训”，他们往往借助家训对子孙后代进行家庭教育，这一形式还可世代延续。通过认真细致的家训撰写来传递其成功经验及精神主张。他们本身即具备很高的文化修养，故其家训往往价值很高，范家的同时也广为传诵，成为范世之标杆。

由于望族既有很高的文化修养，又有官职身份带来的经济实力，本身也十分注重家风家训的教育功能，由其书写的成文家训往往还具有普遍性意义，对平民百姓之家具有一定指导性。他们往往也希望本家族制定的家训既能范家，亦能范世，并在家训中毫不含蓄地直接表露，如虞山庄氏即希望家训“爰为家人勗，并为族人勗，且为后人勗也，其勉旃”[1]。同时，传统社会中，有着功名、官职身份的士人阶层往往也是民间风尚的风向标，成为普通百姓争相靠拢、效仿的对象，使得其他

[1]《虞氏庄氏世谱》卷一《家训》，1922年木活字本。

平民家族，无论其身份是商贾抑或立农，也十分注重家谱中家训的书写。在此社会风气之下，明清时期江南的家风家训自然蔚为大观。

明清时期，仅上海地区家规家训有传世专著文献约十数种，或是单独成书，或是收入于作者文集之中，总字数约20万字。这些单独成书的家训文献大多集中在明代，这也是传统时代上海文化和经济最为发达的时期，从侧面反映了当时上海地区的发展状况。其代表著作有陆深《陆深家书》、陆树声《陆氏家训》、周思兼《家训》、徐三重《家则》、宋诩《宋氏家要部》《宋氏家仪部》《宋氏家规部》、徐祯稷《耻言》、唐文献《家训》、陈继儒《安得长者言》、黄标《庭书频说》、倪元坦《家规》等。

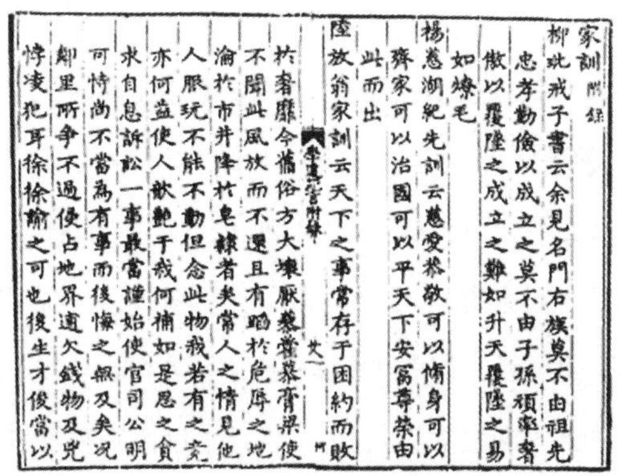
家訓 附錄
柳玭戒子書云余見名門右族莫不由祖先
忠孝勤儉以成立之莫不由子孫頑率奢
傲以覆墜之成立之難如升天覆墜之易
如燎毛
楊慈湖紀先訓云慈愛恭敬可以脩身可以
齊家可以治國可以平天下安富尊榮由
此而出
陸放翁家訓云天下之事常存于困約而敗
於奢靡令舊俗方大壞厭藜藿慕膏粱使
不聞此風放而不還且有陷於危辱之地
淪於市井降於皂隸者矣常人之情見他
人服玩不能不動但念此物我若有之竟
亦何益使人歆艷于我何補如是思之貪
求自息訴訟一事最當謹始使官司公明
可恃尚不當為有事而後悔之無及矣況
鄉里所爭不過侵占地界逋欠錢物及兇
悖淩犯耳徐徐諭之可也後生才俊當以

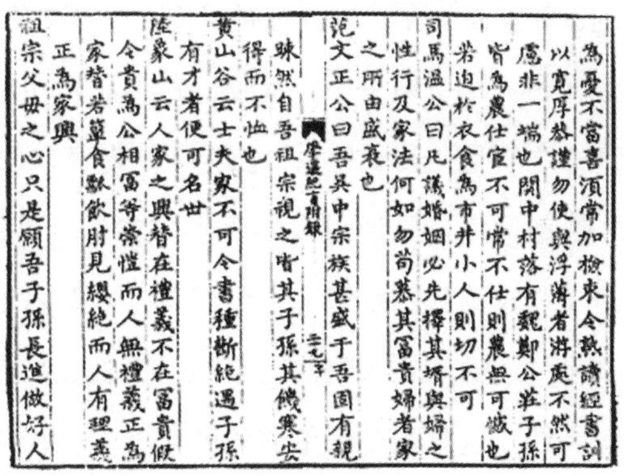
為愛不當喜須常加檢束令熟讀經書訓
以寬厚恭謹勿使與浮薄者游處不然可
慮非一端也閩中村落有魏鄭公莊子孫
皆為農仕宦不可常不仕則農無可媿也
若迫於衣食為市井小人則切不可
司馬溫公曰凡議婚姻必先擇其婿與婦之
性行及家法何如勿苟慕其富貴婦者家
之所由盛衰也
范文正公曰吾吳中宗族甚盛于吾固有親
疎然自吾祖宗視之皆其子孫其饑寒安
得而不恤也
黃山谷云士夫家不可令書種斷絕遇子孫
有才者使可名世
陸象山云人家之興替在禮義不在富貴假
令貴為公相富等崇愷而人無禮義正為
家替若簞食瓢飲肘見纓絕而人有理義
正為家興
祖宗父母之心只是願吾子孫長進做好人

周思兼《家训》

其次，江南家风家训受到皇朝政权的影响日益显著。明清统治者为加强思想文化的专制统治，极力推崇程朱理学，统治者出于加强政治、经济和思想文化上的专制统治的需要，相应地要求作为家长也要加强对子弟家人的管束和教化，以保证社会基层的稳定。朱元璋十分重视社会风俗教化，认为“为治之要，教化为先”。[1] 他对家训也十分重视，当他见到浙江浦江《郑氏规范》后，颇有感触道：“人家有法守之，尚能长久，况国乎！”[2] 皇帝们甚至躬身亲撰帝训，以示范民间、鼓励百姓，如朱元璋《祖训录》《诫诸子书》，朱棣的仁孝文皇后撰有《内训》，自

[1]（清）谷应泰：《明史纪事本末》卷一四。

[2]《明太祖实录》卷二五五。

己撰有《诫诸子书》，告诫子孙如何保守天下。

正是基于这种社会风俗教化的政治目的，朱元璋亲自撰写了《教民六谕》："孝顺父母，尊敬长上，和睦乡里，教训子孙，各安生理，毋作非为。"他将此布诏天下，以此作为社会教化读物。"教民六谕"对当时家训创作影响极大，不少家训创作直接引用该诏谕作为家族教化的准则。如高攀龙《家训》称："人失学不读书者，但守太祖高皇帝圣谕六言……时时存心上转一过，口中念一过，胜于通经，自然生长善根，消沉罪过。在乡里中做个善人，子孙必有兴者。各寻一生理，专守而勿变，自各有遇。"[1] 又如项乔《项氏家训》，开篇即告示家族曰："伏读太祖高皇帝训辞……呜呼，这训辞六句切于纲常伦理、日用常行之实，使人能遵守之便是孔夫子见生，使个个能遵守之便是尧舜之治。"[2]

教民六谕是通过乡约等形式渗透到基层之中的，所以直至1914年编纂的武进《前坟荡张氏宗谱》中仍然以"乡约六条"为名刊登"教民六谕"的全文。所谓乡约，始于北宋陕西蓝田的吕大临、吕大防兄弟于熙宁九年（1076）创立的吕氏乡约，这只是一个单纯的教化组织。在明代经过王阳明等人的改造，乡约从单一的教化功能向兼有保甲、社仓、社学等社区管理功能转变，乡约组织成为一种按政府要求，由民间自办的社区基层组织形式，其目的在于整饬社区生活秩序，加强以自我约制为主的社区管理。在明隆庆、嘉靖之后，明朝政府大规模推行乡约制度。据记载，嘉靖四十四年（1565）徽州全府推行乡约条例，将宗族编约，宣讲教民六谕："城市取坊里相近者为一约，乡村或一图或一族为一约，其村小人少附大村，族小人少附大族，合为一约，各类编一册，听约正约束"。[3]

清朝建立后，依然对思想控制和教化十分重视。顺治九年（1652）曾将朱元璋《教民六谕》在全国颁行，名曰《六谕卧碑文》，只改动其中两个字。顺治

[1]（明）高攀龙：《高子遗书》卷十，《文渊阁四库全书》第1292册，台湾商务印书馆1983年版。

[2]（明）项乔：《项氏家训》，《项乔集》，第516—517页。

[3] 嘉靖《徽州府志》卷三《风俗》，《北京图书馆古籍珍本丛刊》史部地理类29册，书目文献出版社1988年版。

十六年，清朝正式命令成立乡约，规定朔望要宣讲圣谕六言。康熙九年（1670），在《六谕卧碑文》基础上亲自拟订了《圣谕十六条》，教育八旗子弟，并颁行全国。其曰："敦孝弟以重人伦，笃宗族以昭雍睦，和乡党以息争讼，重农桑以足衣食，尚节俭以惜财用，隆学校以端士习，黜异端以崇正学，讲法律以儆愚顽，明礼让以厚风俗，务本业以定民志，训子弟以禁非为，息诬告以全善良，诫窝逃以免株连，完钱粮以省催科，联保甲以弭盗贼，解仇忿以重身命。"明令要求八旗和全国各州县乡村切实宣讲。雍正即位后，又对《圣谕十六条》逐条训释解说，名曰《圣谕广训》，于雍正二年（1724）二月颁行全国，要求各州县乡村设立乡约，朔望齐集百姓宣讲《圣谕广训》，希望通过"宣讲圣谕""化民齐民"。[1]同时辑录康熙的训言而成《庭训格言》。这些措施强化了家风家训的思想导向，也为当时江南各家族所遵守。如盛宣怀家族《龙溪盛氏宗谱》中有《乡约宜遵》条，称："今于宗祠内仿乡约仪节，著各宗副于每月朔望拈香日禀请宗领，随同宗长，率各分子姓入祠。定一人为宣讲，择少年音声响亮，或新进秀才充之。宣讲《圣谕广训直解》二条，周而复始，庶使之家喻户晓，礼义廉耻，油然而生，以臻一道同风之始。"[2]毗陵胡氏在《公祠规约》中也有"重讲演"一条，称："祠堂当特设讲正、讲副二人，每月朔望率族中子弟，往祠堂听讲，或讲四书，或讲乡约，或讲故事，上以严父兄之教，下以谨子弟之率，耳提面命，最足遏恶于未萌，悔过于己，往迁善于将来，且进而听必拜，毕而退必拜，聚而必揖，散而必揖，肃肃雍雍，子弟习仪，莫便于此。"[3]值得注意的是，这一时期江南地区的家风家训对教化对象的道德要求有越来越苛刻的趋向，这也是和官方的导向密切相关的。

这一时期家风家训的另一个特点是更加通俗化、日常化，"礼以义起"成为

[1] 王尔敏：《清廷〈圣谕广训〉之颁行及民间之宣讲拾遗》，《中央研究院近代史研究所集刊》1993年6月，第22期。

[2]《龙溪盛氏宗谱》卷一《家训》，1943年木活字本。

[3]《毗陵胡氏重修宗谱》卷一，光绪二年木活字本。

訓俗遺規卷之一

桂林後學陳宏謀編輯

司馬溫公居家雜儀（公名光字君實謚文正）

宏謀按正倫理篤恩義辨上下嚴內外居家之要道也。溫公正色立朝為有宋第一等人物。而正身以正一家。法肅意周可為古今儀則。所著家範父子祖孫兄弟叔姪夫婦一家之中各盡其道。皆有懿行以實之。堪與小學並傳。限於卷帙。不及附刊。得此而遵循不越亦足以整齊門內無愧型家之道矣。

凡為家長。必謹守禮法。以御羣子弟及家衆。分之以職。（謂掌倉廩廐庫庖廚舍業田園之類。）授之以事。（謂朝夕所幹及非常之事。）而責其成功。制財用之節。量入以為出。稱家之有無以給上下之衣食及吉凶之費。皆有品節而莫不均一。（盡其所有而均之。雖糲食不飽。敝衣不完。人無怨心。）裁省冗費。禁止奢華。常須稍有贏餘。以備不虞。

凡諸卑幼事無大小。毋得專行。必咨稟於家長。（易曰。家人有嚴君焉。父母之謂也。安有嚴君在上而其下敢直行自恣不顧者乎。雖非父母。當時為家長者。亦當咨稟而行之。則號令出於一人。家政始可得而治矣。）

凡為子為婦者。毋得蓄私財。俸祿及田宅所入。盡歸之父母舅姑。當用則請而用之。不敢私假。不敢私與。

凡子事父母。（孫事祖父母同。）婦事舅姑。（孫婦亦同。）天欲明。咸起盥

訓俗遺規 卷一 居家雜儀 一 培遠堂

陈宏谋《训俗遗规》

家族礼仪秩序调整的新原则。家训走向通俗化、日常化，其原因首先在于家训撰写者希望有更多的受教者，不仅仅限于家族子孙。陈龙正曾说，高攀龙“又虑世久族多，未必皆为士类，鄙词谚语时或引用。士人观此亦足助警省，农工商贾听此亦足保身家，微仅为可见子孙计，直为无穷不可见之子孙计，又为天下凡有子孙者通计也。不曰远以深乎？”[1] 其次，由于这一时期，平民撰写家训成为主流，大部分作者文化水平不高，家风家训内容大多是辗转传钞，文字自然趋向通俗易懂。同时，他们更加关注让家风家训解决日常生活中遇到的各种各样的问题，比如子女教育，夫妻关系，财产分配和增值等，因此使得家风家训更加务实，更加人情化、更具可操作性。

有学者认为，家风家训中“形而下的东西越多，则意味着形而上的思想观念相对缺乏，家训发展已经走向衰落时期”，[2] 这固然有一定的道理，但是从另一方面来看，家风家训更加务实和人情化，同样也意味着家风家训在未来出现变革和创新的可能。这一点在当时已经有所体现，这就是“礼以义起”原则的兴起。古

[1]（明）高攀龙,《高子遗书》卷十《家训》。

[2] 曾礼军:《江南望族家训研究》，中国社会科学出版社 2017 年版，第 99 页。

人有言必称“三代”的习惯，在提及宗族、家庭关系，都离不开周代的宗法制度和宗法思想。但是现实是，正如吕思勉早已提及的，宗族的发展是随着时势发展而变更的，周代的宗法制度只能“盛于天造草昧之时”，[1]自宋明以后已逐渐消亡。因此在宋明理学家的提倡下，人们开始不顾政府的礼制，自行祭祀始祖、始迁祖及高曾祖祢四代，政府也随之放宽禁令，允许民间建祠庙，祭祀四代先人。在这种情况下，正如冯尔康先生所言，明清时期的人们既不能违背“三代”的经典和理学家对宗法理论的诠释，又要照顾到所处时代的俗礼，于是乎“礼以义起”成为人们的共识。[2]这就是要根据新情况改革古典礼制，但不能离开经典精神。“礼以义起”的原则之发起始于江南，江南人向来务实，不爱空谈，又重创新，故而强调权变。顺治、康熙间宜兴任源祥提出“礼以义起，权不反经”。他建宗祠时，认为当时“聚族而居者往往至数十世，属疏指繁，欲萃其涣，而收其心，非祠堂不可”。然而祠堂非古制，是遵从“程子祭先祖，朱子祭迁主之意”而兴的，可以实现人们怀念祖先的心意，所以是“礼以义起，权不反经，而萃涣敦风，于世教有裨益焉”。[3]他的意思是，先王制礼是依据礼法的要求和人情的意向，后人则要考虑变化了的世情和人们的新意愿，在制礼的时候，既要应注意原则性（经），又要有一定的灵活性（权），这样制定的新宗法，就能合人情，联涣散，有益于世道人心，从而形成良风美俗。乾隆时无锡人、《五礼通考》的作者秦蕙田说得更加明白，他称：“礼以义起，法缘情立，不衷诸古，则无以探礼之本，不通于时，不足以尽物之情，如宗法为人后一事，此极古今不同之殊致也。”按古礼，大宗无嗣必须立后，小宗无子则不得立后。秦蕙田认为这是“三代以上之言，不可行于后世”，为什么这种规范不能实行，因为世事变化了，世卿世禄制已不存在，大宗不能长保富贵而收族，小宗却可能出人才而冒尖，怎能不许他立后？如若不然，强立大宗，压抑小宗，违背情理人意，家族怎能兴旺？再说，有小宗来

[1] 吕思勉：《中国社会史》第八章《宗族》，上海人民出版社 2007 年版，第 253 页。

[2] 冯尔康：《18 世纪以来中国家族的现代转向》，上海人民出版社 2005 年版，第 92 页。

[3]（清）任源祥：《宗祠议》，《宜兴任氏家谱》卷二，1927 年木活字本。

祭祖，总比先人没有人来祭祀要好。他最后告诫世人："论礼者慎无泥古以违今也。"[1]"礼以义起"成为了当时江南人处理传统礼制的共识，如盛宣怀的父亲盛隆称："礼以义起，协诸人心以为安也，顺也，体也，宜也，称也。"[2]可见所谓"礼以义起"，其实就是根据实际的情况，以最大化维系宗族的利益为标准，调整现有的宗族礼仪，提高宗族的凝聚力，扩大宗族的影响力。正是这种"礼以义起"的权变思想，为江南地区的家族在近代化之后提供了一种变革的可能。

[1]（清）秦蕙田：《辨小宗不立后》，贺长龄、魏源编《清经世文编》卷五九，中华书局 1992 年版。
[2]《重建祠堂碑记》，《龙溪盛氏族谱》卷一六《祠堂记》。

第二章　传统社会江南家风家训的经验

一、传统社会江南家风家训的特色

综观中国传统社会的家风家训，基本内容上其实相差无几，对子弟进行国家所倡导的“三纲五常”的人情伦理教育是基本出发点，伦理道德是宣扬的永恒主题，“叙人伦”“联宗族”是共同的宗旨。但另一方面，正如古人所言，“百里不同风，千里不同俗”，一个地域甚至一个小地区，也会有自己独特的风俗习尚。明清时期，江南的发展达到鼎盛，商品生产发达，商品流通规模空前，各地商帮云集。一些新的思想观念、新的文化艺术在这里逐渐成长，涌现出大量的文学家、思想家、艺术家，诗文、书画、戏曲独领风骚，学术流派众多。明人章潢在其《三吴风俗》中曾如此称赞江南文明：“夫吴者，四方之所观赴也。吴有服而华，四方慕而服之，非是则以为弗文也；吴有器而美，四方慕而御之，非是则以为弗珍也。服之用弥广，而吴益工于服；器之用弥广，而吴益精于器。是天下之俗，皆以吴侈；而天下之财，皆以吴富也。”江南地区得天独厚的地理环境和悠远的人文历史不仅影响了江南人民的内在气质、思维方式、性格特征，而且铸造了优秀的江南文化。江南文化是世代江南人的灵魂和血脉，是江南地区生息和繁荣的基础，对长三角的发展和演进有着极大的影响，同时也渗透和影响了这一地区的家风家训。从这个层面来看，明清时期江南地区的家训既具有普适层面上的“范世”意义，同时其地域特色也不容忽视。概括而言，明清时期江南地区的家风家训有以下几个方面的特色。

（一）修身立人

中国传统家风家训产生发展归根结底是重视子孙教育的结果，一篇篇或长或短的家规家训无不体现着对家族子孙后代的殷切期望、谆谆教诲，因为子孙的贤达与否直接关系到家族盛衰兴替。宋代邵雍就指出：“克肖子孙，振起家门；不肖子孙，破败家门。猗嗟子孙，盛衰之根。”[1]这也决定了子孙后代的成人和成才是传统家训教化的最核心也是最重要的内容。要让子孙成人与成才，最重要的就是修身立人，道德培养。方孝孺在《杂诫》中云：“爱其子而不教，犹为不爱也。教而不以善，犹为不教也。”[2]因此在传统社会的家风家训中，道德教化占据了至关重要的地位，这也是家风家训最重要的特点。

《大学》有言：“自天子以至于庶人，壹是皆以修身为本”，因此“修身”是中国传统儒家思想的重要内核，也是儒者们大声疾呼的“齐家治国平天下”的前提与根本。家风家训对修身的阐述，正是这一理念的体现。袁采《袁氏世范》在谈及为何要重视道德为先的修身教化时，从“性有所偏在救失”的角度进行阐释：“人之德性出于天资者，各有所偏。君子知其有所偏，故以其所习为而补之，则为全德之人。常人不自知其偏，以其所偏而直情径行，故多失。《书》言九德，所谓宽、柔、愿、乱、扰、直、简、刚、强者，天资也；所谓栗、立、恭、敬、

[1]（宋）邵雍：《击壤集》卷一八《盛衰吟》，《景印文渊阁四库全书》第1101册，台湾商务印书馆1987年版。

[2]（明）方孝孺：《方孝孺集》卷一，浙江古籍出版社2013年版，第27页。

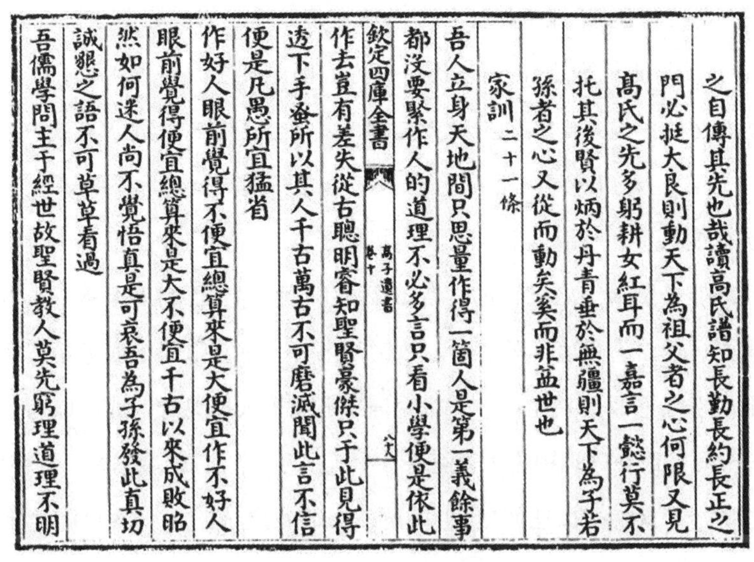
之自傳其先也哉讀高氏譜知長勤長約長正之
門必挺大良則動天下為祖父者之心何限又見
高氏之先多躬耕女紅耳而一嘉言一懿行莫不
托其後賢以炳於丹青垂於無疆則天下為子若
孫者之心又從而動矣奚而非益世也

家訓二十一條

吾人立身天地間只思量作得一箇人是第一義餘事
都沒要緊作人的道理不必多言只看小學便是依此

欽定四庫全書　高子遺書　卷十

作去豈有差失從古聰明睿知聖賢豪傑只于此見得
透下手處所以其人千古萬古不可磨滅聞此言不信
便是凡愚所宜猛省

作好人眼前覺得不便宜總算來是大便宜作不好人
眼前覺得便宜總算來是大不便宜千古以來成敗昭
然如何迷人尚不覺悟真是可哀吾為子孫發此真切
誠懇之語不可草草看過

吾儒學問主于經世故聖賢教人莫先窮理道理不明

明高攀龙《高子遗书·家训》

毅、温、廉、塞、义者，习为也。此圣贤之所以为圣贤也。”[1] 人性先天就有所偏失，只有通过后天的学习才能达到全德，成圣成贤。这正是理学家关于修身养性的思想在家训中的运用和教化。

明清时期江南存在着一个庞大的文人集团，他们深受儒家思想的熏陶，认为修身既可以让士人“求令名于世”，独善其身，保全家族；也能将来治国平天下，兼济天下。江南人重读书，但是读书先要修身立人，所谓“太上立德”，“做好人”是第一要义。高攀龙在《家训》中言：“吾人立身天地间，只思量作得一个好人。”[2] 唐文献《家训》亦曰：“第一要思量做个好人，至于读书作文，登科登第，又落第二义矣。”[3]“做好人”，就是强调人的道德品质和性格特征的教育，重视道德为先的人格教化。一般来说，家训教化者希望自己的家族子孙能够通过读书来获得功名富贵，但同时更注重以成圣成贤为目标，要求其子孙通过读书来

[1]（宋）袁采：《袁氏世范》卷二，《中国历代家训集成》第 2 册，第 728 页。
[2]（明）高攀龙：《高子遗书》卷十，《文渊阁四库全书》第 1292 册，台湾商务印书馆 1983 年版。
[3]（明）唐文献：《唐文恪公文集》卷一六《家训》，《四库全书存目丛书》集部第 170 册，齐鲁书社 1997 年版。

修身养性，培养健康的人格特征和高尚的道德品质。朱柏庐治家格言中言："读书志在圣贤，非徒科第。"常州庄氏在这方面的阐述更是鲜明："夫人一身非小，并天地为三才；一念非微，通鬼神无二理，其要在先定志。孔子有观志之训，孟子有尚志之言，固知终身之底绩，起于一念之发端。彼颓靡不振者，诚无足比数，即使智能料事，材堪立业，而学问不根于身心性命之微，经济不范于修齐治平之道，终非圣贤豪杰之极轨也。当知富贵不在爵禄，而自有至富至贵者存；生死不在躯壳，而自有不生不死者存。故读诗书者，不止取科第而务希圣贤；业菑畬者，不但求温饱而贵兴礼让。夫然后吾身不愧于天地鬼神，而可以为圣贤豪杰矣。"[1] 上海顾氏在家训中也批评有些读书人"于搦管时思量作秀才，一作秀才，便轩然里闬，武断乡曲，里中此小口角，必欲致之成讼，既贪口腹之饱，复图非义之财，自持甚小，如何得长进"？所以更重要的是立志修身，"思量我这个身子，可以顶天立地，可以功建名立，断不沾沾于餔啜小利已也"。正如朱熹所言"读书志在圣贤，为官心存君国"。[2]

明清江南商品经济发展，对于传统伦理道德产生了极大冲击，甚至有些士人也将读书作为谋利的工具，在这种情况下，士绅们尤其强调修身立人的重要性："今人教子，上者读书，下者谋利。其实读书亦谋利也，可叹可叹！不拘读书谋利，必以修行为主，读书则将圣贤言语实体诸身，谋利则非力不食，非义不取。不能修行，即贵为卿相，富比陶朱，与犬豕无异也。"[3] 故其家风家训中特别重视个人的品性修养，如敦厚德、守诚信、知廉耻等。士绅家庭这种对于修身的重视，也影响了其他类型的家庭。几乎所有家族都强调修身立人，内容也涉及各个方面，无论小到日常的坐立之姿的教育还是大到品行气质的培养，敦亲睦族的导引，循循善诱其做个体面之人，充分体现了父兄长辈对子孙成材成器的良苦用心。如著名的上海黎阳郁氏家族以"居仁由义，继其先志，修身立德，克振家

[1]《毗陵庄氏族谱》卷一一，1935 年铅印本。

[2]《顾氏汇集宗谱》卷一，1930 年刻本。

[3]《冯氏宗谱》卷一，光绪三十二年伦正堂木活字本。

声”作为行辈命名，并称：“自来贤人君子，凡足以享盛名、成大事、建巨勋，退可以独善其身，进可以兼善天下，盖莫不于斯基之故。欲子孙之克振家声，尤必于修身立德。”[1]

修身立德并不只是一个人一代人的事，更需要代代传承，所以家风家训特别强调要世世代代德行善行的累积，即“积善积德”。朱柏庐对积德有很详尽的论述：“积德之事，人皆谓惟富贵，然后其力可为。抑知富贵者积德之报，必待富贵而后积德，则富贵何日可得？积德之事，何日可为？惟于不富不贵之时。能力行善，此其事为尤难，其功为尤倍也。盖德亦是天性中所备，无事外求，积德亦随在可，不必有待。假如人见蚁子入水，飞虫投网，便可救之。又如人见乞人哀叫，辄与之钱，或与之残羹剩饭。此救之与之之心，不待人教之也，即此便是‘德’。即此日渐做去，便是‘积’。”修德即是积善，积善即能成德。积善需日积月累，才能由小成大，由小惠成大德。徐祯稷在《耻言》中也指出“为善易，积善难”：“或问于余斋曰：为善者，必得天乎？曰：未也。为善者，必得人乎？曰：未也。夫为善易，积善难。士之于善也，微焉而不厌，久焉而不倦，幽隐无人知而不间，招世之疾逢时之患而不变。是故根诸心，诚诸言行，与时勉勉，不责其功夫，然后亲友信之，国人安之，而鬼神格之也。善积未至，其畴能与于斯乎？”[2]

为了宣传积善成德思想，家训作者还常常以“福善祸恶”的因果报应观念来训诫家族子孙积善行德。《易经》中“积善之家，必有余庆；积不善之家，必有余殃”之语经常得到引用，陈继儒《安得长者言》言：“一念之善，吉神随之；一念之恶，厉鬼随之。知此可以役使鬼神。”[3]江南很多家族在家风家训中都提倡“积阴德”或者“积阴骘”，希望通过勉力为善积德，让自己免于灾难，亦为子孙积福，家运绵延。所以家训中经常引用司马光《家仪》中的名言：“积金以遗子孙，子孙未必能守；积书以遗子孙，子孙未必能读；不如积阴德于冥冥之中，以

[1]《黎阳郁氏家谱》卷一二，1933年铅印本。

[2]（明）徐祯稷：《耻言》，《四书未收书辑刊》第6辑第12册，北京出版社1998年版。

[3]（明）陈继儒：《安得长者言》，《四库全书存目丛书》子部第94册，齐鲁书社1997年版。

为子孙长久之计。”洞庭东山沈氏曾以其数十年的切身体验进行总结：“吾交识半天下，数十年间，有所谓不善之人，问其家，或绝，或丐；有所谓善者，则或兴旺，或富贵矣。天道无亲，维辅善人，信不谬也。”[1]而曾经产生出东北抗联名将冯仲云和美国三院院士冯远桢等的武进余巷冯氏则对“人但见朱门世宦作恶而富贵考终，白屋布衣修善而贫贱夭折”的现象进行了解释，认为“不知作恶而获福者，其植根深也；修善而不享者，其植根浅也。世宦之家，祖宗积德既厚，子孙虽恶，一时消折不尽，譬如千年乔木根柢深固，虽频加斲削，郁茂自如。若祖宗原无积累，小小修善，安可便望福祥？”[2]

另外，明清时期江南善书的广泛盛行密切相关，也对家风家训的编纂产生了一定的影响。所谓善书[3]，是指宣扬伦理道德，以劝人为善为宗旨的民间通俗书籍，明清时期，善书极为盛行，流通量几乎与四书五经相埒。善书强调善有善报，恶有恶报的因果报应之说对于世俗民间的影响不言而喻。如苏州张氏在“积阴骘”中力证“积善余庆”之理：“如吾郡世家，若潘若彭若吴若翁，往往鼎甲出于其门，皆赖此为左券之操耳”。更有很多士人亲自参与善书的编纂工作，他们的科第功名故事也与善恶因果报应相联系，为人们所津津乐道。

相传武进人赵熊诏参加康熙庚午（1690）秋试时，第五次应试失败，痛苦不堪，准备带上平时所读的书和撰写的文章，投河自尽。其父亲，康熙间著名的廉吏赵申乔劝他编撰《太上感应篇注训证》，并身体力行。一年以后，编写完成，赵申乔为他刊印出来。后来，在康熙己卯年，赵熊诏中举，己丑年中状元。还有武进庄氏和苏州彭氏的惜字故事也脍炙人口：

彭氏与武进庄姓，世皆称为积善之家。雍正丁未科，余曾祖芝庭公

[1]《洞庭东山沈氏宗谱》卷一，1933年石印本。

[2]《冯氏宗谱》卷一，光绪三十二年伦正堂木活字本。

[3] 关于善书研究，参看游子安《劝善金箴：清代善书研究》（天津人民出版社1999年版）、[日]酒井善夫《中国善书研究》（江苏人民出版社2010年版）等相关著作。

讳（启丰）与武进庄公名（柱）者同榜。庄母太夫人梦三神人议是科鼎甲，一神曰："论先世阴德，庄与彭相埒，惟本人惜字一节，庄不及彭。"一神曰："果尔，即改彭为第一可矣。"及胪唱后，始知庄本拟元，乃芝庭公则以第十卷改为第一。此事当时熟在人口，庄因此益专意惜字。后两子俱中鼎甲，长为方耕侍郎（存与），乾隆乙酉榜眼，次为本醇学士（培因），甲戌状元，此畲两家惜字之报可据者如是。而世人不察，辄谓予家专奉文昌，得拣笔篆之术，遂于科第如探囊取物。余家自国初以来虔奉文昌则信有之，笔篆事近渺茫，本非可以为训，未敢为吾子告也。"按彭芝庭尚书系雍正丁未会状，而其祖南昀侍讲（定求）实先为康熙丙辰会状，祖孙以会状相继者，海内无第二家。而其后嗣科第尚蝉联不断，仅就余所稔知者，如修田侍郎（希濂）曾典试吾闽，苇间太守（希郑）与家大人司官礼部，远峰编修（蕴辉）与曼云公为己未同年，咏莪亦成进士，入枢直，擢少京兆，其少子又于庚子中北闱副车，知其先世积德之深，食报之远，似尚不仅惜字之一端也。[1]

正是在这种"积阴德"风气的推动下，明清江南许多大家族不仅传播积德思想，还积极制定"积善"举措，在实际生活中努力从事公益慈善事业，希望通过勉力为善、积善、乐善来为子孙谋取福祉。首先是系统地周恤族中贫弱无力者，公置义田，设义庄、义冢、义学，并制定详细的"义庄规条"、"族议规条"等等，使得族人无论是孀妇守节，孀居无子，青闺守志，怙恃均失的弱岁婴孩，年老鳏夫等都有相应的救济措施，蔚然成为系统。

义庄由范仲淹于北宋皇祐间（1049—1053）在苏州首创。范仲淹《告诸子及弟侄》曰："吴中宗族甚众，于吾固有亲疏，然吾祖宗视之，则均是子孙，固无亲疏也。苟祖宗之意无亲疏，则饥寒者吾安得不恤也。自祖宗来积德百余年，而

[1]（清）梁恭辰，《北东园笔录》卷一《彭庄二家惜字》，笔记小说大观本。

始发于吾，得至大官，若独享富贵而不恤宗族，异日何以见祖宗于地下，今何颜入家庙乎？”所以他设立义庄，并制定了相应的义庄规矩：

一、逐房计口给米，每口一升，并支白米。如支糙米，即临时加折（支糙米每斗折白八升，逐月实支，每口白米三斗）。

二、男女五岁以上人数。

三、女使有儿女在家及十五年，年五十岁以上，听给米。

四、冬衣每口一匹，十岁以下、五岁以上各半匹。

五、每房许给奴婢米一口，即不支衣。

六、有吉凶增减口数，画时上簿。

七、逐房各置请米历子一道，每月末于掌管人处批请，不得预先隔跨月分支请。掌管人亦置簿拘辖，簿头录诸房口数为额。掌管人自行破用或探支与人，许诸房觉察勒赔填。

八、嫁女支钱三十贯（七十七陌，下并准此），再嫁二十贯。

九、娶妇支钱二十贯，再娶不支。

十、子弟出官人每还家待阙、守选、丁忧，或任川、广、福建官留家乡里者，并依诸房例给米、绢并吉凶钱数。虽近官，实有故留家者，亦依此例支给。

十一、逐房丧葬：尊长有丧，先支一十贯，至葬事又支一十五贯。次长五贯，葬事支十贯。卑幼十九岁以下丧葬通支七贯，十五岁以下支三贯，十岁以下支二贯，七岁以下及婢仆皆不支。

十二、乡旦、外姻、亲戚，如贫窘中非次急难，或遇年饥不能度日，诸房同共相度诣实，即于义田米内量行济助。

十三、所管逐年米斛，自皇祐二年十月支给逐月糇粮并冬衣绢。约自皇祐三年以后，每一年丰熟，椿留二年之粮。若遇凶荒，除给糇粮外，一切不支。或二年粮外有余，却先支丧葬，次及嫁娶。如更有余，

> 方支冬衣。或所余不多，即凶吉等事众议分數均匀支给。或又不给，即先凶后吉；或凶事同时，即先尊口后卑口；如尊卑又同，即以所亡所葬先后支给。如支上件糇粮吉凶事外，更有余羡数目，不得粜货，椿充三年以上粮储。或虑陈损，即至秋成方得粜货，回换新米椿管。[1]

此后，范仲淹二子范纯仁、三子纯礼、四子纯粹，从宋神宗熙宁六年到宋徽宗政和七年间又撰有《续定规矩》，对义庄的经营管理，以及财产保护等内容进行了规定和限制。南宋宁宗嘉定六年，范仲淹六世孙范良又制定《续定规矩》。

范氏义庄作为历史上兴起最早、持续时间最长的赡族设施，对后世产生了重大的影响，后世的义庄和义田等都基本上以范氏义庄为楷模和标准，“范文正公创义田以惠族，古今嘉慕之”。江南地区在南宋150余间仿立义庄者，有十余例。明代时，江南设立义庄者渐见其多。其中万历时青浦县顾正心置济荒、义学、赡族诸田40000亩，其子顾懿德复置田万亩为助役田，这是当时江南义庄规模最大的。就地域而言，苏州、松江、常州、镇江、应天、杭州、嘉兴、湖州等江南各府或多或少都置义庄。而江南宗族义田真正获得发展的则是在清代，尤其是清中期以后，据范金民先生的不完全统计，仅苏州府有178所义庄，其中三

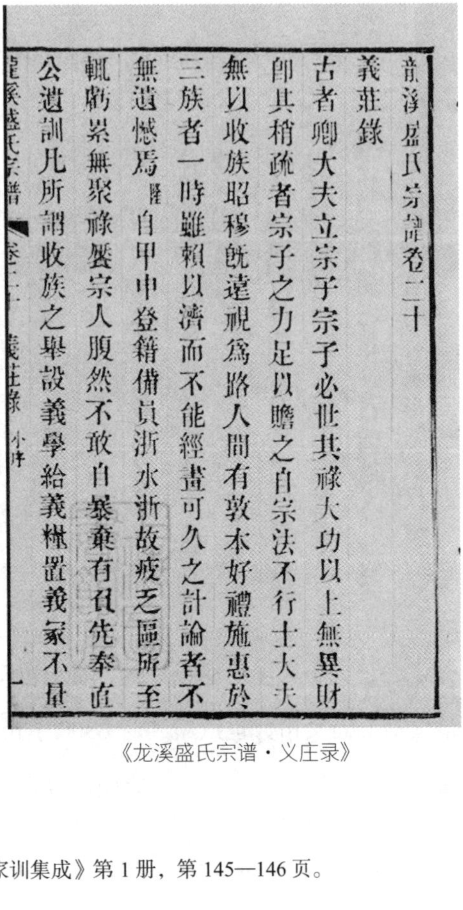

《龙溪盛氏宗谱·义庄录》

[1]（宋）范仲淹：《范氏义庄规矩》，《中国历代家训集成》第1册，第145—146页。

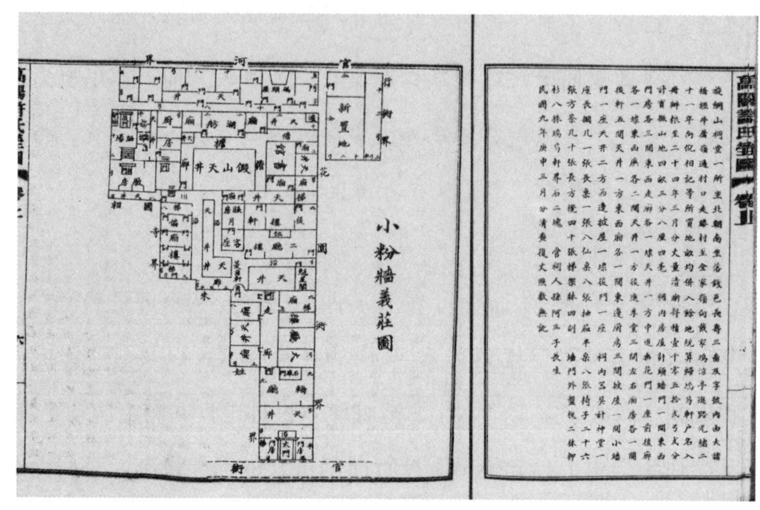

高阳许氏小粉墙义庄图

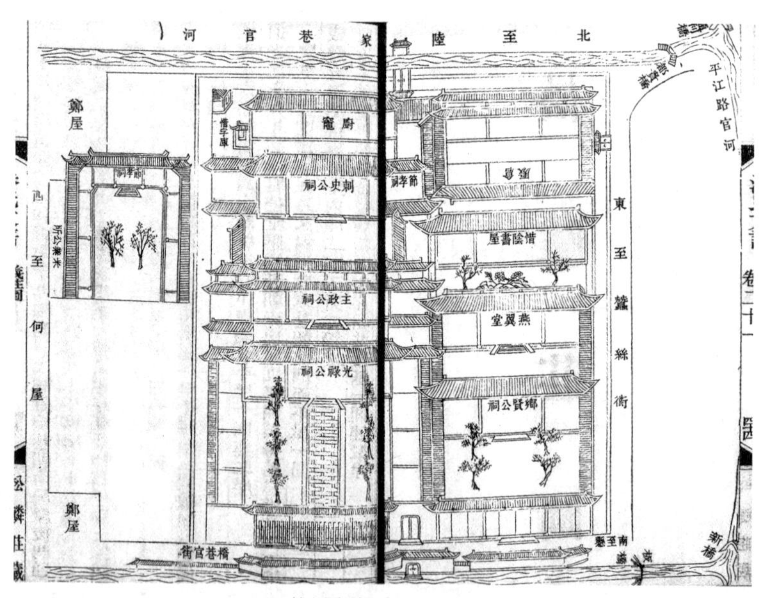

苏州大阜潘氏义庄图

分之二是太平天国之后设立的，而常熟昭阳地区的 91 个义庄，有 65 个建立于同治之后。而义田数也从康熙时 6300 余亩增加到清末的 16—17 万亩，占苏州府所有土地总数的 2.6%。[1] 宗族内的互助救济是凝聚族众，维持宗族稳定的重要手

[1] 范金民:《清代苏州宗族义田的发展》,《中国史研究》1995 年第 3 期。

段，而且从客观效果看，对宗族成员之间的财富差异作一些调节，也对稳定地方秩序与缓和社会性的贫富矛盾，有一定的积极作用。

明清江南大家族不仅周恤族人，也在地方上广设各色名目的社会福利机构，包括修桥、铺路、施衣、施药、施棺、修学、建祠等，资助弱势群体，泽披四方，并订立制度，成立机构，形成了比较健全的慈善体系。

传统中国慈善事业的发展与江南密切相关，范仲淹创办义庄，也是中国民间慈善事业脱离佛教影响之始。到了明清时期，正是在江南士人的推进下，中国传统民间慈善事业进入了成熟期，具有完善的操作规范，以一定地域所有民众为救济对象的大量的善会善堂涌现是其典型标志。据日本学者夫马进的研究，这类善会善堂最早是万历十八年（1590）由杨东明创建河南虞城县同善会。不过夫马进指出，杨东明的同善会具有两方面的性格，它既是地方名流借之联络感情的亲睦会，又是施行救济的社会福祉团体。最早纯粹的慈善救济性质的同善会则是由东林七子之一的常州人钱一本最早付诸实施的武进同善会。同善会与东林学派关系甚巨，高攀龙曾为常州同善会作序，言："钱启新先生倡同善会于毗陵，其会岁以季举，会者人有所捐聚而储之，见有隐于中者施之，于是无告之人，寒者得衣，饥者得食，病者得药，死者得槥，同会者人人得为善。"[1]除了同善会之外，钱一本还办有专门助老的同寿会，所谓"故谓敬老可以兴孝，则同寿有会；埋胔可以兴仁，则同善有会，皆与二三同志为之，每岁数举无倦"。[2]同善会产生了深远的影响，其流风不久播及无锡，同善会开始时，另一位东林领袖无锡刘元珍参与其中，"又与钱一本为同善会，表章节义，优恤鳏寡，有言非林下人所宜者，元珍曰：'痌瘝一体，如救头目，恶问其宜不宜也。'"[3]不久，刘幼学开始在无锡试行，"吾邑陈子志行闻之，欣然曰：'夫学岂托之空言，将见之行事，此其为

[1]（明）高攀龙：《高子遗书》卷九《同善会序》。

[2]《东林书院志》卷二二《钱一本传》。

[3]《东林列传》卷二一《刘元珍传》。

行事之实乎？'"[1] 至万历四十二年，高攀龙正式在无锡实施同善会。高攀龙和钱一本，创办同善会的宗旨其实与东林派一贯的思想相辅相成，是"专一劝人为善"，即寓含着教化乡民，建树良好的社会风气，并以此挽救日益衰颓的时势的目的，所以高攀龙每当同善会聚会之际，都进行公开演讲，用通俗易懂的语言，劝人为善，并宣讲明太祖的六条圣谕。这和他们的政治理念完全一致，同时也显示了中国的民间慈善组织从一开始在根本目标上与官方一致，和官方的关系可谓相辅相成。

在常州和无锡的同善会的影响下，江南其他地区的同善会也相继创建，陈龙正在崇祯四年（1631）创立了嘉善同善会，陆士仪等创立了太仓同善会等。正如学者梁其姿所言，明末江南同善会具有崭新的社会性格，其理念主要在于处理世俗社会问题，它们也不似宋代的救济组织，处处由中央政府或地方官领导，而以地方上无官职而有名望的人为领袖，同时被救济的人的资格并不受官方机构所订的注籍所限制；再者，这些善会也不同于以救济家族成员为主的义庄，是一个前所未有的中国社会新现象。[2] 正是在这些江南士人的推动下，明清江南地区通过民间力量举办社会福祉事业的活动极为活跃，慈善机构数量之多，规模之大、财力之足在全国首屈一指，一个全方位、多层次的慈善体系日趋完善。据王卫平统计，清代苏州的三个附郭县下属乡镇善堂总数就达到 31 个，[3] 而常州府附郭县乡镇善堂总数更是接近 60 个。

但也正如学者早已指出的，士绅们参与慈善事业，固然是出于积善积德的考虑，也是其为了维护自身及本支的既得利益和提高自身社会政治地位所采取的相当高明而有效的手段。更何况，久而久之，社会上容易出现这些思潮，即积善积德只是富人或者权贵的专利，普通人连资格也没有。所以早在宋代，应俊在著名的善书《琴堂谕俗编》中就指出这种言论的谬误，将用金钱助善的阳德和助人为乐的阴德分开："夫所谓阴德者，非独富贵有力者能为之，寻常之人皆可

[1]（明）高攀龙：《高子遗书》卷九《同善会序》。

[2] 梁其姿：《施善与教化》，第 52 页。

[3] 王卫平、黄鸿山：《中国古代传统社会保障与慈善事业》，群言出版社 2004 年版，第 281 页。

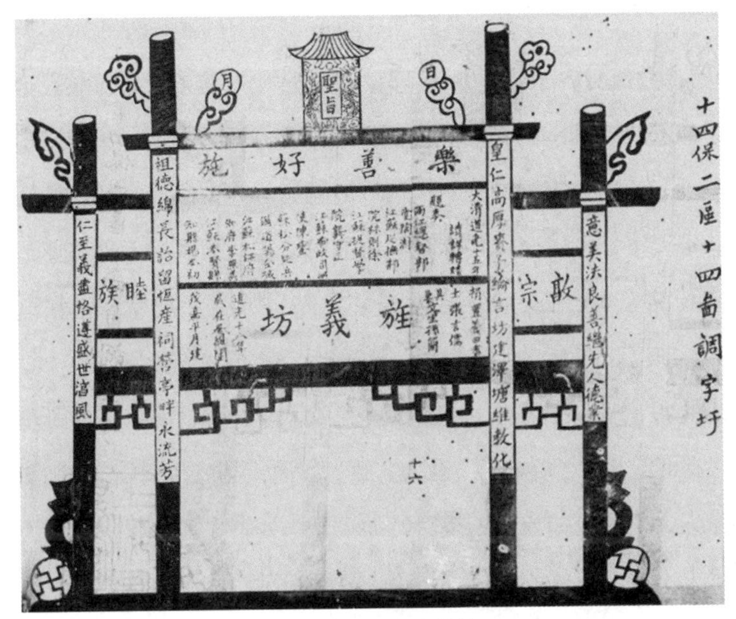

奉贤张氏乐善好施牌坊

为也。世有乐施者，施棺、砌井、修桥、整路，此皆阳德也。惟能推广善心，务以方便，不阻人之善，勿成人之恶，不扬人之过，人有窘乏吾济之，人有患难吾救之，人有仇雠吾解之，不大斗衡以掊利，不深机穽以陷物，随力行之，如耳之鸣，惟已自知，人无知者，此所谓阴德也。”[1] 武进花墅盛氏也对“积德必费钱，非有力者不能”的观念进行辩驳，他们认为“有力者应修有力之德”，但积善积德并不只是“施棺、修学、建祠等事”，而是“自有不费钱之德”，“如一言而为人解纷，使人父子睦，兄弟和，夫妇顺，亲戚友朋释怨，则阴功已大。如方长不折，启蛰不杀，只字必惜，一砖一石碍人行者平之去之，皆德也。由此扩充，若后逐条所载，勿以为小而不为，自然积小以高大，故善必曰积，德必曰崇”。[2] 洞庭东山沈氏也认为，只要“事事物物，惟存厚道行方便”即为行善积德，而非“以奉斋、诵经、饭僧、供佛、烧香、修建殿宇、装塑神像以为

[1]（宋）倪思：《劝积阴德文》，（南宋）郑至道等编《琴堂谕俗编》，《中国历代家训集成》第2册，第1169—1170页。

[2]《毗陵盛氏族谱》卷一，1915年思成堂木活字本。

积善”。[1]

古人常言：“修身齐家治国平天下”，中国古代家族（家庭）是社会的基本细胞，国家是在家族基础上的扩展和延伸，家国具有同构特征，正家、治家，推而广之即是正国、治国。家国同构，治国以齐家始，齐家以修身始，修身是为了齐家、治国、平天下，所以个体人生观与价值观培养的微观层面最终还是要上升到家国天下责任的宏观层面。张永明《语录》言：“余平生所学，惟守忠信笃敬四字。以此存心即以此诲人，以此教家，即以此治国，未尝须臾离也。”[2]袁采《袁氏世范》更是提出居官居家本一理的观念：“居官当如居家，必有顾藉；居家当如居官，必有纲纪。”[3]吕本中《舍人官箴》亦说：“事君如事亲，事官长如事兄，与同僚如家人，待群吏如奴仆，爱百姓如妻子。处官事如家事，然后为能尽吾之心。如有毫末不至，皆吾心有所不尽也。故事亲孝，故忠可移于君；事兄弟，故顺可移于长；居家治，故事可移于官。岂有二理哉！”[4]

明清江南家族科第兴盛，为官者众多，因此其家训在论及修身立人时，也多会上升到家国天下，要求子孙后代要清廉为官、精忠报国、待民如子。如范仲淹《告诸子及弟侄》言：“汝守官处小心，不得欺事，与同官和睦多礼，有事即与同官议，莫与公人商量，莫纵乡亲来部下兴贩，自家且一向清心做官，莫营私利。”[5]为官不得欺事，和睦同僚，莫营私利，这些都是为官守职的教化。后世家训中这方面更加详尽，如徐三重《家则》如此言道：

子孙读书，倘幸出仕，当以国事为家事，民心为己心，不得但躐荣，苟图身利。毋苛刻以博能声，毋卑屈以媚贵要，毋费民以奉所临，

[1]《洞庭东山沈氏宗谱》卷一，1933年石印本。

[2]（明）张永明：《张庄僖文集》卷五《语录》，《景印文渊阁四库全书》第1277册，台湾商务印书馆1987年版。

[3]（宋）袁采：《袁氏世范》，《中国历代家训集成》第2册，第740页。

[4]（宋）吕本中：《少仪外传》，《中国历代家训集成》第1册，第563页。

[5]（宋）范仲淹：《与中舍二子三监簿四太祝书》，《全宋文》卷三八三，巴蜀书社1990年版，第697页。

毋枉法以徇所畏。昭昭国典，奉以公平；暗暗下情，体以忠恕。更念国家给俸，本足资官，独以食费自浮，乃若不迨，于是乎苟且以充用，则不惟轻昧国恩，而生平名节扫地矣。当思此亦国计民脂，身口之外，不得一毫浪费，则用度自余，自然不必分外。夫分外一毫，即贪也。贪之一字，古今大戒，不惟终身不齿，子孙亦且羞之，已为士大夫，何可不严戒而痛绝也？子弟官卑俸薄，父兄主家当计所需资给，毋令空乏，以全其节，亦彼此相成之道，不得谓身已仕国，遂吝家物也。[1]

家训中在涉及立人修身时就特别强调重廉耻："读书立品，廉耻为先。盖人有不为，而后可以有为。此定理也。晚近士风不古，利欲熏心，奔竞钻营，败捡踰闲，机械变诈，丧心罔利。种种恶习，皆坐不知廉耻耳。夫舜跖分途，只争善利，顾乃口读诗书，行同市井，卑鄙龌龊，尚可厕于士君子之林耶。我族有洁身自好，顾惜廉耻者，吾爱之重之。至寡廉鲜耻之徒，亦及思晚。盖前愆毋自怙终可也。"[2] 所以在涉及为官之道时，尤其注重清正廉洁的教育。这在吕祖谦《家范》中表现得尤为突出，吕祖谦《家范》第三部分是"官箴"，主要包括吕祖谦《官箴》及其伯祖吕本中《舍人官箴》等内容。官箴是古代从政之戒规，为官之箴言，吕本中与吕祖谦所撰"官箴"倡导廉政清白的为官之道，记录了整个家族对如何做一个好官的思考与总结。吕本中《舍人官箴》主要从正面规定如何做一个好官：

当官之法，唯有三事：曰清，曰慎，日勤。知此三者，则知所以持身矣。然世之仕者，临财当事不能自克，常自以为不必败。持不必败之意，则无不为矣。然事常至于败，而不能自已。故设心处事，戒之在初，不可不察。借使役用权智，百端补治，幸而得免，所损已多，不若初不为之为愈也。司马子微《坐忘论》云："与其巧持于末，孰若拙戒

[1]（明）徐三重：《鸿洲先生家则》，《四库全书存目丛书》子部第106册，齐鲁书社1997年版。
[2]《顾氏汇集宗谱》卷一，1930年刻本。

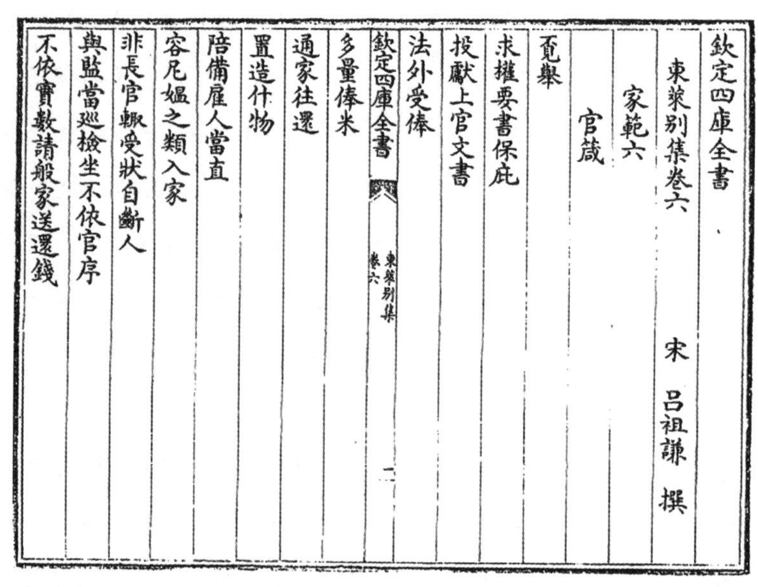

欽定四庫全書

東萊別集卷六　　宋　吕祖謙　撰

家範六

官箴

覔舉

求權要書保庇

投獻上官文書

法外受俸

欽定四庫全書　東萊別集　卷六　二

多量俸米

通家往還

置造什物

陪備雇人當直

容尼媪之類入家

非長官輙受狀自斷人

與監當巡檢坐不依官序

不依實數請般家送還錢

宋吕祖谦《家范·官箴》

于初。”此天下之要言，当官处事之大法。用力寡而见功多，无如此言者。人能思之，岂复有悔吝耶！[1]

吕祖谦《官箴》则确定一些戒律，其二十六条“禁令”中二十五条都是围绕“廉”来立箴的，从钱粮俸禄，到日常生活物资，再到请送往来的赠送礼品，与清廉为官的大大小小各个方面都有所涉及，目的是倡导清明廉洁的廉政风气。其他家训中也有清廉为官的教化，如《郑氏规范》曰：“子孙出仕，有以赃墨闻者，生则于谱图上削去其名，死则不许入祠堂。”[2] 明代大学士吴宗达曾言：“吾忝为多士之师，率先模范，愧无素履。今刻意自简，又以寻常馈问，亦聒噪苞苴，故京中书仪，一概谢绝。清俸亦复不敷，汝曹可识此意。语云：‘惟俭可以养廉。’真名言也。”他还告诫子弟“须努力进取”，如果“以干牍通姓氏，门第淹孤寒，

[1]（宋）吕本中：《少仪外传》，《中国历代家训集成》第 1 册，第 563 页。

[2]（宋）郑义：《旌义编》卷二，《中国历代家训集成》第 1 册，第 1180 页。

非吾本怀也”。[1] 曾任山西巡抚的许鼎臣在给儿子许之渐的信中也说自己是两袖清风，“吾在晋一物不取，勿望我有银钱归也”，所以不能对他有任何依靠。[2] 常州冯氏家谱家训中专门有居官一条，举出家族先贤居官廉明的案例让后世学习。如曾任陕西盐运使的冯达道说：“守土之官宜为百姓造福，无为一己造孽。无造孽即所以造福。”他每次到任之日，都要在神前发誓：“自今以后，若许飞蚨一片入我掌中，百姓纵无如我何，其如天道何？诛殛一惟神命。”他在户部时，尝力争江西蠲粮一案，“人皆谓此事种得隐德不小”，他却说：“吾自见义必为，岂望报哉！”[3]

爱护百姓也是为官教化的重要内涵之一。如《郑氏规范》曰：“子孙倘有出仕者，当蚤夜切切，以报国为务。怃恤下民，实如慈母之保赤子；有申理者，哀矜恳恻，务得其情，毋行苛虐。又不可一毫妄取于民。”[4] 崇明黄氏在家训十戒中有专门“戒后人为仕者，刑当慎之”之条，并指出：“凡有后代为官者，不可不尊吾祖训言，三思之也。总之当权之人，握符秉轴，有所平反，有所昭云，只在念头动，舌头动，笔头动，一霎时间耳。而皇天后土，实鉴临之矣。”[5]

早在战国时，荀子在《儒效篇》中云：“儒者在本朝则美政，在下位则美俗。”这种观念深深地影响着士大夫们。松江陈继儒在《安得长者言》中说：“做秀才，如处子，要怕人；既入仕，如媳妇，要养人；归林下，如阿婆，要教人”。[6] 这里的“教人”便是“美俗”。江南科第盛，官员多，他们退隐之后也在地方上发挥着重要的影响，特别是在明清王朝末期国家和地方政府的权威逐渐薄弱时，士绅开始更多地参与地方事务，通过各种方式来行使本该由政府承担的责任，以他们为主导力量的水利、灾荒、慈善、治安等民间组织和民间活动的

[1]（明）吴宗达：《涣亭存稿》卷二八《遗安堂训》。

[2] 周铮：《许鼎臣家书拓本笺证》，《中国历史博物馆馆刊》1998年。

[3]《冯氏宗谱》卷一，道光十七年木活字本。

[4]（宋）郑义：《旌义编》卷二，《中国历代家训集成》第1册，第1180页。

[5]《黄氏家乘》，1914年刻本。

[6]（明）陈继儒：《安得长者言》，《四库全书存目丛书》子部第94册，齐鲁书社1997年版。

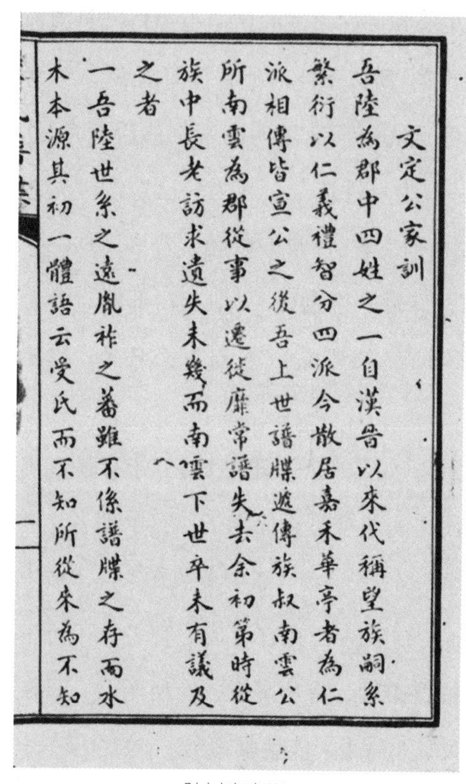

文定公家訓

吾陸為郡中四姓之一自漢晉以來代稱望族嗣系繁衍以仁義禮智分四派今散居嘉禾華亭者為仁派相傳皆宣公之後吾上世譜牒遞傳族叔南雲公所南雲為郡從事以遷徙靡常譜失去余初第時從族中長老訪求遺失未幾而南雲下世卒未有議及之者

一吾陸世系之遠胤祚之蕃雖不係譜牒之存而水木本源其初一體語云受氏而不知所從來為不知

陆树声家训

日益完善，这是江南各地保持内在协调和有效控制的重要原因。但另一方面，士绅们依仗权势，干预行政，把持乡里也屡见不鲜，明清时人论及当时江南士绅，几乎众口一辞，深恶痛绝。曾任应天巡抚的海瑞承认：“苏松四府乡官，贤者固多，其人厉民致富者诚不为少。”[1] 华亭人董容概括松江府缙绅居乡行为时也说：“吾郡缙绅家居，务美宫室，广田地，蓄金银，盛仆从，受投谒，结官长，勤宴馈而已，未闻有延师训子，崇俭寡欲，多积书，绝狎客者。”[2] 声震江南的民抄董宦事件和明末清初的奴变在很大程度上是这种矛盾积累到一定程度的爆发。有鉴于此，约束子弟奴仆，减少乡人的不满，在地方上真正做到“在下位则美俗”，也是各望族关注的重要方面。曾官居大学士的吴宗达在家训中告诫其子弟：“大抵公府无事相涉，慎勿往干，杜门守分而已。有事则加慎勿与直，东躬待罪而已。此弭祸要术。”陆树声在《陆氏家训》中也说：“余年八十有一，列仕版者近五十年。平生多病嗜退，家食之日多，就禄之日少。弟中丞自登第以来，洊历台省，晚至开府，然皆恪守家风，在官则廉慎自守，居乡则安静寡营。”[3] 再如状元唐文献在《家训》中说：“汝辈虽杜，其间亦有学中公事，及亲戚燕会，不免一出者，须要简省仆从，不必侈丽冠服，非大风雨及远行，不得辄乘帷轿，夜归不

[1]（明）海瑞：《海瑞集》上编《被论自陈不职疏》，第 237 页。

[2]（清）董含：《三冈识略》卷四补遗《读书种子不可绝》，第 95 页。

[3]（明）陆树声：《陆氏家训》，《陆学士杂著》本，明万历刻本。

得仆从，不必侈丽冠服，大风雨及远行，不得辄乘帷轿，夜归不得辄用擎灯，及令家人延街呵喝。如此赫奕气势，但博得闾巷细民逊避羡艳而已。不知儒素家风，一时扫地，有识之士，笑且鄙之矣。人而使十百小民欣羡，较之一二有识叹服，所得孰多？况吾家百五六十年来，衣冠诗礼之族，尤比一时崛起者不同，汝辈当存素风，不可自趋恶习。至于接待亲友，须一味谦卑慎重，不可轻狂躁率。凡遇我平日交与之人，即当待以后辈之礼，其尤密者，皆称伯叔，侍奉坐随行，不得放肆。”[1]此是训诫家族子孙要低调行事，不事张扬，免招人口舌。而大学士孙慎行所在的武进孙氏家族在这方面的规定更加详细：

> 一是禁倚托青衿，出入衙门：天下秀才之足重者，以其才可以为卿为相，而其德可以为圣为贤也。则当读书以养其才，修行以畜其德，士之自待以此，朝廷之待士亦以此。乃有自恃儒冠，包揽钱粮讼事，串通衙役，支吾官府，此真名教之匪类，而祖宗之罪人。不可以玷族谱，并不可以列宫墙。吾族有犯此者，量事大小，轻则宗祠创惩，重则申详学台黜革。
>
> 一是禁故纵奴仆，为害乡里：凡为卿大夫者，必须加惠桑梓，不可生事害民。然或已虽廉谨而奴仆横行，不能察访惩戒，小人无忌，惮其为害，何不可胜言者矣。失于觉察与故纵同，族人不遵此禁，宗祠严诫，仍令重责生事之仆。若再犯，族众至其家，立逐其仆。
>
> 一是禁位居显要，把持官府：凡乡绅之于郡县官，当赞襄其美，而辅导其不及。若干以私，即为自轻。如吾族后人有显者，徇私言事，自恃显要，压制有司，使之不得不从，族众同至宗祠劝谕。不悛，量事议罚。

值得注意的是，很多家族家训中还包含着对国家和民族命运的深切关怀，以及坚持个人良知和道德气节方面的内容。武进孙氏家规有“禁立朝分党，贪位附

[1]（明）唐文献：《唐文恪公文集》卷一六《家训》，《四库全书存目丛书》集部第170册，齐鲁书社1997年版。

权”的条目，指出：“士君子出仕，而持禄保身，一无建白，已为可耻。若复分党局而附权门，立身之不正，其报国可知已。况党盛必致祸，权衰必杀身。居官所当切戒。”还举其先祖明代名臣孙慎行的事例：“昔文介公当逆阉柄国时，独能矫然无党，其遣戍宁夏也，蚤办一死，决志不拜魏忠贤生祠，其理学直节，真堪千古”，告诫后世之孙，“有登仕籍者，当以为法。倘犯此禁，通族鸣鼓摈逐，永不许入祠”。[1] 许鼎臣在家书中也体现了强烈的使命感和虽千万人而吾往的坚持，在提到了国家现状时，他说：“决不能坐视危亡也。吾政不能枉己以媚之，恐节未便与我。今止以封疆多难，人皆缩首，一片血诚，吾未能已，故且需之，否则乞差而归也。”他坚信自己能够在历史上留下印迹：“吾束身砥砺，苦心兵间，将士感德，饥民受恩，狡贼畏威，明神昭格，种种实迹，自堪不朽。此后祸福未可知，然死生有命，听之而已。”所以不管面对再多的困难和阻挠，都会勇往直前，坚持不懈：“官之大小，命也，岂可容容徼福，坐待升迁哉！吾计决矣，先与吾儿言之，死生祸福听之天耳。”“吾以不媚中贵，直纠贪吏，触忌遭谗，功将成而罢归，想儿辈以为忧，吾则甚乐，儿辈以为辱，而吾则甚荣。”[2]

常州庄氏对这一方面尤其重视，庄氏第一位进士庄𥙷谆谆教导自己的子孙要“勉勉循循，各相砥砺”，要让别人见了一定称道：庄氏是“有礼义之教，而出是贤子贤孙”。从此之后，庄氏奠定了以忠良传家，世代恪守，临危不苟，坚贞不移的清白家风。他们曾指出“忠”有各种含义，《韩诗外传》说：“有大忠，有次忠，有小忠。”但是只有“不有其身，不二其心，乃真忠耳”。所以“臣子当国家无事之时，固当尽言尽职，为国为民，不为肥身营家之计。至于临利害，遇事变，死生存亡，间不容发，盟金石而不渝，炳日星而有曜，方得谓之忠贞。若依阿取容，无独立不惧之节；持禄养安，无公而忘私之心，则平日读书何为？朝廷亦安用此臣子哉？”著名学者庄起元还专门撰写了“禔躬四箴”，让后世子孙将其作为做人处事的座右铭：

---

[1]《毗陵孙氏家乘》卷一，道光十三年木活字本。

[2] 周铮：《许鼎臣家书拓本笺证》，《中国历史博物馆馆刊》1998年。

治生之道不出開源節流二端開源在勤節流在儉二者皆務本而得之非妄營非分也凡墾田穀植萊菜時畜牧積糗糧皆勤之義凡慎土木禁紈綺汰冗役算食費皆儉之義怠惰燕安者不知務本其督責猛鷙者人不堪命將解體掉臂是欲開反塞矣侈汰淫佚者靡有幅限其鄙瑣刻核者多至招怨將多藏厚亡是欲節反蕩矣蓋理財者以廣大而兼節儉損有餘而補不足大學生食衆寡云云所謂導於不涸之源藏於不竭之府也

禔躬四箴

莊氏族譜 卷十九志 訓誡 八

死生之際大矣輕於鴻毛重於泰山辨之不可不早也爲臣死忠爲子死孝赴鼎鑊而毫無畏怖欲惡有甚於生死也士君子當思七尺之軀終歸有盡倘臨大節而隱忍苟活靦顔天壤之間何如名標青史令萬古精光炳炳不可淹滅耶

取與之介嚴矣萬鍾非鉅一簞非細顧其道義何如耳舜禹受唐虞之禪夷齊甘首陽之餓古之聖人外何知有天下內何知有吾身哉士君子當有草芥簪裾塵壒珠玉之梗概彼讓千乘而無德色贈麥舟而無矜容者豈宜於今

《毗陵庄氏族谱》《禔躬四箴家训》

死生之际，大矣！轻于鸿毛，重于泰山，辨之不可不早也！为臣死忠，为子死孝。赴鼎镬而毫无畏怖，欲恶有甚于生死也！士君子当思七尺之躯终归有尽，倘临大节而隐忍苟活，觍颜天壤之间，何如名标青史，令万古精光炳炳，不可淹灭耶？

取与之介，严矣！万钟非巨，一箪非细，顾其道义何如耳！舜禹受唐虞之禅，夷齐甘首阳之饿。古之圣人，外何知有天下，内何知有吾身哉？士君子当有草芥簪裾，尘壒珠玉之梗概，彼让千乘而无德色，赠麦舟而无矜容者，岂宜于今人中求之耶？

去就之间，肃矣！筮仕择主，卜交相士，始之不慎，而稍有藉托依附之态，如落坑堑，然终无昂首扬眉之日矣！士君子当特立独行，招不来，麾不去。神龙变化，不受鱼饵。威凤翱翔，不入鸟笼。非立身行己之标的耶？

语默之几，微矣！三缄弗易，一诺弗轻，若之何易其言也。《易》严应违，《诗》谨酬报，一脱于口，如奔驷然，不可挽矣！士君子当沉几静蓄，观变需时，昌言而利溥，不言而机密，若呐若思，凛属垣之叵测，鉴扪舌之罔功，谁谓出言之可易耶？[1]

首先，作为一个君子，应该知道七尺之躯终归有尽之日，所以到了临大节的关头却隐忍苟活、厚颜无耻地活在天壤之间，还不如舍生取义，这样才名标青史，令万古精光炳炳不可淹灭。其次，子孙“取与之介”要严。所谓“万钟非巨，一箪非细”，在取和与之间，关键是要看其中的道义，而作为一个君子，必须要有视显贵如草芥、视珠玉如尘土的气度。第三，一个君子要保持特立独行的独立态度，招之不来，挥之不去，不接受诱惑，不接受约束，这就是立身行己的目标。第四，平时应该保持沉静，蓄势待发，观察时变，表达观点就要勇于直言，造福社会。

这一点更加体现在了对国家和民族命运的深切关怀，以及坚持个人良知和道德气骨方面。明清易代之际，常州恽氏以遗民自居，他们曾经在家训中讨论《易经》中大过上九之卦的内容，即“过涉灭顶，凶，无咎。”他们认为：“上居过之极，过涉灭顶，时、位、应尔。此士之致命而功不济者也。”有时候可能用尽性

知吉凶不顧義命進退存亡遂有失其正者不覩聖人之處亢乎知進不知退知存不知亡知得不知喪惟有一正而已乾之亢不失正即繫之動貞夫一聖人之道如此又謂諸兒曰逆境難處况在遲暮其惟學乎故曰不學便老而衰學則見性見性則知化知化則適時適時則自得窮通得喪處之既一又何慼焉傳曰君子所性大行不加窮居不損分定故也識得分定則一切計較安排皆無著處即不自適其適不可得矣吾等今日所可用力所可相勗者止此若夫境遇在天豈人之所能爲哉昔人有三旬

惲氏家乘　卷之一　祖訓　八

九食處之泰然者彼誠有以自樂也此雖常談然求今日治心良藥竟無有過此者吾兒試當拂意時一爲省察何如

南田公示姪曰吾所以欲汝忍死同守一意不欲汝出門向陶奴輩丐斗粟者正以汝祖在弗敢有尺寸踰越耳不然吾何癖愛此賤與貧而欲以身殉之至九死而猶不忍舍耶饗人不能自贍而餓而死者有矣餓而死者常有不必餓死而竟餓死者不常有何則餓死者身不死者心惟不欲死其心故甯遺其身而存其心

《恽氏家乘·家训》

[1]《毗陵庄氏族谱》卷一一，1935年铅印本。

命也不一定能够达到目标，但如果“因其凶而咎之，则全身远害之说胜，乡愿小人之术售，而舍生取义者为有愆矣”，所以《易经》才会说“不可咎也”。再回想“启祯以来，死事诸臣，凶如之何？然人臣大经，卒以无憾，岂可咎哉？”那些拼命抗清，为国死难的诸人，虽然面临凶险万端，甚至要付出生命的代价，但这就是一个士人的大道，所以牺牲生命也无憾。所以“瞽史惟知吉凶，不顾义命，进退存亡，遂有失其正者”，而圣人“知进不知退，知存不知亡，知得不知丧，惟有一正而已”。只要心中有的是正道，就要勇往无前。著名画家、诗人恽南田在明清之际拒绝出仕，以卖画为生，虽清贫潦倒，却一直坚持原则。他教训子弟时说：“吾所以欲汝忍死同守，一意不欲汝出门，向陶奴辈丐斗粟者，正以汝祖在，弗敢有尺寸踰越耳。不然，吾何癖爱此贱与贫，而欲以身殉之，至九死而犹不忍舍耶？窭人不能自赡而饿死者有矣。饿而死者常有，不必饿死而竟饿死者不常有，何则？饿死者身，不死者心，惟不欲死其心，故宁遗其身而存其心。”他并不是偏爱贫贱，而是为了真理要以身相殉。所以饿死的事常有，不必饿死却最终饿死的事却不常有？因此“饿死者身，不死者心”，所以宁愿放弃生命，也要让精神永存。[1] 面对威权相逼时，不畏权势，抗言相争，使天地为之震撼，他们独立的思想和灵魂，闪耀出了人性的崇高和伟大。这种对独立人格、不羁人生的强烈追求，其中暗含绝不依附任何权贵的无畏无待的超然气度，在专制统治不断强化的明清时期真如长夜中划过之流星。这样的家训被收入家谱，会变成一种文化积淀，对家族成员的人格培养产生持久而深刻的影响，从而奠定了其家风的精神内涵。

（二）崇文重教

自东晋衣冠南渡以后，江南士族便多以文才相尚。刘知几云：“自晋咸、洛不守，龟鼎南迁，江左为礼乐之地乡，金陵实图书之府。”[2] 在东晋南朝统治者

---

［1］《恽氏家乘》卷一，1949 年光裕堂铅印本。

［2］（唐）刘知几：《史通·内篇·言语第二十》。

文教的提倡下，江南学术发达，世家大族藏书、读书风气盛行，加速了文化的传播，也促进了民风的转变。经唐至宋以后，崇尚文教一直是江南文明鲜明的特征。范仲淹“善国者，莫先育材；育材之方，莫先劝学”[1]之说受到士族推崇，社会兴学重教传统深厚。据清初叶梦珠《阅世编》载，明末松江家弦户诵，县试童子不下二、三千人。[2]这只是松江学校的一方景观，而整个江南学校盛况也由此可以想见。江南历代名士学者更是层出不穷，清代全国四分之一以上的进士诞生在江南，状元半数以上出自江南，榜眼、探花更不在少数，三鼎甲往往为江南人囊括，时至现代，江浙人才在全国仍占优势，其文脉之盛，令人叹为观止。而江南社会普遍崇尚文化，重视教育是这里文人精英辈出，文化繁荣的最重要原因，所谓“士子多以读书世其家”“崇师喜读书者，弦诵之声比屋而是”。15世纪

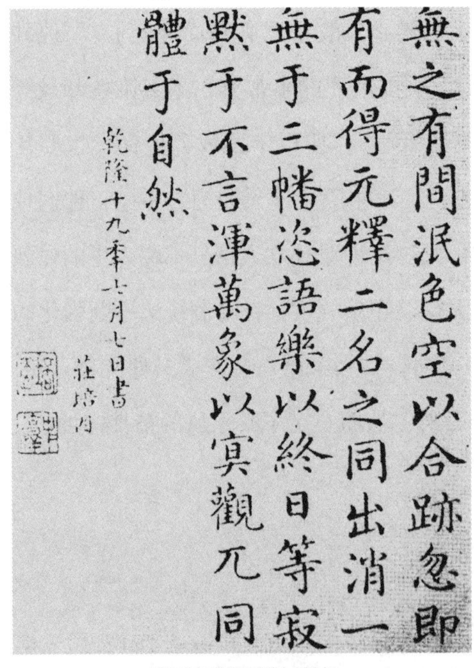

状元庄培因书法墨迹

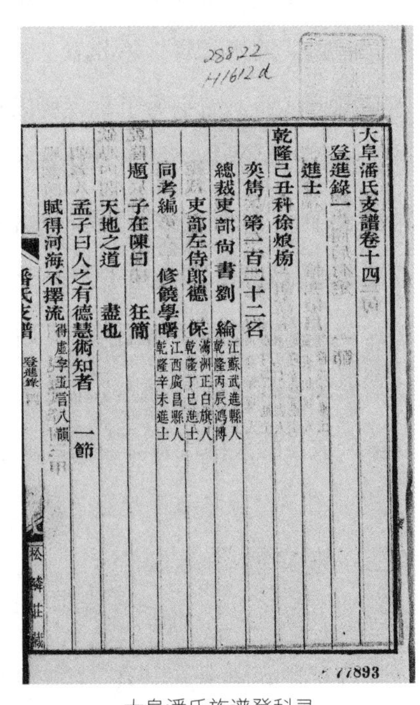

大阜潘氏支譜卷十四
登進錄一
進士
乾隆己丑科徐娘榜
奕雋 第一百二十二名
總裁吏部尚書劉 綸 江蘇武進縣人 乾隆丙辰鴻博
吏部左侍郎德 保 滿洲正白旗人 乾隆丁巳進士
同考編 修饒學曙 江西廣昌縣人 乾隆辛未進士
題 子在陳曰 狂簡
天地之道 盡也
孟子曰人之有德慧術知者 一節
賦得河海不擇流 得虛字五言八韻

大阜潘氏族谱登科录

[1]（宋）范仲淹：《上时相议制举书》,《全宋文》卷三八一，第663页。

[2]（清）叶梦珠：《阅世编》卷二《学校一》，第19页。

末年，途经江南的朝鲜人崔溥在《漂海录》中曾提及：“江南人以读书为业，虽里闾童稚及津夫、水夫皆识文字。”正是在这一浓重的文化氛围中，众多江南学子惴惴自奋，形成一种文化积淀，使得江南地区历来具有群星闪耀的人才优势，因而也获得了更多的发展机会，不断推进江南的繁荣，铸就江南发展史上的一个个辉煌。因此，读书成为江南家族教育的最核心内容，崇文重教也成为江南家风家训的第一个重要特色。

崇文重教之风的形成就在于家族对于教育的重视，当时曾有人如是评价江南常州地区对教育的重视程度：“南国三岁一贡士，士囊书走车马白门者不下八千人，其幸而售者不及五十之一，榜放，大邑报隽多不越三四人，小邑一二人，甚或寂然无闻，盖登贤书之难如此。而毗陵率常居其十之一，世之争健羡之，以谓毗陵独多才，疑殆有天助，不则地脉使然。予独不然其说。毗陵之人非有四目两口可以致青云，登天衢也。父兄教其子弟，子弟之所以承教于父兄，皆以读书明经为急务。其于制举业也，行之以勤，而习之以敏，口不绝吟，手不停披，简练揣摩，必中当世之好，风檐寸晷，每遇一题，则如成诵在心，借书于手。”[1]这虽然是说常州一地，其实也是整个江南的写照。

美国学者卜正民曾经指出，一个士绅家族借助于一代复一代地交递以文化立家的传统，训练其子弟学习和磨练既能成功地为国家服务，又在家乡保持好门第的技能。[2]江南各家族都把读书作为振兴家族的最重要手段，有一整套的促进子弟读书的制度。

江南有大量的由家族为本族成员创办的族学。族学，或称为义学、义塾或家塾等。家族办学的起源，至少可以追溯到周代。《礼记·学记》记载：“古之教者，家有塾，党有庠，术有序，国有学。”这是人们对先秦教育体制构成的扼要概括，

---

[1]（清）陈瑚：《确庵文稿》卷一二《读书堂会业序》，《四库禁毁书丛刊》第184册，北京出版社1998年版。

[2]［美］卜正民，《家族传承与文化霸权：1368—1911年的宁波士绅》，《中国经济史研究》2004年第1期。

这里的“塾”“庠”“序”“学”就是不同级别教育机构的名称。“塾”，《说文解字》解释为“门侧堂也”。也就是说，最早的家族学堂一般建在大门以内的侧堂，延师教子。宋以后，伴随着地方家族组织的繁荣和家族内部各项制度的完善，家族办学日益兴盛。在中国传统社会，官方所办的学校一般只到县一级，虽然地方上也有一定数量的书院和社学，但或是覆盖面不广，或是教育质量不高，需要由家庭或者家族来承担重要的教育功能。因此钱穆说：“就中国文化史而言，学术教育命脉，常在下，不在上。”[1]可见，家族教育并不只是作为官学教育的补充而存在，更是中国传统教育的重要组成部分。江南的望族对此也有清醒的自觉，认为家族教育“有塾以教之，有规以约之，有田以赡之恤之，亦是补国家政教所不逮矣”。[2]

族学基本形态可分为两种，一是面向本族内贫寒而无力上学者的专门性族学，这种族学具有“义学”的性质。常州著名的木商世家屠氏曾创办恤孤家塾，便是这类族学的代表，其规章制度列在族谱之中，成为研究江南家族义学的一个很好的范例。

屠氏义塾专为族中苦节之子无力读书而设，首先在宗祠内设一家塾簿，在之前一年的九月初访明，如果确系节妇孤儿，将孤儿的具体情况如名字、年龄、父母姓名等列在家塾簿中。每年招收的生徒一般不超过十个，这是因为人数太多，则塾师不及兼顾，恐致有名无实。选择老师必请醇谨老成，能实心训诲之士，每年束修 30 千文，按季分送。开塾贽仪 400 文，折席 1000 文，端午、中秋、腊月三节，每节敬各 700 文，年底解馆折席 1000 文。由于义塾主要对象是孤儿，因此自开学后首先教育要孝顺母亲，开始教识字，每人先给二十四孝一本，分作二十四包，除去重复之字，每包注明字数，讲解务要浅显易明。然后再教无锡余治所刻《神童诗》《千家诗》，主题在于劝善惩恶。然后再教授《孝经》，读完教授朱子小学。义塾主人会邀族中数人随时入塾，先是问候老师起居，然后随手取所识字块，让学生识认。或令学生背书，将已经教过的一段或数行令其讲说。能识

[1] 钱穆：《国史概论》，三联书店 2001 年版，第 263 页。

[2]《平湖徐氏世系》卷首，1916 年石印本。

者、能背者、能讲者酌给赏钱，以示鼓励。开塾前，每位学生代置帽一顶，棉布袍一件，布带一条。夏天给夏短褂一件，蕉扇一柄，手巾一条，立冬给毡帽一顶，长絮袄一件，厚棉裤一条。如遇阴雨，每位学生给雨帽一顶，蒲鞋一双。夏天会有大麦茶、冬天会有姜茶供应，三伏日会给老师和学生每天送西瓜三次，冬天还备有热粥和小菜。开学时，每人各给绿布书包一个，凡字块、书本、纸、墨、笔、砚皆按名给发。塾中置长台一张，客椅四张，茶几二张，师方桌一张，脚踏一张，靠椅一张，短桌四张，两个学生合坐一张，小方凳十张。学生晨起入塾，须向老师问好，向师一揖，同时要打扫塾中卫生。放学时亦向老师一揖，回家必须向母亲一揖，如是孤儿，也须向同居尊一揖。上课时不许交头接耳，不许高声大笑，不许欺侮同学，称呼必按行辈，不许呼名连姓，坐立行走，必教以仪容端正。有专门一人看塾，住在义塾中，负责打扫卫生，护送学生回家。学生有聪明伶俐，才识过人的，义塾会努力培养教育。如果质地平常，粗能识字记帐，就让他学生意，会专门邀请熟于算法的教授算法。学生在十一岁以上方令学习。如果学生愿意出塾习生意，每人赠送钱 1400 文。[1]

恤孤家塾規條十則

一訪徒　是塾專爲族中苦節婦之子無力讀書而設先於隔年九月初旬訪明確係節婦孤兒由宗祠設

一恤孤家塾簿登明孤子名某年若干歲父某係何年病故母某氏孀居守節或父母俱亡則一一註明非孤子不得濫入生徒以十人爲率多則塾師不及兼顧恐致有名無實

一擇師　師無論同宗異姓必請醕謹老成能實心訓誨之士浮薄少年吸食鴉片閑遊曠課者不得徇情

屠氏毘陵支譜　卷一　規條十則　一

屠氏恤孤家塾规条

另一种是专门面向族中优秀子弟的族学。盛宣怀家族的人范书院是其中的典型。盛宣怀的祖父盛隆晚年曾有意建族学，但当时太平天国战争刚过，建族学条

[1]《屠氏毗陵支谱》卷一《恤孤义塾塾规十条》，1931 年敬齐堂木活字本。

件并不成熟。同治十一年（1872）宗族议定于常州拙园义庄东建族学“人范书院”，供宗族子弟读书之用。光绪八年（1882），“人范书院”开始动工兴建，盛庚捐养廉银千缗，其余费用则由盛康捐给，盛氏宗族义庄还专辟三百亩族田为读书田，作为常年经费。光绪十五年春，“人范书院”落成，开塾授课，凡族中七岁至十五岁子弟分住院中，聘请品学兼优之师授课。“人范书院”建立后，宗族议定盛隆以下子孙按年量力各捐若干，除每年开支外，以剩余资产为“人范书院”置田。[1]同时规定：盛隆以下子孙任官者岁捐俸廉银一成中之二成，候补、候缺者岁捐薪水一成中之一成，退归林下、游幕在外或读书子弟如有膳养修脯膏火余资，均可随愿乐助书院，以此积少成多，随时置田生息。同时，为族学捐助的族人姓名及出入、盈余一一登记在宗族义庄名册上，以昭核实而示征信。[2]

由于优秀子弟的教育对于家族科举的成败具有直接意义，因而，有的族学对生源严格把关，认为“家塾所以造就人才也，族繁人众，愿学心同，恐浮泛慕名，滥收多取，非经久切实之道”。因此，只有“才质颖异及沉静好学者，同族周知，愿入家塾，于每岁开课日报名附录，果能不虚所闻，使准入塾”。这样经过层层选拔，又资质不凡的子弟，必然会为家族的科举事业作出一番贡献。[3]有些家族还会根据子弟的材质实施不同的教育。如嘉兴姚氏就设有东、西两塾，分别用不同的课业进度，教授“子姓十岁以外，资质聪颖可能造就者”和“子姓十岁以内及十岁外愚钝者”，西塾子弟至十一岁，“读书能有进益者，即宜升至东塾，将东塾之读书难选者，为之更换”。[4]这样一来，既保证了东塾子弟的教育质量，还在子弟中形成了互相竞争的良好的学习氛围。

族学也十分重视师资的选择，认为“师，所以模范人伦者也”。对师资的选拔和考察，有的望族任用族人，有的则选择聘用外姓，但其择师的基本标准是品

[1]《人范书院记》，《龙溪盛氏宗谱》卷二三《义庄录》。

[2]《人范书院捐启》，《龙溪盛氏宗谱》卷二三《义庄录》。

[3]《海盐任氏宗谱》卷首上《任氏义田规列》，1933年铅印本。

[4]《姚氏家乘》，光绪十五年刻本。

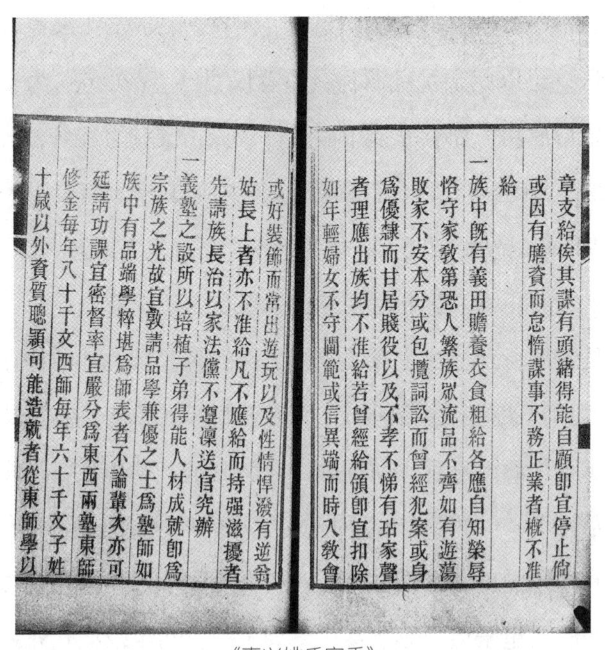

章支給俟其謀有頭緒得能自顧即宜停止倘
或因有膳資而怠惰謀事不務正業者概不准
給
一族中既有義田贍養衣食粗給各應自知榮辱
恪守家教第恐人繁族衆流品不齊如有遊蕩
敗家不安本分或包攬詞訟而曾經犯案或身
爲優隸而甘居賤役以及不孝不悌有玷家聲
者理應出族均不准給若曾經給領即宜扣除
如年輕婦女不守閫範或信異端而時入教會
或好裝飾而常出遊玩以及性情悍潑有逆翁
姑長上者亦不准給凡不應給而持强滋擾者
先請族長治以家法儻不遵凛送官究辦
一義塾之設所以培植子弟得能人材成就即爲
宗族之光故宜敦請品學兼優之士爲塾師如
族中有品端學粹堪爲師表者不論輩次亦可
延請功課宜密督率宜嚴分爲東西兩塾東師
修金每年八十千文西師每年六十千文子姓
十歲以外資質聰穎可能造就者從東師學以

《嘉兴姚氏家乘》

德高尚、举止端方、学问优秀，要求教师能为人楷模，起到表率作用。宝山钟氏家规中有“尊师范”一条，对教师或者家长在为人师表方面提出了要求：“人家盛衰在子弟，其子弟成败在师长。所以师长尽心则子弟良秀而家道昌，师长失教则子弟愚顽而家道替。是师之一身实人家数世所倚赖也。但寒士不得意，借资舌耕，须常思砚田。可以积德，亦可以造罪。盖消磨人馆谷事犹小，而关系人子孙事犹大。惟愿登师位者尽心体，此则养成许多德行，造就许多人才。其功德不可量矣。切勿谓其迂而忽之。”[1] 同时更要求学生对老师尊敬。晚清著名小说家李宝嘉家族家训中有“延师宜敬”，其先祖“家虽贫，每岁必设塾门内，延师课子，起居饮食，必躬为调度”。除了“修脯外”“岁时馈送，物薄而意必诚”。还说：“子弟变化气质，扩充学问，多在于师，有父母之教所不及，而师能导之者。苟非竭诚以奉之，吾之敬衰，则子弟之心怠。”[2] 族学对一些不良行为，也规定了相

[1]《宝山钟氏族谱》，1930 年铅印本。

[2]《李氏迁常支谱》卷一，光绪二十二年木活字本。

应的惩罚措施："戒庞杂：家塾专为读书，塾中子弟亲友往来各有私室，倘私自容留或饮酒游谈，恐以庞杂扰乱课程，违者议罚。""禁外务：为学之道，心思精力凝聚一处，始得成功，如有非塾中事，群聚谈论或分力经营，皆为外务，违者议罚。""惩败类：去良莠，所以餐嘉禾也。塾中如有携带赌具引诱同学，三五成群夜深相聚，或借端出外交结匪人，作为不端，不许复入家塾。"[1] 这就保证了家族教育有一个良好的环境，学生能够一心一意地学习。

由于族学是家族所建，在生源的选择上一般带有排他姓的特点，有的家族还为此特别指出，如嘉兴姚氏义塾规定："此塾为培植宗族子弟而设，外姓不得附入，惟外甥有实系贫而无靠者，须推姊妹同胞之谊，准其入塾，此外无论内侄表亲，不能援以为例。"[2] 可见姚氏除对贫困无靠的外甥网开一面外，其他外姓是不能入学的。但有些族学由于水准甚高，有些甚至在学术界享有盛誉，除了招收本族子弟外，也兼收乡里子弟，影响甚广。如洪亮吉幼年曾在其外家蒋氏的团瓢书屋中学习，常州庄氏家塾则是名噪一时，洪亮吉、赵翼、刘逢禄都是庄氏家塾的学生。这些名门望族的族学还举行文会、诗会，加强家族内部成员的学业交流，以提高其文化素质。如著名的前黄杨氏腾光馆更是如此，洪亮吉回忆道，杨氏"子弟会文之所曰腾光馆，饶有泉石之胜，凡外人预斯会，得隽者又数十人"。[3]

为检验族中子弟的课业进度和教学质量，家族制定了严密的监管和定期抽查、考察的督课或会课制度。著名经济学家吴敬琏先生所在的武进薛墅吴氏家族曾经产生过 10 位进士，家族专门设有"履成堂家课"，一年四课。族中能文者，无论进入县学与否，女婿、外甥亦一律入课。每年逢清明后一日、端阳后一日、中秋后一日、十月朔后一日，会集大宗祠课考，编号糊名给卷，请族中德高望重老宿前辈监场。题目包括：四书文一篇、六韵应制诗一首，尽一日之长缴卷。课考卷送请邑中名师裁定其甲乙，拆卷对号，填名课簿，登明何年何月何期第几卷，并

[1]《海盐任氏宗谱》卷首上《任氏义田规则》，1933 年铅印本。

[2]《姚氏家乘》，光绪十五年刻本。

[3]（清）洪亮吉：《北江诗话》卷五。

将名列前茅第二十人悬牌大堂左侧，以示荣耀。自第一名至第五名，次第发给花红，以资奖励。每年四课，至咸丰十年春因太平天国战争才一度中断，同治后又再度复兴。道光十五年（1835）十月，吴孝铭在《谱序》中称："家课已 500 余期（以 510 期计，每年 4 期，已 130 年左右，则始于康熙四十四年前后），学风之盛，与金坛王氏、储氏相颉颃。"[1] 海昌祝氏家族的《家课规约》则有着详细的规定：

吾先世以力学起家，累世相承，惟以读书振其家声。现逢院试，体先人启佑之谟，必给卷费。为子姓者，更宜刻苦用功，各期仰副。因公议复设会课以为培植计，今开规条于后：

课费：每次面课，其费在西茔存贮账取给，毋烦学者自备。课地以神游阁为佳，不惟搂居高敞，即各支造课各亦经捷。

课期：每岁面课四次，春清明，夏端午，秋中元，冬十月朝。先期，族尊出传单以定课期，每月传课三次，以初五、十五、廿五为期，如面课日规避不到，甘于自弃者，不准给卷费。

课日：各支作文者，限期辰刻齐集，申刻交卷，无论日短日长，不准给烛，其日两点心一午饭，命题监课及作文者，大约以三桌为则。

面课：各带笔砚韵本，早至课所。命题后各归坐位，用心作文作诗，不许出位言谈，有妨功程。作完即行缴卷，各劲所长，不得舞代等弊，致贻悔误。

传课：每月逢五日各自走领题目，仍限即日楷誊，次日交卷。佚阅后同课人自行传看，无许课外私传。其课本仍存执笔处，俟下次面课各自检领，不得先行擅袖，庶可观其进步。

看文：每年四面课，每月三传课，评定甲乙，批示理法。虽体先人启佑之意，实为后学分外增劳。每岁酬金作四次，嘱承管送交，庶使学者心安。

[1]《毗陵薛墅吴氏族谱》卷首，光绪九年木活字本。

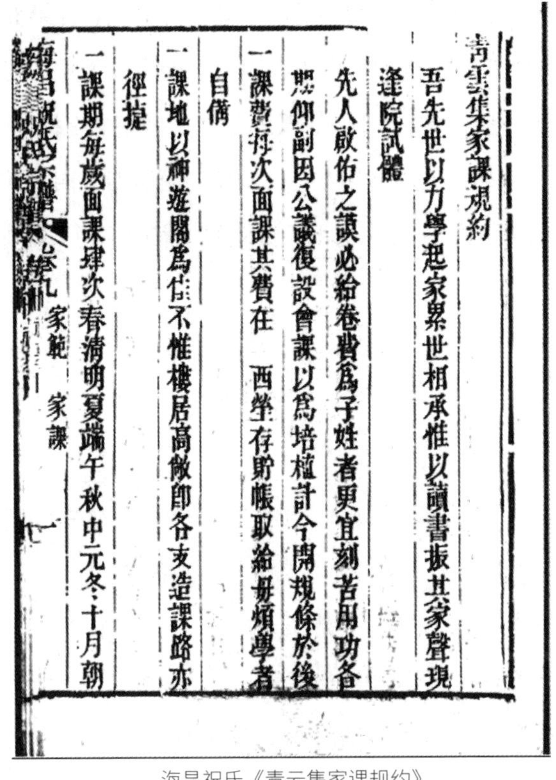

青雲集家課規約

吾先世以力學起家累世相承惟以讀書振其家聲現逢院試體

先人啟佑之謨必給卷費為子姓者更宜刻苦用功各思仰副因公議復設會課以為培植計今開規條於後

一課費每次面課其費在　西塾存貯帳取給毋煩學者自備

一課地以神遊閣為佳不惟樓居高敞即各支造課路亦徑捷

一課期每歲面課肆次春清明夏端午秋中元冬十月朔

海昌祝氏宗譜　卷九　家範　家課

海昌祝氏《青云集家课规约》

会课后，学者果能奋志有为，应州府试名列案首者给钱三千文，如在十名前给半，倘在二十名前亦量给半，以示奖励。[1]

同时各个家族还有相应的奖惩制度，鼓励家族成员读书学习，获得功名，为子孙读书提供了制度上的保证。这对中式者而言不啻为一种鼓舞，使其再接再厉，尤为重要的是，这也激发族中更多子孙努力读书向学，积极应举。如长洲宋氏明文订立“读书进步宜奖也”的规条：“凡生童赴昆岁科试者，由支总开报。未进，给卷资，银一两；已进，给卷资，银一两二钱。入泮者，助蓝衫，银八两。赴乡试者，由支总开报，给考费，银四两。中式者，助袍褂，银二十四两。

[1]《海昌祝氏宗谱》卷九《家范》，光绪七年刻本。

会试者，给考费，银一十六两，中式者，送补褂，银五十两。殿试选充庶常者，送补褂蟒袍，银百两”。[1] 其中产生过抗倭英雄唐顺之和香港特别行政区财政司长官唐英年的唐氏家族宗规中的相关规定最为详尽：

优礼（计七条）

一、童生入学者，给襕衫银贰两；祠生给襕衫银一两，不给膏火；乡试给路费银贰两，今加壹两。登科者贺银陆两，支试给长夫银拾贰两。登甲者贺银拾两，其旗竿、公宴等费，临时公议酌用，毋致虚糜。乡贡者贺银叁两；廷试路费银陆两，不赴试者不给路费。

一、武途入学，给襕衫银壹两；科举有名者，给路费银壹两；乡试中式者贺银叁两；会试路费银陆两；登甲者贺银伍两，不赴试者不给路费。

一、族长，一族之尊也。不与优老同例，岁给代帛银壹两。今给米，以示尊尊之意。年未六十者减半，七十以上加银伍钱，八十以上加银壹两，九十以上加银叁两。

一、年高六十以上者，岁给代布银叁钱。今给为七十以上者，岁给代帛银陆钱，八十以上岁给银壹两，九十以上岁给银叁两，百岁给酒果银拾两。入仕者，八十以上照例。

一、孀妇自三十以内，守至五十以外，砥节无玷者，岁给优恤银壹两。

一、孤儿无佐者，亲房族人应曲为之所。仍公议量给布苧之费，十八岁以上者不在此例。

一、孝弟忠信，行简端方，合族钦服者，间举一二人，给代帛银伍钱，以示激劝，即于冬至日举行。已举过者，五年内不必再举。

训课（计二条）

一、生童四季会课，文定二书。一等给笔墨银叁钱，首名加贰钱，

[1]《长洲宋氏族谱》卷一，光绪三十三年刻本。

贰等给银贰钱，叁等给银壹钱。管年人同族中老成人监试，试规另布。其文义超卓者，出仕人量加奖荐，以示作兴。

一、举贡生监，岁给膏火银贰两，今给米。武举武生员，岁给银壹两。生监休告者，岁给银壹两，不与祭者减半。遇正考，不得与祭者，不在此例。给膏火者，不给优老。若年至八十者，给优老，不给膏火，黜生不给。[1]

其中“优礼”项目共 7 条，有关资助子弟读书、科举的两个条目上，列于族长、老者、孀妇、孤儿等之上，成为最受优待者，其所含之深意不言自明，可见江南家族崇文重教的固然是读书，但重视读书的原因则是科举。正如吴仁安所言：“科举入仕是最为重要的途径，因为做官既可以提高个人乃至家族的声望，又可以迅速增大财富，所以族人出仕为官且代有高官显宦，乃是望族能够形成和

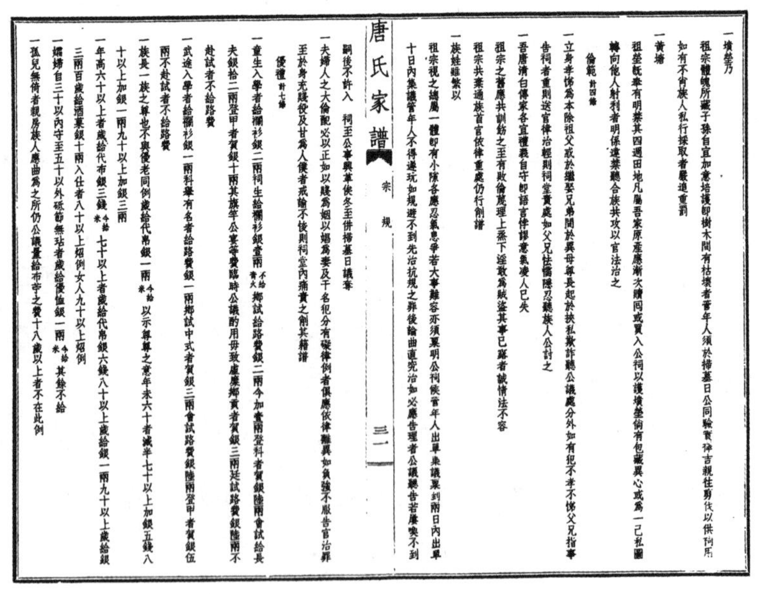
一墳塋乃
祖宗體魄所藏子孫自宜加意培護即樹木間有枯壞者管年人須於掃墓日公同驗實擇吉親往剪伐以供祠用
如有不肖族人私行採取者嚴追重罰
一黃墻
祖塋既奉有明禁其四週田地凡屬吾家原產應漸次贖回或買入公祠以護墳塋倘有包藏異心或爲一己私圖
轉向他人射利者明係違禁聽合族共攻以官法治之
倫範 計四條
一立身孝悌爲本除祖父求於繼娶兄弟間於異母尊長起於挾私欺詐聽公議處分外如有犯不孝不悌父兄指事
告祠者重則送官懲治輕則祠堂責處如父兄怯懦隱忍聽族人公討之
一吾唐清白傳家各宜禮義自守即語言悖謬意氣凌人已失
祖宗之舊應共訓飭之至有敗倫蔑理上烝下淫敢爲賊盜其事已露者誠情法不容
祖宗共棄通族首官依律重處仍行削譜
一族姓雖繁以
祖宗視之總屬一體即有小隙各應忍氣息爭若大事雖容亦須稟明公祠候管年人出單集議稟到兩日內出單
十日內集議管年人不得遲玩如規避不到先治抗規之罪後論曲直究治如必應告理者公議聽告若廉懊不到
嗣後不許入 祠至公事興革俟冬至併掃墓日議奪
一夫婦人之大倫配必以正如以賤爲姻以媢爲妻及干名犯分有礙律例者俱應依律離異如負強不服告官治罪
至於身充賤役及甘爲人僕者戒諭不悛則祠堂內痛責之削其籍譜
優禮 計七條
一童生入學者給襴衫銀二兩祠生給襴衫銀壹兩 不給膏火 鄉試給路費銀二兩今加壹兩登科者賀銀陸兩會試給長
夫銀拾二兩登甲者賀銀十兩其旗竿公宴等費臨時公議酌用毋致虛糜鄉貢者賀銀三兩廷試路費銀陸兩不
赴試者不給路費
一武途入學者給襴衫銀一兩科舉有名者給路費銀一兩鄉試中式者賀銀三兩會試路費銀陸兩登甲者賀銀伍
兩不赴試者不給路費
一族長一族之尊也不與優老同例歲給代帛銀一兩 今給米 以示尊尊之意年未六十者減半七十以上加銀五錢八
十以上加銀一兩九十以上加銀三兩
一年高六十以上者歲給代布銀三錢 今給米 七十以上者歲給代帛銀六錢八十以上歲給銀一兩九十以上歲給銀
三兩百歲給酒稟銀十兩入仕者八十以上照例女人九十以上照例
一孀婦自三十以內守至五十以外砥節無玷者歲給優恤銀一兩 今給米 其餘不給
一孤兒無倚者親房族人應曲爲之所仍公議量給布帛之費十八歲以上者不在此例

唐氏家譜 宗規 三一

《毗陵唐氏家谱》

[1]《毗陵唐氏家谱》，1948 年铅印本。

经久不衰的关键所在。”[1] 而一个家族之所以能够不断在科举方面取得新的成就，“代有闻人”，其关键就在于教育。著名史学家吕思勉家族称“欲思振作，舍读书一道别无可图”。[2] 许多家族重视读书，归根结底是希望子孙通过应举入仕而显亲扬名，而在科第发达的江南，他们比其他地方更多了一份执念。如上海的金氏家族家谱家训中有“欲求富贵，还是读书；一朝发达，荣耀如何”这样露骨的表达。所以各个家族不只在口头书面上强调读书的重要性，更在日常生活中积极采取切实措施，调动族中一切物质条件，倾尽全力营造读书环境，甚至研究丧葬风水，一切都是为了“兴家业，发科第，利后嗣也”。[3]

但是传统社会科举成功者毕竟只是少数，大部分家族只能是偶露峥嵘，能够产生五六名以上进士的家族已经是凤毛麟角，堪称名门望族了，而即使曾经产生过 20 多名进士，号称中国科举第一家族的常州庄氏也无法保证每一代都能够取得科举成功，因此对大部分家族而言，其基本策略只能是在保证人丁兴旺和财产资源的前提下，不断维系家族的文化命脉，以保持甚至增强本家族获得成功的概率和可能。这也就是为什么，江南各个家族经常会把子孙能读书看得比短期获得科第成功还重要。清代经学大师臧琳的父亲说过：“吾不以汝骤获科名为幸，能为吾臧氏读书种子则善矣。”[4] 这并不意味着家族不希望通过仕途为官，而是意味着无论在任何情况下都不可断绝家族的文化命脉。清代著名学者孙星衍家族的家训称虽然“子弟之先务，惟精研制举业，以取功名”，但是毕竟“功名有时数不齐”，所以关键在于“读书修行，不失为正人君子，即以布衣终其身，亦可告无罪于天地祖宗也。”[5] 所以说家族的文化策略其实是一个长远的计划，而非短期的暂时安排。在一个长时段内，很有可能会有某些外在的偶然因素，导致部分家庭

[1] 吴仁安：《明清江南望族与社会经济文化》，上海人民出版社 2001 年版。

[2]《毗陵吕氏家谱》卷首，光绪四年木活字本。

[3]《宝山钟氏族谱》，1930 年铅印本。

[4]（清）杨方达：《武进臧先生家传》，（清）臧琳《经义杂记》卷末，续修四库全书经部 172 册，上海古籍出版社 1995 年版。

[5]《毗陵孙氏家乘》卷一，道光十三年木活字本。

或者分支的衰落，有一段时间内也许不再出产进士或者文化精英。但只要有强大的宗族力量的支持，只要保证文化资源的代际传承，宗族仍然可能会在某一个时间点内重新恢复生机，这一切看似偶然，其实背后却是长远策略实施的必然。海宁查氏家族的发展清楚地反映了这一点。查氏始迁祖查喻于元末定居海宁，致力于耕读。一百多年后，查焕于弘治三年（1490），考中进士，开始了查家登科甲之路。有明一代，查家中进士者 6 人，其中查秉彝、查志立、查允元祖孙三代连中进士，查家逐渐成为海宁乃至江南地区的望族。清代，仅康熙一朝就有 10 人中进士，查慎行、查嗣瑮、查嗣庭兄弟三人相继被授予翰林院编修，为查家的鼎盛时期。但雍正四年（1726）的文字狱，使查家遭受沉重打击，元气大伤。27 年后，查氏家族通过坚持不断地开展家族教育，查虞昌于乾隆十九年（1754）考中进士，家族又开始复兴，直至当代，海宁查氏还产生了像金庸这样的文化大家。盛宣怀家族的龙溪盛氏在其家范中说得非常清楚："天下事利害常相半，惟读书则有利而无害，不问贵贱老幼贫富，读一卷便有一卷之益，读一日便受一日之益，读书变化气质，即资性愚钝，多识几字，习他业亦觉高人一等，非止拾青紫，取荣名已也。故论人品必推大雅，问家声则说书香，凡我子孙须延一脉。"[1]可见，"须延一脉"，方是家族的最大关怀。

因此，虽然江南家族崇文重学有其一定的功利性，但也由此形成了一种守先绪，承后学，传递家族文化传统的强烈责任感，这也正是江南的这些书香门第、笔耕世家代代相传，绵延不绝的重要原因。名门望族就意味着在拥有功名学衔方面较社会其他层次的人群更方便，而明清两代一人在朝为官，尤其进入翰林院，会比一般人更多地获得与同时代优秀文人交往的机会，可以将自己的社会关系网突破本乡本土限制，获得更大的扩展，也为自己获得全国性的名声打下良好的基础。而同时早日获得举业上的成功，也可以有更多的机会酣畅发挥性灵和天才的文学创造。也正是依靠较一般人更理想的条件和环境，名门望族方能形成独特的

[1]《龙溪盛氏宗谱》卷一《家训》，1943 年木活字本。

学术风格和学术传统，正是这一学术风格和学术传统，成为江南望族“家学”的特色。正如刘禺生所言，科举时代中国的读书风气分书香世家、崛起、俗学，所谓书香世家所教是，“儿童入学，识字由《说文》入手，长而读书为文，不拘泥于八股试帖，所习者多经史百家之学，童而习之，长而博通，所谓不在高头讲章中求生活。”[1] 同在明清江南的学者中，那些赫赫有名乃至左右一代文风的大师，大都有着深厚的家学渊源，这也正是江南地区家学兴盛的标志。章学诚曾专门论及家学的重要性：“古人重家学，盖意之所在，有非语言文字所能尽者。《汉书》未就，而班固卒，诏其女弟就东观成之。当宪宗时，朝多士，岂其才学尽出班姬下哉？家学所存，他人莫能与也。大儒如马融，岂犹不解《汉书》文义，必从班姬受读？此可知家学之重矣。后世文章艺曲，一人擅长，风流辄被数辈，所谓弓冶箕裘，其来有自，苟非天弃之材，不致遽失其似者也。”[2]

海宁查氏与陈氏素以“查诗陈字”而名扬海内。查诗，即指查氏一族中能诗者甚众，据查虞昌选编的《查氏诗钞》一书，选入查氏一族的诗人就有 41 位。陈字，即指陈氏一门的书法艺术名播四海，纵览其家族，稍有名气的书法家可谓举不胜举，如陈祖夔、陈奕禧、陈邦彦。如前所述，常州庄氏家族是中国科举最为成功的家族之一，《毗陵庄氏族谱》中曾自豪地称：“我庄氏在前明弘治间，大参公始以进士起家，自是厥后，代有作者，遭际圣清，簪绂不绝，祖孙父子兄弟，济美竞爽，乾隆中叶尤盛，巍科显秩，以光国家，繁祉老寿，以荣乡里，里中旧族，将以庄氏为巨擘。”[3] 而清代常州今文经学派的主干，是从庄存与开始，下传其侄庄述祖，再传庄绶甲和庄有可。而同时则传与其外孙刘逢禄和宋翔凤，而常州学派的另一健将丁履恒则是庄存与的孙婿。常州今文经学对日后中国命运的走向影响深远，如著名学者陆宝千曾说“若自学术一面论，则后日常州学派震撼一时，近世

[1] 刘禺生：《世载堂杂忆》，中华书局 1997 年版，第 3 页。

[2]（清）章学诚：《章学诚遗书》卷九《家书二》，文物出版社 1985 年版，第 92 页。

[3]（清）庄寿承：《毗陵庄氏增修族谱序》，《毗陵庄氏族谱》卷首，1935 年铅印本。

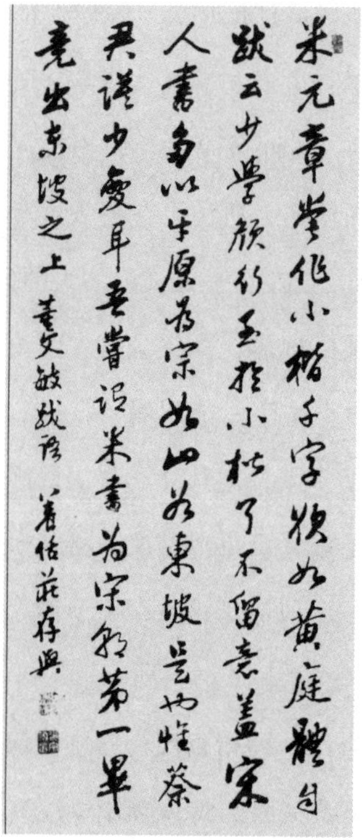

常州学派创始人
庄存与书法墨迹

倡变法、走革命者，鲜不受熏”[1]。

正如方孝孺《宗仪》所言：“学者，君子之先务也。不知为人之道，不可以为人。不知为下之道，不可以事上。不知居上之道，不可以为政。欲达是三者，舍学而何以哉！故学，将以学为人也，将以学事人也，将以学治人也。将以矫偏邪而复于正也。人之资不能无失，犹鉴之或昏，弓之或枉，丝之或紊。苟非循而理之，檠而直之，莹而拭之，虽至美不适于用，乌可不学乎？”家风家训的目的是立人，而立人的基础在于治学，读书治学对于推动人生成长具有极为重要的作用和意义。明清江南家风家训中崇文重教，诗礼传家的特点之所以如此鲜明，正是因为各个家族欲借此形式让后世子孙能够一代一代将“诗礼”承续传接下去。这一现象本身其实就是明清江南社会崇文重教风气之盛的一个缩影，是深受鼎盛文风影响下的必然结果。与此同时，家风家训又反作用于这一社会风气，使得崇文重教的社会风气在江南愈演愈烈。在这一家风家训的影响下，众多家族成员都恪守诗礼，再加上家训中对子孙习治举业的种种引导与鼓舞，士子簪缨连绵，累获诗书之报，由此造就明清江南科举盛况，也正是这催生了江南地区的人文之盛，风俗之美，使江南地区学术文化的人物链从未断裂，社会经济的发展也就具有了坚实的基础。

（三）务实致用

从唐代开始，江南的繁盛富庶开始全国知名，两宋以后，“苏湖熟，天下

[1] 陆宝千：《爱日草堂诸子：常州学派之萌坼》，《中央研究院近代史研究所集刊》第15期。

足”“苏常熟，天下足”已经成为时人流传的俗谚。明清时期，江南的发展达到鼎盛，农业和手工业生产始终走在全国前列，商品生产发达，商品流通规模空前，全国各地商帮云集，城市化迅速发展，涌现出大批市镇，形成全国少见的城镇群，都市化、世俗化和平民化倾向越来越占据主导地位。在这种商业繁荣气氛的渲染之下，江南文化形成了一种精致和务实的特点，从农业的精耕细作、商业的精打细算、传统手工艺的精雕细刻，再到江南人精明能干形象的形成，都是这种精致务实精神的体现，而这种精神反映在家风家训中，也形成了一种务实致用的特色。

一是经世致用，不务空虚。

“经世”一词最早见于《庄子·齐物论》：“夫道未始有封，言未始有常，为是而有畛也……六合之外，圣人存而不论；六合之内，圣人论而不议；春秋经世，先王之志，圣人议而不辩。”此处“经世”一词基本可以解释成“阅历世事”“经历世事”。“经世”一语被冠之于儒家并引申出“经世济俗”这一含义是在南北朝时期，其创辟者大概是东晋时的葛洪。《抱朴子》内外篇中，“经世”一词凡七见，且含义均为“经世济俗”，如：“夫升降俯仰之教，盘旋三千之仪，攻守进趣之术，轻身重义之节，欢忧礼乐之事，经世济俗之略，儒者之所务也。”从此之后，“经世”之意与“经邦治国”“经理世事”联系在一起。千百年来，“经世”成为士人们赖以安身立命的一个信条。不过，经世意识的强弱、显隐之程度，在不同时期、不同区域、不同学派那里存在着较大差异。但在其发展历程中，江南地区一直是经世思想阐述和传播的最中坚力量，几乎在传统社会的每个时期都发挥着至关重要的作用。

早在宋初，海陵（今江苏如皋）胡瑗提出“明体达用之学”，成为经世思想的先驱。北宋范仲淹发起庆历新政，是在“明经政用”的思想指导之下进行的。到了南宋，吕祖谦的“婺学”开“浙江之学言性命者必究于史”之学风，其影响至近代不绝。而以陈亮为代表的永康学派和以叶适为代表的永嘉学派提倡事功之学，更是成为经世之学的一个高潮。

明代余姚人王守仁针对“知行分裂弊病”，强调“知行合一”和“践履之学”，虽然他主张“明心见性”，但更认为“人须在事上磨炼作工夫乃有益”，要求“不是悬空的致知，致知在实事上格”“若离了事物为学，却是着空”。他本人无论在学术上还是在事功上成就都很突出，被看作是一位体现了内圣与外王高度统一的完善人格的典型人物。他的学术与事功统一的思想，在明清之际的东林学派和黄宗羲等那里得到了进一步的发展，他们用经世致用来纠正王门后学中空谈的心性的流弊，关心和积极参与社会政治问题，由此掀开了经世致用之学的新篇章。

明亡以后，江南地区知识分子的代表如昆山人顾炎武、余姚人黄宗羲及长期居住在苏州的唐甄等从沉痛的历史反思中，认识到空疏不实的学风所造成的严重社会危害性及其历史恶果，主张研究“修己治人之实学”大力倡导“由虚返实”“崇实黜虚”“经世致用”的学风，由此在整个学术界形成了一股强大的经世思潮。此后在乾嘉考据学如日中天之际，江南学者依然保持着其学术的独立性，始终没有丢掉“躬行实践”和“经世致用”的传统，具有鲜明的政治、社会主张。乾隆间，吴江人陆耀编纂《切问斋文钞》，上承《明经世文编》之余绪，下启晚清《经世文编》之热潮，且一改《明经世文编》以人物为中心的编纂形式，代之以类别为中心，标志着经世思想开始逐渐变成一种更有系统的学问。常州一地的学者则坚持明天道以合人事的主张，如梁启超所言在“乾嘉间考证学的基础之上，建设顺康间经世致用之学”，显示出特立独行的风尚。

由于经世致用思想在江南蔚为风尚，故很多家族在家风家训中常有相关论述。如冯班在《家戒》中对读书不能致用者进行了激烈的批评，其曰：“诵农、黄之书，用以杀人，人知为庸医也；诵周孔之书，用以祸天下，而不以为庸儒，我不知何说也。庸儒者，非孔子之徒也，不惟一时祸天下，又使后世之人不信圣人之道。”[1] 明代学者唐顺之称：“诸子百家之异说，农圃工贾，医卜堪舆，占气星历、方技之小道，与夫六艺之节脉碎细，皆儒者之所宜究其说而折衷之。”[2] 其无锡分支后裔，近代著名实业家唐骧廷的祖父唐懋勋从小继承了家族传统，“少

[1]（清）冯班：《家戒》，《中国历代家训集成》第6册，第3473页。
[2]（明）唐顺之：《荆川稗编》卷首《自序》，万历九年刻本。

读书，不屑屑于章句之末”。[1] 吕思勉家族的家训也强调“用觇实学，勿务虚名”。[2] 余巷冯氏则认为“子弟必令读书”，但是“不可挂名读书，全不晓田家作苦”，所以必须亲自参加劳动，“读书暇日或值农忙，即令暂习胼胝，庶并行不悖”。[3]

江南家族对经世致用的强调并不仅仅停留在口头上，而是一以贯之于实践，常州今文经学的发展是个中典型。常州恽氏的恽鹤生是著名学者、颜李学派代表李塨的弟子，他曾经在家训中告诫子弟曰：“天下之病，小人中于伪，君子中于虚，君子以虚美相高，无实学以拨天下之乱，小人益务于伪，不可救止，故为学当以经世为务，勿徒以文字为也。”[4] 他“晚归常州，为一乡祭酒，故家子弟多从游。庄兵备柱尤重其笃行，勉其群从，必以皋闻为法。其后常州问学之盛为天下首，溯其端绪，盖自皋闻云”。[5] 庄柱即庄存与的父亲，他受恽鹤生熏陶，平日强调的就是躬行实践。[6] 其影响所及，推动了庄存与的经学转向。今文经学另一位大家刘逢禄是庄存与的外甥，曾提到其母亲庄氏受父亲庄存与、祖父庄柱教育的情况：“南村公邃于理学，尝授以毛诗、小戴记、论、孟及小学、近思录、女诫诸书。外王父礼部侍郎方耕公为当代经学大儒，又获闻六艺诸史绪论，故自幼至老，酷耽书籍，马、班、范、陈诸史，温公之通鉴，尤周览不倦。”[7] 刘逢禄所在的西营刘氏家风同样如此，刘逢禄叙其父之学云：“为诗文，始学汉魏六朝人，为之自以为弗至也，退而学杜子美、苏子瞻，曰：‘可以见吾性情也。’所著诗文集三十卷，藏于家。其学不拘一格，自经史以及律吕星算，外至释典、道藏、灵素之说，无所不窥。又精于曲艺，从人学管弦丹青诸事，每数日月而尽其技。又善弈，工唐人楷法。”[8] 正是有这样的家学传统，才会形成常州今文经学经世致用

---

[1]（清）唐锡晋：《从父景溪翁暨配葛太恭人家传》，《毗陵唐氏家谱》。

[2]《毗陵吕氏家谱》，光绪四年木活字本。

[3]《冯氏宗谱》卷一，光绪三十二年伦正堂木活字本。

[4]《恽氏家乘》，1949 年光裕堂铅印本。

[5]（清）戴望：《颜氏学记》，中华书局 1958 年版，第 262 页。

[6]（清）彭启丰：《芝庭文稿》卷《庄君墓志铭》，四库未收书集刊 9 辑 23 册，北京出版社 1998 年版。

[7]（清）刘逢禄：《刘礼部集》卷一〇《先妣事略》。

[8]（清）刘逢禄：《刘礼部集》卷一〇《先府君行述》。

的学术风尚。其流波所及，影响后世，无锡城中钱氏是其中代表。钱氏在清中期以后有“三世童子师”之说。钱鍾书父亲钱基博曾有评述：“因为我祖上累代孝书，所以家庭环境适合于‘求知’。”钱基博、钱基厚兄弟少时除学习国学外，伯父钱熙元还为两人开设历史及史论课程，教诲侄子“援古证今，有所取法”。钱基厚回忆道：“叔兄（钱基博）治兵家言、读史、熟于地理，故凡古今兵事成败得失及其形势厄塞所在，皆能抵掌而谈，言之凿凿。”[1] 钱穆祖父手抄《五经》、点批《史记》，钱承沛以及所聘塾师授钱穆兄弟儒经、史籍、中外地理、《三国演义》等，其广博性和应世性也颇明显。[2]

正是对实用之学的强调，使得江南的家风家训教育相对其他地方更加注重技能的教育。中国古代选官以儒家文化为主，重人文而轻科技，反映在官学教育上也是如此。家族教育虽然不可避免地受到了选官文化的影响，但仍然是自然科学和技能等传播的重要阵地，甚至是最主要的途径。科学、医学、工艺等技术和文化，并没有因为统治阶级的冷落和轻视而失传，反而通过家学的传承得以保存并发扬光大，这不得不归功于家族教育。如无锡华蘅芳 7 岁从师，曾被视为“鲁钝之尤”。初学《大学》，读百遍仍难成诵；14 岁时学作时文，更常被塾师涂划大半。如是经年，塾师竟称“此子不可教”，辞别而去。后华翼纶回家自课子子业，以为并非儿子鲁钝，而是教育不得法，读书不能按文意的断续转折来诵读，其不能作文之症结也在于此。于是他“教若汀读书法，每读一文，必按其节拍转折，抑扬顿挫以读之”。经父亲指授，不足两个月，华蘅芳学业已有大进。[3] 更令人称道的是，华翼伦十分注重因材施教。华蘅芳少时即嗜好数学，且颇有天赋，家中所藏算学书籍，在他 14 岁时已读不少。明人程大位所著《算法统宗》残本，集宋元以来数学之大成，他竟然几天就读完，并能照其原理运算。华翼纶见此，

[1] 钱基厚：《衣钵集序》，钱基厚辑《孙庵幼年塾课选辑》卷首，1961 年稿本。

[2] 钱穆：《八十忆双亲 · 师友杂忆》，第 7—9 页。

[3] 丁福保：《畴隐居士自订年谱》，《北京图书馆珍本年谱丛刊》第 197 册，北京图书馆出版社 1997 年版。

不仅未以有碍于科举功名而阻止，还特地聘请邑中精于数学的邹敬甫为之讲授、指导。华蘅芳、华世芳兄弟能在当时成为数学家，颇得益于此。如果荡口华氏没有经世致用的理念和教育目的，不要说华蘅芳、华世芳兄弟不能成为近代数学宗师，甚至完全可能被“鲁钝之尤”的评价而埋没一辈子。

在江南的望族中，还产生过有众多医学世家、工匠世家，也是和家风家训教育中对实用技艺的重视密切相关。如上海的青浦何氏是医学世家的代表。何氏先祖随宋室南渡居青龙镇（今青浦区白鹤镇青龙村）。绍兴年间，何柟官任吏部侍郎，何彦猷为大理寺丞，秦桧诬陷岳飞下狱，他据理力争，被万俟卨所劾，弃官行医，从绍兴十一年（1141）始，在京口（今江苏镇江）的十字街行医，以后子孙繁衍，医学绵延。南宋绍定年间（1228—1233），何侃任浙江严州淳安县主簿，任满后归隐于医，成为江南何氏医学世家的第一位医生。此后至今八百年来，何氏家族涌现出有传记可考的医生 350 余人，编著有医论、医案、方药等著作 130 余种，“不仅在我国历史上诚无多见，即在世界医史上，亦从未之闻”。[1]

有学者曾对明末以后科技学者的分布情况作过一个统计：阮元等人所编的《畴人传》，共收明末以后的各地天文、数学方面的学者 220 人，籍贯确切可考者 201 人。其中，江苏 75 人，浙江 44 人，安徽 32 人，江西 12 人，其他省份均不超过 10 人。江南人占了一半以上，这充分说明江南地区科技人才众多而密集。2000 年，全国科学、工程两院院士人数，按城市排名，前十名依次为：上海（84）、苏州（83）、宁波（70）、无锡（65）、福州（49）、绍兴（45）、常州（43）、杭州（41）、北京（36）、嘉兴（30）。除了北京、福州，其余都在江南地区。这都是和江南家族对实用之学的重视密切相关。

江南家风家训注重实用的特点还体现在其形式上的通晓务实方面。江南许多家训常以身边具体事情为切入点，不凭空讲道理。常州恽氏、庄氏的家训都是以历代家族先贤的言行为内容，言传身教，极具亲切感和感染力。其他家族的家训

[1] 何时希：《何氏八百年医学》，学林出版社 1987 年版，第 20 页。

文字大都也写得活泼通晓，甚至优美上口。朱柏庐《治家格言》之所以能成为家训经典而广泛流传，就与此风格有关。比如，它这么概括关于勤俭的美德："黎明即起，洒扫庭除，要内外整洁；既昏便息，关锁门户，必亲自检点。一粥一饭，当思来之不易；半丝半缕，恒念物力维艰。……"文字具体通俗而又优美上口，难怪可以流传至今。

二是各业皆本，重视治生。

中国传统社会阶层的分野一般是以"四民说"为基本内涵，关于"四民"说，《管子·小匡》和《国语·齐语》中都有记载，"士农工商四民者，国之石民也，不可使杂处，杂处则其言哤，其事乱，是故圣王之处士必于闲燕，处农必就田野，处工必就官府，处商必就市井。"进入秦汉以后，"四民"社会秩序基本确立，《汉书·食货志》称："学以居位曰士，辟土殖谷曰农，作巧成器曰工，通财鬻货曰商。""士农工商"结构体系一方面从根本上突出并保障着士子们独特的社会地位，使之稳定地居于"四民之首"，另一方面则确定了传统国家实施政治统治的基本国策，即"农本商末"或"重农抑商"，并为历代王朝所遵循。如清世宗一登基便发布上谕："朕惟四民，以士为首，农次之，工、商其下也。"按照传统的观念，四民各有定业，而后民志可定，而民志一定，则天下大治，但是事实上，四民结构并不一定是牢固不变。

宋元以后，江南商品经济迅速发展，明前期的丘濬言"今夫天下之人，不为商者寡矣"。到了明后期，江南地区社会更是发生了剧烈变化。朝廷赋役的加重，农村土地兼并的加剧，导致传统社会统治基础的分崩离析。伴随着江南地区商品经济的发展，促进了地域专业化和社会分工的扩大，使得商业的作用越来越明显，商业利润也越来越可观，在社会上引起了巨大的震动，越来越多的人开始从事商业活动。顾炎武曾言："至正德末嘉靖初，则稍异矣，出贾既多，土田不重……迨至嘉靖末隆庆间，则犹异矣。末富居多，本富尽少。"[1] 清代这种情况

[1]（清）顾炎武：《天下郡国利病书》《徽州府志·风土论》，《顾炎武全集》第13册，第1025页。

愈加显著，“昔之为农者或进而为士矣，为贾者或反而为农矣；今则由士而商者十七，由农而贾者十七”[1]。所以世众的观念从“末流乃负贩”变成了“群习懋迁理”[2]。一些人开始用新的眼光来看待社会地位的排列和四民职业的选择。

江南地区自南宋以来，便有学者为经商辩护，论述商业消费正当性的言论。吴兴人朱国桢提到：“农商为国根本，民之命脉也。”[3]王守仁在《节庵方公墓表》中也提出：“古者四民异业而同道，其尽心焉，一也。士以修治，农以具养，工以利器，商以通货，各就其资之所近，力之所及者而业焉，以求尽其心。其归要在于有益于生人之道，则一而已。士农以其尽心于修治具养者，而利器通货犹其士与农也。工商以其尽心于利器通货者，而修治具养，犹其工与商也。故曰：四民异业而同道。”[4]余英时明确指出，王阳明是适应形势承认社会的变化，商人以财富赢得了应有的社会地位：“十六世纪以后的商业发展也逼使儒家不能不重新估价商人的社会地位。”[5]东林党也呼吁重工重商，到了明末清初，黄宗羲更是旗帜鲜明地提出“工商皆本”论，昭示了中国社会从传统的以农为本转向以工商为本的新趋向；它从根本上撼动了“重本抑末”的传统思想，客观上为明清工商业的发展提供了理论依据；它对于解放人们的思想，推动明清江南商品经济的发展起到了积极作用。

这种思潮也同样反映在江南地区的家风家训上面。自宋代起，苏州人袁采以及吴中叶梦得等即已纷纷主张：“如不能习儒，则巫医、僧道、农圃、商贾、技术，凡可以养生而不至于辱先者，皆可为也”[6]“治生不同：出作入息，农之治生也；居肆成事，工之治生也，贸迁有无，商之治生也；膏油继晷，士之治生

[1]（清）洪亮吉：《卷施阁文甲集补遗·服食论》，第240页。

[2]（清）钱维乔：《竹初诗钞》卷十《鸡鸣起》。

[3]（明）朱国桢：《涌幢小品》卷二《蚕报》，中华书局1959年版，第45页。

[4]（明）王守仁：《阳明文录》外集卷九，《明别集丛刊》第1辑第89册，黄山书社2013年版。

[5] 余英时：《中国近世宗教伦理与商人精神》，安徽教育出版社2001年版，第198页。

[6]（宋）袁采：《袁氏世范》，第740页。

也。”[1]在这里，除了士为四民之首不变之外，工商亦可为生理之途，一直以农为本的重农思想有所转变。明清之后，这种观念的转变表现得更为明显。如常熟卫氏对工商业的前后态度之转变是其中典型。卫氏旧谱家训中有“务耕读”一说，主要强调子孙务必以耕读为正业，“而不惑于他歧”。此处工商应属于“他歧”，并不为卫氏所提倡。但以后续修的家谱中有“附倪家湾续修宗约”，其中特意增添了“子弟须有常业，不可游手好闲”[2]的训言。此处“常业”并没有明禁工商之业，这本身就是一种转变，至少不再固守先人所训一味强调以耕读为正业，实际上体现出卫氏针对商品经济发展的时代新环境的一种变通。

如果说常熟卫氏后人在所续修家谱的训言中对待工商业的态度还是那么暧昧不明、欲语还休的话，那么苏州武山吴氏的态度则显得明朗许多，其在“咏风堂纂训”中议论道：“人生会当有业，农民则计量稼穑，商贾则讨论货贿，武胤则惯习弓马，文士则讲究经书。多见士大夫子弟耻农商，羞工伎。射既不能穿札，笔则纔记姓名，醉酒饱食，以此终年。或因家世余绪，得一阶半级，便自为足，全忘修学。及有吉凶大事，议论得失，蒙然张口，如坐云雾，公私无集，议古商今，塞默低头欠伸而已。”“子弟禀性拙钝，莫将举业久困，早令练达，公私百务大都教子，正要渠做好人，不要渠定做官。农桑本务，商贾末业，书算医伎皆可食力资身。人有常艺，则富不暇为非，贫不至失节。男子贤愚不齐，士农工商各安其业，无忝祖先已矣”。[3]这段话意思丰富，主旨在于劝勉子孙积极治生。其中不仅未贬斥工商，视其为“常艺”之一，反而对“士大夫子弟耻农商，羞工伎”给予辛辣嘲讽，切中时弊，不仅大大冲击了“重本轻末”的传统观念，也为“各业皆本”观念的流行造就一定舆论声势。

江南家族为确立“各业皆本”观念的合法性，多将其溯及地东汉邓禹故事，如“士农工商，各有其业。后汉邓禹使其子各执一业，故泽流后嗣，此当法

[1]（宋）叶梦得：《石林治生家训要略》，《中国历代家训集成》第1册，第291页。

[2]《卫氏续修宗谱》卷八，光绪七年木活字本。

[3]《武山西金村吴氏世谱》卷二，康熙二十二年木活字本。

也”。[1]但其实更多是受到了明清时期启蒙思想中以立人为先，人格平等思想的影响。东林领袖高攀龙在制定家训时，将“吾人立身天地间，只思量作得一个人是第一义”[2]之语作为第一条。这一观念落到实处，便是盛宣怀家族《龙溪盛氏宗谱》中所言：“天下事利害常相半，惟读书则有利而无害，不问贵贱老幼贫富，读一卷便有一卷之益，读一日便受一日之益。读书变化气质，即资性愚钝，多识几字，习他业亦觉高人一等，非止拾青紫，取荣名已也。”[3]也就是只要读书明理，那么从事什么职业都正当。无锡荣氏《家训十五条》就在其“蒙养当豫”条中写道：族中子弟接受教育，“他日不必就做秀才、做官，就是为农、为商、为工、为贾，亦不失纯谨君子”。[4]华亭泗泾秦氏家训“教子孙”条也有类似规定：“为父母者，当教之（子弟）知礼义、习经史，穷可师友，达可卿相，光我门户；若资禀庸下者，亦当教之粗知礼义、节文、廉耻，务农桑、学技艺、勤俭劳，庶不放逸其心志。”[5]

正是在这样的思想推动之下，虽然还是有些家族的家训在论及职业差别时有本末贵贱之分，如言“即在农商，亦不失 ××”，又或称“若资禀庸下者，亦当 ××”，但在很多家族的家风家训中，“各业有分而皆本”观念已经渐渐通行：“士农工商，各有职业，士则穷经稽古，农则易耨深耕，商贾虽云逐末，而贸迁有无，亦属治生之道。盖劳则善心生，逸则恶心生，倘游手好闲，骄奢淫逸，所自来矣。诚各按本分，各勤已业，则上之可以光前裕后，次之亦可饱食暖衣。”[6]在时人的眼中，重要的不是行业，而在于是否恪守本职，“士农工商业虽不同，皆是本职，勤则职业修，惰则职业毁宦。”[7]人或资质有所差异，但不能绝对地说是此

[1]《左氏宗谱》卷一，光绪十六年木活字本。

[2]（明）高攀龙：《高子遗书》卷十，《文渊阁四库全书》第 1292 册，台湾商务印书馆 1983 年版。

[3]《龙溪盛氏宗谱》卷一《家训》，1943 年木活字本。

[4] 荣德生：《人道须知》，《荣德生文集》，第 561 页。

[5]《泗泾秦氏宗谱》卷一，1917 年铅印本。

[6]《钱氏菱溪族谱》卷一《家训·勤本业》，1929 年惇彝堂木活字本。

[7]《龙溪盛氏家谱》卷首《宗规》，1943 年敦睦堂木活字本。

优彼劣，更不能以此划分职业贵贱，只要读书明理，就是正途正业，这就是“各业皆本”理念。所以吴县大阜潘氏家族规定：“习业谋生足以自立，与读书应试无异，亦应推广成就。”由此引申，对子弟先进行基础教育，培养道德，塑造品格，之后再因材施教，转向专门化的职业教育，也成为各家族的共识。如盛宣怀祖父盛隆在《人范须知》中曾言：“子弟七八岁，无论敏捷，俱宜就塾读书，使粗知义理。至十五六，然后观其质之所近与其志向，为农、为工、为士，始分业。”[1]

在承认各业皆本的前提下，原来居高临下，位居四民之首的“士人”也开始关注生计和金钱。在传统的中国社会，读书中举步向仕途，是莘莘学子奋力追求的目标，也是实现自身价值的唯一途径。但是宋元以后，一方面，士人虽然可以通过科举考试进入统治阶层和精英文化圈当中，但他们与先秦的原初儒者不同，大多出身于地方平民阶层，尚不能完全以业儒为治生手段，特别是随着科举考试录取人数比例越来越低，必须要有更加多元化的谋生手段才能维持生计。另一方面，随着江南商品经济的发展，士人不再拘于读书入仕一途，发财致富也是实现自身价值的途径。他们开始承认，士人也要维持生计，下层文人要养家糊口，上层文人要发家致富，所以“治生”也成为家风家训中的一项重要内容。

“治生”一词，语出司马迁《史记·货殖列传》：“盖天下言治生祖白圭。”后多为历代所采用，言即通过授徒、游幕、行医、问卜、业农、经商等手段谋生。文人从事治生活动，可上溯到春秋战国时期，范蠡更是江南文士治生的最早典型代表。孔子所言“君子爱财，取之有道，用之有度”，更一直被世人奉为准则。

宋代，吴中叶梦得著《石林治生家训要略》专门讨论治生之道，这使其成为家训治生的第一部家训著作，并作为后世很多家训纷纷借鉴的典范。文中首先承认治生的合理性：“人之为人，生而已矣。人不治生，是苦其生也，是拂其生也，何以生为？自古圣贤，以禹治水，稷之播种，皋之明刑，无非以治民生也。民之生急欲治之，岂己之生而不欲治乎？若曰圣贤不治生，而惟以治民之生，是从井

[1]（清）盛隆：《人范须知》，同治二年刻本。

校刻石林治生家訓要略序
石林公治生家訓要略十四條載於廣遠族譜宋元以來
各家書目既不著錄家調笙先生刻公遺書亦不知有此
一種按公自序云今五十五年矣下卽云去年自淛東歸
調笙據以推公生於熙寧十年丁巳五十五爲紹興元年
辛亥證以錢大昕疑年錄謂公三十一掌外制在大觀元
年則公生於熙寧十年實塙鑿可據宋史本傳云公除資
政殿學士提舉太一宮專一提領戶部財用充車駕巡幸
頓遞事辭不拜歸湖州紹興初起爲江東安撫大使以周
應合景定建康志建康表考之其起爲安撫爲元年十一
月事至二年閏四月仍提舉臨安洞霄宮其提領戶部財

序　一

用據李幼武四朝名臣言行錄別集爲建炎三年事公正
五十五歲其云去年自淛東歸則是五十四歲本傳與自
序微有不合自以序文爲正若據本傳則不當云去年矣
然今要略家訓同一自序而前後詳略殊有參差如家訓
云棟桯既已長立模楫櫓亦長矣汝五人志行皆不甚卑
此則云棟桯既已長立模亦成章汝三人志行皆可有爲
末則云楫櫓方六七歲汝等既自有成以次傳道而不及
繕繪綬絺綽五人意其時棟桯模皆已成立楫櫓尚幼故
要略急急以治生爲重其於婚嫁田產之事亦詰誡經畫
至再至三後因楫櫓均已學成而仕故家[illegible]諸諄勉以忠
諫立身大節其勉幼子力學一條則當專僃繕繪綬絺綽

石林治生家训要略序

可以救人，而摩顶放踵，利天下亦为之矣，所入而量以为出，可不饿矣。”另一方面认为治生不应利己而妨人，而应义利兼顾：“治生非必蝇营营逐逐，妄取于人之谓也。若利己妨人，非唯明有物议，幽有鬼神，于心不安，况其祸有不可胜言者矣，此岂善治生欤？盖尝论古之人，诗书礼乐与凡义理养生之类，得以为圣为贤，实治生之最善者也。”[1] 由此可见此时治生观念已经具有较大的包容性和开放性，既能够满足个体生存的需要，又不违背儒家的义利思想，对于利益的追求既持肯定的态度，以满足个体和家族成员的生存需要，同时又强调了“利”必须符合“义”的原则和要求，力求达到义利统一。

到了明清时期，士商的对立关系在商品经济的作用下逐渐消除，对利的追求就成为天经地义的事情，治生观念更加普及。海宁人陈确在其《学者以治生为本论》一文中认为，文人从事治生也是一种本事，和那些庸俗利虫不同：“凡父母兄弟妻子之事，皆身以内事，仰事俯育，决不可责之他人，则勤俭治生洵是学人本事。而或者疑其言之有弊，不知学者治生绝非世俗营营苟苟之谓。”对于读书、

[1]（宋）叶梦得：《石林治生家训要略》，《中国历代家训集成》第1册，第291页。

治生二者的关系，陈确认为两者都是“学人之本事，而治生尤切于读书。”“故不能读书，不能治生者，必不可谓之学；而但能读书、但能治生者，亦必不可谓之学。唯真志于学者，则必能读书，必能治生。天下岂有白丁圣贤、败子圣贤哉！岂有学为圣贤之人而父母妻子之弗能养，而待养于人者哉！”[1] 桐乡人陆以湉则更进一步，认为商贾若不失“义理”，也是一种“可为者”：“士君子常以务农为生，商贾虽为逐末，亦有可为者。果处不失义理，或以姑济一时，亦无不可。若以教学与作官规图生计，恐非古人之意也。’审乎此，则知所谓治生者，必准乎义之所宜，岂导人趋利哉？”[2]

这种思想也影响到了家风家训，如常州恽氏的恽苏在家训中称：“儒者非财，无以养廉，《大学》平天下，亦不废生财，则财岂特养廉而已，将以济人而利物，无之，不足行吾志也。”[3] 即只要为了崇高的目的，士人也应该生财，这样不仅可以养廉，更可以济人利物。常州余巷冯氏则公开宣称“读书亦是谋利”，只不过不管读书谋利，都必须“以修行为主”，“读书则将圣贤言语实体诸身，谋利则非力不食，非义不取”。如果不能修行，“即贵为卿相，富比陶朱，与犬豕无异也”。[4] 更有很多家族，为了维持生计，鼓励子弟经商。清代苏州人王维德这样写道：“子弟弱冠，而不能业儒，即付以小本经营，便知物力艰难。迨其谙练习熟，然而付托亲朋，率之商贩，则子弟迫于饥寒者鲜也。”[5] 常州恽氏黄孺人“抚子成童，即教之以服贾”，她对旁人说：“吾非不知读书可以成名，而谋衣谋食，今所急也。遗经教子，姑待诸孙。”[6] 橘社金氏桐溪公训诫子孙：“虽作客江湖，当以养父母、蓄妻子、撑持门户，为身上要事，念念在心”。[7] 子孙应当以

[1]（清）陈确：《文集》卷五《学者以治生为本论》，《陈确集》，中华书局 1979 年版，第 158 页。

[2]（清）陆以湉：《冷庐杂识》《治生》，上海古籍出版社 2012 年版，第 86 页。

[3]《恽氏家乘》卷一，1949 年光裕堂铅印本。

[4]《冯氏宗谱》卷一，光绪三十二年伦正堂木活字本。

[5]（清）王维德：《林屋民风》卷七《教子》，《四库全书存目丛书》，齐鲁书社 1996 年版。

[6]《恽氏家乘》卷一，1949 年光裕堂铅印本。

[7]《橘社金氏族谱》卷六，乾隆元年刻本。

养家为重，无疑促使子孙想方设法地努力营生。江南家风家训中一改曾经“君子耻言利”的书生相，涉及治生理财方面的内容越来越多。很多家训还将治生的经验与教训郑重地写入，或是议论揭示治生意义，或是具体指导治生方法，以告诫后世子孙。如明代吴江周用提示治生方法，“每年田租算供一岁之需，稍有所余，以备水旱及意外之费，至次年乃复如是，以旧存者”。至清代六世孙周灿所撰的“读家训规条”中亦有“治生条”，以为：“耕余，一国之经也。酌盈济虚，家之道也。水旱有备，不可狃也。广我南亩，庶可久也。子母之利，不毋求也。求之而得，亦我尤也。况其追逋，止取咎也。纵焚其券，不尔德也。”[1] 其家治生观一脉相承，只是由过去的“算田亩”发展到求“子母之利”。诸如此类“生理、营生、经济”的言论在明清家训中屡见不鲜。

传统中国很多家族，甚至包括那些商人世家，经常避讳自己从事商业贸易，但是明清以后，在部分江南商人家族的家训中对于如何经商赚钱却已经写得非常详细，直言不讳。如太湖洞庭东西山曾经产生过中国著名的商帮——“洞庭商人”，所谓“钻天洞庭”，其代表席氏家族明清时开设扫叶山房，在中国文化史上占据一席之地，晚清后又从事洋行买办，影响深远。席氏的代表席洙在《居家杂仪》中如此训示后代：“教子弟或攻书，或服贾，或务农，视其材质而措置之，无枉其器，业有所授，亦必责其成功”“凡生子未冠之时，上不能攻书，下不能务农，年及十五六岁，须烦亲识带领出外，早学生理，自幼琢磨，庶肯受人之教，他日必有成也”。他还强调，经商时“不论资本多少，惟要勤谨赶趁，置脱得宜，其利自生，交易公平，自然悠久”。也就是说，经商最重要的并不是在于资本的厚薄，而是态度和眼光，如若一贯秉持勤劳谨慎，看准时机，适时买入卖出，利润自然而然地产生，再加上公平地交易，买卖源源不断，就能做得长久。所以生意做得好坏并不一定要建立在深厚的资本基础上，凭借经商者的个人勤谨态度以及敏锐的眼光亦可有所成就。子弟在外经商，席洙谆谆训诫其尤忌吃花酒、滥赌

[1]《周氏族谱》卷一，1915 年木活字本。

居家雜儀卷上

震澤席洙子文著　九世從孫彬校刊

立身

人之一身所係大矣五常百行之所由出家之儀刑在焉人之觀望寓焉故曰其身正不令而行其身不正雖令不從未有不正其身而能正人者也是故日用常行之際一言一動必約於規矩準繩毋爲倨慢毋爲縱肆端恪以自持公平以處物則家人婦子有嚴肅之意而鄉黨里巷無慢易之心矣立身之道豈可苟哉

居家雜儀　卷上　一

席氏居家杂仪

博，不仅“误营生”也“靡费资本”，得不偿失。在交易商品过程中，席洙特别提出银钱的支付问题，告诫其子弟一定要注意“切不可使伪银，但用成色银”，一方面自己不能使伪银，另一方面也要严防他人，否则，钱花不出去，白白受损，甚至亏本。[1] 席家本居于太湖之滨，其所开辟的商路亦以沿长江一线居多，因而水路贩运货物是必然。故席洙在家训中特别列出“雇船”一条。席洙结合自身多年经商体验，总结出一套“生意经”，并将其事无巨细地一一训示子孙，幸而后世子孙并未辜负他这一番良苦用心，在其子席端樊、席端攀的努力下，洞庭席家开始真正闻名商界。由此可见，明清江南商品经济繁荣，孕育出众多商帮商人，家风家训在这方面或多或少是有所助益的。

三是持业要勤，量入为出。

在江南家风家训涉及治生方面的内容中，持业要勤和量入为出是两个核心要素。所谓持业要勤，即无论从事任何职业，都必须勤奋工作，才有可能维持家族的基本生存，并在此基础上获得更多的发展。早在叶梦得《石林治生家训要略》中，提出治生“要勤”：“每日起早，凡生理所当为者，须及时为之，如机之发、鹰之波，顷刻不可迟也。若有因循，今日姑待明日，则费事损业，不觉不知，而家道日耗矣。且如芒种不种田，安能望有秋之多获？勤之不得不讲也。”[2] 晚清堪

[1]（明）席洙：《居家杂仪》，《虞阳席氏世谱》，光绪七年木活字本。

[2]（宋）叶梦得：《石林治生家训要略》，《中国历代家训集成》第 1 册，第 291 页。

称首富的常州龙溪盛氏曾总结其发家经验为：要“能远虑，能耐烦，能吃苦，晏眠早起，则勤矣；勿使气，勿求胜，勿轻称贷，量入为出，则俭矣”，所以“务本业，惜福命，保身家，胥是道也”。[1] 勤奋除了要尽力外，还要尽道，即遵循相关的职业道德和社会规范。何士晋《宗规》曰：“士农工商，业虽不同，皆是本职。勤则职业修，惰则职业隳；修则父母妻子，仰事俯育有赖，隳则资身无策，不免讪笑于姻里。然所谓勤者，非徒尽力，实要尽道。如士者，则须先德行，次文艺，切毋因读书识字，舞弄文法，颠倒是非，造歌谣匿名帖。举监生员，不得出入公门，有玷行止。仕宦不得以贿败官，贻辱祖宗。农者，不得窃田木，纵牲畜作践，欺赖佃租。工者，不得作淫巧，售敝伪器什。商者，不得纨绔冶游。”[2]

江南很多家族起家都依靠的是勤奋。如小说家李宝嘉家族的家训回忆先祖创业时称其“幼孤家贫，不得已为治生计，晨兴暮息，虽跋涉不惮劳瘁。《书》曰：‘肇牵车牛，远服贾，用孝养厥父母。’先考实有苦心焉。尝曰：《春秋传》云：‘民生在勤，勤则不匮。’可见勤便是营生一条路，不勤必匮。逮穷迫而委于命，命不任咎也。大抵不勤由于隳志，勤始于立志。吾一身而父母子孙上下赖之，宗族亲戚内外倚之，乌得可不勤？一日不勤，则此日中百事放倒；一念不勤，则此念中万绪瓦解。”[3] 又如新河徐氏在制定家训时回忆其创业历程：“勤于耕作，而收入倍常，勤于畜牧，而获利倍广，勤于生殖，而蓄储渐厚……以此居积数十年，遂有田数百亩，构厅楼房室数十间，凡而器用什物，勿缺于供，稍稍殷足焉。今日一家安饱，皆余父勤劳积累之所致也。”[4] 所以他们想通过自己的亲身经历，鼓励后人坚持勤奋的传统，将家业代代继承下去，发扬光大。虞山庄氏家训即言：“早晚须当勤谨营生，切勿懒惰废事，谨之慎之。”[5] 常州伍氏也说：“人能勤俭，未有不能立身齐家者；人苟怠惰奢侈，亦未有能立身齐家者。观朝夕起卧之蚤

[1]《龙溪盛氏宗谱》卷一《家训》，1943 年木活字本。

[2]（明）何士晋：《宗规》，《中国历代家训集成》第 5 册，第 2876 页。

[3]《李氏迁常支谱》卷一，光绪二十二年木活字本。

[4]《新河徐氏宗谱》，咸丰二年存桂堂木活字本。

[5]《虞氏庄氏世谱》卷一《家训》，1922 年木活字本。

晏，可以卜人家之兴替。故食焉，必思田夫之劳苦；衣焉，必思织妇之艰辛。儒者勤读，农者勤耕，商贾勤贸易……如是而犹饥寒困苦者，吾未之信也。”[1]

家训中，“勤”往往与“俭”联系在一起，因此俭而不啬，量入为出也是江南家风家训中一个核心的概念。如徐三重《家则》曰：“古者以膏粱为鄙，蔬茹为贤，肉食乃富贵之供，兼味岂家常之素？至于宰杀，尤属饕残。吾徒自顾功能，兼图作法，日用口腹，当有节度。至于相知偶，过随有而设，杂具园蔬，稍加于自养，不脱乎家风，事则美矣。若特东设客，酌于丰约，第取可常，于客不为凉，于我不为魄，礼至于情周，何辞见愆？脱有权豪之客，过责丰仪，彼或能尊俎风波，谨当以贫率辞谢。”这是饮食节俭的倡导和教化，认为饮食应以膏粱为鄙，蔬茹为贤。又曰：“服饰一事，最关性行。改玉改行，不衷为灾。昔人以此卜祸福灾祥，正以身之所安，必其意念所托耳。士大夫朝有法服，固难溢度。若其私居行散，务在朴素典雅，不得夸奇务新，无益市怜，徒滋佻薄。至于良人妇女，礼衣私服，自以俭质为贤，雅洁为美。奢僭逾分，尤非家风，何况妖巧无度？如匪人所饰，尤而效之，不足窥其心之所存耶，此尤非贤明妇人，亦岂宜为士大夫妻也？”[2]这是服饰节俭的倡导和教化，认为衣服须求朴素雅洁，而不应奢僭逾分，妖巧无度。

与节俭密切相关的家族经济观念是量入为出，即根据家族的实际收入来安排和执行开支。量入为出的家族经济观念以陆九渊之兄陆九韶的《居本制用篇》论述最为透彻，对后世影响深远。江南家训多在陆氏思想的基础上制定出“量入为出”相关执行办法。如吴江周氏在自订的“恭肃公家规”中“治生”条中首先就向子孙灌输“作家须量入为出”的治家观。[3]浙江海宁许相卿在《许氏贻谋》中计划得更为详尽：

梭山陆先生（九韶）曰：“古制国用期九年，余三年之食。”今家计

[1]《伍氏宗谱》卷一，1929年木活字本。

[2]（明）徐三重：《鸿洲先生家则》，《四库全书存目丛书》子部第106册，齐鲁书社1997年版。

[3]《周氏族谱》卷一，1915年木活字本。

亦当量入为出，然后用度有准，丰俭得中，怨仇不生，子孙可守。每岁约计耕桑、艺畜、佃租所入，除粮差、种器、酒醋、油酱外，所有若干，以十分均之，留三分为水旱不虞，其余七分均十二月，有闰加一，取一月约三十分，日用其一（亲宾饮馔，子弟纸笔，先生束修，干事奴仆衣费，皆取诸其中）。可余，不可尽用。七为中，五欠为啬。[1]

要做到量入为出，必须要做到债不可轻举，因为举债容易超支，超出家族收入所能承受的范围。如虞山庄氏言："治生先要出去债根，若宿债在身，病根不拔，虽生财有术，亦只为他人滋息耳。"[2] 崇明黄氏在家训十戒也有"戒揭借营债"，"借本十两，加一加二，加利十两不够，一年利上加利盘算，即有良田美宅，尽为他有矣"。[3]

要做到量入为出，还必须力戒奢侈。唐宋以来，随着江南经济的发展，社会生活中的奢华之风也日益兴盛，朱长文称吴人"夸豪好侈，自昔有之。……其民崇栋宇，丰庖厨，嫁娶丧葬，奢厚逾度，捐财无益之地、蹶产不急之务者为多"。[4] 明代嘉隆以后，江南更是"俗尚日奢""人情以放荡为快，世风以奢靡相高"。[5] 上海竹冈李氏在万历时制定家训，称："吾族以俭朴礼度世其家，为云间冠冕，乃三十年来奢风一倡，竞为侈靡，至于今，下渐陵上，渐替其渐，而荡然于礼法之外。"指出："近年里巷萧条，人情窘迫，即向称素封之家亦尽衰落，而吾族尤甚"，归根结底就是"为奢之一字耗之也"。"奢则事事俱奢，难以枚举。"仅饮食一项，"昔年农家佣作，饮食如常，至晚乃劳以酒肉；近则早饭外，四餐俱酒肴，而肴非一品，午间与薄暮尤四五品，必呼拳尽醉而后已，率以钱，余银至一工，不如是则佣不来。"而这也因为"大姓小集，辄便罗列，水陆毕陈，若

[1]（明）许相卿：《许氏贻谋》，《中国历代家训集成》第3册，第1891页。

[2]《虞氏庄氏世谱》卷一《家训》，1922年木活字本。

[3]《黄氏家乘》，1914年刻本。

[4]（宋）朱长文：《吴郡图经续记》卷上《风俗》，第11页。

[5]（明）张瀚：《松窗梦语》卷七《风俗纪》，《元明史料笔记丛刊》，中华书局1985年版，第139页。

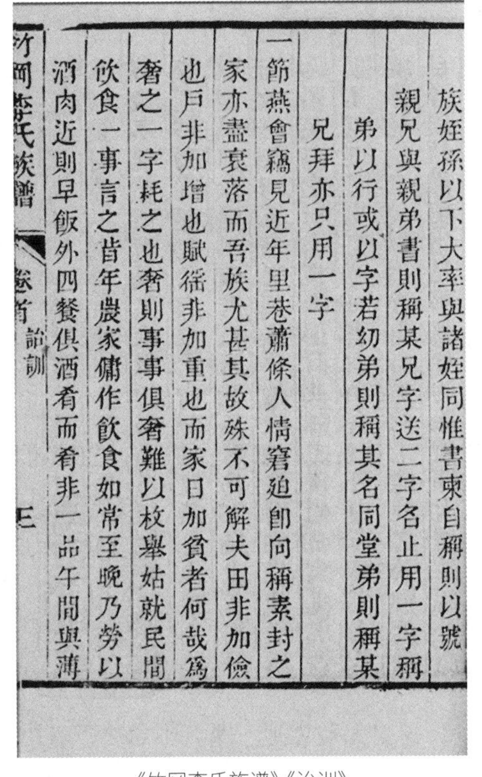
族姪孫以下大率與諸姪同惟書柬自稱則以號
親兄與親弟書則稱某兄字送二字名止用一字稱
弟以行或以字若幼弟則稱其名同堂弟則稱某
兄拜亦只用一字
一節燕會竊見近年里巷瀟條人情窘廹卽向稱素封之
家亦盡衰落而吾族尤甚其故殊不可解夫田非加儉
也戶非加增也賦徭非加重也而家日加貧者何哉爲
奢之一字耗之也奢則事事俱奢難以枚舉姑就民間
飲食一事言之昔年農家傭作飲食如常至晚乃勞以
酒肉近則早飯外四餐俱酒肴而肴非一品午間與薄

竹岡李氏族譜 卷首 詒訓 三

《竹冈李氏族谱》《诒训》

以不丰不奢为可耻也者，则慕而效之”。所以他们约定：“除婚葬大礼姑听外，然亦以俭为主。若宗族之会，止须五品，两人一席，如有事特设，再益以小菜五品，点心一色，不啻盛矣。不必专席，不必半折，不必攒盒，若过盛，不如约者，罚修墓墙一丈。跟随人不论多寡，犒以银四分，若偶相过留饭者，止须二品、三品，跟随人不用赏，庶主可办，客可来，情可款洽。”[1]

江南的奢侈之风在嫁女之事上体现得淋漓尽致。明清江南“厚嫁”之风大行其道，豪门巨富常借嫁女以显家财，以博体面，故婚嫁酒席好高求胜，尤其洞庭两山，因其山人多经商致富，故彼此颇多炫富。如洞庭许氏家训中描述了“今山中犹事浮华，组绣花鸟，信宿淹腐，舆台络绎，物命戕殒，结褵之家，龟手重茧，恐不得当。炫丽匝道，绡绮蔽云”[2]的奢靡场景。普通人家乃至贫家却亦步亦趋。如昆山安定胡氏家训言：“贫贱人亦效此，讲食品，侈宴会，结酒食之社，纵长夜之饮，一时高兴，平日受苦。”[3]所以明清江南家训中往往有着“嫁女从俭”“门当户对”的训言，希望嫁女时“其妆奁、衣服、首饰之具，称家有无”，[4]连富甲一方的洞庭东山席氏席涞也在《居家杂仪》中呼吁将嫁女之费移于

[1]《竹冈李氏族谱》卷一，1921 年铅印本。

[2]《许氏族谱》，康熙五十二年刻本。

[3]《昆山安定胡氏》卷一，雍正六年刻本。

[4]《虞氏庄氏世谱》卷一《家训》，1922 年木活字本。

教子。[1]

但是值得注意的是，家训中大量出现的告诫子孙要“节俭”的训示，其实正是当时社会追求奢侈浮华风尚的反应。江南奢靡之风盛行其实有其背后深刻的原因，“鲜衣美馔、肥马轻车”之流行，实则奠基于时代整体物质生活水平的提升，但是社会却没有更多可供投资的途径，江南大部分没有政治地位的富人由于涉及重赋的因素大多不愿意买田，而窖藏金银又无益处，那么也只有消费一途了。此时也有一些有识之士开始积极思考个中因由，传统的观念也随之发生变化。明代上海人陆楫更指出“吾未见奢之足以贫天下也”，他认为节俭仅对个人家庭有利，从社会考虑则有害，并且认为富人奢侈可以增加穷人的谋生手段，并建议通过扩大消费促进社会经济发展，[2]这一言论被学者余英时认为在中国经济思想史上具有划时代的意义。更多的人并不一定具备如陆楫这样的意识和眼光，但是传统的节俭观念也有一定的调整，如常州庄氏虽然注重学问，但也不忽视治生，而且更采取了一种相对较为客观和理性的态度：

> 治生之道，不出开源节流二端。开源在勤，节流在俭，二者皆务本而得之，非妄营非分也。凡垦田谷、植莱菜、时畜牧、积糗粮，皆勤之义。凡慎土木、禁纨绮、汰冗役、算食费，皆俭之义。怠惰燕安者，不知务本。其督责猛鸷者，人不堪命，将解体掉臂，是欲开反塞矣。侈汰淫佚者，靡有幅限。其鄙琐刻核者，多至招怨，将多藏厚亡，是欲节反荡矣。盖理财者，以广大而兼节俭，损有余而补不足。《大学》“生众食寡”云云，所谓导于不涸之源，藏于不竭之府也。[3]

治生之道，主要在于开源节流，开源在勤，节流在俭，既不能过于奢侈，也

[1]（明）席洙：《居家杂仪》，《虞阳席氏世谱》，光绪七年木活字本。

[2]（明）陆楫：《蒹葭堂稿》卷六，《续修四库全书》集部第1354册，上海古籍出版社1995年版。

[3]《毗陵庄氏族谱》卷一一，1935年铅印本。

不能太过吝啬，这样才能导于不涸之源，藏于不竭之府，其实是将孔子“君子爱财，取之有道，用之有度”进一步细化和调整。

与同时代其他地域的家风家训相较，明清江南家训崇尚实用、关注治生、各业皆本的这一特点引人注目，尤其是对业贾经商所持的宽容态度为他地所不及。并不固守传统的“重农抑商”思想，不仅不歧视商贾，甚而积极鼓励从事工商业，这就为整个社会工商皆本思想的普遍流行打开了舆论缺口，进而对明清江南商品经济的发展产生了深远影响。因而，在明清江南商品经济日益发达的道路上，宣扬工商皆本观念的家训其实扮演了一个十分重要的角色，一定程度上起到了助推的作用。但另一方面，我们也必须承认，在传统社会结构没有真正改变之前，“士农工商”的四民结构并不会产生真正的改变，大部分人包括士人对商人的艳羡是建立在以为从商可以轻松致富的前提下的。当时大部分人都清醒地认识到，没有权势作后盾，财富往往难以长久保持。所以王士性才说，缙绅之家尽管以经商致富，但“非奕叶科第，富贵难于长守，其俗盖难言之”。[1] 这一情况就决定了通过经商手段而发财致富的人最后又必须回到求仕的老路上来，难怪洞庭席氏在家训感叹：“苟能出仕，荣耀门闾，尤为上等事业也”，他决定“凡我山乡但有二三子，可将一子稍敏者，专于读书，昼夜苦攻，必有成者”。[2] 因此，徽商子弟汪道昆会有以下极为精辟的阐述：“夫贾为利厚，儒为名高。夫人毕事儒不效，则弛儒而张贾；既则身向其利矣，及为子孙计，宁弛贾而张儒。一张二弛，迭相为用。”[3]

二、传统社会江南家风家训的局限性

传统社会江南家风家训虽然有值得我们今天借鉴的地方，但也必须承认，江

[1]（明）王士性：《广志绎》卷四《江南诸省》，《元明史料笔记丛刊》，中华书局 1981 年版，第 70 页。

[2]（明）席泆：《居家杂仪》，《虞阳席氏世谱》，光绪七年木活字本。

[3]（明）汪道昆：《太函集》卷二五《海阳处士金仲翁戴氏合葬墓志铭》，《四库全书存目丛书》集部第 117 册，齐鲁书社 1997 年版。

南家族在当时所倡导的礼仪教育植根于古代宗法社会的等级制度，倡导的众多思想，如名分纲常，在其形成之初便有着难以克服的弊端，压制了人们的思想与行为，后期儒者所提出来的“存天理，灭人欲”思想更是将礼教规范发挥到极致，因此对于传统社会的江南家风家训需要用辩证的眼光重新诠释。

（一）纲常秩序的等级观

家风家训虽然以家庭和家族为主要服务对象，但就其本质而言，其实是以儒家思想观念对家族（或家庭）成员教化和律化，来为国家服务的一种载体，所以其文本内涵是以儒家思想为核心导向的。

首先，如上所述，在中国传统社会，家族（家庭）是社会的基本细胞，国家是在家族（家庭）基础上的扩展和延伸，家国具有同构特征，正家、治家，推而广之即是正国、治国。家国同构，治国必以齐家始，而居家以理，亦可移于国。儒家思想是为适应君主中央集权而形成的意识形态和思想观念，作为国家意识形态的儒家思想必然就居于齐家的核心主导地位。正如武进菱溪钱氏家训所言：“朝廷之上纪纲定而臣民可守，是曰朝常。公卿大夫，百司庶官，各有定法，可使持循，是曰官常。一门之内，父子兄弟，长幼尊卑，各有条理，不变不乱，是曰家常。饮食起居，动静语默，择其中正者守而勿失，是曰身常。得其常则治，失其常则乱。未有苟且冥行而不取败者也。”[1] 将治家与治国并论。崇明单氏更认为“礼义无处不有，而于家庭为尤切”。[2] 可见在他们眼中，以儒家思想教家，和以儒家思想治国，两者是统一的。

其次，儒家是推动家训发展最重要的力量，除了家风家训中有很多来自孔孟等早期儒家的思想和言论之外，宋代理学家诸如张载、程颐、朱熹、吕祖谦等，不仅在理论上主张重构科举制度下新型的家族理论和制度，以强化家族对于敬宗

[1]《钱氏菱溪族谱》卷一，1929 年木活字本。

[2]《崇川镇场单氏宗谱》卷九，道光二十五年木活字本。

收族的文化作用；更在实践上十分重视以儒家思想观念来进行家族教育，尤其身体力行，积极参与到家训的撰写上。明清以后，随着程朱理学成为官方意识形态，儒家的伦理思想对家风家训的影响更是达到了前所未有的强度。这种影响尤其突出表现在三纲五常和等级秩序等儒家核心思想在家风家训中的贯彻和实施上。

一、三纲五常

关于“三纲五常”的起源，可以追溯到孔孟时期。《论语・颜渊》有“君君、臣臣、父父、子子”之说；《孟子・滕文公上》提到过父子、君臣、夫妇、长幼、朋友五项人伦关系；但是孔子在《论语・八佾》强调“君使臣以礼，臣事君以忠。”孟子则激烈批评贼仁贼义的独夫民贼，《梁惠王下》云：“贼仁者谓之贼，贼义者谓之残，残贼之人谓之一夫。闻诛一夫纣矣，未闻弑君也”。《离娄下》更强调指出：“君之视臣如手足，则臣视君如腹心；君之视臣如犬马，则臣视君如国人；君之视臣如土芥，则臣视君如寇雠。”显然，正如《论语・先进》所言“以道事君”，荀子所言“从道不从君，从义不从父，人之大行”，早期儒家并非一味顺从迎合权力。当然，这不意味着他们会否定君主体制之存在的绝对正当合理性。郭店楚简《成之闻之》篇言：“天降大常，以理人伦。制为君臣之义，著为父子之新（亲），分为夫妇之辨。是故小人乱天常以逆大道，君子治人伦以顺天德。”有学者认为，这是后来“三纲”说的雏形。[1]

真正强调君权和服从的是法家，《韩非子・忠孝》篇言：“臣事君，子事父，妻事夫，三者顺则天下治，三者逆则天下乱，此天下之常道也。”汉代以后，所谓“汉家自有制度，本以王霸道杂之”(《汉书・元帝纪》)，儒家人伦观念和法家绝对君权观念汇流，导致了“三纲五常”观念的正式出炉。余英时以为，“三纲”的观念直接发端渊源于韩非，“董仲舒所要建立的尊卑顺逆的绝对秩序”从根本

[1] 刘泽华：《中国政治思想通史》(先秦卷)，中国人民大学出版社 2014 年版，第 168 页。

上讲是“儒学法家化的结果”。[1]

“三纲五常”之说首见于董仲舒撰著的《春秋繁露》，所谓“循三纲五纪，通八端之理……”[2]。此处八端，即指三纲五常八项。总体而言，董仲舒认为，仁、义、礼、智、信五常之道是处理君臣、父子、夫妻这三个上下尊卑关系的基本法则。在他看来，人不同于其他生物的一个重要特点，在于人类具有与生俱来的五常之道。他又说：“阴者，阳之合；妻者，夫之合；子者，父之合；臣者，君之合。……君为阳，臣为阴；父为阳，子为阴；夫为阳，妻为阴……”[3]君臣、父子、夫妇之对，均源于天的阴阳相对，是故“王道之三纲，可求于天”，以此确立了君权、父权、夫权的主导地位，把等级制度、政治秩序神圣化为宇宙的根本法则，正如后世学者所言，董仲舒是将“三纲五常”天意化了。[4]

将“三纲”具体释为“君为臣纲，父为子纲，夫为妻纲”则要追溯到成书于汉代的谶纬类典籍《礼纬·含文嘉》，其言：“三纲，谓君为臣纲，父为子纲，夫为妻纲矣。六纪，谓诸父有善，诸舅有义，族人有叙，昆弟有亲，师长有尊，朋友有旧，是六纪也”。班固的《白虎通义》则引用《含文嘉》对此进行了更明确的阐述和神圣化论证。《白虎通义·三纲六纪》篇曰：“三纲者，何谓也？谓君臣、父子、夫妇也。六纪者，谓诸父、兄弟、族人、诸舅、师长、朋友也。”“何谓纲纪？纲者，张也。纪者，理也。大者为纲，小者为纪。所以张理上下，整齐人道也。人皆怀五常之性，有亲爱之心，是以纲纪为化，若罗网之有纪纲而万目张也。《诗》云：‘亹亹我王，纲纪四方。’君臣、父子、夫妇，六人也。所以称三纲何？一阴一阳之道，阳得阴而成，阴得阳而序，刚柔相配，故六人为三纲。”同书《五行》篇则言：“地之承天，犹妻之事夫，臣之事君也。其位卑，卑者亲视事，故自同于一行尊于天也。子顺父，妻顺夫，臣顺君，何法？法地顺天也。”[5]

---

[1] 余英时：《中国思想传统的现代诠释》，江苏人民出版社 1995 年版，第 96 页。

[2]（汉）董仲舒：《春秋繁露·深查名号》，中华书局 2011 年版，第 137 页。

[3]（汉）董仲舒：《春秋繁露·基义》，第 160 页。

[4] 张岱年：《中国伦理思想研究》，中国人民大学出版社 2011 年版，第 4 页。

[5]（清）陈立：《白虎通疏证》，中华书局 1994 年版，第 373—374 页。

此后“三纲五常”这个名词逐渐确立。

宋明以后，理学家进一步将三纲五常观念本体化，将之视为国之所以为国、人之所以为人的本质属性所在，而大大强化了三纲五常观念，所谓：“父子君臣，天下之定理，无所逃于天地之间。”[1]不过他们也说：“为君尽君道，为臣尽臣道，过此则无理。”[2]并未完全放弃儒家道尊于势的道义原则，也深切期望君父能够“以身作则”，宋儒真德秀曰：“即三纲而言之，君为臣纲，君正则臣亦正矣；父为子纲，父正则子亦正矣；夫为妻纲，夫正则妻亦正矣。故为人君者，必正身以统其臣；为人父者，必正身以律其子；为人夫者，必正身以率其妻。如此则三纲正矣。”[3]但他们也从不怀疑和否认专制君主拥有至尊无上的权势地位、独占绝对性、支配性的统治权力。所以越来越倾向于从观念上强化“三纲”观念中绝对服从性质的这一面，开始明确提出“天下无不是底父母”乃至“臣下之于君主不可见其不是处”或“天下无不是底君”的观念。朱熹就认为暴秦之世的无道君臣仍然是君臣，无道父子依然是父子。同时更认为孟子“臣之视君如寇雠”的言论是“说得来怪差，却是那时说得”，即特定时代才可说得的怪话。由此将君臣父子关系绝对化和神圣化，强调的是臣子对于君父的片面的绝对服从。自此以后，君、父、夫至尊如天的伦理观念逐渐普遍流行起来，甚者公然主张：“君虽不仁，臣不可以不忠；父虽不慈，子不可以不孝；夫虽不贤，妻不可以不顺”，而“君要臣死，臣不得不死；父要子亡，子不得不亡”也成了堂而皇之的真理信条。试图将这些纲常名教、忠孝伦理的观念永恒合理化，视之为亘古至今永恒不变的绝对真理，这些观念对传统社会产生了难以估量的广泛而深远的历史影响，纲常、名教、忠孝等构成了这一文明秩序的核心价值理念。

由于理学家直接参与到家风家训的构建中，“三纲五常”也成为几乎所有家

---

[1]（宋）程颢、程颐：《二程集》（上册），王孝鱼点校，中华书局2004年版，第77页。

[2]（宋）程颢、程颐：《河南程氏遗书》（卷五），《二程集》（上册），王孝鱼点校，中华书局2004年版，第77页。

[3]（明）邱濬：《大学衍义》卷六，《景印文渊阁四库全书》第712册，台湾商务印书馆1986年版。

族的家风家训的核心指导思想，并普遍宣扬“仁、义、礼、智、信”的道德标准。必须承认，直到今天，“仁、义、礼、智、信”这“五常”作为人之为人的基本伦理道德品质仍然有着重要的价值；但是对于“三纲”，虽然有学者认为如果将其作为率先垂范来理解，才是其真义，不应随意舍弃[1]，但这只是脱离历史实际的一厢情愿的解释，“三纲五常”对中国文化所造成的弊病有目共睹，这同样也表现在家风家训之中。

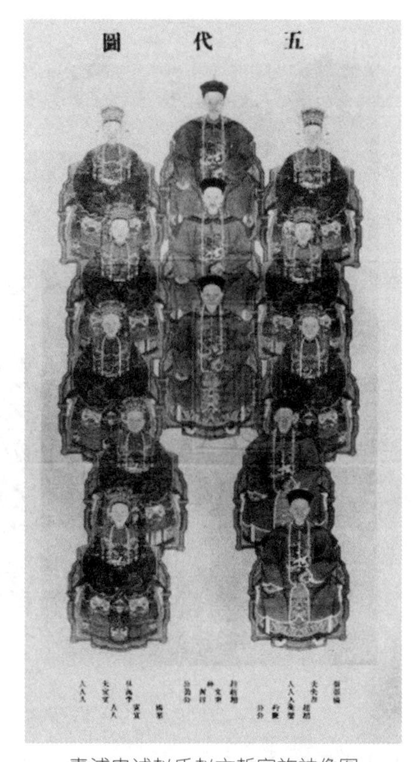

青浦忠诚赵氏赵文哲家族神像图

首先是孝。

孝的观念是中国传统家庭伦理内容的核心。每个人从小到大，多受益于父母真挚无私的爱抚、无微不至的关怀和舍身忘我的呵护，行孝即报答父母的养育之恩，依礼而为，侍奉父母；父母亡后，祭拜供奉；繁衍后代，接续香火，所谓“不孝有三，无后为大”。中国传统社会非常重视孝道教育，以“孝悌”为传统家庭道德教育的思想核心。赡养父母祖辈、尊敬长上是儿女义不容辞的责任，而且事亲至孝，才能为人所信，为国尽忠。孝是人生道路最基本的起点。从这一点上看，宣扬“孝”在今天也有着强烈的现实意义，绝非过时。

但另一方面，父慈子孝本是对等关系，其中既有对父辈的伦理要求，又有对子辈的伦理要求，两者皆出于人的天性，对孝的强调是对人天性的维护。但是统治者出于维护纲常的原因，刻意将孝与纲常联系在了一起，反而导致了父母子女之间的关系异化。中国古代社会历代统治者均标榜“以孝治天下”。清世宗辑撰

[1] 参见方朝晖《为“三纲”正名》，华东师范大学出版社 2014 年版。

青浦忠诚赵氏序伦图

康熙圣谕而成的《圣谕广训》“以孝弟开其端”，把“孝”推到极高地位：“天之经、地之义、民之行”；且认为“尧舜之道，不外孝弟”，并要求为人子者“欲报亲恩于万一，自当内尽其心，外竭其力，谨身节用，以勤服劳，以隆孝养。”统治者对孝的强调，不仅停留在口头上，还落实到法律上。以清律规定的斗殴（未成伤）罪为例，凡人斗殴处刑仅笞二十，而子孙殴父母、祖父母“皆斩”，处刑相差十七等之多。要知道清律刑制规定，如加等，一般不加至死；这里的差别却是进入死刑。另外刑制规定的死刑中，斩重于绞；这里是从重处斩。而且法律规定一般罪行首犯从犯分别轻重判处；这里不分首从一律从重处斩。再以最远的亲族关系为例，卑幼殴缌麻亲尊长杖六十徒一年，比凡斗重九等；尊长殴缌麻亲卑幼，“勿论”。甚至卑幼殴“五服已尽同姓尊长”也要加凡斗一等；尊长殴五服已尽同姓卑幼则减凡斗一等，由此可见家族内尊卑不平等的程度。

在此影响下，虽然家训中也有“一家之中要看得尊长，尊则家治，若看得尊长不尊，如何齐他，得其要在尊长自修”[1]等对家长率先垂范的要求，汪辉祖也承认：如果长辈行为不正，“子孙虽不敢显言，未尝不敢腹诽”，因此“无论居何等地位，一言一动，要想作子孙榜样，自然不致放纵”。[2]可事实上，大部分家风家训多说子孝而少说父慈，尤其强调家族长辈在处理家族相关事务时有绝对权威，子孙对于父母长辈的吩咐与要求必须绝对服从，必须无条件的孝。如在《弟子规》中写道：“亲有过，谏使更，怡吾色，柔吾声，谏不入，悦复谏，号泣随，挞无怨”，这其实就是要求儿童完全放弃个性，成为家长的附庸。同样的内容在家训中也比比皆是。袁采在《袁氏世范》中言：“子之于父，弟之于兄，犹卒伍之于将帅，肯吏之于官曹，奴碑之于雇主，不可相视为朋辈，事事欲论曲直”，所以必须“定尊卑，名不可同，字不可复，此定理也”。[3]又如《庭书频说》中写道：“父慈子固当孝，即父不慈，子亦当孝。”[4]武进花墅盛氏也言：“父虽不慈，子不可以不孝，况父未必不慈；兄虽不友，弟不可以不恭，况兄未必不友。”[5]上海宝山钟氏也认为“父岂有不慈者”，只是“恐人子事之未至耳”，所以即使“前后嫡庶，父母或有偏向”，子女亦应当“委心置之，期于必得亲欢而后已”。[6]武进西盖赵氏认为，“父母生我之身，我当致此身以奉之”，所以“故凡亲之所欲，苟无大背于理者，皆有以曲从之”。[7]常州左氏则言“奉偏私之亲”时，应当“思肤发皆亲所遗，财货岂我所有”，所以“当顺亲之心以助其爱”，而不能“因是而弛其孝”。[8]这种对孝的异化就直接导致了愚孝的行为，如“割股疗亲”这种极其残忍和愚昧的孝行在江南家族中非常流行。

---

[1]《钱氏菱溪族谱》卷一，1929年木活字本。

[2]（清）汪辉祖:《双堂庸训》,《中国历代家训集成》第9册，第5663页。

[3]（宋）袁采:《袁氏世范》卷二,《中国历代家训集成》第2册，第728页。

[4]（明）黄标:《庭书频说》，清张师载辑《课子随笔抄》,《四书未收书辑刊》第5辑第9册，北京出版社1998年版。

[5]《毗陵盛氏族谱》卷一，1915年思成堂木活字本。

[6]《宝山钟氏族谱》，1930年铅印本。

[7]《西盖赵氏族谱》卷一，光绪十二年永思堂木活字本。

[8]《左氏宗谱》卷一，光绪十六年木活字本。

二十四孝图

其实父母的慈爱和子女的孝顺本是平等的双向关系，父母对孩子、孩子对父母均寄予不同的期望。孩子从父母处期望爱抚，父母则希望孩子长期努力；孩子希望得到父母的保护、肯定与支持，父母希望孩子健康、快乐、和谐，长大成人；孩子从父母处学到的是对规则和权威的服从，父母则从孩子处学到的是对自由与平等的尊重，对童趣和创造力的认同，诸如此类。这种平等的家庭关系容易构建一个动态的、开放的家庭教育系统。如果家庭成员之间缺乏适当的宽容与自由，会约束子女们思想和个性，导致子女在成长的过程中，完全被限制在家长灌输的思想里，失去了独立思考的主动性，也失去了自己的主见，这种专制、封闭的教育其实不利于对子女个性的培养。

其次是睦族。

家风家训并不只是简单地对家庭关系的规范，更是对整个家族关系的规范，因此家风家训中的纲常观念还从父子关系进一步扩展到族长与族人的关系，族长在家族中同样具有绝对权力。如崇明黄氏家规中这样说："圣经所称，欲治其国者，先齐其家。可见家国一理，贵贱同伦。故缘法以致治，在国之命官；约礼以萃涣，须家之族长。此一门之内，一族之中，必推举一人以主其事。"族长虽然非世袭，而是通过选宗子，或论辈分，或推贤能产生，"此必以公明正直者为之，乃可以服众""惟族尊行中推举一人而遵从之，不必拘其年之少长。若其素履无咎，可以表正一族者，则可为之耳"[1]。鄞城华氏《明德堂训》还规定"宗长不贤，众举其次长，贤德者代之，庶有所矜式"。但是无论采取何种方式，只要处

[1]《黄氏家乘》，1914 年刻本。

于族长之位，能凭借纲常观念和家法族规对族人具有惩处甚至是生杀大权。鄞城华氏《明德堂训》规定："违逆不遵者，黜；傲慢不遵者，黜。为匪者，宗长可杖；嫖赌者，宗长可杖；崇尚异端，鸣官究治。若偶犯小过，谅其轻重罚之，以充公用。"[1] 由于纲常观念赋予了族长绝对权威，使得家风家训具有了律化功能，族长拥有最终的裁定权和行使强制性的惩戒和处罚的权力。

由于族长并无法定的惩戒权力，所以大部分家族的惩罚措施仍基本上停留在言语警告上，如钱惟演《谱例一十八条》曰："凡族长当立家以训子弟，毋废学业，毋惰农事，毋学赌博，毋好争讼，毋以恶陵善，毋以富吞贫。违者叱之。"[2] 严重者有罚粮、罚款或者是除名，陈龙正在《家矩》中规定，如果家族中有违规行为，"犯者不给条约，以仲秋祭祠日，会本人亲房，同告于先灵，而削其名"；如果"幼时为父母所鬻，非本人之罪"，"给银代赎其身，稍知自爱，仍与入谱"。如果"能痛自惩创者"，由"本人亲房及族长会同保结，补给条约，册尾本名之下仍注'量关一年'，查果改行，一体永助"。又如果"或不率教训，罪未及追取条约，又不可置之不问者"，则"罚除应给事项，自一石至十石，量犯轻重，以为等差"。[3] 直至民国时，比较开明的上海郁氏家族仍有详细的惩戒规定，违背下列条规的族人"有人举发后，归族会中审核，如无疑义者，以后不得参与族事，惟身后神主仍得入祠。神主后加刻'行革'二字，家谱无行传世系图，名下系'行革'二字，所以垂戒也"。包括：一是悖逆伦理（如不孝不悌，卖子女为娼等），经族会议决万难容忍者。二是凡受最重本刑五年以上有期徒刑之处分，经族会调查并非诬陷者。三是虽未受刑事处分，而犯罪证据确凿者（如侵吞公款、善举款，盗卖族墓祭产等）。族长如犯前条各款者，由族会按分齿改推。宗子如犯前条各款者，由族会别为大宗立后。会议时犯者避席。如妇人来归，被出他适者，

[1]《鄞城华氏宗谱》，光绪二十三年刻本。

[2]（宋）钱惟演：《谱例十八条》，费成康《中国的家法族规》，上海社会科学院出版社 2016 年版，第 209 页。

[3]（明）陈龙正：《家载》，《中国历代家训集成》第 5 册，第 3238 页。

夫死他适者，神主不得入宗祠，不得葬族墓，以其别有所从也。妇人来归，因无行而被出者，亦同其无过被出。不再适人者，子孙或族人得向族会请求，经审核确认由族会公决，附入哀女祠。其母族不为收葬者，经公决得附葬哀女墓地上。[1]

也有很多家族使用身体惩罚来达到惩戒的目的。如海盐白苎朱氏《奉先公家规》："每岁元旦，合吾家人清晨谒祠堂毕，悉会集于兆庆堂。左右序立，向家长揖。揖毕，左右对揖而退。仍给与酒肴。有不至，跪罚。"[2]这是罚跪的体罚方式。萧山沈氏《宗约》曰："议祭礼以诚敬为主，无得谊谗，怠慢犯者，各责二十板。"[3]

还有家族赋予族长限制人身自由的权力，如常州费氏对忤逆子弟在责四十板后"锁祠内一个月"，严重者再关一个月。[4]更有部分家族的族长甚至具有生杀大权。如姚江朱氏针对妇女淫乱，规定即令自尽；毗陵朱氏明确规定要"合族公同打死"沦为强盗的族人；镇江大港赵氏对"干名教，犯伦理者""缚而沉之江中"。[5]泗阳徐氏甚至规定，对于族众公议死罪者，必须由"其父兄伯叔联名具结，画押作据，倘有狃于私情，不肯具结画押者，均议出族"。[6]族长的这种裁断，族人必须绝对服从，如果有人不服，就会受到惩罚。如武进潞城邓氏规定，事主"倘若不服"宗族的裁断，族长、族众可"鸣鼓共攻"，将他们"解祠治责"。[7]山阴州山吴氏则规定："如应责罚而持顽不服者，呈官究治，不许入祠"，[8]余姚江南徐氏规定，如果族众有争端，请求族长裁断，族长可以先"不问是非，各笞数十"[9]，然后再辨其曲直。大部分族人只能被迫接受这种惩罚。正如

[1]《黎阳郁氏家谱》卷一二，1933年铅印本。

[2]《白苎派朱氏宗谱》卷二，光绪十三年刻本。

[3]《长巷沈氏续修宗谱》卷一，光绪十九年抄本。

[4]《毗陵费氏重修宗谱》卷一《宗规》，同治八年活字本。

[5]（清）刘献廷：《广阳杂记》卷四，中华书局1957年版，第215页。

[6]《泗阳徐氏宗谱》卷一《家法》，1934年。

[7]《潞城邓氏宗谱》卷一，1948年木活字本。

[8]《山阴州山吴氏族谱》卷一，1924年木活字本。

[9]《余姚江南徐氏宗谱》卷一，1916年木活字本。

费成康所言，族长的裁断权其实是没有限制的。他们掌握着族人和家人的生死，作出的任何裁断，往往无须他人的审核，即可予以实施，而受到惩罚的家人和族人根本没有申诉的可能。[1]

由于族长这种权力与纲常理念相符，所以得到了历代统治者的承认和支持。清康熙时颁行的十六条上谕中有“族长不能教训子孙，问绞罪”的规定，从而使得族长在族内的教训权合法化。雍正甚至在提出要允许给族长剥夺族中所谓“不法子弟”生命的权利。他曾在雍正五年（1727）一道上谕中写道：“从来凶悍之人，偷窃奸宄，怙恶不悛，以致叔伯兄弟等重受其累。其本人所犯之罪，在国法虽未至于死，而其尊长、族人翦除凶恶，训诫子弟，治以家法，至于身死，亦是惩恶防患之道，使不法之子弟知所儆惧悛改。情非得已，不当按律拟以抵偿。”要求刑部允许族人以家法处治“不法之人”“至于身死，免其抵罪”。不过刑部对此持谨慎态度，只建议减轻对擅杀族人者的惩罚：“倘族人不法，事起一时，合族公愤，不及鸣官，处以家法，以致身死，随即报官者”，该地方官员应确实审明死者所犯劣迹。若此人“实有应死之罪”，就“将为首者照罪人应死擅杀律，杖一百”“若罪不至死，但素行为通族之所共恶，将为首者照应得之罪减一等，免其拟抵”。如果是“捏称怙恶，托名公愤，将族人殴毙者”，则仍应依法科断。此后，族长擅自处死族人的情况大大增加。为了遏制这一现象，乾隆时有刑部官员上奏指出：“同族之中，果有凶悍不法之徒，族人自应鸣官治罪”，原先的规定“虽属惩创凶悍、体顾人情之意，但族大人众，贤愚难辨”，往往有“架词串害”的情况，如果地方官员未能深察，“难保无冤抑之情”，认为“生杀乃朝廷之大权，如有不法，自应明正刑章，不宜假手族人，以开其隙”[2]。此后，朝廷不再宽纵擅杀族人的族长，规定将他们依法进行惩治。不过朝廷关注的是“生杀乃朝廷大权”“不宜假手族人”，并非否认族长的教训权，所以只要不涉及生杀，族长对族人的惩戒权力一直得到官府的鼓励和支持，在这种纵容下，直到民国年间，仍

[1] 费成康：《中国的家法族规》，第178—179页。

[2]《大清会典事例》卷八一一《刑部刑律斗殴》。

有部分家族家规中明文规定可以擅自处死族人。

正是因为“纲常”观念的宣扬导致了家族本位观念，即子女对父母，族人对族长必须无条件服从，所以在一定情况下，为了家庭和家族的利益，甚至可以违背正义伦理。家训中常常引舜的典故，即《史记·五帝本纪》所言：“舜父瞽叟顽，母嚚，弟象傲，皆欲杀舜。舜顺适不失子道，兄弟孝慈。欲杀，不可得；即求，尝在侧。”宋名臣韩琦提出“父母慈而子孝，此常事不足道，惟父母不慈而子不失孝”[1]，这才是古今称颂舜的原因。因此假使父母不慈甚至违反伦常、法律，子如何不失孝，是很多家训讨论的问题。常州菱溪钱氏虽然承认，舜之事亲有不悦者，是因为“父顽母嚚，不近人情”，但认为这只是偶然和个别现象，大部分情况下只要是“中人之性”“其爱恶略无害理”，就应该“姑必顺之”。[2]其实儒家经典中早就提出过子女对“无义”“无礼”父母的规劝，如《孝经》中说：“父有争子，则身不陷于无义。”《孔子家语·三恕》也说到：“父有争子，不陷无礼。”但是家训中提及此事极少，只有常州左氏提出有存在“奉邪僻之亲”的可能，认为此时要“恐亲之著恶而召祸”，所以应该“饮食起居，固当思就养于无方，而视听形声，必潜消其志意之所发”，但是如果这种邪僻“已著于迹”，就不应该“仍以顺为心”，这样会导致“遂亲之过，成亲之恶，危亲之身”，是“不孝之大者”，所以必须“或几谏，或正谏，或号泣以谏，终冀亲心之一悟”。正如国有诤臣一样，家必须有诤子，这才是“欲能诤而为孝者也，如是方是至爱，如是乃为真孝”。[3]这里仍然没有回答，当“诤”与“谏”不起作用时，应该如何处置。实践中各家族大多强调要遵循“事亲有隐无犯”的原则，即所谓“父为子隐，子为父隐”。“容隐”条款其实也受到了国家的保护，历朝历代国法都有允许亲属“容隐”的条款，如《清律》规定：“凡同居，若大功以上亲及外祖父母、外孙、妻之父母、女婿，若孙之妇，夫之兄弟及兄弟妻有罪，相为容隐”“皆勿

[1]（清）毕沅：《续资治通鉴》卷六一，中华书局1957年版，第1502页。

[2]《钱氏菱溪族谱》卷一，1929年木活字本。

[3]《左氏宗谱》卷一，光绪十六年木活字本。

百孝圖

象耕鳥耘

虞舜帝瞽瞍之子性至孝父頑
母嚚弟象傲舜耕於歷山有象
為之耕鳥為之耘其孝感如此
帝堯聞之事以九男妻以二女
遂以天下讓焉朱子廿四孝事蹟 孔子

元冊 二

象耕鳥耘

百孝图

论”。[1] 同样，家族也不允许将矛盾交给公权力解决。如武进孙氏规定“禁勾连外人，诈害本族”，认为“盖族人既知族谊，自应协力以御外侮”，如果“心地奸贪，暗地串同衙蠹外人，谋诈本族，而从中说合，分甘剥润者，小则宗祠创惩，大则闻官法治”。[2] 崇明黄氏也规定：“凡宗族诸卑幼于大小事务有不平者，必欲告家长族长会众直之，不可怀忿成雠，辄便经官竟成忿戾。”[3] 如果争端交由家族解决，维护家族利益自然是首先考虑的，正义与公平与否并不是其最关心的问题。

这种家族利益第一的家族本位思想加剧了家族认同心理和排外意识的积淀，不仅影响和削弱了中央政府的控制和管理，也导致父子、夫妻、亲属之间互相包庇违法悖德的言行。费孝通在他的《乡土中国》中形象地描绘了这样一幅家庭本位的画面：“中国的道德和法律，都因之得看所施的对象和自己的关系而加以程度上的伸缩。我见过不少痛骂贪污的朋友，遇到他的父亲贪污时，不但不骂，而

[1] 田涛、郑秦点校：《大清律例》卷一《名例》《亲属相为容隐》。

[2]《毗陵孙氏家乘》卷一，道光十三年木活字本。

[3]《黄氏家乘》，1914 年刻本。

且代他讳隐。……因为在这种社会中，一切普遍的标准并不发生作用，一定要问清了对象是谁，和自己是什么关系之后，才能决定拿出什么标准来。”所以他认为：“我常常觉得：中国传统社会里一个人为了自己可以牺牲家，为了家可以牺牲党，为了党可以牺牲国，为了国可以牺牲天下。这和《大学》的‘……身修而后家齐，家齐而后国治，国治而后天下平’在条理上是相通的，不同的只是内向和外向的路线，正面和反面的说法，……”[1]

另外值得注意的是，家族中的“亲属容隐”是有条件的，在面对非族人时方有效，如果在家族内部实行，很多违反家法族规的行为就无人举告，所以对内，宗族不但不会遵守儒家和国法中“亲属容隐”的规定，还会对知情不报的亲属，特别是包庇子孙的祖父、父亲一并予以处罚。山阴州山吴氏规定，如族人违反家法族规，本支房长“容隐”，就并罚房长；子孙得罪祖、父，而祖、父“容隐”，就要“并罚祖、父”。[2]武进西林岑氏规定：如子孙有为盗贼者，族人有容隐不报者，“与盗贼同科”。[3]家族之内不执行“亲属容隐”仍然是以家族利益为中心，家族内的一切条规都必须服从这一原则，甚至可以凌驾于国法和礼教之上。从这一角度来看，儒教的纲常礼教其实是沙上之塔，即使“仁义礼智信”也只是为了维护各种相关利益的一层层面纱而已。

儒家始终坚持家国一体同构的理念，倾向于以家庭关系为理想模本，或者以扩大化的拟家庭生活的社群关系伦理和人际交往网络为标准尺度，来构想整个国家的合理生活方式与治理秩序状态。但是事实上，从宗族势力、家族伦理到国家政权都存在着观念与现实之间的脱节和悖谬。正如前文讨论过的，以江南为例，明清时期，随着商品经济的发展，特别是大量家族成员的城居，已经出现了家庭结构的小型化和敦亲睦族宗法观念逐渐淡漠的情况，所谓宗法社会早就荡然无存。日本学者滨岛敦俊曾以鲁迅的《社戏》为例，认为同族老少不顾辈分打打闹

[1] 费孝通：《乡土中国》，第28—29页。

[2]《山阴州山吴氏族谱》卷一《祠堂条规》。

[3]《西林岑氏族谱》卷一《家规》，光绪二十三年活字本。

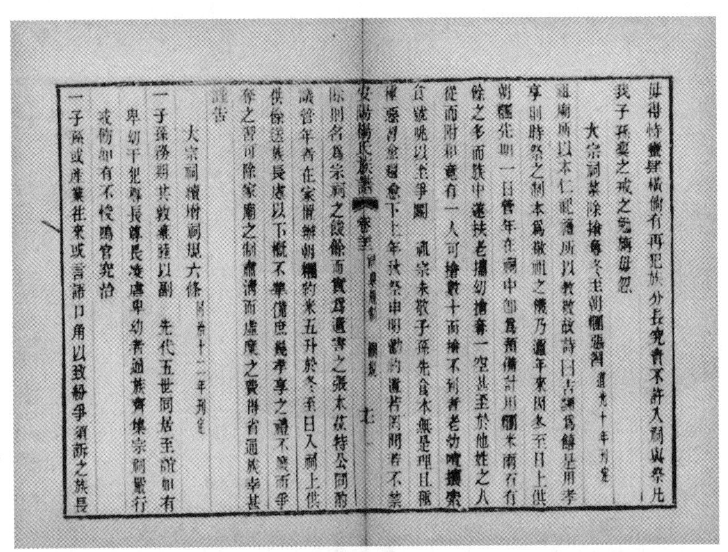

毋得恃蠻肆橫倘有再犯族分長究責不許入祠與祭凡我子孫凜之戒之毋悔毋怨

大宗祠禁除搶奪冬至朝糰惡習 道光十年刊定

祖廟所以本仁祀禮所以教敬故詩曰吉蠲爲饎是用孝享則時祭之制本爲敬祖之儀乃邇年來因冬至日上供朝糰先期一日管年在祠中即爲預備計用糰米兩石有餘之多而族中遂扶老攜幼搶奪一空甚至於他姓之人從而附和竟有一人可搶數十而搶不到者老幼喧嚷索食號呌以至爭鬭 亂宗未敬子孫先食未無是理且屢奉憲禁屢禁愈下年秋祭申明勸約置若罔聞者不禁除則名爲宗祠之餕餘而實爲遺害之張本茲特公同酌議管年者在家備辦朝糰約米五升於冬至日入祠上供供餘送族長處以下概不準備庶幾孝享之禮不廢而爭奪之習可除家廟之制肅清而虛糜之費得省通族幸甚

謹告

安陽楊氏族譜 卷一 祠規 十二

大宗祠續增祠規六條 同治十二年刊定

一子孫務期其敦雍睦以副 先代五世同居至意如有卑幼干犯尊長尊長凌虐卑幼者通族齊集宗祠覈行戒飭如有不悛鳴官究治

一子孫或產業往來或言語口角以致紛爭須訴之族長

安阳杨氏族谱

闹是宗族消失的症候，又称江南祭祖活动不顾行辈尊卑，只分地位高下，是宗族实质消亡的体现。[1] 事实上，随着人情的逐渐淡薄，宗法社会温情脉脉的面纱早已渐渐被撕破，类似的情况时有发生。如常州安阳杨氏每年冬至日有上供朝团的习俗，“先期一日，管年在祠中即为预备，计用团米两石有余之多”。但是还没等到上供，就被族人“扶老携幼，抢夺一空，甚至于他姓之人从而附和，竟有一人可抢数十，而抢不到者喧嚷索食，号叫以至争斗”，屡禁不止，置若罔闻[2]。更残酷可怕的事情也屡见不鲜。现存明清时期江南地区的民事诉讼案牍中，亲戚、宗族间为田产、家产分割兼并而引发官司的数不胜数。如《云间谳略》记载丘兆芳与丘道行为堂兄弟，道行佃种兆芳土地，欠租未交，兆芳将道行的耕牛拿去作抵。丘道行怀恨在心，竟然唆使外人以杀人罪陷害丘兆芳。[3] 又如亲兄弟周金与

[1]［日］滨岛敦俊：《江南三角洲与宗族问题讨论》，复旦大学“江南城市的发展与文化交流”国际学术研讨会 2010 年；［日］滨岛敦俊：《明代江南は「宗族社会」なりしや》，《中國の近世規範と秩序》，东京研文出版社 2014 年版，第 94—135 页。

[2]《安阳杨氏族谱》卷一《大宗祠禁除抢夺冬至朝团恶习》，1914 年敦睦堂木活字本。

[3]（明）毛一鹭：《云间谳略》卷二《一件陷杀事》，《历代判例判牍》第三册，中国社会科学出版社 2005 年版，第 442 页。

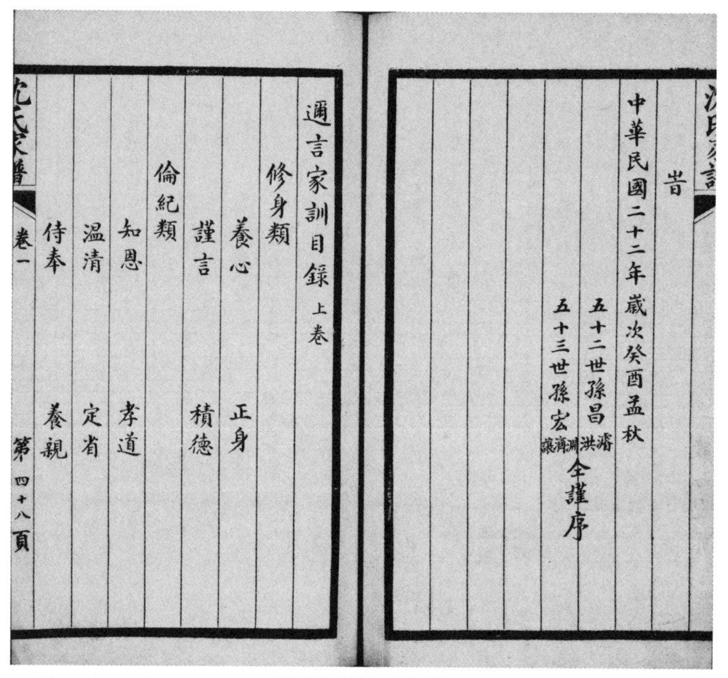

旨

中華民國二十二年歲次癸酉孟秋

五十二世孫昌濬 洪

五十三世孫宏淵 濟 濂 仝謹序

邇言家訓目錄 上卷

修身類

養心　正身

謹言　積德

倫紀類

知恩　孝道

溫清　定省

侍奉　養親

沈氏宗譜　卷一　第四十八頁

洞庭东山沈氏家谱

周方为了天旱取水孰先孰后的问题，彼此殴打至不可开交，最终酿成悲剧。[1] 正因为如此，在江南家风家训中才会出现大量戒律，甚至不惜动用暴力，来限制子孙的不良行为。比如洞庭东山沈氏《迩言家训》一半篇幅为“戒类”和“禁类”，所禁戒的内容十分丰富，如戒醉、戒淫、戒赌、戒怒、戒听谗、戒讼、戒入异端、戒忏醮、戒食犬、河豚、戒戏谑、禁演戏、禁合十弟兄、禁继拜父母姊妹、禁师巫、禁妇人烧香、禁三姑六婆、禁放五谷、禁弃字亵书等。[2] 但如此详尽繁复的戒律规条其实恰恰说明了传统家庭和家族面对世事变化的无能为力，其实往往只是一纸空文，最后唯有求助苍白无力的所谓道德规范。所以正如谭嗣同早已尖锐指出过的那样：“封建世，君臣上下，一以宗法统之。宗法行，而天下如一家。故必先齐其家，然后能治国平天下。自秦以来，封建久湮，宗法荡尽，国

[1]（明）毛一鹭：《云间谳略》卷二《一件为奸杀事》，第 437 页。

[2]《洞庭东山沈氏宗谱》卷一，1933 年石印本。

与家渺不相涉。家虽至齐，而国仍不治；家虽不齐，而国未尝不可治；而国之不治，则反能牵制其家，使不得齐。于是言治国者，转欲先平天下；言齐家者，亦必先治国矣。大抵经传所有，此封建世之治，与今日事势，往往相反，明者决知其必不可行。”[1] 建立在家国同构基础上的纲常理念和与之相关的重家族、明人伦、尚亲亲的伦理思想其实在很大程度上只是一种表面文章。

二、等级秩序

纲常理念在家庭、家族中主要表现在以辈分、年龄、亲等、性别等条件为基础所形成的亲疏、尊卑、长幼的分野，由此决定每一个人在家庭或家族上的地位和行为；在社会中则表现为贵贱上下之别，由此决定每一个人在社会上的地位和行为。这种贵贱上下之别虽然与传统的宗法制度存在着一定冲突，在家庭或家族中表现得不甚明显，但也依然有着一定呈现。

儒家认为人有智愚贤不肖之分，社会应该有分工，应该有贵贱上下的分野。所谓“劳心者治人，劳力者治于人。治于人者食人，治人者食于人。天下之通义也。”(《孟子·滕文公上》)。“贱与贵，不肖与贤，是天下之通义。”(《荀子》卷三《仲尼篇》) 农、工、商等以技艺生产的“小人”必须奉侍上层君子，而以治世之术治理社会的“大人”则享有“食于人”的权利与义务，各有其责，各尽其劳，一切待遇与社会地位成正比例也是天经地义的，有人就该华衣美食，乘车居厦；有人就应粗衣素食，居则陋室，出则徒步，这种差异性的分配才是公平的秩序。另一方面，等级之间可以流动，只要德能配位，庶人可以成为士人。“论德而定次，量能而授官，皆使人载其事而各得其所宜。上贤使之为三公，次使之为诸侯，下贤使之为士大夫”(《荀子·君道》)”“虽王公士大夫之子孙也，不能属于礼义，则归之庶人。虽庶人之子孙也，积文学，正身行，能属于礼义，则归之

---

[1]（清）谭嗣同:《仁学》(四十七)，《谭嗣同集》，岳麓书社 2012 年版，第 378 页。

卿相士大夫。"(《荀子·王制》)所以在儒家心目中，贵贱不仅是"君子劳心，小人劳力"职业上的划分，同时也是才智德行的区别，社会分工、社会地位、才智德行是三位一体，互为配合的。

家训中常引范仲淹的话："吾吴中宗族甚众，于吾固有亲疏，然吾祖宗视之则均是子孙，固无亲疏也。宜体验之。"[1]理论上讲，在一个家族中，更不必说在一个家庭中，无论是哪房子孙，不论是富贵、贫贱、嫡派、庶出，都是祖宗的血胤，在祖宗眼中并无亲疏之分，所谓"家国一理，贵贱同伦"，因此，不论是贵贱尊卑的家人或族人，在家训面前都没有什么特权可言，本无等级之别，"毋论长幼贵贱，事必咨禀而听命焉"。但实际上这些言论往往只停留在文字中，社会上的等级秩序对家族的影响无处不在，不过这些等级秩序也并非坚固不可动摇。

首先是宗族成员地位高低之别。

只要有人群，就会有差别，宗族同样如此。弗里德曼曾称汉人宗族组织的特点就在于"不平等地获得公共财产的利益"[2]。他认为，由于整个社会普遍发生的阶级分化，宗族成员间对于权力和利益的获取是不平等的。这种社会分化最终导致了强弱不等的分支。按照传统宗法制度，大小宗分别是依血缘的嫡庶区分的，但世变时易，"三代以后，仕者不世禄，大宗不能收族而宗法废"，已成为时人必须面对的社会现实。如果无法保证凭血缘继承的大宗总是能在政治、经济与社会上占据宗族的主导地位，宗子制度必然只有形式上的意义。正如前文所讨论的，随着科举制的推行，"士夫之后未必为士夫"，在明清江南社会，很多获得科举成功的家族"贵显"的分支会迁居到城市中，获得更多的资源和利益，由此导致了家族内部贫富差距的扩大，并推动了家族的分化和宗法制度的破坏。笔者曾经讨论过常州庄氏的宗祠设置，发现由于大宗的衰落，大宗祠无论在规模和祭产上都要远逊于小宗祠，小宗祠不但规模大，祭产丰，而且还从小宗祠发展到了支祠，再从支祠发展到了分祠，本支所出人才越多，本支势力越大，本支宗祠会向下一

[1]（宋）范仲淹：《范氏义庄规矩》，《中国历代家训集成》第1册，第145—146页。
[2]［美］弗里德曼，《中国东南的宗族组织》，上海人民出版社2006年版，第95页。

等级延展，祠庙数量也会越来越多。

在这种情况下，没有地位的大宗已经无力为宗族提供保护，所以有人提出建立大宗新原则。清初人许三礼就认为立宗子当以贵贵为准："观《孝经》卿大夫之孝曰然后能守其宗庙，士之孝曰然后能保其禄位而守其祭祀，益见宗庙祭祀关乎禄位，则宗法断当以贵贵为定明矣。"他认为"上祀祖先，下庇后昆"是宗子的责任，而要履行这一责任，必须有"禄位而方得祭享历代先人"，同时还能够"明国恩而重作忠之感"，"如无贵者"，才能用"或尊尊或长长或贤贤"的标准。[1]因此，在重血缘的昭穆制度和重实用的贵贵原则之间，就不可避免地发生冲突。清代礼学家无锡人秦惠田指出："士之入仕崛起者居什九，是以一族之人或父贵而子贱，或祖贱而孙贵，或嫡贱而庶贵。贵者可为别子，贱者同于庶人，皆以人之才质而定，非若古继别之大宗一尊而不可易也。"[2]江南很多宗祠的木主供奉突破了之前大宗"百世不迁"，小宗五世则迁，"亲尽则祧"的原则，而是采用所谓的德功原则，即以官级、功名甚至财富为标准，宜兴任氏早就提出了"论德、论爵、论功，孚众论者配享"[3]。武进西营刘氏大宗祠是"奉始祖以下擢科第、受赠封、有德望、膺爵位、入胶庠者，合享于祠"[4]，家族的族长也大多由有功名或者有声望的族人担任，并不完全遵守宗法原则。

这种宗族内部日益增长的不平等，也随之加大了宗族内部的分裂。虽然如前所述，宗族也采取种种措施加强了各分支对宗族共生共存的依赖性，但事实上内部分裂的案例举目可见。一方面，人们对贵贱之分开始产生了新的看法，如上海吴氏宗谱在家范中如此说："天下有贵人无贵族，有贤人无贤族，彼仕者之子孙不能修身笃行，而屈为僮隶；其公卿将相常发于陇亩，圣贤之裔不能传其遗业，则夷于庸人"，所以他们认为"天之生人，果孰贵而孰贱乎？贵贱岂有恒哉？在

[1]（清）许三礼：《补定大宗议》，贺长龄编《皇清经世文编》卷五八《礼政五》。

[2]（清）秦惠田：《五礼通考》卷一四六，《景印文渊阁四库全书》第138册，台湾商务印书馆1983年版。

[3] 民国《宜兴筱里任氏家谱》卷二之四《配享续议》，1927年一本堂活字本。

[4]《新建宗祠记》，《西营刘氏宗谱》卷七。

人焉耳"。[1]这也是众多家族要求子孙努力向学，勤俭持家，以此来改变家族命运的出发点。另一方面，由于贵贵原则渐渐凌驾于亲亲原则之上，同宗共祖，一脉相承的同源意识逐渐淡漠，族人本来相互平等的关系开始发生裂变，尊卑伦序的规则，家长、族长的权威越来越被人所轻慢："每见亲戚中子弟，有恃父兄官贵者，有恃门户财富者，有恃文学优通者，自立崖岸，轻忽长上"[2]"子侄辈中不论公事私事，族尊分长，未及闲谈，或才发一二语，而幼小辈便已面红颈赤，高声争辩，即使所言皆是，先已不逊不恭矣。甚有纵子猖狂，得罪尊长，并恃筋粗力壮，与族分小有不合，动辄挥拳者"，[3]族人中谈论的更多的往往是某房之富贵势力为可羡，某房之贫贱寡弱为可欺，关心的是"于父母之封赠、官阶及一切婚丧宾祭之节，动辄逾制以为荣，即以为孝，相习成风"。[4]官本位和金钱本位观念也开始在家族内部流行，光宗耀祖、扬名显亲、追求功名利禄的思想越来越成为某些家族家风家训的指导思想。

其次是嫡庶之别与血缘之分。

《孟子·离娄上》言："不孝有三，无后为大。"古人非常重视血缘和婚姻基础上父系血统的延续，夫妻结合的最重要任务就是生育男性子嗣以绵延家族。然而任何时代婚后不育都并不罕见，在中国传统社会，解决这个问题基本会采取两种对策，一是纳妾，以增加生育的概率；二是选择一个男性继承人以延续血脉，继承财产，这就是立嗣。由此就产生了嫡庶之别和血缘之分。

纳妾的情况，将于下节详细讨论，此处只涉及妾生育子女的问题，由此产生了嫡庶之别。"庶"之义出自《礼·内则》："适（通'嫡'）子、庶子，见于外寝。"郑玄注："庶子，妾子也。"正妻所生子为嫡子，嫡出子女称父妾为庶母，庶母所生之子为庶子，嫡子和庶子虽是同一血脉，拥有同一个父亲，但在地

[1]《吴氏宗谱》卷二，嘉庆二十四年刻本。

[2]《西盖赵氏族谱》卷一，光绪十二年永思堂木活字本。

[3]《龙溪盛氏族谱》卷一，1943 年木活字本。

[4]《毗陵吕氏族谱》卷一，光绪四年木活字本。

位上却因生母的不同而产生巨大差异，在日常生活中就存在着一定差别。传统宗法制度一个基本原则就是区别嫡庶，分辨长幼。王国维称：嫡庶制构成了宗法的基础："其所宗者皆嫡也，宗之者皆庶也。"[1]根据宗法制，嫡长子即正妻长子为大宗，即宗子，地位之尊，远过于其他嫡子。其他嫡子和庶子的地位都在宗子之下，《礼记·内则》："嫡子庶子，祗事宗子宗妇。虽富贵，不敢以富贵入宗子之家，虽众车徒，舍于外，以寡约入""世子生，则君沐浴，朝服，夫人亦如之，皆立于阼阶，西乡。嫡子、庶子见于外寝"。即嫡子、庶子即使富贵也不可以富贵的身份进入宗子家，嫡子、庶子的出生仪式也与宗子不同。而嫡子和庶子也有差别，"庶子不祭祢者，明其宗也"，即庶子不能祭祀祢庙。《左传》桓公十八年辛伯谏周公黑肩甚至将庶匹嫡列为乱国之本："并后、匹嫡、两政、耦国，乱之本也。"《仪礼》丧服之制也规定："父卒，子为嫡母服齐衰三年；父在，为齐衰杖期。但士人之子为庶母仅服缌麻三月，大夫以上为庶母无服。"可见嫡母与庶母服制差别巨大。因此虽然同为一父之子，但亲亲之中有亲亲，亲亲原则的本质乃在于通过区分来决定人与人之间的等级秩序，即使同一血缘也不能例外。

不过正如前文所言，在周秦之后，宗法制度已经失去其赖以存在的基础，原有的规定不一定能发生效力。汉景帝之妃唐姬生长沙定王刘发，其后裔刘秀中兴汉室，建立东汉，因此关于嫡庶之别也开始渐渐松动。东汉晚期，郑玄注《仪礼》丧服齐衰"慈母如母"章时，以为："大夫之妾子，父在为母大功，则士之妾子为母期矣，父卒则皆得伸也。"即若父亲在，大夫之庶子当为其生母服大功，士之庶子为其生母服齐衰杖期。一旦父亲去世，庶子为其母应服齐衰三年。可见郑玄认为庶子仅为其母服幼缌麻，服制太轻，应当加重，反映出时人对庶母的地位已较从前为重视。此后有众多庶子或建立军功，或治国有方，振兴门庭，其地位已经不受嫡庶之别的限制，如东晋陶侃之母湛氏即是妾。

明清之后，宗法制日益松动，嫡庶之分的矛盾也日益显现出来。传统礼教严

[1] 王国维：《殷周制度论》，《观堂集林》，河北教育出版社 2003 年版，第 235 页。

晋陶侃母

嫡庶之分，贵嫡而贱庶，但同时又非常强调孝道。就本质而言，庶母具有双重身份，在夫妻之间为庶，在母子之间则为母，故庶妻虽贱，一旦子贵，庶母则贵。明洪武七年，因孙贵妃去世后的服制争议，决定将生母之丧，无论嫡庶，皆斩衰三年。嫡子众子为庶母，皆齐衰杖期。仍命以五服丧制，并著为书，使内外遵守。[1] 由此打开了一扇嫡庶逐渐平等的大门。至清代，在法律上仍存在着部分嫡庶之分的内容，如历朝都有荫袭的规定，即父辈的官职达到一定品级，其子孙或亲族可以直接入仕。当享受荫袭时，庶子的次序按规定列于嫡子之后，只是在没有嫡子孙或嫡子孙不能袭荫的情况下，庶子才能获得机会。“凡文武官员应令袭荫者，并令嫡长子孙袭荫，如嫡长子孙有故（或有亡殁、疾病、奸盗之类），嫡次子孙袭荫，若无嫡次子孙，方许庶长子孙袭荫，如无庶出子孙，许令弟侄应合承继者袭荫。若庶出子孙及弟侄不依次序，搀越袭荫者，杖一百，子孙俱不准袭荫。”[2] 另外谈婚论嫁之时，嫡庶子女也会受到一定的影响。《户律·男女婚姻》曰：“凡男女定婚之初，若有残疾、老幼、庶出、过房、乞养者，务要两家明白

[1]《明史·志第三十六·服纪》，中华书局2000年版，第999页。

[2] 田涛、郑秦点校：《大清律例》卷六《吏律·职制》。

通知，各从所愿。”[1] 很多望族对婚姻对象是否庶出仍较为关注。清代服制继承明制，且有更多的松动。庶子如果是官员，既要为嫡母服丧，又要为自己的生母服丧，丧服相同；此外，嫡子或庶子，如亲生母亲早逝，父指定一妾抚育，则称此庶母为慈母，子为慈母服丧同于亲生母亲。道光四年（1824），礼部又增改服制，规定已出继的庶子，可为本生生母（本生父妾）按本生父母持丧。[2] 最重要的财产继承方面，按律例规定应该诸子均分，并无嫡庶子之差：“嫡庶子男，除有官荫袭先尽嫡长子孙，其分析家财田产，不问妻妾婢生，止以子数均分，奸生之子依子量与半分，如别无子，立应继之人为嗣，与奸生子均分，无应继之人方许承继全分。”[3] 只不过由于传统家庭中正妻有较大的发言权，若丈夫早故，在分家时庶子很可能受到压制。

当然也有仍然强调嫡庶之别者，如《蒲阳潼塘朱氏宗谱》家规云：“家谱为正名定分而设，不得以卑凌尊、以庶凌嫡，凡派下子孙，系庶出者，其母不书生卒，其子不得为祠长、执祠赈，以明尊卑嫡庶之义。”[4] 常州庄氏也称：“夫正乎外，妻正乎内，庶无夺嫡，小无加大，入其家而秩叙之象寂然不哗，雍睦之风怡然无戾，斯庶几矣。”[5] 常州吕氏虽然承认“各分子孙，以庶子而发名成业者尤多，其生母或以苦节彰，或以贤行著，并得载在志乘，不以非嫡而略之。存封没赠，令典照然。”但是认为只能“如是而已”“先王制礼而不敢过也”，务必“奉丹诏而凛王章，永遵为下不倍之义；诵缘衣而端壶范，无蹈以庶匹嫡之愆”。[6] 宜兴《尚觉渎王氏宗谱》规定庶出子弟不得主持本宗的祭祀：“支庶之子皆不得为宗而主祖祢之祭，如父为大夫，父存则从其父，父亡则从其兄，支子之长子始为继称小宗，以次传嫡，至立孙始为继高小宗，而全祧高祖之上一位，此五世则迁

[1]（清）沈之奇：《大清律辑注》卷六《户律·男女婚姻》，法律出版社 2001 年版，第 248 页。

[2]《定例汇编》，嘉道间刻本。

[3] 田涛、郑秦点校：《大清律例》卷八《户律·卑幼私擅用财》，道光二十五年刻本。

[4]《浦阳潼塘朱氏宗谱》卷一，光绪十四年木活字本。

[5]《毗陵庄氏族谱》卷一一，1935 年铅印本。

[6]《毗陵吕氏家谱》卷首，光绪四年木活字本。

之意，难比大宗。”[1]南翔紫阳朱氏家规也规定：“庶妾曾经生育子嗣成人者，附供于嫡室之下，否则不准祠。”[2]宜兴《汤渎王氏续修宗谱》规定须明记子之嫡庶，并将嫡子置于庶子之前：“传曰：母以子贵，子以母贵。其一母所生，都既以长幼为序矣。若其母有偏正之分，则长又不敌贵。前人宗谱疏略，昔之为妻为嫡为庶，靡得而稽者，无可如何。而其近之可知者，则必明书于谱，不敢混讹。盖既欲明宗支，不得不明嫡庶也……即或庶子有显宦，而其本来亦不可没，且是亦何足忌哉？汉文不云乎，朕高皇帝侧室之子。后人以大度称之，今乃欲以是为讳，惑矣。”[3]

但是毕竟这时的嫡庶之分较前代已经大有不同。如黄标在《庭书频说》中认为嫡庶伦理对于帝王之家与庶人之家各有不同，帝王之家为尊卑，不为先后；庶人之家为先后，不为尊卑，重点是要叙天性之谊，强调兄弟手足之情：

> 齐家之道，自天子至于庶人，自古难之矣。然士庶之齐家与帝王之齐家不同，帝王之家以嫡庶为尊卑，不得以兄弟为先后。士庶之家，则以兄弟为先后，不得以嫡庶为尊卑。何则？以嫡庶为尊卑者，所以定王侯之分，而归于一也。不归于一，则易争，故嫡子虽弟，不可以后兄，庶子虽兄，不容以先弟。以兄弟为先后者，所以叙天性之谊，而正其伦也。不正其伦，则易乱。故弟虽嫡子，犹是弟也；兄虽庶子，犹是兄也。故曰：“不同也。”若士庶之家，而亦拘拘于嫡庶之别，则手足之情不洽。手足之情不洽，则妻妾之心必变，而骨肉乖离，不祥孰甚焉。盖妻妾，大分也，分之所在，则嫡庶之辨贵严。兄弟，天伦也，伦之所在，则嫡庶之说无庸，惟在各尽其道，故上下可相安也。乃妻之悍妒者，妻暴虐其妾，则庶子虽孝，亦情理之难忍。妾之娇宠者，妾凌侮其妻，则嫡子虽贤，亦名分之难甘。由是各为其母，则兄弟仇雠，同室

[1]《宜兴尚觉渎王氏宗谱》卷一《凡例》，1943年三槐堂木活字本。

[2]《紫阳朱氏家乘》卷一，1920年铅印本。

[3]《宜兴汤渎王氏续修宗谱》卷一《凡例》，光绪三年三槐堂木活字本。

操戈者，势所必至也。不知嫡母，母也，庶子之事嫡母，不可不孝。庶母，亦母也，嫡子之待庶母，不可不敬。嫡子固子也，庶母之待嫡子不可不厚。庶子亦子也，嫡母之遇庶子不可不爱。兄嫡出而弟庶出，兄固不可不友其弟；弟嫡出而兄庶出，弟又不可不恭其兄。如是兄弟之伦既定，则上下之分亦定。嫡母穆曲以待下，庶母承顺以事上，则嫡庶之祸可以永杜。所谓各尽其道者如此。[1]

同样的宽容也表现在了家风家训中，有的家族在排列世表时已不再遵循先嫡后庶的原则，而是将嫡庶子全部按年齿排列。宜兴《重修五龙溪王氏宗谱》载："子女必详某出者，辨嫡庶也；庶子而列嫡子之前者，序长幼也。"[2]宗族中还有对庶母、庶子的保护等相关规定。如常州胡氏将"以后母而生猜忌"和"以庶弟而肆欺凌"都列为"非名教所容"的"乖违之习"。[3]常州孙氏宗规中有"禁嫡母继母不尽诚孝""禁欺凌庶母虐视父妾"等相关规定，其中"禁溺爱偏私酿成争斗"条强调，"凡嫡庶所出，无论长幼贤愚，俱当一体教养。长成之后，财帛田宅一体均授。"不允许有"因私爱而偏厚其子，或因劣子而独薄其母"的情况，规定"如有犯者，族望、族贤众为劝谕，令之速改。不悛，宗祠惩戒。再不悛，众至其家公议均平分拨"。[4]天启间所修的婺源《重修俞氏统宗谱》还针对歧视庶母的家谱常态给予了批评："窃思有夫则有妻有妾，书妾某氏何害？纵无子而夫不在，嫡子亦当养之，死当葬之，非重妾也，重吾父也。父母之所爱者，亦爱之，如食束践食皆触不忍，而况其爱加茾帷者乎。此盖启子孙以孝而为善垂训者也。今刻妻妾有子无子，一例得书，惟父死另醮者削之。"[5]主张"妻妾无论有子

[1]（明）黄标：《庭书频说》，清张师载辑《课子随笔抄》，《四书未收书辑刊》第5辑第9册，北京出版社1998年版。

[2]《重修五龙溪王氏宗谱》卷一《凡例》，1943年三槐堂木活字本。

[3]《毗陵胡氏重修宗谱》卷一，光绪二年木活字本。

[4]《毗陵孙氏家乘》卷一，道光十三年木活字本。

[5]《重修俞氏统宗谱·凡例》，明天启元年刻本，上海图书馆藏。

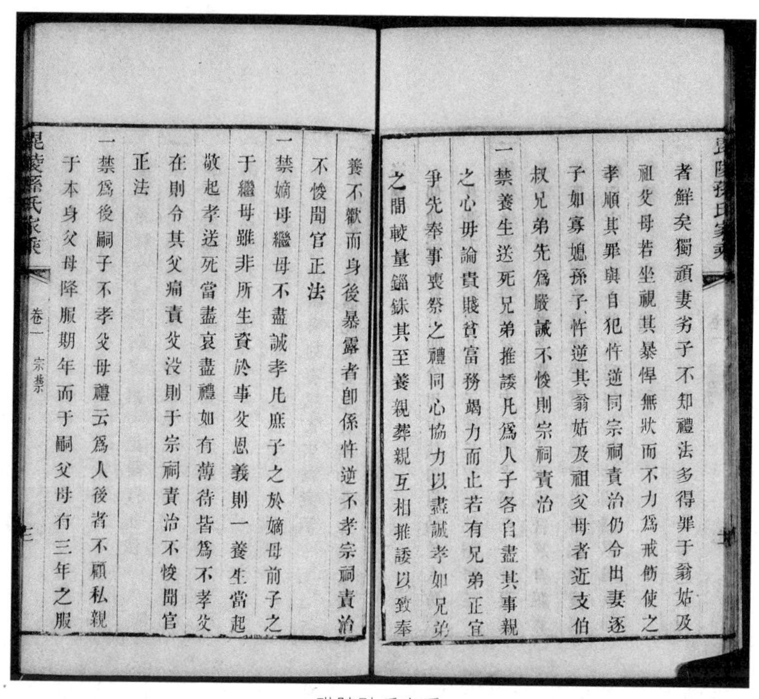

毘陵孫氏家乘

者鮮矣獨頑妻劣子不知禮法多得罪于翁姑及
祖父母若坐視其暴悍無狀而不力爲戒飭使之
孝順其罪與自犯忤逆同宗祠責治仍令出妻逐
子如寡媳孫子忤逆其翁姑及祖父母者近支伯
叔兄弟先爲嚴誡不悛則宗祠責治
一禁養生送死兄弟推諉凡爲人子各自盡其事親
之心毋論貴賤貧富務竭力而止若有兄弟正宜
爭先奉事喪祭之禮同心協力以盡誠孝如兄弟
之間較量錙銖其至養親葬親互相推諉以致奉

養不歡而身後暴露者即係忤逆不孝宗祠責治
不悛聞官正法
一禁嫡母繼母不盡誠孝凡庶子之於嫡母前子之
于繼母雖非所生資於事父恩義則一養生當起
敬起孝送死當盡哀盡禮如有薄待皆爲不孝父
在則令其父痛責父没則于宗祠責治不悛聞官
正法
一禁爲後嗣子不孝父母禮云爲人後者不顧私親
于本身父母降服期年而于嗣父母有三年之服

毘陵孫氏家乘　卷一　宗禁

毗陵孙氏家乘

无子，一例得书”，其立论重点在于“启子孙以孝”，即庶母的地位虽低于嫡母，但也是父之所爱，子孙既然孝顺，就应当尊重父之所爱，因此不论庶母有子无子，只要没有改嫁，一律加以记载。金瑶曾专门撰有《陈俗》一门，对歧视庶母的现象表示痛恨：“人皆曰水木本源，不知父母皆有源本也。夫人之所以有此身者，惟父与母遗之也，乃源本之所在顾详于父而略于母，非水之半涸而树之偏枯者乎？……世有卑视所生之母而不以事父事之者，是自绝其母矣！自绝其母，即自绝其天也，绝天之生，幸而免。”[1] 甚至还出现了专门以庶母为对象的《珰溪金氏家谱补戚篇》。[2]

还有一部分男性因为各种原因或是未娶妻纳妾，或是娶妻纳妾后仍无生育，这

[1]（明）金应宿：《珰溪金氏家谱补戚篇》卷二，万历十四年刻本。

[2] 冯应辉：《明代徽州家谱中的嫡庶之争：〈珰溪金氏家谱补戚篇〉解读》，《安徽史学》2013 年第 5 期。

种情况下就要选择一个男性继承人以延续血脉，继承财产，这就是立嗣，或称立继、收继、继嗣。以现行民法概念来分析，立嗣兼具收养与继承的性质，即属于身份法的范畴。中国传统的立嗣继承可以分成身份继承和财产继承，身份继承又可分为宗祧继承和封爵继承。封爵继承是政治权力和经济特权的转移，宗祧继承是指一家之中每一世系只能有一个男性嫡子或嫡孙享有宗祧继承权，以使祖宗血食不断。封爵继承只是局限在少部分人，并不在本书讨论的范围之内。就普通平民而言，如下文将提及的，身份继承和财产继承往往是一个事物的两面，缺一不可。

按宗法制，只有宗子可以立嗣，但是“三代以后，仕者不世禄，大宗不能收族而宗法废”，已成为时人必须面对的社会现实。因为无法保证凭血缘继承的大宗总是能在政治、经济与社会上为宗族提供保护，既然“宗法废而宗子不能收其宗族”，就“不得尚拘小宗支庶不立后之文”。当时儒家对此仍有争议，如清人徐乾学认为应该尽量按照古礼，“为大宗当断之以律例，若小宗则举从祖祔食之礼，而不为立后其亦可也”。[1] 可是正如学者所言，徐乾学这一建议是以宗法制被严格遵守为前提的，然而这一前提本身就不存在，所以其实只是空谈。秦惠田就严厉反驳了这一建议，他以为既然大宗不可能一直尽收族之责，“则人各祢其祢，各亲其亲，亦情与理之不得不然者”，宗子与支庶子的经济条件也都已不是周代宗法时的样子，则“支庶无籍于宗子，而宗子之祭祀有阙，反不能不藉於支庶。若不立后，是夺支子之产以与适，黜贤而崇不肖，此岂近于人情”。[2]

不过虽然儒家讨论得热火朝天，家族中却很少有立嗣是否合法的讨论，毗陵伍氏甚至理直气壮地说“继嗣立后，古尚之矣。人而无子，岂可听其衰老无依，而斩其祀乎，急宜为之立嗣”。[3] 宝山钟氏明确规定：“凡无子者，五十以前则宜置妾，五十以后则宜择嗣。”[4] 因此民间立嗣早成习俗，在这种情况下，法律条款

[1]（清）徐乾学：《读礼通考》卷五，《景印文渊阁四库全书》第112册，台湾商务印书馆1983年版。

[2]（清）秦惠田：《读礼通考》卷五，《景印文渊阁四库全书》第138册，台湾商务印书馆1983年版。

[3]《伍氏宗谱》卷一，1929年木活字本。

[4]《宝山钟氏族谱》，1930年铅印本。

也早已根据实际情况进行了调整。

史志强曾经总结《大清律例》中关于立嗣的主要规定如下：一是无子者，许令同宗昭穆相当之侄承继，依服制递降至缌麻。如俱无，方许择立远房及同姓为嗣。二是所立继子不得于所后之亲，听其告官别立。三是同宗嗣子不得尊卑失序。四是不得乞养异姓义子，遗弃小儿年三岁以下，听其收养改姓。五是若应继之人平日先有嫌隙，则在昭穆相当亲族内择贤择爱听从其便。六是寻常夭亡，未婚之人一般不得立后，除非独子夭亡族中实无昭穆相当可为父立继者，或因出兵阵亡。七是如可继之人亦系独子，而情属同父同宗两相情愿者，取具合族甘结，亦准其承继两房宗祧。八是因争继酿成人命者，凡争产谋继及扶同争继之房分，均不准其继嗣。应听户族另行公议承立。[1]同时法律条款对违法者也有相应的规定："凡立嫡子违法者，杖八十。其嫡妻年五十以上无子者，得立庶长子。不立长子者，罪亦同。（俱改正）若养同宗之人为子，所养父母无子，（所生父母有子）而舍去者，杖一百，发付所养父母收管。若（所养父母）有亲生子，及本生父母无子欲还者，听。其乞养异姓义子以乱宗族者，杖六十。若以子与异姓人为嗣者，罪同，其子归宗。其遗弃小儿，年三岁以下，虽异姓仍听收养，即从其姓。（但不得以无子遂立为嗣）若立嗣虽系同宗，而尊卑失序者，罪亦如之。其子亦归宗，改立应继之人。若庶民之家，存养（良家男女为）奴婢者，杖一百，即放从良。"[2]

家族中的家规家训也基本上是依据法律条款而制定，如菱溪钱氏指出："国家功令，无子者许令同宗昭穆相当之侄承继先尽，同父周亲，次及大小功缌麻，如具无方，许择立远房及同姓为嗣，曰无子者，则凡无子皆是，未尝指大宗小宗及为嫡为庶而言也。"[3]其他家族的规定也基本一致，如龙溪盛氏："例载无子者，许令同宗昭穆相当之侄承继，先尽同父周亲，次及小功总服，如俱无，方许择立

[1] 史志强：《伏惟尚飨：清代中期立嗣继承研究》，《中国社会历史评论》第12卷。

[2]（清）薛允升著，胡星桥、邓又天主编：《读例存疑点读》，中国人民公安大学出版社1994年版，第175页。

[3]《钱氏菱溪族谱》卷一，1929年木活字本。

远房及同姓为嗣。礼以义起，法缘情立也。”[1]花墅盛氏规定：“如长房无子，立次房长子；次房无子，立长房次子。必须同父兄弟以及同祖兄第，推而至于疏远，自有定序，不容紊乱。当请命族分长集祠议定，写立过房，告之宗祖，使合族晓然。知某分某人无子，立某房某人之子为子，庶伦序不紊，争端乃息。”[2]而对异姓继嗣，几乎所有家族都反对，如龙溪盛氏规定：“至异姓人继，则于礼于法俱违。谱例于纪格内书抚某氏子，不书嗣某氏子；律文异姓不得为后，有异姓之子而无异姓之后，如所称义子是也。为子与后，义不并称，名不相假，故于教约中特宣之。”[3]宝山钟氏规定：“世有为嗣父者，或以有女而私厚东床，或以螟蛉而反薄应继，大为非礼。总宜嗣父视侄犹子，嗣子视伯叔犹父，斯为各尽其道。”[4]崇明仇氏：“如先继而后生男者，今于谱中，必注先继侄，某续娶某氏，生男某某。如先领外甥内侄，异姓别亲，自幼抚养为子者，本支继嗣一定，即令归宗，不得注名在谱。”[5]最详细的则是菱溪钱氏，该宗族制定有专门的《继嗣义例》，并经过多次的修订，其中同治中条例如下：

无论长房次房，惟本房之嫡长子不得出继，嫡长子乃继祢之宗也。

例载独子不许出继，虽期功近亲分，应得子之人亦不得以独子过房为嗣，又载本房止有一子，应出继与否，当依大宗小宗法议之。

今世所谓宗子者大抵其继高祖五世则迁者也。故继高之宗无子，不可不立后。

例载，继子不得于所后之亲，听其告官别立。

蔡氏新曰：继而其子忤逆，有实迹者，告于所宗之庙而返之，许再继。

例载无子者素与应继之人不相和睦，或曾讦讼有案，即难强其立

[1]《龙溪盛氏宗谱》卷一，1943年木活字本。

[2]《毗陵盛氏族谱》卷一，1915年思成堂木活字本。

[3]《龙溪盛氏宗谱》卷一，1943年木活字本。

[4]《宝山钟氏族谱》，1930年铅印本。

[5]《仇氏宗谱》，宣统元年刻本。

继，期功缌麻，递降议立。

例载夭亡、未婚及已娶而妻不能守，均毋庸立继，应为其父议继，若有子成立已死，而其妇孀守，自应为子立继，不得再为父立继。

继而其后有子者，酌其资财房产而分给之。

继而其后有子，所生之后无子者，愿归，告于所宗之庙而返之。

继而其后无子，而所生之后亦无子者，则俟既娶生子，以一子还本生父母。

继而昭穆不顺者更之，或父母在时择同宗之贤者教育之，不在此例。

按无子而立应继之人亲疏远近，有一定次序。律所谓立嫡子违法者杖八十法者，即应继之谓也。律又载，无子立嗣，若应继之人平日先有嫌隙，则于昭穆相当亲族内择贤择爱，听从其便。此盖因继子忤逆不孝，挟制民后父母，故设此变通之法也。若贪诈之徒，希图财产，妄援此例，于应继者进离间之策，所后父母为其所愚，同族当鸣官究治。

此后光绪时又修订条例如下：

一、未婚者不得立后，而律又载子虽未娶，而因出兵阵亡者，俱应为其子立后。又载独子夭亡，而族中实无昭穆相当，可为其父立继者，亦准为未婚之子立继。今族中独子夭亡未婚者颇多，既有此律，亦为从宽立后。

一、律载乞养异姓义子，以乱宗族者杖八十。若以子与异姓人为嗣者，罪同。又载遗弃小儿见年三岁以下，虽异姓，仍听收养，即从其姓，但不得以无子遂立为嗣。

一、律载若义男女婿为所后之亲喜悦者，听其共相为依倚，不许继子，并本生父母用计逼逐，仍酌分给财产，此为继子贪狠不仁者言，不可不知。

一、律载妇人夫亡改嫁者，夫家财产及原有妆奁并听前夫之家为主，按穷乡僻壤有坐产招夫之说，同族犯此者，当照例驱除。

繼嗣義例

禮曰何如而可爲之後同宗則可爲之後又曰何如而可爲人後支子可也適子自爲小宗不得舍其宗而後大宗故取支子則小宗無子尚不得立繼支庶更無論矣然自宗法廢而宗子不能收其宗族不得尚拘小宗支庶不立後之文故國家功令無子者許令同宗昭穆相當之姪承繼先儘同父周親次及大小功緦麻如俱無方許擇立遠房及同姓爲嗣因無子者則凡無子皆是未嘗指大宗小宗及爲適爲庶而言也

繼嗣義例補

一先君於同治甲戌修譜增入繼嗣義例按無子而立應繼之人親疏遠近有一定次序律所謂立嫡子違法者杖八十法者即應繼之謂也律又載無子立嗣若應繼之人平日先有嫌隙則於昭穆相當親族內擇賢擇愛聽從其便此蓋因繼子忤逆不孝挾制所後父母故設此變通之法也若貪詐之徒希圖財產妄援此例於應繼者進離間之策所後父母爲其所惑同族當鳴官究治

一未婚者不得立後而律又載子雖未娶而因出兵陣亡

菱溪钱氏继嗣义例

一、律载乞养异姓义子，有情愿归宗者，不许将分得财产携回本宗。又收养三岁以下遗弃小儿即从其姓，但不得以无子遂以为嗣。仍酌给分给财产。今族中亦有收养异姓小儿不入谱者，不可不知此例。[1]

但事实上，这些事无巨细的规条以及不断地修正恰恰说明了这些规定并没有得到严格的实施。学者的研究也证明了，继嗣的实际情况与社会规范出现了严重的背离。据史志强统计，立嗣双方的亲缘关系中异姓占37.1%，异姓与族亲共占51.6%，超过二分之一。而服制最近的齐衰叔侄只有不到三分之一，还有一部分为五服之内的立嗣。异姓继承与齐衰叔侄之间的继承几乎平分秋色，同姓继承中

[1]《钱氏菱溪族谱》卷一，1929年木活字本。

各种关系所占比例也比较接近。[1]沃特纳[2]据《新安程氏统宗世谱》统计的结果是151个案例中异姓收养只略少于同一家族中嫡亲堂兄弟间收养的数量；栾成显对《腆川程氏宗谱》的统计是该宗族明清时期的同宗承继为231例，异姓承继为224例，两者相差无几。[3]实际情况较之族谱中的记载应当只多不少。

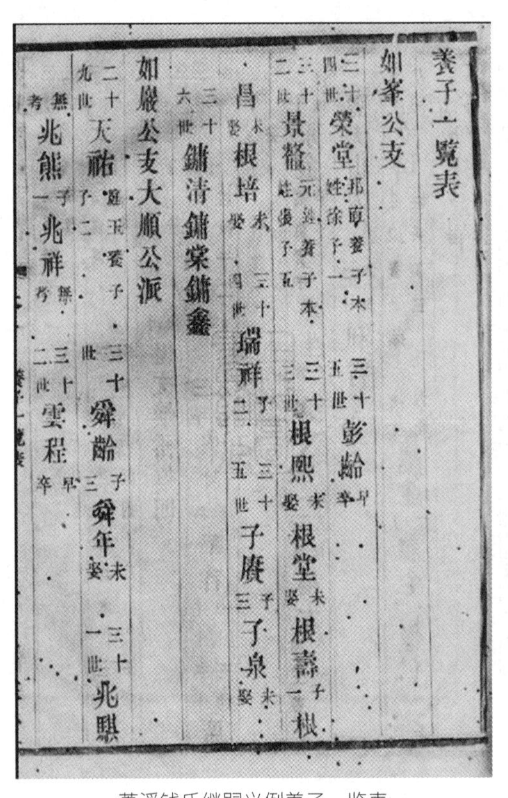
養子一覽表
如峯公支
三十四世 榮堂 邦亨養子 本姓徐 子一　三十五世 彭齡 早卒
三十二世 景鼇 元達養子 本姓俞 子五　三十三世 根熙 未娶　根堂 未娶　根壽 子一 根
昌 未娶　根培 未娶　三十四世 瑞祥 子二　三十五世 子賡 子三　子泉 未娶
三十六世 鏞清 鏞棠 鏞鑫
如巖公支大順公派
二十九世 天祐 廷玉養子 子二　三十世 舜齡 子三　舜年 未娶　三十一世 兆鼎
無考 兆熊 子一　兆祥 無考　三十二世 雲程 早卒

菱溪钱氏继嗣义例养子一览表

这种情况即使以菱溪钱氏自己的个案也可以得到证明，据族谱在同治甲戌（1874）时统计，“收养异姓为子者，前后共有十七人，有不知姓者，有注明某姓者，其中以姑姐妹之子为继者亦所必有。又有继子不注异姓，二十九世天祐一人。”此后除了前述规条外，又再三强调：“此后宜以抚育襁褓异姓为子者，当据律文收养遗弃小儿，即从其姓之条，并遵谱例，于所养名下注明收养异姓子。如有以姑之子，姐妹之子，女之子及直继异姓为后者，当据律文，异姓不得为后之条，不准入谱。”不过他们也开了一个口子，如“当丁祚之式微，惧一线之易斩，而服属中无可继之人”，则“姐妹之子，女之子，尚属血脉相关，当邀集族中公议，庶免日后争端”。到光绪丙午（1906）时发现“阅三十余年，异姓者又增若干”，只能再次强调“奉劝合族自后，凡无子者，宜立本支，勿收异姓，以自断其脉”，但这种呼吁成效相当值得怀疑，至

[1] 史志强：《伏惟尚飨：清代中期立嗣继承研究》，《中国社会历史评论》第12卷。

[2]［美］沃特纳：《烟火接续：明清的收继与亲族关系》，浙江人民出版社1999年版，第81页。

[3] 栾成显：《明清徽州宗族的异姓承继》，《历史研究》2005年第3期。

1929年“访辑谱稿”，发现“异姓入继者又增几人”，愤怒地写道：“继而复继，不几于弁髦宗规乎？”仍然是束手无策，只能规定：“此后如再有收养异姓者须经房族同议，酌捐遗产，归入宗祠，以助祭费，方许登请与祭。然异姓人继之后支孽，虽多不得兼祧旁支，行辈虽尊，不得轮充族长。若养子又或无后，则本宗不为立嗣”，还再三强调这只是“申明前人之意，稍示限制，并非过为苛求也”，[1]以免引起众怒。民国时的《民事习惯调查报告录》[2]也证明，江南多数地方嗣子与亲生子具有平等的继承权，如浙江奉化、嘉兴、海盐、金华、吴兴、富阳、江苏高淳。史志强统计也发现，嗣子继承权略小的情况基本不存在江南地区。江苏句容、武进的嗣子甚至可以通过捐钱记入族谱。[3]

更讽刺的是，菱溪钱氏其实最早也是入赘菱溪高氏而来的。菱溪钱氏的个案，在当时也并非偶然，社会上也视同司空见惯，文廷式也曾言：“国朝世家大族颇有非本姓者……其见于文集、笔记、族谱、行卷者，如海宁之陈元龙、世倌等本高姓，武进之刘纶本张姓，嘉兴之钱仪吉等本何姓，钱塘之许乃普等本沈姓，合肥之李鸿章等本许姓，名人则李申耆本姓王，蒋心畬本姓洪，如此者甚众。”[4]文廷式所提及的博学鸿词第一，后官至大学士的武进刘纶，为西营刘氏长房后裔，长房刘敏第四子刘璠的儿子刘崟，本为刘氏宗族的外甥，姓张，从小在刘家长大，后留在刘家改姓刘。刘纶及其孙常州今文经学集大成者刘逢禄、美术大师刘海粟均是刘崟之后。

细究个中原因，正如钱杭所言，明清以后的宗族重视的是宗的延续，而非血缘的纯洁，关心的是死后是否有人祭拜，而不是祖孙、父子之间代代相传的血缘亲情，这也正是为什么中国的宗族会有继嗣甚至有拟制形式的联宗的原因。[5]随着对血缘的禁锢日益松动，小家庭成为社会主流，立嗣作为对人类自然性弥补的

[1]《钱氏菱溪族谱》卷一，1929年木活字本。

[2] 南京国民政府司法行政部编：《民事习惯调查报告录》(修订版)，中国政法大学出版社2005年版。

[3] 史志强：《伏惟尚飨：清代中期立嗣继承研究》，《中国社会历史评论》第12卷。

[4]（清）文廷式：《纯常子枝语》卷六，《续修四库全书》集部1165册，上海古籍出版社1995年版。

[5] 钱杭：《宗族的世系学研究》，第12页。

請定繼嗣條規疏 乾隆三十八年 江西按察使 胡季堂

竊惟立繼承祧原爲慎重嗣續非爲親族分財產計也江西訟詞繁多控爭繼嗣者尤爲不少臣每于案牘中留心披閱無論大家世族田野細民凡無子之人薄有貲產族黨即羣起紛爭不奪不饜或稱應繼或稱愛繼或稱繼者本非無子之人所喜悅執定應繼次序必欲勒令承繼或應繼者本無不得于所後之親而別房以愛繼之說鑽謀慫恿必欲另爲擇繼或子屬夭亡並未成婚亦爲議繼或子已成立身故不爲其子立繼反爲其父立繼又或既爲其子立繼又爲其父立繼或大宗無子並無家產小宗止有一子即稱獨子不出繼忍絕大宗或有家產即非大宗又稱現在雖止一子將來尚能生子不妨先行出繼並有大宗無子之人偏愛遠房之姪不立周親致其祖父本有親子親孫轉令遠支承其禋祀訐告糾紛殊爲人心風俗之害伏查例載無子者許令同宗昭穆相當之姪承繼先儘同父周親次及大功小功緦麻如無方許擇立遠房及同姓爲嗣又云繼子不得于所後之親聽其告官別立其或擇立賢能及所親愛者于昭穆倫序不失不許宗族指以次序告理並官有受理各等語是可知應繼之人果爲所後之親喜悅自無另立愛繼如不得于所後之親例得告官別立則應繼者即當歸宗若尚未定嗣無子者素與應繼之人不相和睦或曾訐訟有案是既非喜悅即難以強其立繼在繼後不得于親尙得告官別立今未繼時已非情願若復拘定應繼之說議令承繼則繼後尙能

胡季堂《请定继嗣条规疏》

措施，也就必然会与客观条件互相调适。另一方面，除了宗的延续之外，宗族同样也关心权力的转移。作为普通人而言，这种权力的转移大都体现为财产的继承。虽然中国古代在宗法等级制精神的主宰下，重身份而轻财货，因此向来儒家往往只强调身份继承，均讳言财产继承，即使法律也是将身份继承放在财产继承之上。然而事实上财产因素对立嗣继承有着非常重大的影响，甚至往往起决定性作用。清代律学家薛允升感慨："图产争继者多，故于财产一层反复言之也。无条不及家产，可知争继涉讼，无不由财产起见，科条安得不烦耶?"[1] 乾隆三十八年（1773），时任江苏按察使的胡季堂也发现"江苏讼词繁多，控争继嗣者尤为不少""讦告纠纷，殊为人心风俗之害"，专门纂写《请定继嗣条规疏》，认为"立继承祧，原为慎重嗣续，非为亲族分财产计也""无论大家世族，田野细民，凡无子之人薄有资产，族党即群起纷争，不夺不厌"。[2]

在大部分人眼中，立嗣就意味着遗产的继承，臼井佐知子从徽州文书中得出

[1]（清）薛允升著，胡星桥、邓又天主编：《读例存疑点读》，中国人民公安大学出版社 1994 年版，第 175—176 页。

[2]（清）胡季堂：《请定继嗣条规疏》，贺长龄编《皇清经世文编》卷五九《礼政六》。

结论："与其说传宗接代，毋宁说继承家产才是取得继嗣的最主要的目的。传宗接代是使真实目的正当化，并获得周围人同意的一种形式。"[1] 一旦涉及财产等实际利益，所谓亲亲的原则便失去了约束，金钱和利益才是人们最为关注的。宗族希望财产由本族成员而非族外人继承，这样既维护了血统的纯正，也能保证肥水不流外人田，这是宗族严禁外姓继嗣的原因所在。但作为立嗣者来说，他同样并不希望自己财产由外人继承，这个"外人"也包括了族人之子，甚至是兄弟之子。这也自然就导致了立嗣继承纠纷不断，各方为了利益竞相角逐，争端不断，甚至要对簿公堂。华生对新界的家族进行研究时发现，很多人宁愿收继一个无亲缘的孩子而不选择远亲的孩子，他发现人们不把财产与祖先的命运交付给一个族内竞争对手的孩子，这种孩子对自己生身家庭的忠诚绝不会彻底消失。人们宁愿收养完全陌生的人，陌生的继承人反而被认为能与其生身家庭一刀两断。[2] 相对外人而言，妻族虽然没有直接的血缘继承关系，但在伦理上仍然比异姓容易接受，他们在立嗣中通常处于特殊的地位，因此外甥是立嗣中比较合适的人选，在立嗣继承的规范中经常甥、婿、异姓并称。如浙江富阳、龙泉、安吉、长兴均有此风俗。滋贺秀三根据惯行调查认为，没有同宗昭穆相当者，就从异姓者特别是女系血族或妻的亲属里迎立嗣子的做法比较常见。[3]《清稗类钞》中记载："其取于异姓者，或出嫁姊妹之子，或为女择一婿，入赘于家，令其奉祀。"[4] 正是在胡季堂上疏后，清律"立嫡子违法"增加了第五条例，"无子立嗣，若应继之人平日先有嫌隙，则于昭穆相当亲族内择贤择爱，听从其便"，就承认了异姓承继的合法性，可以看做民间习俗的妥协。

三是良贱之别。

"贱"的意思，《广雅》解释为"卑也"，《玉篇》解释为"下也，不贵也"。

---

[1] [日]臼井佐知子：《徽州家族的承继问题》，周绍泉、赵华富主编《'95国际徽学学术讨论会论文集》，安徽大学出版社1997年版，第82页。

[2] Watson，James L. Agnates and Outsides：Adoption in Chinese Lineage，Man10：2，pp.293—306.

[3] [日]滋贺秀三：《中国家族法原理》，法律出版社2003年版，第258页。

[4]《清稗类钞》第五册《风俗类》，中华书局1984年版，第2191页。

总之，“贱”有“地位低下、卑微，受人鄙视”之意。“贱”在中国传统社会等级制度中有两层含义：一是“贵贱”之“贱”，二是“良贱”之“贱”，二者都是一种范畴。“贵贱”是指官吏与平民之间的不同社会地位，这里的“贱”只是相对意义上的；“良贱”则指良民与贱民之间的不同社会地位，这里的“贱”其实是绝对意义的。中国传统社会中除“士农工商”四民之外，还存在某些特殊群体，即“贱民”，他们处于社会的最底层，四民为“良民”“良人”，四民以下为“贱民”。

“贱民”既指法律规定的贱民，也包括传统观念中的贱民。明清以前，如唐律虽规定奴婢、部曲、官户（番户）、杂户、工乐户、太常音声人等法律地位明显低于庶民，但并没有“贱民”之称。明清以后，良贱律成为法律的重要组成部分。如《大明律·良贱相殴》条规定：“凡奴婢殴良人者，加凡人一等。”[1]《良贱相奸》条规定：“凡奴奸良人妇女者，加凡奸罪一等。良人奸他人婢者，减一等。”[2]《买良为娼》条规定：“凡娼优乐人，买良人子女为娼优，及娶为妻、妾，或乞养为子女者，杖一百；知情嫁买者，同罪；媒合人，减一等。财礼入官，子女归宗。”[3] 隶卒在明代法典中虽然没有明确规定为贱民，但从有关文献中也能体现出其贱民身份。例如皂隶，《明史》载：“皂隶公人冠服。洪武三年定，皂隶，圆顶巾，皂衣。四年定，皂隶公使人，皂盘领衫，平顶巾，白褡，带锡牌。十四年令各衙门祗禁，原服皂衣，改用淡青。二十五年，皂隶伴当，不许着靴，止用皮札。”[4] 另外，据《明会典》记载：“国初皂隶，取刑部笞杖囚人应役。”[5] 据此可知，明初皂隶出身于囚犯，衣着有严格的规定，并且将皂隶与伴当等同，其实也是奴仆。清朝则将贱民明确规定为一个阶层，《清史稿》载：“四民为良，奴仆及娼优为贱。凡衙署应役之皂隶、马快、步快、小马、禁卒、门子、弓兵、仵

[1] 怀效锋点校：《大明律》卷二十《刑律三·斗殴·良贱相殴》，法律出版社 1999 年版，第 164 页。

[2] 怀效锋点校：《大明律》卷二十五《刑律八·犯奸·良贱相奸》，法律出版社 1999 年版，第 200 页。

[3] 同上。

[4]（清）张廷玉等：《明史》卷六十七《志第四十三·舆服三》，中华书局 1974 年版，第 1655 页。

[5]（明）申时行等：《明会典》卷一百五十七《兵部四十·皂隶》，中华书局 1989 年版，第 807 页。

作、粮差及巡捕营番役，皆为贱役，长随与奴仆等。”[1]

此外，在明清时期还有一种特殊的贱民，他们生活在某一特定区域，法律上没有明文规定其贱民身份，但从官府到平民均视其为贱民。明清时期的这种贱民，在江南主要包括浙江、江苏的丐户，安徽的伴当、世仆等。其中丐户主要分于浙江、江苏、上海等地，以浙江的宁绍平原和江苏的常熟、昭文二县最为集中。不同地区的丐户，有不同的称谓：浙江的丐户称之为惰民，又称堕民、堕贫、惰贫或大贫，有时也称乐户、小姓、轿夫等；江苏的丐户则称为丐头、贫子、贫婆等。无论称谓如何，他们在户籍上都被列为丐籍，故名丐户。伴当、世仆是指世代继承奴仆身份，隶属于主人并为其服役的贱民。早在宋元时期，伴当、世仆就已存在，据有的学者分析，他们是由历史上的佃客、部曲演化而来的。明清时期的伴当、世仆尤以皖南地区最多。

良贱之别，首先表现在法律地位的不平等。如《大清律例》中有专门的良贱法，由于良贱身份不同，即使行为相同，其应当承担的刑事责任的大小亦不相等，即所谓同罪异罚。其中《良贱相殴》条规定：“凡奴婢殴良人者，加凡人一等；至笃疾者，绞；死者，斩。其良人殴伤他人奴婢者，减凡人一等，若死及故杀者，绞。若奴婢自相殴伤杀者，各依凡斗伤杀法。相侵财物者，不用此律。若殴缌麻、小功亲之奴婢，非折伤，勿论；至折伤以上，各减杀伤凡人奴婢罪二等。大功减三等。至死者，杖一百，徒三年。故杀者，绞。过失杀者，各勿论。”[2]《良贱相奸》条规定：“凡奴奸良人妇女者，加凡奸罪一等。良人奸他人婢者，减凡奸一等。奴婢相奸者，以凡奸论。”[3] 直至清末法律改革，相关条文依然存在。如《清现行刑律·斗殴》条规定：“凡雇工人殴家长及家长期亲，若外祖父母者，徒三年；伤者，流三千里；折伤者，绞；死者，亦绞；故杀者，斩；过失杀伤者，各减本杀伤罪二

---

[1]（清）赵尔巽等：《清史稿》卷一百二十《食货一·户口》，中华书局1976年版，第3481页。

[2] 田涛、郑秦点校：《大清律例》卷二十七《刑律·斗殴上·良贱相殴》，法律出版社1999年版，第454页。

[3] 田涛、郑秦点校：《大清律例》卷三十三《刑律·犯奸·良贱相奸》，法律出版社1999年版，第527页。

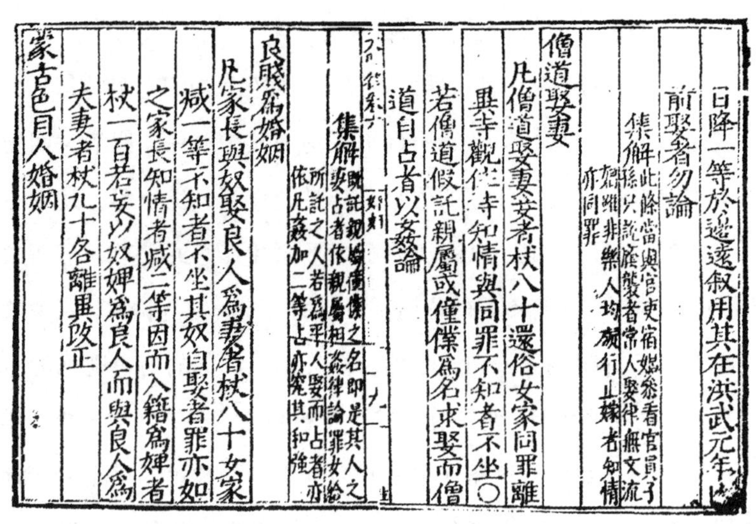

日降一等於邊遠叙用其在洪武元年以
前娶者勿論
集解 此條當與官吏宿娼條看官員子孫只說應襲者常人娶律無文流娼雖非樂人均爲行止娼者知情亦同罪
僧道娶妻
凡僧道娶妻妾者杖八十還俗女家同罪離
異寺觀住持知情與同罪不知者不坐○
若僧道假託親屬或僮僕爲名求娶而僧
道自占者以姦論
集解 假託親屬僮僕之名即是其人之妻占者依親屬相姦律論罪女給所託之人若爲平人娶而占者亦依凡姦加二等占亦究其和強
良賤爲婚姻
凡家長與奴娶良人爲妻者杖八十女家
減一等不知者不坐其奴自娶者罪亦如
之家長知情者減二等因而入籍爲婢者
杖一百若妄以奴婢爲良人而與良人爲
夫妻者杖九十各離異改正
蒙古色目人婚姻

《大明律》中《良贱为婚姻》

等。若家长及家长之期亲，若外祖父母殴雇工人，非折伤，勿论。至折伤以上，减凡人罪三等。因而致死者，徒三年。故杀者，绞。过失杀者，勿论。”

其次表现在婚姻关系的不平等。明清实行当色为婚制，又称行内婚，即同一类贱民内部相婚配，贱民不得与良民为婚，只能良自为良，贱自为贱。明清法律对此有明确的规定，如《大明律》《良贱为婚姻》条规定：“凡家长与奴娶良人妻女者，杖八十；女家减一等，不知者不坐。其奴自娶者，罪亦如之。家长知情者，减二等；因而入籍为奴婢者，杖一百。若妄以奴婢为良人，而与良人为夫妻者，杖九十。各离异改正。”[1]《娶乐人为妻妾》条规定：“凡官吏娶乐人为妻、妾者，杖六十，并离异；若官员子孙娶者，罪亦如之。”[2]

第三是权利的不平等。如不准参加科举考试，《大清会典》规定：“凡出身不正，如门子、长随、番役、小马、皂隶、马快、步快、禁卒、仵作、弓兵之子孙、娼优、奴隶、乐户、丐户、疍户、吹手，凡不应应试者混入，认保、派保互结之五童互相觉察，容隐者五人连坐，禀报黜革治罪。”[3] 又如不准出仕，“其八

[1] 怀效锋点校：《大明律》卷四《户律一·户役·良贱为婚姻》，法律出版社 1999 年版，第 64 页。
[2] 怀效锋点校：《大明律》卷六《户律三·婚姻·娶乐人为妻妾》，法律出版社 1999 年版，第 64 页。
[3]《大清会典·礼部》。

旗户下人及汉人家奴、长随、娼优、隶卒子孙，概不准冒入仕籍。步军统领衙门番役缉捕勤奋者，止准该衙门酌加奖赏，毋许奏给顶戴，其子孙概不准应试出仕。"[1] 这些规定执行得相当严格，如《万历野获编》中记载了一甄姓医生，因家里富有而捐了个官，后被告发其先人为丐户而免职。[2]

第四是服饰有严格区分。如康熙十八年规定："门子、优娼等人不许擅戴貂帽.穿花索色缎，只许素屯绢袍套，服布索。其锦蟒绣袜并禁。"中央和地方的"大小衙门差役皂快等人只许青蓝细布袍套，不得擅服花云素缎绸缎等件并锦蟒绣袜貂鼠等件"。[3] 乾隆二十三年，据监察御史吴绶诏条奏定例，"各衙门舆隶等役及民间奴仆、长随，不得滥用缎纱及各样细皮，违者治罪"。[4] 嘉庆八年，又据御史贾允升的奏疏议准："家人贱役人等只准用茧绸、毛褐、葛布、梭布、羊皮、貉皮；其纺丝绸绢俱不准用。"[5]

明清两朝的法律都以籍来定人户，如《清会典》中记载："凡民之著于籍，其别有四：一曰民籍，二曰军籍，三曰商籍，四曰灶籍，察其祖籍，辨其宗系，区其良贱。"[6] 以上均为良民，而不列入其中的是贱民，为四民所贱视，基本上失去了个人自由，且贱籍世代相传，不得脱籍，《大清律例》规定："(户籍)若诈冒脱免，避重就轻者，杖八十。其官司妄准脱免，及变乱叛籍者，罪同。"[7] 由此可见，正如经君健所言，中国传统社会虽有"四民"之分，但不同等级间是可以流动的，而贱民则不同，他们的流通渠道基本上是下行的，不可逆的，而且子孙都必须无条件地继承父祖的等级身份，因此是等级池沼中的沉淀层。[8] 如果进入

---

[1]《大清会典·吏部》。

[2]（明）沈德符：《万历野获编》卷二十四《丐户》，中华书局1959年版，第624页。

[3]《钦颁服色条例》。

[4]《高宗实录》卷五六九。

[5]《大清会典事例》卷三二八。

[6] 转引自瞿同祖：《中国法律与中国社会》，中华书局2003年版，第237页。

[7] 田涛、郑秦点校：《大清律例》卷九《户律·户役·人户以籍为定》，法律出版社1999年版，第172页。

[8] 经君健：《清代社会的贱民等级》，第205页。

灰鼠皮户六十一。應貢各種皮張。光緒十三年奏准寬免。至土司所屬番夷人等。但報明寨數

族數不計户者。及外藩人丁編審隸理藩院者。不與其數。凡丁輸賦者。以康

熙五十年爲額。康熙五十二年欽奉恩諭。嗣後編審人丁。止將實數奏

聞。其徵收辦糧。但據五十年丁册定爲常額。續生人丁。永不加賦。五十年丁册之額。直隸民丁

三百二十七萬四千八百七十。奉天民丁八萬三千四百五十九。吉林民丁三萬三千二十五。山

東民丁二百二十七萬八千五百九十五。屯丁二萬六千二百十。山西民丁一百七十二萬七

千一百四十四。屯丁三萬三千二百十九。河南民丁三百九萬四千一百五十。江蘇江寗布政

司民丁一百五萬六千九百三十。屯丁三萬三千三十二。蘇州布政司民丁一百五十九萬九

千五百三十五。屯丁八百十三。安徽民丁一百三十五萬七千八百二十九。屯丁四萬八百五

十五。江西民丁二百十七萬二千五百八十七屯丁六千一百七十九。福建民丁七十萬六千

三百十一。屯丁二萬四百二十六。浙江民丁二百七十一萬三百十二。屯丁四千二百七十七。

湖北民丁四十三萬三千九百四十三。屯丁七百十九。湖南民丁三十三萬五千三十四。屯丁

一千二百九十。陝西民丁二百十五萬六百九十六。屯丁十萬六千九百六十三。更名枝丁一

十三。甘肅民丁屯丁三十六萬八千五百二十五。四川民丁三百八十萬二千六百八十九。廣

東民丁一百十四萬二千七百四十七。黎丁一千一百八十二。屯丁六千七百三十六。廣西民

丁二十萬六百七十四。雲南民丁十四萬五千四百一十四。軍丁二十萬九千八百九十三。舍

丁八千三百九十四。貴州民丁三萬七千七百三十一。歲編審有羨餘曰

盛世滋生人丁。不加賦焉。凡民之著於籍。其別有

四。一曰民籍。諸色人户。非係軍商竈籍者。皆爲民籍。二曰軍籍。軍户

即爲軍籍。亦有註稱衛籍者。三曰商籍。商人子弟准附於行商省分。是爲商籍。

《大清会典》凡民之著籍

一親支家業頗優者。自能知足爲廉。不妄冀於周恤之

列。其衣食粗足者。須痼疾婚喪。生產入學事宜。方許

照例支請。夫旣稱義莊。豈有吝心。何必斤斤較量節

制。但念米少人多。若使温飽並叨。反致饑寒難濟。所

以不得不行分別。惟貧極不能自支者。查審委非遊

蕩敗家。計男婦一口每年給米二石六十以上倍之。

盖年力方壯之人。雖乏資本。亦須勤謀生計。若槩給

全年。安坐而食。豈反滋其惰。故止半給。使苦於不足。

庶肯服勞。

一孝子節婦。公訪真確。小則豐其供饋。以勵宗支。大則

幾亭全書 卷二十一 政書 家載 三十四

呈之官府。以裨風教。非常之人。應享非常之報。臨

時酌宜。不爲限量。

一宗族傳習不齊。耕讀之外。工商經紀。悉從便業。惟禁

五條。一不許倚勢詐人。武斷鄉曲。二不許刁唆詞訟。

慣作中保。三不許買充衙門員役。作奸犯科。四不許

出家爲道士僧尼。滅絕倫理。五不許鬻身爲僕。辱及

祖先。犯者不給條約。以仲秋祭祠日會本人親房。同

告於先靈而削其名。惟幼時爲父母所鬻。非本人之

罪。給銀代贖其身。稍知自愛。仍與入譜。其前項過愆。

有能痛自懲創者。本人親房及族長會同保結。補給

陈龙正《家载》

了贱民层，等于是剥夺了改变命运的机会，因此所有的家族都严禁自己族人成为贱民，不准子孙与贱民通婚，如果违反，不得入谱。如陈龙正在《家矩》中规定了家族成员不能从事的五种行为，其中“三不许买充衙门员役，作奸犯科”“五不许鬻身为仆，辱及先祖”[1]均与此有关。如东阳西弄金氏家规规定：“宗族子弟，毋得习俳优、隶卒、技艺之流，充当门皂、包揽官粮，以玷家声，以坏心术。”[2]常州段庄钱氏规定：“子孙贫苦不能读书，即为家为商，否则为工手艺，亦是一业。若为俳优隶卒，及身充贱役，甘为人仆者，祖宗之罪人，贻羞通族，不准入祠与祭。”[3]毗陵孙氏则规定“禁身为衙役，辱人贱行”，认为“凡士农工商，各执一业，皆可以成立，而为良善之人”，但是如果“不务恒业，而役入衙门，为吏书杂役者，习见狡滑贪婪，心术已坏，辱其身即辱祖父，与为人奴仆同科，宗祠责治，永不许入祠”。[4]各个家族甚至将贱民的范围扩展到军伍、僧道、屠夫等职业。如无锡华氏严令子孙“宜力田治生，不得充营吏卒，及为僧道屠侩干仆之类”。[5]崇明黄氏则戒子孙当兵吃粮，认为“人虽贫穷，谋生之路尚多，何必轻生走险，将父母遗体委弃若是乎”。[6]同时与贱民通婚也有相关禁令，如武进前黄杨氏规定：“凡子姓不得与同姓为婚，不得与娼优隶卒为婚，始有不肖子孙违犯者，通族告官离异。”[7]段庄钱氏则规定，如果“以女嫁仆人，及身充贱役之家为妻，并与人为妾为婢者”，必须“各依律离异，违者为国法所不宥，祖宗共弃，不准入祠与祭”。[8]

明清家训中涉及贱民的内容，还有很多是涉及如何处理与奴仆关系。明清时期，尤其是明代，江南蓄奴极盛。明初，朝廷本严禁庶民之家蓄奴，“庶民下贱，本当服勤致力，不得存养奴婢，惟功臣家有之。庶民而存留畜养是僭分矣，故杖

[1]（明）陈龙正：《家载》，《中国历代家训集成》第 5 册，第 3238 页。

[2]《毗陵前黄杨氏族谱》，光绪二十一年木活字本。

[3]《段庄钱氏族谱》卷一，1927 年锦树堂木活字本。

[4]《毗陵孙氏家乘》卷一，道光十三年木活字本。

[5]（元）华悰韡：《家劝》三，《中国历代家训集成》第 2 册，第 1345 页。

[6]《黄氏家乘》卷一，1914 年刻本。

[7]《毗陵前黄杨氏族谱》卷一，光绪二十一年木活字本。

[8]《段庄钱氏族谱》卷一，1927 年锦树堂木活字本。

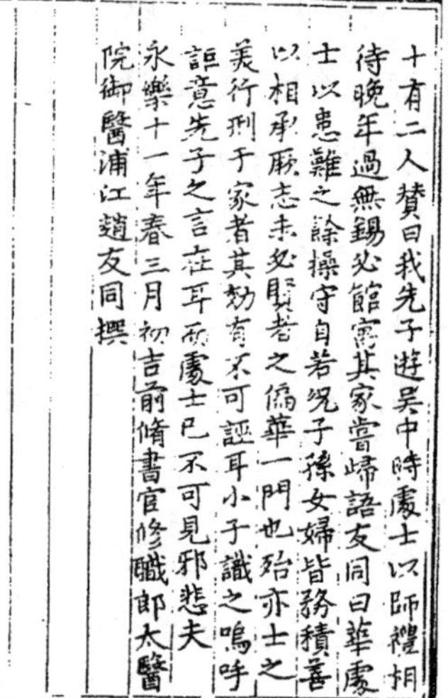

十有二人贊曰我先子遊吴中時處士以師禮相待晚年過無錫必館寓其家嘗歸語友同曰華處士以患難之餘操守自若況子孫女婦皆務積善以相承厥志未必賢者之偏華一門也殆亦士之美行刑于家者其効有不可誣耳小子識之嗚呼詎意先子之言在耳而處士已不可見邪悲夫

永樂十一年春三月初吉前脩書官修職郎太醫院御醫浦江趙友同撰

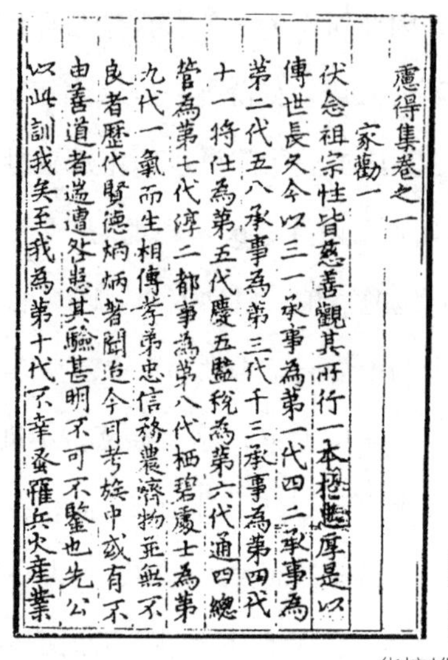

虛得集卷之一

家勸一

伏念祖宗性皆慈善觀其所行一本於忠厚是以傳世長久今以三一承事為第一代四二承事為第二代五八承事為第三代千三承事為第四代十一將仕為第五代慶五監稅為第六代通四總管為第七代淳二都事為第八代栖碧處士為第九代一氣而生相傳孝弟忠信務農濟物並無不良者歷代賢德炳炳著聞迨今可考族中或有不由善道者遄遭殃咎其驗甚明不可不鑒也先公以此訓我矣至我為第十代不幸遭罹兵火產業

华悰韡：《家劝》

一百，其存养男女，即放从良，此别贵贱之等。”[1] 即使对官僚蓄奴，也有一定的限制：洪武二十四年（1391）规定，“役使奴婢，公侯家不过二十人，一品不过十二人，二品不过十人，三品不过八人。”[2] 顾炎武曾说“人奴之多，吴中为甚，其专恣曩横，亦惟吴为甚。”[3] 但这一字面上的限制很快就被突破。这与所谓的“投靠”有关。所谓投靠，即贫民为逃避差徭和谋生而投身于勋贵、缙绅或富豪之家为奴的一种生存手段。江南地区一向税赋沉重，但缙绅官员有优免特权，使得大部分的税役都落到普通百姓的头上。很多人为躲避差徭，愿意投充到仕宦富豪家为奴，借以生存。其中有的甚至带着田产和子女，故称之为“投献”。早在正统间，周忱已经指出所谓大户苞荫的现象，即“其豪富之家或以私债准折人丁，或以威力强夺人子，赐之姓而目为义男者有之，更其名而命为仆隶者有之，凡此之人既得为其役属，不复更其粮差，甘心倚附，莫敢谁何。由是豪家之役属日增，而南亩之农夫日以减矣。”[4] 明政府曾经企图制止这一情况的蔓延，

[1]（明）佚名：《大明律集解附例》卷四《户律·户役·立嫡子违法》，清光绪三十四年刻本。

[2]（清）龙文彬：《明会要》卷五二《民政三·奴婢》，第 969 页。

[3]（清）顾炎武著，黄汝成集释：《日知录集释》卷一三《奴仆》，第 800 页。

[4]（明）周忱：《与行在户部诸公书》，（明）陈子龙等编《明经世文编》卷二二。

《明会典》规定：“受献田土之人，与投献人一体永远义勇军。事干勋戚，追究管庄佃仆，永为定例。”[1] 但事实上这种措施根本起不到效果，投靠的风气在江南越来越盛，奴仆数量迅速成几何级增长。顾炎武说：“今日江南士大夫多有此风，一登仕籍，此辈竞来门下，谓之投靠，多者亦至千人。”[2] 甚至有人说由于缙绅多收奴仆，导致“邑几无王民”。[3]

这些奴仆在当时的地位非常复杂，绝大多数的奴仆地位低下，在主人役使下从事各种体力劳动。有些权宦对投靠为奴的小民予取予夺，鞭扑责罚，致残致死，奴仆一旦忍受不了虐待，反抗主家。但另一方面，也有一些奴仆会仰仗主人的势力耀武扬威，为非作歹。这些人的恶行也导致了民怨沸腾，最终引发一系列的骚乱。当时著名的民抄董宦事件既和董其昌之子董祖常敛怨乡里有关，也是由于奴仆陈明等骄纵不法而引发的。[4] 而一旦“主势一衰”，这些人马上“掉臂不顾”，[5] 甚至

董其昌家族《董氏族谱》

[1]《大明会典》卷一七《户部四·田土·凡诡寄投献等禁例》。

[2]（清）顾炎武著，黄汝成集释:《日知录集释》卷一三《奴仆》，第 798 页。

[3] 乾隆《上海县志》卷一二《祥异》，《上海府县旧志丛书·上海县卷》，上海古籍出版社 2015 年版。

[4]（清）俞锡畴:《民抄董宦事实序》，（明）佚名《民抄董宦事实》，《中国野史集成》第 27 册，巴蜀书社 1993 年版。

[5] 万历《嘉定县志》卷二《疆域考下·风俗》，《上海府县旧志丛书·嘉定县卷》，上海古籍出版社 2012 年版。

有“反占主田，坑主赀财，投献新贵”的。[1]明末清初时，这两类奴仆都趁着易代时易势变的机会发动了始于崇祯十七年，一直延续到清初的江南地区大规模的奴变，许多江南望族因此荡产破家。佚名撰《研堂见闻杂记》中记载了太仓地区奴变之事：“乙酉乱，奴中有黠者，倡为索契之说，以鼎革故，奴例可得如初，一呼千应，各至主门，并逼身契。主人捧纸侍，稍后时，即举火焚屋。间有缚主人者，虽最相得，最受恩，此时各易面孔为虎狼，老拳恶声相加。凡小奚细婢，在主人所者，立牵出，不得缓半刻。有大家不习井灶事者，不得不自举火。自城及镇，及各村，而东村尤盛，鸣锣聚众，每日有数千人，鼓噪而行。群夫至家，主人落魄，杀劫焚掠，反掌间耳；如是数日，而势稍定。”[2]

现存明清时期的家训大多作于清代，很多家族对这场明末清初的变乱依然余悸未消，因此在家训中往往有“御仆”一条，对处理主仆关系颇为慎重。首先，强调婢仆存在种种“恶行”，易生是非，必须制定一系列的行为规范和限制措施。如毗陵庄氏认为虽然“士大夫居家不能无赖于斯役奔走之人”，但是“不可轻用”，因此奴仆“狠戾者招祸，狡诈者无情，坏事败名，皆由此辈，早宜斥远，惟一味老实者用之”。[3]芳茂里方氏则认为：“仆婢下人，近之不逊，远之生怨，而不但已也。抗弱子，假威陵人，生事速祸；通外人，阴谋主家，流祸必至”，所以应该“庄莅之慈，畜之用其力，而弗授以权”。[4]吴江周氏更视恶仆为家之蠹虫，以为“国之蠹，阉是也；官之蠹，胥是也；家之蠹，仆是也。家听于仆，官听于胥，国听于阉。鲜不殆焉。匪仆是崇，尔实欲焉。仆之无良，胡得焉”，所以应该慎收僮仆，首先“当知其来历，察其忠厚，观其精壮，然后用之”，也可“托居间者，广为寻访，如里中有谙练世事，诚实可托，肯为人役者，用善价买之，庶可长久”。[5]明清时期江南戏曲繁荣，望族多有戏班，仅上海当

[1] 乾隆《上海县志》卷一二《祥异》，《上海府县旧志丛书·上海县卷》，上海古籍出版社 2015 年版。

[2]（清）王家桢：《研堂见闻杂记》，《痛史》五种，商务印书馆 1914 年版。

[3]《毗陵庄氏族谱》卷首，1935 年铅印本。

[4]《毗陵芳茂里方氏宗谱》卷一，1928 年木活字本。

[5]《周氏族谱》卷一，1915 年木活字本。

时见于记载的著名私人家乐有潘允端家班、秦凤楼家班、顾正心家班、徐阶家班、施绍莘家班、董其昌家班等，其中据潘允端日记，其家庭戏班在万历十六年至二十九年（1588—1601）间共演出《琵琶记》等传奇杂剧20余部。[1]毗陵孙氏强调要“禁多蓄侍婢，擅教女优”。认为“富贵之家欲家范严肃，非礼法不可。故必无娈童俊女，恒舞酣歌，则内外肃然，不开淫佚之端”。如果“多蓄妖艳之婢，复教以郑卫之声，心志必多淫荡，一人之防闲，岂能无漏”，所以规定“吾族若犯此者，宗祠严诫，急令改过。不悛，族众至其家，责以违禁之例，必改而后已”。[2]

另一方面，各家族也认识到不应该对奴仆过于苛责，更“不可凌虐”。如段庄钱氏认为奴仆与自己均为天子的子民，只不过“我逸彼劳，我丰彼约，我倨彼恭”，他们“所争者区区数金耳，非天生是人供我凌虐也”。如果“膏粱之子，惟知颐指气使；作家之翁，但计玉粒桂薪”，只能会导致“廉耻不存，讥劳罔恤”，想要奴仆“忠主勤家，岂可得乎”。所以族人“当存轸念，至于祖遗旧力，尤宜殊等，不可动引名分，横加困辱”。[3]西营汤氏则认为“奴婢愚蠢者多，岂能尽如吾意”，所以“有不到处”，应该“教之饬之，不可任意敲扑”。[4]上海顾氏家族甚至还抄录一首奴咏诗感叹奴仆的艰辛：“人家有婢任驱驰，不说旁人哪得知。井上浣衣寒彻骨，灶前柴湿泪如珠。梳头娘子嫌汤冷，上学书生骂饭迟。打扫堂前还未了，房中又叫抱孩儿。”[5]家训中经常会引用陶渊明令彭泽时的典故，他遣奴仆给其子遗书，戒之曰：“此亦人子也，宜善遇之。”由此成为很多家族处理主仆关系的准则。如崇明黄氏认为“走使下贱亦是人子”，所以“纵有过犯，量其

[1] 杨嘉祐：《明代江南造园之风与士大夫生活：读明人潘允端〈玉华堂日记〉札记》，《社会科学战线》1981年第3期。

[2]《毗陵孙氏家乘》卷一，道光十三年木活字本。

[3]《段庄钱氏族谱》卷一，1927年锦树堂木活字本。

[4]《汤氏家乘》卷一，同治十三年木活字本。

[5]《顾氏汇集宗谱》卷一，1930年刻本。

轻重责罚，务以理论情恕”。[1]对于适婚的婢仆，很多家族规定应该帮助遣嫁：“婢女年至十八九岁，必宜择配嫁之”，[2]男仆“年越二十，如适用则配以妻而留之……女婢苟且如驯良则配以夫而留之，如不堪用则遣嫁之，嫁则近处知底里者，勿贪财礼。远嫁他方为妾为妓，大损阴骘”。[3]

对于奴仆的使用，则大多采取恩威并施，宽严相济的手段。崇明单氏认为如果不得不用奴婢者，应该“当谨于未用之先，防于当用之际，其诀全在我用他绝其生病之根由，切不可轻信妄听，反为他所用，此紧要之论也”。[4]菱溪钱氏则规定：“男仆有忠信可任者，重其给；能干家者次之。其专务欺诈，背公营私，屡为窃盗，弄权犯上者，逐之。凡女仆勤实少过者，资而嫁之。其两面二舌，饰非造谗，离间骨肉，屡为窃盗，放荡不谨者，逐之。”[5]有的家族家训中亦详细制定了婢仆应遵守的做事准则，如《迩言家训》中对奴仆的分工有细致的规定：“男仆教之洒扫拂拭，客到奉茶，鞠躬其身，应对说话，下垂其手，斟酒知桌席之位次，上菜勿汤汁之淋漓。见主人亲戚朋友宗族，恭立路傍，作事宜勤宜紧，使令速去速回，毋纵闲逸，毋纵放肆，毋穿绸服，毋令入内室……女婢教知炊爨，烹庖调和，咸酸得宜，杯盘碗碟厨灶，务使洁净。及笄，勿使出外，切不可调戏”。[6]不过，对婢仆所施恶行也并不姑息，要受严厉惩罚，或杖或逐。如遇“诈伪多能，非所指摘，徇私盗逃”，则“逐之出宅”。[7]如果“主幼仆违”“凡族中有此，皆当告之宗长，唤至公所轻则笞罚，重则鸣官，毋谓一家之仆无关于族，而姑徇情面，任其不法也”。[8]

[1]《黄氏家乘》，1914年刻本。

[2]《问心堂章氏本支录》卷一，嘉庆稿本。

[3]《洞庭东山沈氏宗谱》卷一，1933年石印本。

[4]《崇川镇场单氏宗谱》卷九，道光二十五年木活字本。

[5]《钱氏菱溪族谱》卷一，1929年木活字本。

[6]《洞庭东山沈氏宗谱》卷一，1933年石印本。

[7]《夫椒丁氏宗谱》卷一，1947年木活字本。

[8]《虞山史氏续修宗谱》卷一，1918年木活字本。

（二）男尊女卑的性别观

传统中国对女性的言行规定与礼教约束一向较为苛刻，明清之后更甚，严重束缚女性思想的三从四德与三纲五常被明确列入家族礼法之中，使得女子伦理规范与外化的礼仪教育及不可抗拒的家族法规相结合，产生了界限分明、壁垒森严的女性纲常。家风家训中对于女子的教育，内容较多的集中于规训女子在妇德、妇职等方面的仪行，一味的强调谦恭柔顺，对女性生活准则与生活范围做出种种限制，对女性的发展产生了相对的阻碍作用。统治者大力宣扬的贞洁观念，更是将女子推向绝望的深渊，大批殉夫尽节的烈妇和因所谓淫乱被活埋、沉潭冤屈而死的妇女，可悲地成了传统家训的牺牲品，江南地区的家风家训虽然在某些方面相对较为宽容，但本质上并没有多少区别，其流毒甚至波及当代，影响深远，积弊难除。

全世界的传统社会，包括中国都是典型的男权社会，正如恩格斯所言："男子对妇女的绝对统治乃是社会的根本法则。"[1]中国传统社会是一个家国同构的社会，正如要维护国家的稳定，就必须保证君为臣纲，即君主对臣民的绝对权威一样，为了保持家的稳定，就必须要保证父权家长制的绝对权威，而父权家长制的权威则由父为子纲的父权和夫为妻纲的夫权共同构建起来的。传统中国从法律到习俗，乃至家风家训都在不断地强化这种权威，男尊女卑的性别观是维护夫权的意识形态基础。班固说："夫妇者，何谓也，夫者，扶也，以道扶接也；妇者，服也，以礼屈服也。"[2]上海吴氏家训更有"妻虽贤，不可使与外事。仆虽能，不可使与内事"[3]之语，将妻与仆并列，由此可见妻子在家庭中的真实地位如何。

为了约束和控制女性，男权社会对女性的角色有着特定的社会分工和社会定

[1]［德］恩格斯：《家庭、私有制和国家的起源》，人民出版社2003年版，第64页。

[2]（清）陈立：《白虎通疏证》，中华书局1994年版，第21页。

[3]《吴氏宗谱》卷二，嘉庆二十四年刻本。

位。首先是男主外，女主内的社会分工。《易经·家人卦》曰："家人，女正位乎内，男正位乎外；男女正，天地之大义也。"女性出嫁后，失去了原生家庭的财产继承权，甚至连姓氏权也没有；进入夫家后，丈夫在世时，家庭财产分配主导权在丈夫手中，丈夫离世，主导权则转移到儿子手中，因此一辈子只能依附于人，故有所谓"三从"之义。《礼记·郊特牲》曰："男帅女，女从男，夫妇之义由此始也。"《礼记·丧服》曰："妇人有三从之义，无专用之道，故未嫁从父，既嫁从夫，夫死从子。""三从"决定了传统社会女性地位低下和生命卑微的社会现实，因此汉代班昭的《女诫》开篇是"卑弱第一"，称"古者生女三日，卧之床下，弄之瓦砖，而斋告焉"，"卧之床下"是"明其卑弱，主下人也"，弄之瓦砖是"明其习劳，主执勤也"。即女性要认同自己在家庭中的卑微地位，甘心情愿地为丈夫这位主人服务。

传统社会的大部分女性基本上都没有受教育的资格，为了强化夫权，还构建了一个"妇女识浅，大义难明"[1]的形象。因为"妇人未尝学问，读书明理者甚少"，所以"所见不广远，不均平"，"每每争纤微之得失，修寻常之小衅"，即所谓"头发长，见识短"，如果丈夫不加管束，"则枕边细语，多为所惑，而一家之乖变生矣，往往手足本和，新妇一入门，而参商以起"[2]。家庭中所有的矛盾都因女性而起："女子在家自任其性情，出嫁夫门，每多不遂，因而骂翁，骂姑，骂伯，骂妯娌者有之，即不至于如此之甚，或有自己亲戚到家，敬之重之，如胶如漆，而翁姑、伯叔、妯娌辈反视途人。甚有无事生波，日闻诟谇，稍为责备，遂欲寻死觅活，做出说不尽妇人丑态，再往母家哭诉。遇有不知世事之人，登门詈闹，并至讦讼成仇，不宁惟是。亲邻族党间，搬是弄非，酿成极大祸端，破产亡家，辱先羞祖，皆有于此。与其悔过于后，何如弭祸于先？谚云：'三朝媳妇，月里孩儿。'此最要紧关头。"[3]浦江郑氏九世同居，太祖召问其家庭和睦的

[1]《忠诚赵氏支谱》卷一，1922年铅印本。

[2]《夫椒许氏世谱》卷一，1941年木活字本。

[3]《宝山钟氏族谱》，1930年铅印本。

原因，回答就是："无他，不听妇言耳。"只有少数家族态度相对公平，如毗陵吕氏认为对"兄弟不和，由于妯娌不睦"的俗语颇不以为然，认为"兄弟果睦，则推心见诚，知无不言，言无不尽，何至听彼妇之言，伤手足之谊"。[1]常州庄氏更认为，家庭中如果出现矛盾，其实"皆由为夫者不能修身以致此"。[2]但是有这种见识的人毕竟只是少数。此外，由于"妇女识见庸下"[3]，自然就比男性更加容易受到诱惑，"喜媚神邀福，其惑于邪巫"，如果不加约束，可能放纵堕落。徐三重在《家则》中说："夫淫冶之习，古今大戒。其所由然，皆以防范素疏。性情无制，彼习观漫衍之俗，而不复知有身名之大闲耳。昔人谓妇女水德，纵即泛滥，稍示提坊，安得不日就准绳耶?"[4]所以女性是万恶之源，即所谓妇女的原罪。

正是因为女性的地位低下，再加上明清时嫁女重厚嫁，一般人家养不起女儿，只能在女婴出生时就将其溺死，此风当时全国盛行。光绪四年（1878）翰林院检讨王邦玺上奏道："民间生女，或因抚养维艰，或因风俗浮靡，难以遣嫁，往往有淹毙情事，此风各省皆有，江西尤盛。"[5]虽然他说"江西尤盛"，但实际上江南各地此恶习也相当流行，如浙江镇海"俗生二女辄不举"。[6]如太湖洞庭"俗传女多溺"[7]。溺女行为一方面违背人性，另一方面也容易造成男多女少的局面，影响社会稳定，所以历代统治者和士人或是严厉禁止，或是努力引导，家风家训中也多有禁溺女的规条，如上海顾氏要求戒溺女，承认虽然"我族家传忠厚，非必秉心维忍，欲杀女孩"，但也有人"或嫌生女过多，或因生计无聊，不免于产下溺死"，因此劝导族人："天生一人，即有一人之禄，彼因贫穷溺女者必

[1]《毗陵吕氏家谱》卷首，光绪四年木活字本。

[2]《毗陵庄氏族谱》卷一一，1935年铅印本。

[3]《龙溪盛氏宗谱》卷一，1943年木活字本。

[4]（明）徐三重：《鸿洲先生家则》，《四库全书存目丛书》子部第106册，齐鲁书社1997年版。

[5]《清德宗实录》卷六八，光绪四年二月庚戌。

[6] 光绪《嘉定县志》卷一六《张骏业传》，《上海府县旧志丛书·嘉定县卷》，上海古籍出版社2012年版。

[7] 民国《吴县志》卷七十《葛以位传》。

不因弃女，而不穷亦必不因留女而更穷。若抚养长成，日后反享其门楣之福亦未可知。”同时警告他们“天道昭彰，生生杀杀果报不爽；国法显著，善善恶恶故犯必惩，至溺女一事揆情度理，骨肉尚忍伤残，则何事不可忍为”。[1]但是正如冯尔康等人所研究的，如果宗法制的财产继承制度，贵男贱女的观念，婚姻仪礼的奢华靡费，这些制度和风习不改变，溺女现象只能长期持续下去。[2]

不过人们也认识到“男女配合，生民之始，万福之源”[3]，承认女性在家庭中的重要作用，“子息之生，培植之功，先有赖于母氏。古来圣贤豪杰成于母教者实多，盖自胎养；以至成立，莫不有教”，所谓“家业之盛衰恒繇于妇道，胤嗣之顽秀多种于外家”，有些女性还“能以母道而兼父道、师道”，起到“贻谋燕翼者深”“后人之寝昌寝炽可预卜也”[4]的效果，甚至会将女性的作用提高到“自古及今，废与存亡之故，无论天子庶人，未有不是女眷始也”[5]的地步。对女德的强调，本质就是让女性全心全意服从夫权，既恪尽职守，又甘心于依附的地位，似乎只有这样才能免除女性的原罪，完成女性为母为妻的本分。

大致而言，传统女性德行观主要是以“四德”为主，即妇德、妇言、妇容、妇功。《周礼·天官冢宰》云：“(九嫔)掌妇学之法，以教九御，妇德、妇言、妇容、妇功，各帅其属而以时御叙于王所。”《礼记·昏义》亦言：“古者妇人先嫁三月，祖庙未毁，教于公宫，祖庙既毁，教于宗室，教以妇德、妇言、妇容、妇功。教成，祭之，牲用鱼，笔之以蘋藻，所以成妇顺也。”“四德”属于上层妇女应该具备的德行品质。此后，最早的女训作品东汉班昭《女诫》对此进行了详细的解读：“一曰妇德，二曰妇言，三曰妇容，四曰妇功。夫云妇德，不必才明绝异也；妇言，不必辩口利辞也；妇容，不必颜色美丽也；妇功，不必工巧过人

[1]《顾氏汇集宗谱》卷一，1930年刻本。

[2] 冯尔康：《清代的婚姻制度与妇女的社会地位述论》，《清史研究集》第5辑，光明日报出版社1986年版。

[3]《黄氏家乘》，1914年刻本。

[4]《下浦陆氏本支谱》卷一，光绪十八年善庆堂木活字本。

[5]《顾氏汇集宗谱》卷一，1930年刻本。

也。清闲贞静，守节整齐，行己有耻，动静有法，是谓妇德。择辞而说，不道恶语。时然后言，不厌于人，是谓妇言。盥浣尘秽，服饰鲜洁，沐浴以时，身不垢辱，是谓妇容。专心纺绩，不好戏笑，洁齐酒食，以奉宾客，是谓妇功。此四者，女人之大德，而不可乏之者也。”正如崇明黄氏所总结的：“凡妇人不取才能，不取瞻识，不取聪明，不取学问，惟‘柔顺’二字足以概妇德之全矣。若不柔顺，虽有才能、瞻识、聪明、学问，适足以为祸也。”[1] 柔顺即服从，所以“四德”就是要求妇女服从男权，谨守品德、辞令、仪态和家政，服务于他人，这就是所谓的“妇道”。

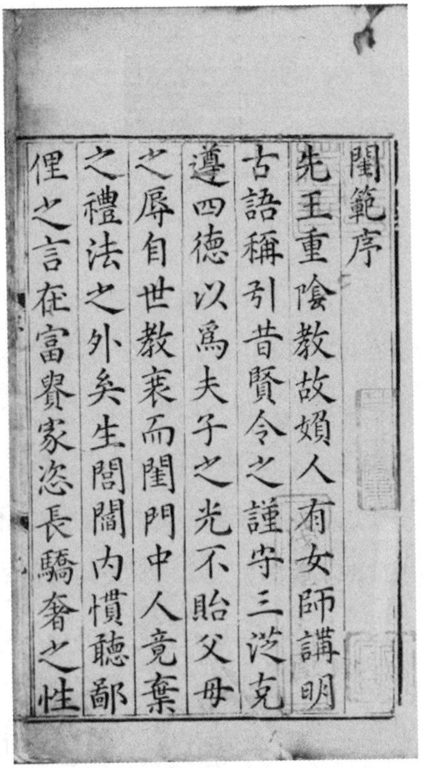

閨範序

先王重陰教故嬪人有女師講明古語稱引昔賢令之謹守三從克遵四德以爲夫子之光不貽父母之辱自世教衰而閨門中人竟棄之禮法之外矣生閭閻内慣聽鄙俚之言在富貴家恣長驕奢之性

闺范

强化“四德”教化是古代女性成长中不可或缺的，传统社会中对女子有专门的女训，最早的女训作品是东汉班昭《女诫》和蔡邕《女训》，此后唐代有郑氏《女孝经》、宋若莘《女论语》等。明代以后程朱理学成为官方意识形态，女子教育进一步强化，特别是明仁孝文皇后撰写《内训》更是起了示范效应，其中，王刘氏的《女范捷录》与东汉班昭《女诫》、唐代宋若莘《女论语》、明仁孝文皇后《内训》四部女训被称为“女四书”。由此也奠定了所谓“妇德”教育的基本范畴。各个家族中也以“女四书”为蓝本，构建自己家族的“女德”规范。如浙江上虞桂林朱氏《祖训条章》规定：“族中诸女，幼时须训以勤谨柔顺之道、幽娴贞静之德。及嫁，必谕以孝养公姑，敬事夫主，和睦妯娌，抚育子孙。”[2] 宝山钟氏的规定更加详实：“族众生一女子，俟其

[1]《黄氏家乘》，1914 年刻本。

[2]《上虞桂林朱氏族谱》卷首，康熙四十二年刻本。

稍有知识，便教之以孝顺两端。至六七岁后，渐训之以三从四德，禁其妄动，戒其多言，和柔其情性，自无越礼犯分之为。正所谓‘桑条从小郁也’。临嫁之日，再为之提命一番，俾知事翁姑不可不孝，事夫主不可有违夫。再维持调护于其间，勿令私蓄，毋使惰慢。衣服饮食之类，先尽翁姑伯叔。费心劳苦之事，要知自己当为，克俭克勤，相夫立业。”[1] 崇明丁氏则说：“女子年七八岁便不可出门，习以女工，教以女诫，大凡女子立身无专遂之道，有顺从之义。教令不出闺门，事在馈食之间而已，其余动静语默，必须贞静，耳无邪听，目无邪视，口无邪言，昼游庭，夜行以火，非父非夫，非伯叔兄弟，务要男女有别，不可相对语，相授受也。”否则的话，就是“不亲针刺，不亲纺织，专事嬉游，或识字者看淫书小说，听歌唱弹词，其心志必至不孝舅姑，不敬夫子，妯娌上下，一切傲慢，以此败家者多矣”。[2] 吴氏的所谓“戒女九则”则将教育内容更加细化，即“曰习女工、曰议酒食、曰学书学算、曰小心软语、曰闺房贞洁、曰不唱词曲、曰闻事不传、曰善事尊长、曰戒懒”。[3] 未成年女子的“女德”教育主要由父亲进行，故强调“为人父者不可不谨”，[4] 而出嫁之后，丈夫则有继续教育和规范的责任，如武进雅浦陆氏提出，对于妻子，“为丈夫者当朝夕化诲，使其善言善行，日闻于耳，自然心志和平，性情淑慎，虽古之贤媛不难几矣”。[5]

当妻子成为丈夫的私有财产后，妻子的身体作为物也被丈夫永久性地独占。女性可以确信自己的子女是自己的骨肉，但男性却不能，为了保证男性权力与财产继承人血脉的纯粹，就必须要求女性绝对的贞洁，妻子如果敢不忠于丈夫，将受到最严厉甚至失去性命的惩罚。因此女性需要被看管起来，将其约束在狭小的家庭空间之内，限制其活动空间和行动范围，由此形成了“防闲内外”的理念。黄标在《庭书频说》中曾对此进行过详细的讨论，他认为：“夫天下中人居多，

[1]《宝山钟氏族谱》，1930 年铅印本。
[2]《丁氏家乘》，光绪二十一年刻本。
[3]《吴氏宗谱》卷二，嘉庆二十四年刻本。
[4]《季氏家乘》，光绪刻本。
[5]《下浦陆氏本支谱》卷一，光绪十八年善庆堂木活字本。

如节操凛若冰霜，孤贞坚如金石，不以存亡易心，不以盛衰改节者，此能以礼自防，而不待人之防闲者也。三代而下，宁几见乎？下此则不为之防闲，不可也。盖男女之情，人皆有之。间有矢志洁清，而犹或失身匪类者。况秉性艳冶者，而可保其无他乎？每见疏于防闲者，内外不严，出入无禁，自谓家门清静矣，不知主人聋聩，则阃内尘多隙。万一中媾失节，声传邻里，虽祖功宗德，不足盖一时之丑。即孝子慈孙，亦且蒙百世之辱。至此，悔恨亦何及哉？然与其匣于后，莫若防之于先。”[1]

几乎所有的家族对“防闲内外”都非常重视。徐三重《家则》说：“男女之辨，正在内外，则妇人不当出外，明甚。予尝至宜兴，旅寓民舍，罕见妇女形迹，亦绝无往来道路，此土俗之最美者。良家子女固不宜轻出行游，及抵亲识，至于探望姻党，辄遣妇女，飘扬衢路，肩摩稠人，大非雅观。必不得已，第可命老幼童竖，相致问信。若远亲之家，吉凶礼节已有男子在外交际，恶用复需妇人哉？”[2] 在这方面有很多严格的规定，如上海吴氏则规定：“堂中不闻妇人声，妇女不娇艳装束，不看灯戏，不登山入庙，不窥门，不亵语，女衣不晒外庭，不蓄俊丽虚华之仆，婢不近仆，仆不近闱，婢不入市。”[3]

女性在家中的活动也要被严格限制在一定范围之内，富贵人家大致一般以中门为界，即所谓男处外庭，女处内阃。如《礼记》云：“外言不入于阃，内言不出于阃。”孔子也说：妇人女子“昼不游庭，夜行以火”。男子“昼居于内”，则“入而问其疾”。《春秋传》则言：“妇人之义，傅姆不在，宵不下堂。”《内则》云：“女子十年不出，出必拥蔽其面。鲁敬姜为季康子之从祖叔母，相见不踰阈，所以闺门之内，肃若朝廷，乃为礼乐名家也。”徐三重《家则》说：“闺门之体最宜谨严，况吾松厮养太众，岂得无别？且亲戚之家，多有交往，初稍滥觞，末当浸

[1]（明）黄标：《庭书频说》，清张师载辑《课子随笔抄》，《四书未收书辑刊》第 5 辑第 9 册，北京出版社 1998 年版。

[2]（明）徐三重：《鸿洲先生家则》，《四库全书存目丛书》子部第 106 册，齐鲁书社 1997 年版。

[3]《吴氏宗谱》卷二，嘉庆二十四年刻本。

漫，因俗制节正家者，何可不谨持之也？凡家室之制，须有中门，以老成端厚者一人守之，早启暮闭，妇女无故不得出。女奴年十二不得擅出，男仆年十五不得擅入，违者责之。亲姻问遗，守者传递出入。其在外一应非类，如所谓三姑六婆者，并不许入。妇女在内，夜行以烛，无烛则止。叔嫂不通言，男女不同室；居处相隔，行止相避；不共相圊清，不共湢浴；不亲相授受，不同席饮食。所以谨嫌厚别也。"[1]

限制活动范围的同时，还要限制出入来往的人员，因为觉得"每见人家亲戚往来，不论尊卑长幼，公然出入中堂，毫无避忌，以致男女混杂，伤风败俗者有之，不可不豫为禁饬"，[2]对出嫁后的女性与本家人的来往都有严格的控制，颇不近情理。《礼记·曲记》上言："姑、姊、妹、女子子已嫁而反，兄弟弗与同席而坐，弗与同器而食。"徐三重《家则》更规定："凡诸妇于本家，父母在，则归宁；没，则否。兄弟有庆吊大事，则暂往不得过宿，远则不往。本家人来，惟父母与同生兄弟、至亲甥侄则相见，余并否。相见时，必子弟引入，遇夜则不入。其亲族有为僧道者，虽至亲，不得往来。女子年十岁以外，不得从母至外家；余虽至亲家，亦不得往。若男子往外家、内家及姊妹之家，必先令人通命，然后肃入；叙坐之后，言语须极敬慎，语毕而退，不得左右忤视，盖以礼自处，以礼处人，非二事也。"[3]至于其他人更是严格限制，即使同是女性也不例外，"至闲杂女流，尤宜不许擅入。盖此辈多阴智，能揣妇人意，巧为词说，以鼓动人。凡骨肉之离间，邻里之忿争皆由此也。抑有甚焉，或为贼之导，或为奸之谋，其害有不可胜言者，不可不严为拒绝"。[4]所谓的"三姑六婆"更是严禁出入："三姑六婆实淫盗之媒，务必严于防范，切不可令其入门。即如捉牙虫、看水碗、卖花婆、衔牌算命等类，在三姑六婆之列，其出身微贱，习业卑鄙，奸盗邪淫，无

[1]（明）徐三重：《鸿洲先生家则》，《四库全书存目丛书》子部第 106 册，齐鲁书社 1997 年版。
[2]《汤氏家乘》卷一，同治十三年木活字本。
[3]（明）徐三重：《鸿洲先生家则》，《四库全书存目丛书》子部第 106 册，齐鲁书社 1997 年版。
[4]《汤氏家乘》卷一，同治十三年木活字本。

所不至。礼曰：‘内言不出于阃，外言不入于阃。’言尚不准其出入，岂有此等人而任其出入者哉？无如若辈巧言如簧，妇女最易动听。若一任来往，终必售其奸邪，而受害匪浅。若不严于拒绝，则一家之规矩何存，清白何据。可不戒哉？”[1]“僧道之家又有斋婆、卖婆、尼姑、跳神、卜妇、女相、女戏等项，穿门入户，人不知禁，以致哄诱费财。甚有犯奸盗者，为害不小，各夫男须皆预防，察其动静，杜其往来，以免后悔。此是齐家最要紧事。”[2]

至于女性外出的一切娱乐活动更是严厉禁止：“若烧香、看戏本非女人之所当为。况入庙烧香而或至寄宿，登场看戏而藉以卖俏，实在所当禁”“世多有欲取悦妇人以遂其心，听其巧诈，任其所为。而有识者早知为父、为夫子者，不能谨之于先也。况入庙烧香，未必神即来享而赐之福，而奸狡之僧尼淫诱即从此自矣。登场看戏，未必见透劝世而如所惩，面风流之子弟轻薄即由此萌矣。迨至悟而悔之，亦已晚矣。可不戒哉？”[3]

对女性的控制从制度上的约束和思想上的灌输同步进行，所谓思想的灌输即贞节观念的规范、教育和灌输。贞节观念一直受到了统治者的强调，史载最早开始实施“表贞女”的活动是在汉宣帝神爵四年（前58）“诏赐贞妇顺妇帛”，东汉安帝开始“甄表门闾，旌显厥行”。不过此时尚未成风气，获得表彰的贞烈女子极少。到了宋代，以从一而终为代表的贞洁观念受到理学家的推崇，朱熹《近思录》中这段话非常著名：“问：或有孤孀贫穷无托者，可再嫁否？曰：只是后世怕寒饿死，故有是说。然饿死事极小，失节事极大。”他甚至说：“若娶失节者以配身，是已失节也。”基本上堵死了寡妇再嫁的出路。此后在理学家的影响下，元代制定了专门旌表节烈女子的政策，到了明清时期旌表节烈女子达到高潮，雍正元年（1723）上谕说：“朝廷每遇覃恩，诏款内必有旌表孝义贞节之条，实系巨典”，命令各地“加意搜罗”，对山乡僻壤、贫寒耕作的农家妇女，尤其不要因

[1]《忠诚赵氏支谱》卷一，1922年铅印本。

[2]《龙溪盛氏宗谱》卷一，1943年木活字本。

[3]《忠诚赵氏支谱》卷一，1922年铅印本。

她们请旌经济有困难而遗漏。又放宽表扬条件，原定五十岁以外死了的寡妇才能申请旌表，改为四十岁以上而已守寡十五年的。之后又下令把建立节孝祠的情况作为卸任交待的一项内容。在这个政策下，旌表节孝成了地方官的一件要务，仅上海一县在同治以前表彰的节烈妇女已达三千多人。在政府的鼓励下，家族也对旌表节烈非常重视，宗族祠堂也给节妇贞女建立祠宇，并在家谱上大书她们的事迹，“一以阐幽，一以励俗”。家训中更是强调节烈观念教化。如宝山钟氏家训有重贞节一条：“昔有杨忠愍、海忠介，人皆啧啧称之者，以其守正不阿，视死如归也。今女子有字而未婚者，闻夫亡，或投缳，或赴水慷慨就义。亦有既嫁者，夫亡守志劳苦辛勤，抚孤几十余年冰清玉洁，此二者一节不移，直与椒山刚峰卓列无异。倘有贫乏不能请旌，凡我族人必多方以助之。发潜德之幽光，实有补于世道，人不浅耳。”[1] 东阳西源马氏家训中也言：“妇道虽先四德，而贞籍尤著两间。《诗》美《柏舟》，《易》言‘中正’。励其操于松柏，矢其志于冰霜。历甘苦而弥坚，等乾坤于不易。所以截耳断发，青史垂光；孝子忠臣，荣名并辙。凡我同宗，尚其念之。”[2]

值得注意的是，由于明清统治者继承并细化了汉安帝开始的对贞女“甄表门闾”的政策，导致了妇女的贞节不仅是妇女本人的私事，而事关宗族荣誉，这就使得许多妇女守贞不一定是其主观意愿，而是受到了道德绑架，甚至受到了家族的要挟，最终成为牺牲品。如武进董庄李氏直截了当地说：“妇道莫隆于苦节，虽彼妇之不幸，实我族之光荣。”[3] 宝山钟氏也说：“设不幸寡居，则教以丹心铁石，白首冰霜。如列女传中所载贞烈妇女，是亦合族快事耳。”[4] 家族的“光荣”和“快乐”都是建立在女性的不幸之上的。

不过明清时期江南商品经济发达，城市繁华，庙会、演剧等娱乐活动层出不

[1]《宝山钟氏族谱》，1930 年铅印本。

[2]《西源马氏宗谱》卷一，乾隆三十八年刻本。

[3]《董庄李氏续修宗谱》卷一，1914 年木活字本。

[4]《宝山钟氏族谱》，1930 年铅印本。

穷，“男女交路，而瓜李无嫌”[1]的情况屡见不鲜，要对妇女的活动进行严格控制根本不可能。所以江南家训中虽然也大力倡导女性节烈观，但也有开明者认为对无志于秉节者不必强求。如汪辉祖《双节堂庸训》曰：“秉节之妇，固当求所以保全之矣。其或性非坚定，不愿守贞，或势逼饥寒，万难终志，则孀妇改适，功令亦所不禁，不妨听其自便，以通人纪之穷；强为之制，必有出于常理外者，转非美事。”[2]又如蒋伊《蒋氏家训》：“妇人三十岁以内，夫故者，令其母家择配改适，亲属不许阻挠。若有秉性坚贞、誓死抚孤守节者，听。众共扶持之，敬待之、周恤之，不得欺凌孤寡。”“妾媵四十岁以内，夫故者，即善嫁之，其有天付贞操，确乎不移，誓愿守节者，听。”[3]常州花墅盛氏家训中也说：“寡妇孀女不能矢节者，服阕后听其转适。如察其坚志守节，本分中宜加意抚绥，留心培植。有孤子，宜扶持调护，俾其成立，克绍前人。”[4]相对较为通情达理。

贞洁只是针对女性，而非男性，所以《周易·恒卦》中言：“恒其德，贞，妇人吉，夫子凶。象曰：妇人贞吉，从一而终也。夫子制义，从妇凶也。”妇人从一而终是吉，丈夫从一而终则是凶，这显然是一种双重道德标准。班昭《女诫》中更明确地说：“《礼》，夫有再娶之义，妇无二适之文，故曰夫者天也。”所以男性为了传宗接代，甚或满足自己的私欲，可以娶妾。如崇明施氏规定：“不幸艰于子嗣，只娶一妾。若年逾五十尚未得子，然后再娶一妾。倘无子而妻不许娶妾者，族长当声其罪可也。”[5]虽然《大明律》对民间纳妾是有严格规定：“其民年四十以上无子者，方许娶妾。违者，笞四十。”[6]有些家族也反对娶妾，但这只是因为娶妾会带来嫡庶之争等不必要的麻烦。如徐三重《家则》说：“古者无子置妾，定以年齿，盖甚不得已也。若孕育已繁，更营姝丽，此则明示淫汰已

[1]（清）左辅：《禁灯公呈》，《皇朝经世文续编》卷七四《礼政十四·正俗》，《近代中国史料丛刊》本。

[2]（清）汪辉祖：《双堂庸训》，《中国历代家训集成》第9册，第5637页。

[3]（清）蒋伊：《蒋氏家训》，《中国历代家训集成》第6册，第3961页。

[4]《毗陵盛氏族谱》卷一，1915年思成堂木活字本。

[5]《施氏宗谱》，清刻本。

[6]（明）刘惟谦：《大明律》卷6。

耳。夫妾婢既滥，子女杂出，各私其类，便生异同。若无礼义之维，难免乖离之衅，中人或衰孝敬，不肖者遂滋忿争，恐薄世浇俗，所必至也。此窃谓嫡室或鲜生育，乃缘继续大事，不得不有畜置。纵干年齿，不免通俗，亦须明正大体，务使相安，礼序乐和，以成家范。此在吾儒，以躬修古学裁之。然又当知有子而无妾，亦家门善事也。”[1] 相对一个女性的自身婚姻幸福而言，繁衍子孙和继承宗祧才是家族头等大事，妻子如果反对丈夫娶妾，必然会面临惩罚。武进孙氏规定：“不孝以无后为大。若三十以外无子，必当置婢妾。倘妻不能容为之，夫者须谕以嗣续祖父之大礼，委曲开示。如必不从，父在则告于父，以父命置之；父没则告于祠主族望，众同劝谕其妻，并为之访求女子，令其必要。既娶而其妻若复悍妒不容，再约族中年高尊长至其家痛切训诫，责其相安。再不服，则闻之官，以官法正之。其夫若惧内而不娶者，亦为不孝。若嬖婢妾而欺凌正妻者，更属无行，俱宗祠惩戒。”[2] 对于丈夫而言，娶妾既可以达到繁衍子孙的目的，又能满足其私欲，自然是乐此不疲。所以当时望族中娶妾成风，“今人未三十，无子即娶妾，年四十而不娶者鲜矣，间又有有子而娶者，习俗浇敝，淫冶成风”。[3]

娶妾之后，虽然家族也要求维护妻的合法地位，但说到底是为了区别嫡庶，维护家法，妻子个人的感情并不在他们考虑范围之内，如西盖赵氏说：“妻者，奉父母之命，行亲迎之礼，配吾身而共承祭祀者也。妾，则吾所置耳。故妻贵而妾贱，妻尊而妾卑，闺门之内妻，主之，妾媵供服役而已。世之乱纲常者，宠妾而弃妻，甚而使之处妻之室，夺妻之权，行妻之礼，是自坏家法也。家法坏，则百事颠倒，而祸乱渐作矣。凡为家长者，妾纵有贤行，勿宠爱之，使过于妻，则大小秩然，家法正而家道隆矣。”[4] 妻和妾和平共处，营造一种所谓家庭和睦的氛围，是大部分家族更加重视和强调的。上海忠诚赵氏说：“妻者，齐也，言敌体于

[1]（明）徐三重：《鸿洲先生家则》，《四库全书存目丛书》子部第 106 册，齐鲁书社 1997 年版。
[2]《毗陵孙氏家乘》卷一，道光十三年木活字本。
[3]（明）金瑶：《陈俗》，《珰溪金氏族谱》卷一八。
[4]《西盖赵氏族谱》卷一，光绪十二年永思堂木活字本。

夫也。妾者，接也，言嗣续于后也。凡娶妾者，大抵因子嗣而起，为服侍者，亦或有之。其在宦家大族，姬侍满前，均得相安于无事。唯乡曲妇女不明大体，往往嫉妒之心，一发难收。为夫者，虽欲周旋，而非理之加，更甚宠妾之渐，大率酿成之耳。为正室者，果能庄以持己，恕以待妾，衣服食用，给其所当，妾寝问膳，责其所应，可悯恤者，哀怜之；应教导者，庄喻之，事事待之以真，岂有不知感激而甘心敬服者乎？无如妇人之性，多不谙情理，最易生忌刻。每一见夫君爱妾，遂百般寻衅，以致待妾诮责詈辱，鞭箠交加，无所不至，并视夫若仇，莫可解释，则又安能望夫之不相遐弃也耶。凡我赵氏子孙，妇女为妻为妾者，务当各尽其道。妻毋倚势以凌妾，妾毋犯分而凌妻，妻怜妾敬，和睦一堂，庶几家道裕而子嗣昌矣。”[1]

妻由父母之命、媒妁之言而定，两人未必和睦，更无论爱情；而妾由男子看中，或男才女貌，两情相悦，一见钟情，所以妾往往会受到丈夫的宠爱。但另一方面，妾的出身决定了她们的卑贱。因而在家谱中，妻室的记载有生卒年，有籍贯，有父亲名字，甚至有的名门闺秀有名有字，娘家的显赫亲人也被记录明白，如某进士妹、某官姊等。而关于妾，则大多只有姓氏，有的连生卒年也不记。某些族谱完全不记妾的来历、生卒年等，仅在子女记载中出现妾的姓氏，而大部分族谱规定，妾生有子女才能被记入。至于未列为妾的，则连姓氏都不能出现，至于所谓通奸妇人及奸生子女，则往往不准入谱。能为家长守节殉死的妾，也为本家族引以为荣，尽管她们未生子女，仍可在家谱中占据一席之地，大家甚至有专门的祠。由于夫妾年龄悬殊，无论生殉或是守节，对妾都是非常残酷的，但这也是出身微贱又未生子之妾在家族中获得尊重的唯一途径。妾抚养嫡子或他妾庶子，若以慈母身份得到朝廷封赠，一般也会在家谱中占一席之地。

即使是一夫一妻制的家庭，其婚姻也同样是为了家族传承和发展服务的，当事男女自身的主体性和幸福感并不在考虑范围之内。《礼记 · 昏义》言：“昏礼者，将合二姓之好，上以事宗庙，而下以继后世也。故君子重之。”既然婚姻是合二

[1]《忠诚赵氏支谱》卷一，1922 年铅印本。

姓之好，婚配双方门第的般配性是首先必须考虑的问题。钱惟演《谱例十八条》提出："娶妇必须不若吾家者，不若吾家，则妇之事舅姑必执妇道。三日庙见拜谒，然后方许房族尽礼，以见尊祖敬宗之意。""嫁女必须胜吾家者，胜吾家，则女之事人必钦必敬。毋违夫子，而箕帚有托，苹蘩有主，不负顾育而罹父母之忧矣。"[1] 嫁女胜吾家，娶妇不如吾家，这是古代婚嫁门第选择的一般原则。虽有门第高低取向，但并不是一味攀高枝，而是倡导女子要遵守妇道，家风清白，婚嫁者个人品性及其家风情况更受到婚配之家的关注。如徐三重《家则》言："婚娶必择旧门儒素，有礼义家法者，不得苟慕富贵。古有五不娶，世多议其过，盖哲人慎微，正士谨节，毋缘一时圈幸之心，遂违自古经常之训。五不娶，谓逆家子不娶，乱家子不娶，世有刑人不娶，世有恶疾不娶，丧父长子不娶。长子，长女也，谓无父且无兄也。"[2] 同时还要谨媒妁，即讲究"父母之命，媒妁之言"，即父母是子女嫁娶的主要责任人。如常州罗墅湾谢氏规定："凡吾子孙于婚礼必俟成童后，择女德、娴、静、端、顺，然后使媒氏通言求配，最要门户清白，慎毋徒慕富贵，轻缔丝萝，致有女性骄妒之患也，其嫁女亦须择婿之贤者妻之。"[3] 上虞桂林朱氏祖训更规定："婚嫁男女，必先禀知族长、支长，无碍名分、风纪者方可联姻。毋得造次，以致紊乱尊卑。"[4]

婚后夫妻关系则强调相敬如宾，夫妻双方要想"宜家室"本来应各有付出："为夫者，当以正道自持和而且敬。和则情投而无乖，敬则有礼而无侮。至为妻者，不必其姿容出众，才调过人，惟敬戒克娴，坤顺允宜，即无歉乎阃范。"[5] 乾隆时著名的"毗陵七子"之一诗人赵怀玉曾教导其儿子："夫妇居室，不出和敬二字。和则不致诟谇之形，敬则不生戏渝之渐，所关于一生者非浅。闻新妇颇

[1]（宋）钱惟演：《谱例十八条》，费成康《中国的家法族规》，上海社会科学院出版社 2016 年版，第 209 页。

[2]（明）徐三重：《鸿洲先生家则》，《四库全书存目丛书》子部第 106 册，齐鲁书社 1997 年版。

[3]《毗陵谢氏宗谱》卷一，1949 年宝树堂木活字本。

[4]《上虞桂林朱氏族谱》卷首，康熙四十二年刻本。

[5]《下浦陆氏本支谱》卷一，光绪十八年善庆堂木活字本。

《新妇谱》

贤，自能动遵礼法，尤在汝之以礼相待。”[1]但更多的是强调“夫天妻地”的思想，只要求“妇顺”，而很少提“夫义”。陆圻的《新妇谱》中写道：“夫者，天也，一生须守一敬字，新毕姻时，一见丈夫，远远便须立起，若晏然坐大，此骄据无礼之妇也。……有书藏室中者，必时检视，勿为尘封，亲友书札，必题识而进阅之，每晨必相礼，夫自远出归，由隔宿以上，皆双礼，皆妇先之。”[2]相敬如宾的夫妻关系已演化成为妻子单方面的敬。一旦这种“相敬如宾”的关系被破坏，往往罪在妻子而非丈夫，武进芳茂里方氏家训中说：“举案齐眉，敬之至也；如鼓瑟琴，和之至也。不敬则狎，狎则玩；不和则疏，疏则慢。玩且慢。妇人雄飞，而夫子雌伏矣。牝鸡司晨，惟家之索，亦非妇之福。”[3]可见夫妻关系的“疏”“慢”都是由于妇人“雄飞”，夫子“雌伏”导致的。《朱伯庐治家格言》也说：“听妇言，乖骨肉，岂是丈夫。”只有少数家族对丈夫虐待妻子的恶行会有明令禁止：“若贤淑勤俭之妻，所当敬而怜之者，乃以其柔善可欺，反加凌虐，或

[1]（清）赵怀玉：《收庵公诫子六册》，《观庄赵氏支谱》卷一一，1928年木活字本。

[2]（清）陆圻：《新妇谱》，《中国历代家训集成》第6册，第3794页。

[3]《毗陵芳茂里方氏宗谱》卷一，1928年木活字本。

狭邪游荡而不顾室家，或偏爱婢妾而遗弃正室，吾族有犯此者，会祭时宗祠责治谕令改过，并托近支尊长纠察劝谕。如怙终不悛，族众共闻官严究，必改而后已。”[1]一旦妻子掌控了夫妻关系的主导权，更是冒天下大不韪的事：“夫唱妇随，礼有明训。妇执夫权，其家必败。初皆起于溺爱，缘爱生畏，遂至难返。妇岂不宜爱哉？大礼所在，必正色谕之，弗为苟狥，自无私弊矣。”[2]所以才有“牝鸡司晨，惟家之索”之说。

传统社会常常会劝导女性服务丈夫，当“贤内助”：“夫子，妇所从以终其身也。夫而贤，妇有荣焉！夫而不肖，妇多辱焉！然而贤不肖之间，所为赞襄而匡弼之者，鸡鸣昧旦，其荣辱不独在夫也！必敬必戒，小心翼翼。所称贞顺以佐其良人者，谊称代终志不违也。”[3]家训中还经常引用乐羊子妻的典故，要求妻子对丈夫的事业有正面促进作用：“乐羊子妻，见其夫游学速归，引刀趋机，曰：‘此织生自蚕茧，成于机杼，一丝而累，以至于寸，寸累不已，遂成丈疋。今妾断斯机，则损成功以废时日。夫子积学当日，知其所无，以就懿德，若中道而废，何以异于断斯织乎？’古之淑女敬爱其夫，高识深虑，可以为法。”[4]可若丈夫有恶行，也只能忍让规劝，而不能反抗：“若夫也不良，为妇者尤当婉谏。亦不能高声恶语，辱夫婿如奴隶，致失妇道。”[5]

贤内助除了要服从丈夫之外，还要“上事舅姑，外尽其礼，内竭其诚，克称贤媳。下待子媳，道之以正，抚之以慈，克称贤母”。[6]由于翁姑与媳妇之间没有血缘关系，他们之间的情感维系主要靠道义来勾连，因此孝敬翁姑就成为妇道教化的重要内容。家训中教导妻子不应该以父母之家为家，而应该以丈夫之家为家：“盖女子生而愿为之有家。家者，不家父母，而家夫子，有从一之义焉。”

[1]《毗陵孙氏家乘》卷一，道光十三年木活字本。

[2]《冯氏宗谱》卷一，光绪三十二年伦正堂木活字本。

[3]《毗陵庄氏族谱》卷一一，1935年铅印本。

[4]《钱氏菱溪族谱》卷一，1929年木活字本。

[5]《忠诚赵氏支谱》卷一，1922年铅印本。

[6]《下浦陆氏本支谱》卷一，光绪十八年善庆堂木活字本。

乐羊子妻

如果以丈夫之家为家，自然必须孝敬丈夫的父母，并将其地位置于自己父母之上："夫舅姑者，夫子之父母也。有父母，然后有尔夫子；有尔夫子，然后尔得所归。归者，适人之道，如久役路途而一朝抵舍，乐莫大焉！所以上承祖宗，下启后人，而舅姑之养，于尔之一身，其责大，其任艰也！是故，饮食必荐，衣服必洁，冬温夏清，晨省昏定，必慎必诚，以报其本。然后孝敬之道尽而舅姑之心慰。而为妇者乃惬于衷而无憾也。"[1] 在家训中把父子关系置于夫妻关系之上也是一条不成文的规则，即当妻子和父母发生冲突时，不论何原因，责任都统统算在妻子身上。石成金在《传家宝》中写道："至于自己的妻子谁人不知爱重，但要知道妻子是后来的人，若不是父母生下此身，焉有这妻子？况人若失了妻子，还能有个妻子，伤了父母，哪里再得个父母？"[2] 这种将夫妻之情和父母亲情置于对立的两极不仅是对女性的不尊重，更不是解决问题的良策。

传统观念并不希望女性拥有才识，所以最早的女训强调女德而不是女才，孟母曾说："妇人之礼，惟在精五饭，幕酒浆，养舅姑，缝衣裳而已。"程朱理学兴

[1]《毗陵庄氏族谱》卷一一，1935 年铅印本。
[2]（清）石成金：《传家宝》，（清）张师载《课子随笔钞》，《中国历代家训集成》第 8 册，第 4848 页。

起之后，女德更加强调到无以复加的地步，以至于德与才形成了对立关系。如陈继儒《安得长者言》说："男子有德便是才，女子无才便是德。"[1] 徐三重在《家则》中云："妇人之职，惟女工中馈。其有才能者，只宜克相夫子，佐理内事，安得交往亲识，兼攻杂艺？"[2] 所谓"女子无才便是德"，是以"德"否定"才"。"女子无才便是德"典型地体现了传统社会对于女性学习和拥有文化知识的否定。

但是正如清代学者董士锡指出的："夫自唐以来，母之教往往过于父。非父之拙于教子也，富贵之家无论以，其贫贱者则常奔走衣食。夫士不能家居者多矣！投其身于数千里之外，衣服饮食，一已所给，岁且仅具。居数年有成，而数年以不复能内顾；既无成，更有不忍言者。呜呼！此真士之不幸，独赖室有贤妇有以。"[3] 母亲在子女教育中其实担负了更多的职责。父亲早逝的常州今文经学代表人物庄述祖更说自己学问有所成就，"皆吾祖吾父之余泽，而无一非吾母义方之教也"[4]。可见父系只是余泽，母系却是教育的真正实施者。美国学者曼素恩的著作《张门才女》介绍的常州张氏家族更以三代贤母扬名四海，上演了一出又一出女性挑起家庭重担的可歌可泣的事迹，引得包世臣、李兆洛、曾国藩、冯桂芬历代名人盛赞不已。在这种情况下，士人家族决定婚姻对象时，女方的文化素质自然成为他们考虑的最重要因素。徐三重就认为娶妇对象要以清雅为贵，知书达礼："娶妇以择妇为主，正不可苟，门户不在豪华，而贵清雅，其人读书、知礼、守儒。素若陋俗嗜利者，亦所不宜。其女子性行于此关一二，不可不谨。"[5] 苏州洞庭夏泾金氏也说："我肇业其间，婚嫁而下，务取名楣旧族、清白传家者，以为配偶。"[6]

为了在婚姻市场上获得更多的话语权，让女儿在少女时代获得良好教育，成

[1]（明）陈继儒：《安得长者言》，《四库全书存目丛书》子部第 94 册，齐鲁书社 1997 年版。
[2]（明）徐三重：《鸿洲先生家则》，《四库全书存目丛书》子部第 106 册，齐鲁书社 1997 年版。
[3]（清）董士锡：《齐物论斋文集》卷三《萧氏寄庐灯景图记》。
[4]（清）庄述祖：《珍艺宧文钞》卷七《先妣彭恭人行述》。
[5]（明）徐三重：《鸿洲先生家则》，《四库全书存目丛书》子部第 106 册，齐鲁书社 1997 年版。
[6]《洞庭夏泾金氏宗谱》，道光十三年木活字本。

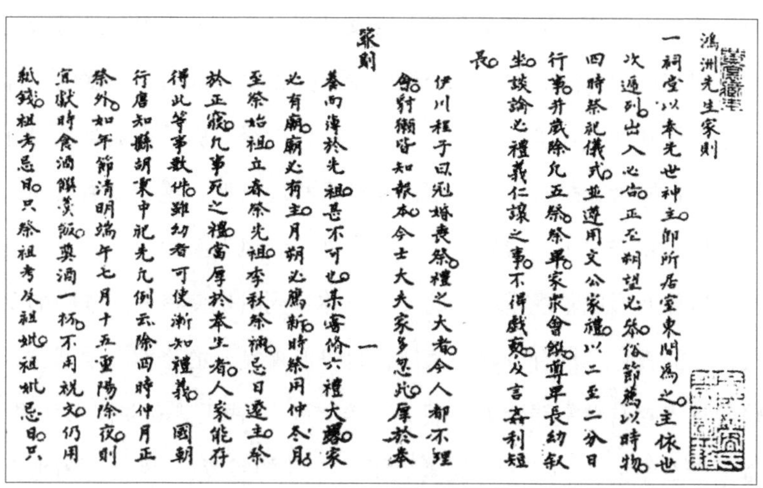

鴻洲先生家則

一祠堂以奉先世神主。即所居室東間為之。主依世
次遞列。出入必告。正至朔望必參。俗節薦以時物。
四時祭祀儀式。並遵用文公家禮。以二至二分日
行事。并歲除凡五祭。祭畢。家衆會飲。尊卑長幼敘
坐。談論必禮義仁讓之事。不得戲謔。及言貨利短
長。
伊川程子曰冠婚喪祭。禮之大者。今人都不理
會。豺獺皆知報本。今士大夫家多忽此。厚於奉

家則　一

養而薄於先祖。甚不可也。某嘗脩六禮大略。家
必有廟。廟必有主。月朔必薦新。時祭用仲冬月。
至祭始祖。立春祭先祖。季秋祭禰。忌日遷主祭
於正寢。凡事死之禮。當厚於奉生者。人家能存
得此等事數件。雖幼者可使漸知禮義。國朝
行唐知縣胡秉中祀先凡例云。除四時仲月正
祭外。如年節清明端午七月十五重陽除夜。則
宜獻時食酒饌羹飯。奠酒一杯。不用祝文。仍用
紙錢。祖考忌日。只祭祖考及祖妣。祖妣忌日。只

徐三重《家则》

为了最为可行的选择，所以在人文鼎盛的江南，宣扬女子应该学习一定的文化知识，接受一定的教育成为题中应有之义。许相卿在《许云村贻谋》对女子教育提出了要求：“妇来三月内，女生八岁外，授读《女教》《列女传》，使知妇道。然勿令工笔札，学词章。”毗陵伍氏也有同样的规定：“女之六七岁，亦宜教之识字，以《女诫》及《列女传》等书，即不上学，当为之讲究，使其明理义，娴矩范，柔顺端庄，温良静一，不亦善乎？”[1]还有很多人都提出才与德不冲突，以为女性接受教育辟除障碍。章学诚在《妇学》中指出，“无才便是德”的意思并不是否认才学的重要性，而强调才须与德相结合：“古之贤女，贵有才也。前人有云‘女子无才便是德’者，非恶才也。正谓小有才而不知学，乃为矜饰骛名，转不如村姬田妪，不致贻笑于大方也。”徐三重《家则》更认为无才难以有德：“妇人贤明者稀，况不读书，寡见大义，其啬以成家者，或昧大体，而乐于时俗，尤难执德。”[2]

让女性受教育虽然其出发点或是为了在婚姻市场上获得更多的先机，或是用

[1]《伍氏宗谱》卷一，1929 年木活字本。

[2]（明）徐三重：《鸿洲先生家则》，《四库全书存目丛书》子部第 106 册，齐鲁书社 1997 年版。

知识来向女性灌输道德，但也在客观上为女性提供更多的学习和教育机会，为她们打开了一扇知识的大门。中国传统社会中，无论女性如何才华横溢，即使有经天纬地之才，受到社会环境的制约，不仅与政治无缘，而且也极难如男性一样获得平等的受教育机会，故女性群体整体受教育程度较低，绝大多数女性未嫁之时习女工，出嫁后相夫教子，操持家务，涉足文坛者凤毛麟角。然而江南发达的家族教育不仅培养并形成了规模庞大的文人群体，同时也使得其家族中的女性成员从小受过良好的教育，拥有较好的家风，自身有着良好的修养。阳湖文派代表人物陆继辂曾在《赵君继室钱孺人（湘）哀辞》说："钱氏诸女并读书如男子。"[1]著名学者方楷在给儿子的家书中也非常关注女儿的教育："我早起闲坐无事，忽想及汝姊妹等仅识数字，能读几句诗词，而外间传誉，往往言过其实。此非佳事。欲副其名，亦并不难。汝可检出《李氏蒙求》，每日点出四条，不许多一条，不许少一条，交与诸姊妹，令其自看自讲。如有不懂，汝再讲解与伊听。我放端节学回省，当亲行查问。"[2]这种源远流长的家学渊源不仅促进了母教在家庭教育中的重要性，也以此为基础推动了江南女性文人群体的繁荣。20世纪30年代，胡文楷受到妻子王秀琴的影响，历经二十年多的时间编成了《历代妇女著作考》。1957年初版录有明清女性著作3500多种，汉魏至元代女性著作1000多种，至1985年再版时又补入200多种。这本书传入海外后，使得海外研究者完全颠覆了他们对中国女性形象的认识，他们第一次发现，仅在明清两代中国出版的女性著作就超过了现代之前整个西方世界女性出版物的总和。而江南地区是明清女性文学领域最为鼎盛的区域，据美国学者曼素恩统计，这一地区所产生的女性作家约占中国历代女性作家总和的70%以上，其数量之多，放眼世界，也属领先。江南各府县女性文人群体也是极为繁荣，如常州词派代表人物张琦四女皆能诗，有《阳湖张氏四女集传世》，四女纨英的四个女儿也都能诗，也各有集。张琦经常和妻女一块作诗酬唱，其《丁亥中秋对月》诗序有"饮酒乐甚，赋诗纪之，并命儿

[1]（清）陆继辂：《崇百药斋文集》卷一四，续修四库全书集部1496册，上海古籍出版社1995年版。
[2]（清）方楷：《方氏家言》，清刻本。

女辈同作”，[1] 由此引起了曼素恩的注意。又如海宁，仅查氏家族，就出了查惜、查昌鹓、查映玉、查瑞抒、查蕙缀、查若筠等不少闺阁诗人。

大量女性作家的涌现在一定程度改变了社会上对女性的看法，如曾经招收过众多女弟子的文学大家袁枚说：“论者动谓诗文非闺阁所宜，不知《葛覃》《卷耳》，首冠《三百篇》，谁非女子所作?”妻女皆能诗的常州学者陆继辂也曾批驳过妇人不宜为诗的谬说。[2] 在这些思想的影响下，女性的自主意识也开始渐渐萌芽，如清代著名女诗人恽珠称“女子学诗，庸何伤乎?”她编著了《国朝闺秀正始集》和《续编》及《国朝列女诗集》等，为女性文学张目。同时江南经世致用的学风在这些女性作家中也有体现。如恽珠“于经济治体，无不通达”。[3] 张琦的女儿张孟缇“因论夷务未平，养痈成患，相对扼腕”。使得施淑仪感叹道：“其眷怀时局如此，求之当时闺阁中所仅见。”曼素恩在《张门才女》中曾吃惊于明清常州女子的晚婚以及招赘风俗的盛行，其实这同样是建立在江南对妇女地位的认可的基础之上。也正是因为如此，到了近代，江南地区把女孩子送到新式学校读书也成为一件自然而然的事情。从这个意义上说，江南 20 世纪的“新女性”与旧时代的“闺秀”之间更多地体现了历史的传承而非断裂。只不过传统家族让女性获得一定的教育，是为了有助于其将来相夫教子，尽可能地要加强其在婚姻市场上的砝码。但是在新的时代，女性受教育已经不完全只是为了日后的婚姻做准备工作，“相夫教子”的“贤妻良母”形象不再是望族衡量女性的唯一标准。培养独立的新女性，已经成为一种新的思想观念。

（三）明哲保身的处世观

“明哲保身”一词出自《大雅・烝民》：“肃肃王命，仲山甫将之。邦国若否，

[1]（清）张琦：《宛邻诗》卷二，丛书集成续编集部第 133 册，上海书店出版社 1994 年版。

[2]（清）恽珠：《国朝闺秀正始集》卷首《弁言》，清道光十一年刻本。

[3]（清）施淑仪：《清代闺阁诗人征略》卷七，上海书店 1990 年版。

仲山甫明之。既明且哲，以保其身。”孔颖达疏云：“既能明晓善恶，且又是非辨知，以此明哲，择安去危，而保全其身，不有祸败。”《论语·泰伯》篇中言“有道则见，无道则隐”，又言“危邦不入，乱邦不居”。朱熹注云：“君子见危授命，则仕危邦者无可去之义，在外则不入可也。乱邦未危，而刑政纪纲紊矣，故洁其身而去之。”可见虽“危邦”不可去，但“乱邦”则可洁身而去。也即在无道乱世之中需要确保自家生命安全方可谈论行道教世之事，这就是儒家“明哲保身”思想的直接体现。

儒家强调君子之所以为君子，是有社会政治关怀以及责任感，出于这份责任感，才力求出仕为官以行道救世，即所谓“人能弘道，非道弘人”，一旦条件允许，君子就应当积极出仕以推行其道，所以孔子反对长沮、桀溺那种彻底避世的极端态度；但是，当现实环境过于残酷之时，也不必作无谓的牺牲，就应当保住自家的性命，也就是需要保住“弘道”的“人”，所以明哲保身的最终目的还是在于“弘道”。

不过，避祸自保还只是一个较低层次的前提，在孔子的思想中，之所以“无道则隐”实际上还有更高层次的追求。在讲“有道则见，无道则隐”之前，孔子还说了一句“笃信好学，守死善道”。邢昺疏日：“写信好学者，盲厚于诚信而好学问也。守死普道者，守节至死，不离善道也。”朱子注云：“不守死，则不能以替其道：然守死而不足以善其道，则亦徒死而已。”从邢、朱的注解来看，“守死善道”或许可以直接理解为“坚守善道，至死不离”。正因为要对“道”的坚持与固守，所以才主张在乱世之中保全自己，不愿与小人同流合污。这也就是为什么很多学者认为明哲保身的原义与后世的理解有很多区别的原因所在。

但问题是，即使“明哲保身”原义中也存在有很多矛盾。《中庸》曾言：“故君子尊德性而道问学，致广大而尽精微，极高明而道中庸。温故而知新，敦厚以崇礼。是故居上不骄，为下不倍，国有道其言足以兴，国无道其默足以容。诗曰‘既明且哲，以保其身’，其此之谓与。”本来“明哲保身”只是特殊时期的不得已，儒家追求的应该“致广大而尽精微，极高明而道中庸”的天道，是超越了世俗的理想，无论有道无道，无论在上在下都要“虽千万人而吾往矣”的坚守实施的。而这里却用“其此之谓”将其总结为明哲保身，并且这种明哲保身既非强调不同流合污，也非强调在艰难时留存希望的火种，仅仅只是为了“容”，在无道的世界中存活，将弘道为先变成了生存第一的避祸哲学。因此说到底，并不是后世有误解，而是明哲保身思想本身存在着矛盾之处。所以班固在批评屈原时如此说：“今若屈原，露才扬己，竞乎危国群小之间，以离谗贼。然责数怀王，怨恶椒兰，愁神苦思，强非其人，忿怼不容，沉江而死，亦贬絜狂狷景行之士。多称昆仑冥婚，宓妃虚无之语，皆非法度之政，经义所载。谓之兼诗风雅，而与日月争光，过矣。”这是典型的和稀泥式“明哲保身”思想与伟大人格理念之间产生的冲突。

“明哲保身”思想是家风家训中涉及为人处世教化方面的主导思想，在处世教育中，“明哲保身”思想主要是从两个层面来展开的，一是自我层面，要求做到谨言慎行，简言之是“讷”；二是对他者层面，要求做到宽容忍让，简言之是“忍”。

首先是谨言慎行。

《说文》：“慎者，谨也。从心真声。”杨伯峻《论语译注》说：“寡言叫做谨。”《尔雅》又云：“慎者，诚也。”可见，慎言亦即谨言、诚言，指出语谨慎小心。

谨言最早应该源自原始时代语言禁忌的影响。卡西尔认为：“变成禁忌物的危险是一种物理的危险，它完全超出了我们道德力量能达到的范围。不管是无意的行为还是有意的行为，其效果是完全一样的。禁忌的影响完全与人无关，并且是以一种纯被动的方式传播的。一般说来，一个禁忌物的意思是指某种碰不得的东西，是指一个不可轻率接近的东西，至于它的方式则是不考虑的。”[1] 原始人认为，有某种不可言说之物，如果言说便会涉及危险，于是产生语言禁忌。在《诗经》中，我们还能看到这种原始时代语言禁忌的遗风，如《板》亦曰：“天之方懠，无为夸毗。威仪卒迷，善人载尸。”孔疏：“尸谓祭时之尸，因为神像，故终

[1]［德］卡西尔：《人论》，上海译文出版社 1985 年版，第 136—137 页。

祭不言。贤人君子则如尸不复言语，畏政故也。”随着时代的变迁，这些不可言说的禁忌逐渐由鬼神世界转移到了对神圣天命和统治者的畏惧。所以《诗经·小雅·雨无正》言：“哀哉不能言，匪舌是出，维躬是瘁。”而到了孔子，“敏于事而慎于言”“慎言不苟”成为其思想的重要组成部分，在他之后中国经史子集各类文献中都有很多关于谨言的内容，常州左氏家训中罗列了很多。

> 经书于“谨言”一节，词重意复，告诫谆谆，此何意耶？盖以言者，取给口舌，出之甚易，而身心性命，利害关焉。如《论语》《中庸》云，“先行其言”“欲讷于言”“耻其言”“言顾行”各条，言不谨则丧学。《孟子》上说的，“人之易其言”“言人之不善”诸章，言不谨则丧身。《易》曰“括囊”，示人以谨言之象。《诗》曰：“匪舌是出，惟躬是瘁。”又曰：“妇有长舌，惟厉之阶。”躬瘁是绝福泽，丛忧危，阶厉是召丧败，罹刑戮。《书》曰：“惟口出，好兴戎。”则又关乎兴衰治乱，言之所系如此。经书至训，可不谓深切著明欤？稽之史传，老子语孔子曰：“凡当今之士，聪明深察而近于死者，好讥义人者也。博辨宏远而危其身者，好发人之恶者也。”马新息训子弟曰：“闻人之过，如闻父母之名。耳可得而闻，口不可得而言也。”言之危悚警惕又若此。古今不少贤知过人，每忽经书及老子、新息侯之训，矜己傲物，率口讥评。梁到溉、到洽，其先人担粪自给，洽一日问刘孝绰曰：“吾欲买东邻地以益宅，而其主难之，奈何？”绰曰：“但多辇粪于其旁，彼自迁去。”洽怒，遂因事害之。唐令狐綯偶以庄子语访温庭筠，筠答曰：“事出南华，非僻书也。愿相公燮理之暇，时复览古。”綯怒，奏庭筠有才无行，不许登第，遂坎壈终身。只一语轻簿，竟遭祸厄。即后汉范滂、郭泰诸贤，名德自高，互相标榜，咸尚清议，朝士贤否，视其一言，渐成党锢之祸。可鉴戒也。三国时司马徽负人伦鉴，居荆州，知刘表性忌，有以人物问徽者，不辨高下，每辄言佳。邴原居辽东，尚清议，公孙度以下

心欲害之，管宁谓原曰：“潜龙以不见为德，言非其时，取祸之道也。”密令西还。可鉴法也。[1]

家训中关于慎言的教诲主要的目的在于减少个人的麻烦和危害。如袁采《袁氏世范》：“言语简寡，在我可以少悔，在人可以少怨。”[2]高攀龙在家训中讲：“言语最要谨慎……多说一句，不如少说一句……人生丧家亡身，言语占了八分。”[3]余巷冯氏也说：“言语伤人最害事。言之者脱口已忘，受之者衔之切肯，尤不可犯人所忌，杀身之祸皆由于此。”[4]都认为说话要有禁忌，不可轻易出言。徐祯稷《耻言》曰：“言之不祥者有五。扬人失者，鸱鸦之言乎；构人衅者，风波之言乎；成人过者，毒鸩之言乎；证人隐者，鬼贼之言乎；伤人心者，兵刃之言乎。”[5]夫椒许氏认为：“惟口出好兴戎，祸之所从生也，则言语以为阶，故曰：‘君子无易由言，耳属于垣。’南容所以三复白圭也。今世士子喜于夸诞，道人之短，或暴扬隐恶，或轻说闺门，或道听传讹，或讥訾师长，诸如此类，鬼神恶之，必有奇祸。老子曰：‘聪明深察，而好讥议人者，近于死者也。’即如朋友，群居言不及义，里巷坐谈，戈矛顿起，丧德致悔，亦何驷马之能及哉？”[6]至于如何做到慎言，《袁氏世范》则告诫道：“亲戚故旧，人情厚密之时，不可尽以密私之事语之，恐一旦失欢，则前日所言，皆他人所凭以为争讼之资。至有失欢之时，不可尽以切实之语加之，恐忿气既平之后，或与之通好结亲，则前言可愧。大抵忿怒之际，最不可指其隐讳之事，而暴其父祖之恶。吾之一时怒气所激，必欲指其切实而言之，不知彼之怨恨涎入骨髓。古人谓‘伤人之言，深于矛戟’是也。俗

[1]《左氏宗谱》卷一，光绪十六年木活字本。

[2]（宋）袁采：《袁氏世范》卷二，《中国历代家训集成》第 2 册，第 728 页。

[3]（明）高攀龙：《高子遗书》卷十，《文渊阁四库全书》第 1292 册，台湾商务印书馆 1983 年版。

[4]《冯氏宗谱》卷一，光绪三十二年伦正堂木活字本。

[5]（明）徐祯稷：《耻言》，《四书未收书辑刊》第 6 辑第 12 册，北京出版社 1998 年版。

[6]《夫椒许氏世谱》卷一，1941 年木活字本。

亦谓‘打人莫打膝，道人莫道实’。”[1]余巷冯氏也说：“凡我子孙当效万石君之躬行，勿学佞人之喋喋。不谈人过，无发人私，寡尤慎口，取法木讷君子可也。”[2]

不过家训中的慎言并非是不准说话，有的是强调要注重说话的艺术，如汪辉祖说：“善道云者，委婉达意与直言不同，尚须不可则止。”[3]有的是强调要注重说话的场合，如徐祯稷《耻言》要求避免在下面几种情况下说话：“士而多言，疾也；寡言，德也，尤慎四乘。夫乘怒而言，将无激；乘快而言，将无恣；乘醉而言，将无乱；乘密昵而言，将无尽。”[4]有的是强调说话要有一说一，不可夸张，更不可说谎，如段庄钱氏认为“尤可戒者，朝三暮四，游移无信，自坏生平，以口戕口，敬之慎之”。[5]如赵怀玉在劝诫其子“言行之宜谨”时也要求他要“从此立脚，存心要虚，一念不虚，人便惮于忠告；出话要实，一语不实，人且疑其毕生持身外世之本也”。[6]更有家族鼓励在关键的时候要仗义直言，如左氏虽然强调言语有谨慎，但是他也认为要“本乎慈爱为仁人之言，本乎公恕为长者之言”，如果立朝居官，要“因革损益，敷陈利害，为培国利民之言”，所以“言之谨，正为言之发也”。[7]毗陵庄氏虽然强调“三缄弗易，一诺弗轻，若之何易其言也，易严应违，诗谨酬报，一脱于口，如奔驷然，不可挽矣”，但是更认为“士君子当沉几静蓄观变，需时昌言，而利溥不言，而机密若呐”，既要想到“凛属垣之叵测”，更要明白“鉴扪舌之罔功”，只有体会到这一点，才会明白“出言之可易”这句话的意思。[8]

其次是宽容忍让。

“忍”是中国文化中一个重要的概念，《说文解字》上面说：“忍，能也，从

---

[1]（宋）袁采：《袁氏世范》卷二，《中国历代家训集成》第2册，第728页。

[2]《冯氏宗谱》卷一，光绪三十二年伦正堂木活字本。

[3]（清）汪辉祖：《双堂庸训》，《中国历代家训集成》第9册，第5644页。

[4]（明）徐祯稷：《耻言》，《四书未收书辑刊》第6辑第12册，北京出版社1998年版。

[5]《段庄钱氏族谱》卷一，1927年锦树堂木活字本。

[6]（清）赵怀玉：《收庵公诫子六册》，《观庄赵氏支谱》卷一一，1928年木活字本。

[7]《左氏宗谱》卷一，光绪十六年木活字本。

[8]《毗陵庄氏族谱》卷一一，1935年铅印本。

心刃声”,《说文解字·段注》则说:“凡敢于行曰能,今俗所谓能干也。敢于止亦曰能,今俗所谓能耐也。能耐本一字,俗殊其音。忍之义亦兼行止。敢于杀人谓之忍,俗所谓忍害也。敢于不杀人亦谓之忍,俗所谓忍耐也。其为能一也。”由以上解释,可以发现,忍其实有两种不同的概念,且与现行的概念不同。人是一种兼具动物性和理性的生物,压抑自己的理性杀人者为忍,所谓忍害;压抑自己的动物性不杀人者亦为忍,所谓忍耐。忍既表现为坚韧能行,也表现为坚韧能止,所以“忍”既有谦和、坚毅、精进的积极面,也有屈从、柔弱、麻木的消极面,但在中国传统文化中往往强调的是后者,而非前者。

隐忍是中国人性格中最重要的特征之一,而且中国人的这种尚忍、能忍的处事风格为世所公认。过去学者在讨论中国人的民族性格时,经常提到中国人具有与隐忍有关的特质。梁漱溟在《中国文化要义》中列举中国民族品性的十种特质时,认为华人具有“坚忍”的国民性,指的是华人能忍耐到很高的程度,比如克己、自勉、忍辱、吃亏等或配合社会环境的生活适应方式,同时习于社会取向的社会互动行为风格。中国历史典籍中也同样充斥了颂扬忍的内容:《周易》中的《谦卦》就宣扬自我抑损的退让和隐忍;《尚书》则说:“满招损,谦受益”;《国语》赞扬“德莫若让”。老子以倡导“贵弱”“贵柔”而著名;孔子也同样贵让,主张“小不忍,则乱大谋”;孟子更有其“动心忍性”的名言。流风所及,古代社会就出现了一种尚“忍”的文化氛围。

儒家文化中的“忍”是以“仁”为道德的主体,克己复礼为仁,忍所代表的是一种自我的修为,希望透过“礼”的约制,来达成个人的道德修养和社会和谐秩序的建立,完成个人生命的转化和超越。正如杨庆堃指出的,在儒家传统文化中,一个小孩在很小的时候就被要求个人为维护群体利益而作出自我牺牲,由此来解决社会冲突。[1]“自我牺牲”对个体来说其实就是一个忍的心理或行为事件。所以朱熹在《童蒙须知》中给小孩子遵守的规矩中写到:“凡为人子弟,须是常

[1] 杨庆堃:Chinese communist society,M.I.T. Press,1959。

低声下气，语言详缓，不可高言喧闹，浮言戏笑。父兄长上有所教督，但当低首听受，不可妄大议论。长上检责或有过误，不可便自分解，姑且隐默。”这种对父亲兄长权威的绝对顺从，是极力压制自我欲念，需要通过心理内部的调整才能达到内心的和谐。如果说儒家思想的文化设计产生了中国人的内在紧张，而需要以忍处之的生命场域，道家则强调的“守弱”“不争”“安时而处顺”的超越的人生观，和自隐、适意及出世的态度，通过“夫唯不争，故天下莫能与之争”“吃亏就是占便宜”的视弱为强、视输为赢的认知思考模式，营造一种自我安慰，由此为每一个中国人提供了可以继续忍下去的心理空间，让自己可以保持内在的平衡。佛家则通过传播因果报应思想，“不是不报，而是时辰未到”，由此大大提高了中国人忍受他人加诸自身的恶行的忍辱能力。

正是在这种尚忍的氛围中，民间出现了种种专门颂扬“忍”的文本，像《忍经》《百忍图》《百忍歌》，世俗格言中也盛行着对忍的歌颂，像“忍气饶人祸自消”“退一步海阔天空”“终让路，不枉百步；终日让畔，不及一段”等等，流传着种种忍的传说和典故，如近年流行的“六尺巷”故事等，同样在家训中也充斥着对“忍”的叮嘱，正如上海顾氏所言“忍为百行之本”[1]，告诫家族子孙处世要小心谨慎，要耐心忍让，要避免招惹祸端。如崇明朱氏家训中抄录了大段的“百忍说”。

举世竞言祸福，而祸福非自外，至在能忍与不能忍而已矣。当见温厚之人，其心和平。凡于事物之间，或遭横逆来触其情，而处之裕如，斯为纳福之量。纳则缘于能忍，推其极，即汉帝之所以得天下者此也。又见刚强之辈，其气粗暴，凡于义理之际，所当遵循，可安其性，而犹然躁妄，实为召祸之因。召则由于不能忍，推其极，即楚霸之所以失天下者此也。甚矣，忍之系于人者，岂不大哉！试言之，如在朝廷之上，

[1]《顾氏汇集宗谱》卷一，1930年刻本。

固当以敬而又不可无忍。忍则理烦治剧，竭尽中心，故忠臣事君，夙夜匪敢懈怠。抑在家庭之内，自有所爱，而尤不可无忍。忍则服劳奉养，不留余力。故孝子事亲，晨昏何有间断。夫妇为人伦之首，实百年伉俪，于以有忍虽逢糟糠不厌，非忍恐致室家相怨，安能琴瑟和谐。兄弟有手足之恩，乃一本花萼，宜其有忍诚为患难相恤，非忍恐致骨肉乖离，乌能敦笃友恭以言乎？朋友而有辅佐德业之望，如父事，师事，兄事，皆足以取善于己也，非

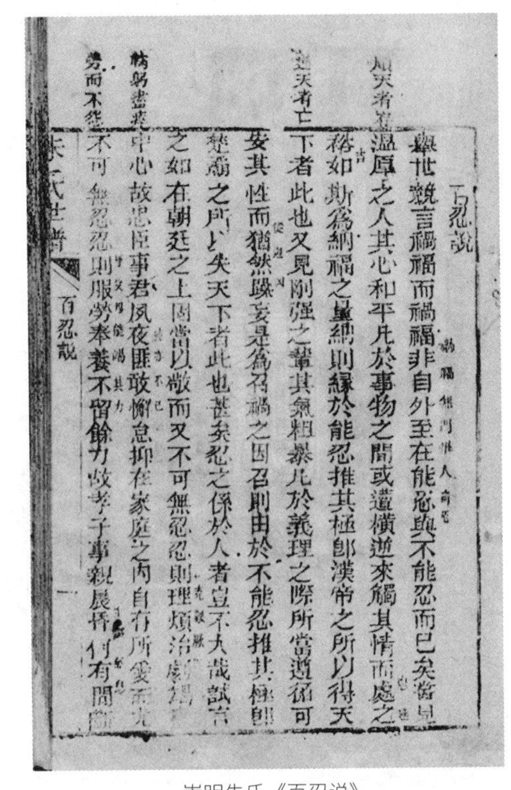
百忍說

舉世皆言禍福而禍福非自外至在能忍與不能忍而已矣嘗見温厚之人其心和平凡於事物之間或遭横逆來觸其情而處之裕如斯爲納福之量納則緣於能忍推其極即漢帝之所以得天下者此也又見剛强之輩其氣粗暴凡於義理之際所當遜徇可安其性而猶然躁妄是爲召禍之因召則由於不能忍推其極即楚霸之所以失天下者此也甚矣忍之係於人者豈不大哉試言之如在朝廷之上固當以敬而又不可無忍忍則理煩治劇竭盡中心故忠臣事君夙夜匪敢懈怠抑在家庭之內自有所愛而尤不可無忍忍則服勞奉養不留餘力故孝子事親晨昏何有間斷

崇明朱氏《百忍说》

有坚忍持敬之心，其孰能见此良朋。以是思之，忍顾可已乎？且如士也，而弗养之以忍，学将半途辄止矣。然思乐羊激斩机之训，七年不返；苏秦发刺股之愤，终夜揣摩，而彼皆学业卒成，非忍乎？农也而弗守之以忍，耕遂四体不勤矣。然观太公之钓渭滨，八旬始遇伊尹之耕，莘野三聘方行，而彼俱坐困草茅，非忍乎？若夫技艺之箕裘，必也循以规矩，率以准绳，亦由忍焉。以观摹之，而精勤□□自然，巧意日生，诚能独擅其长，则有世传其业。彼心不专者，未克至此。经营于货殖，贵乎通于书数，明于生息，亦由忍焉。以予取之，而童叟无欺，自然天道不亏，果能出入公平，必将克昌厥后。彼性不耐者，胡得有此？至于处宗族而敬长慈幼，接待或离乎忍，曷由敦雍和之谊？居乡里而排难解纷，劝谕偶遗乎忍，将难释鹬蚌之争。或有口角，聊呈一朝之忿，以致

祸害百出耳。小则损财破面，大则亏体辱亲，亡家殒命，皆由于斯。忍之须臾，则理不屈而情不伤，省却多少是非，积久自有乐趣。或有冶容只贪片刻之欢，便为罪恶万状矣。生遭五等之刑，殁受三涂之苦，覆宗绝嗣，皆出于此。忍之俄顷，则男全名，而女全节，必增无数福禄，日后乃见奇逢。以及言语，亦未可弗谨。古云："百病从口而入，百祸从口而出。"使欲谨之于措词，何如忍之于不出，是以金人三缄其口也。衣食亦罔为过分。谚云："有势不可用尽，有福不可享尽。"使欲节之于□体，何如忍之于自奉，是以夏王独称其俭也。又如富厚中惟忍可积德，毋使刻薄，庶不至于多怨。常存厚道，断不爽于报施，如易所谓"积善之家，必有余庆者也"，反是则为钱虏，石崇宴于金谷可见已。贫贱中惟忍可以修身，甘茹淡苦，以坚困穷之志，悦于理义，则笃其进修之功，即孟氏所谓不得志，独行其道者也。如是则为君子，颜子居于陋巷可知已。不特此也。或一出而忍，行必能让人也；一人而忍，坐必能下己也。教子弟者，有以忍之，斯不荒于□□。待奴仆者，有以忍之，自无过为刻也。然则人于日用起居之内，周旋晋接之时，而以是存心，庶于为人之道，少卤莽焉，而祸福得失之机，亦于此而可征矣。因感张公治家之训，会书忍字百余，用敢阐说，以广阙心。[1]

其他家族也都有相关详细的讨论，如上海黎阳郁氏："忍为众妙之门，富者能忍保家，贫者能忍免辱，父子能忍孝慈，兄弟能忍义笃，朋友能忍情长，夫妇能忍和睦。忍时人皆耻笑，忍过人自愧服。"[2] 武进夫椒许氏："小不忍则乱大谋。一朝之忿，忘其身，以及其亲。忍之时义大矣哉！稍一忍焉，则气自平，而忿必思难矣，横逆突来，皆可情恕，皆可理遣。"[3] 更有些家族认为，与不可忍的人相

[1]《上海朱氏家谱》，1935年抄本。

[2]《黎阳郁氏家谱》卷一二，1933年铅印本。

[3]《夫椒许氏世谱》卷一，1941年木活字本。

处，也要奉行忍的准则。如《袁氏世范》说："人能忍事，易以习熟，终至于人以非理相加，不可忍者，亦处之如常；不能忍事，亦易以习熟，终至于睚眦之怨深，不足较者，亦至交詈争讼，期以取胜而后已，不知其所失甚多。"[1]上海忠诚赵氏则言："人待我以直，或有德惠及于我，我必思有以报之。人待我以不直，或有侵损及于我，我则念我命数所定，此天使之然也，非人谋之所及焉。须知推己及人，之谓恕之父母己之父母，人之子弟己之子弟。惟事事反躬自解，即无过不去之事。"如果遇到不公平的事，先自己反省，不要争辩，否则"若因口角而咒骂辱詈，不独有伤雅道，亦且无益"，要明白"事之大者，非咒骂可止；事之小者，何詈骂为哉"。[2]宝山钟氏更认为即使遇到"有人恃有拳勇声高气硬，出口骂人，动手打人，借事生波，平空炙诈"这种极难忍极难耐之事，也应该继续忍，而且"忍不过时尚须着力，再忍耐不过时尚须着力，再耐到得忍过耐过，省了多少烦恼"。[3]当然这种忍到不忍处还要忍，很少有人能够做到，所以武进北渠吴氏还提出了解决办法，他们认为："忍或有藏蓄之意，人之犯我，藏蓄而不发，不过一再而已。积之既多，其发也，如洪流之决，不可遏矣。"所以需要随而解之，不置胸次，要明白："此其不思尔，此其无知尔，此其失误尔，此其所见者小尔，此利害宁几何，不使入于吾心，虽犯至十数，亦不略见于色"，这样才能使"忍之功效为甚大"，这样才是"所谓善处忍者"。[4]徐祯稷《耻言》更强调要做到忍，还必须不斗："士有三不斗，毋与君子斗名，毋与小人斗利，毋与天地斗巧。"[5]

但是有家族也指出，如果遇到真正的不公正，也应该反抗。如余巷冯氏认为虽然皆宜含忍，但是"遇有横逆之来必不得已者"则是例外。[6]《袁氏世范》更

[1]（宋）袁采：《袁氏世范》卷二，《中国历代家训集成》第2册，第728页。

[2]《忠诚赵氏支谱》卷一，1922年铅印本。

[3]《宝山钟氏族谱》，1930年铅印本。

[4]《北渠吴氏翰墨志》卷八，光绪五年木活字本。

[5]（明）徐祯稷：《耻言》，《四书未收书辑刊》第6辑第12册，北京出版社1998年版。

[6]《冯氏宗谱》卷一，光绪三十二年伦正堂木活字本。

提出“以直报怨”原则，即忍不等于是纵奸邪，不因个人恩怨，用公正的态度对待人和事才是正确的态度：“圣人言‘以直报怨’，最是中道，可以通行。大抵以怨报怨，固不足道；而士大夫欲邀长厚之名者，或因宿仇，纵奸邪而不治，皆矫饰不近人情。圣人之所谓直者，其人贤，不以仇而废之；其人不肖，不以仇而庇之。是非去取，各当其实。以此报怨，必不至递相酬复无已时也。”[1]常州方氏更引用《易经》“君子不生事于无事之日，不废事于有事之秋”，之句，指出虽然不能无故生事，但同样也要在别人生事时，做到“有事时倍形强健”，认真应对，这样才能“无不下去之事也”。[2]

在分析中国传统文化的“明哲保身”时，很多学者都认为这是和中国的宗法社会紧密相联的。费孝通指出，中国传统社会是一个以“差序格局”为特征的宗法意义上的社会关系网络。所谓差序格局，是指以“己”为圆心形成的沿着血缘和地缘关系的方向逐步扩散出去的个人交往网络。在这种人情高于法律，重关系而轻规则的“差序格局”中，在人情大于王法、重血缘轻规则的宗法社会，所有的道德伦理必须以个人或家庭（家族）为坐标，去审视评价周围的事物，“私德”自然就挤压了“公德”，依法办事，维护正义与公平，反而会视为不通人情，视为大逆不道，不能为世俗社会所容忍。由此“和为贵”转化成了“忍为尚”，形成了明哲保身，安于现状，和则忍，忍则让，让则屈，屈则从，屈从则是非不分。

但这只是事物的一个方面，中国传统社会并不是铁板一块，中国宗法制度早就与现实脱节，“差序格局”虽然描述精确，但并不是明哲保身的原因，而是明哲保身的结果，如果倒果为因，最终只能将其归结于如中国人如何如何，中国文化如何如何这种无意义的全称判断。其实任何人都不是一个标签下毫无血肉的个体，经济学中有所谓效用最大化理论，即指人们选择一个行为，往往是因为这个行为是在所有的选择中能产生最大总体效用的一具。追求效用最大化是在一定的约束条件下的。约束条件指实现某一目标的外部条件。这种约束条件既可以是指

[1]（宋）袁采：《袁氏世范》卷二，《中国历代家训集成》第 2 册，第 728 页。

[2]（清）方楷：《方氏家言》，清刻本。

生产成本，也可以说是人际关系、制度文化，更准确地说是各种外部条件的综合。不同的环境和条件导致了不同的预期和行为。所以任何人都是在一定的约束条件下作出对效用最大化的选择。因此“明哲保身”“避祸哲学”也是在一定约束条件下作出的理性选择。下面我们仅就家风家训中至今仍有人称赞的两类“明哲保身”的避祸规条进行分析。

一是戒争讼。

按照中国的传统观念，理想社会的境界即为无讼的世界。“无讼”一说，初见于《大学》，其中孔子有言：“听讼，犹吾人也。必也，使无讼乎？无情者不得尽其辞，大畏民志，此谓知本。”此即无讼思想的源头。在传统中国，一直有许多劝人息讼的谚语在民间流传。如汉代的谚语就说：“廷尉狱，平如砥。有钱生，无钱死。”明代也有相同的谚语，其中有云：“衙门日日向南开，有理无钱莫进来。”[1]又明代俗语云：“原告被告，四六使钞。”又云：“官府不明，没理的也赢。”[2]清代亦有谚语云：“衙门六扇开，有理无钱莫进来。”就此谚语，清人汪辉祖作了详细的剖析，认为在诉讼过程中，尽管官员未必都贪赃，但“吏之必墨”，则毋庸置疑。所以，“一词准理，差役到家，则有馔赠之资；探信入城，则有舟车之费。及示审有期，而讼师词证以及关切之亲朋，相率而前，无不取给于具呈之人。或审期更换，则费将重出”。汪氏进而指出，在清代尚有另一句谚语，即“在山靠山，在水靠水”，已经道出了衙门差房陋规，名目不一。[3]

汪辉祖的说法不无道理，明清代官场有一个弊端，就是“吏胥之弊”。朱元璋曾说：“良家子弟一受是役，鲜有不为民害者。”[4]在府、州、县政治运作过程中，吏胥是不可或缺的重要群体。如有明一代，松江知府共78任，上海知县共92任，平均每任只在3年左右，又都是外乡人，他对地方的治理自然需要依靠熟

[1]（明）田艺蘅：《留青日札》卷一八《三代狱》，上海古籍出版社1985年版，第612页。

[2]（明）吕坤：《实政录》卷五《乡甲约·和处事情以息争讼》，王国轩等整理《吕坤全集》，中华书局2008年版，第1076页。

[3]（清）汪辉祖：《佐治药言·省事》。

[4]（明）朱元璋：《大诰续编·戒吏卒亲属第十三》。

悉本地情况的吏胥来进行。但这些吏胥在地方上盘根错结，见多识广，且由于地位低下，常常会无视规范和礼仪，所以往往会依恃手中的一点权力，为非作歹。嘉兴人朱国桢说："书算一途，最为弊薮。各县户房窟穴不可问，或增派，或侵匿，或挪移，国课民膏，暗损靡有纪极。甚者把持官长，代送苞苴。""此辈积数十年，互相首尾，互相授受，根株牵连。"[1] 毛一鹭在松江时任推官的案例汇编《云间谳略》一书中类似吏胥逞奸的案例记录尚有多起。又如江南一带地处水乡，河流四通八达，水流经境，会夹以死猪、狗猫，甚至有无名尸体汆于河，随流东下。地方法规，凡见无名死者浮于河流，流经本乡地段，须由乡图内地保报案县府，相尸验身，不得随意毁尸埋葬。而官府派人验尸，必大呈威风，故弄玄虚，借机敲诈勒索，中饱私囊，本地百姓累遭其害。光绪《武阳志余》记载了一个真实的案例：同治十一年（1872）六月怀南乡大塘河内盛家桥地方浮有无属男尸一名，"地保张公发报请，转报武县宪王验明尸伤，棺交地保收埋义冢，插标召认在案。"根据正常程序，事情至此已经结束。可是不久之后，"县差持票来乡，藉票押令地保须备米石钱洋，雇船协同缉拿凶犯，百般恐吓，一再而三。"[2] 地方官员三令五申，也无法彻底禁止不良吏胥借浮尸勒索的歪风，所以有官员说："苏松难治，不在民之顽，而在吏之奸。"[3] 这话是确论。在这种情况下，普通人视出入公门如畏途实为一种理性的选择。所以曾在钱塘县任幕僚的潘月山一针见血地指出，诉讼一事，"最能废业耗财"。就胜诉一方而言，"前此焦心劳身，费钱失业，将来家道定就艰窘"；就败诉一方来说，则更是"破家荡产，身受刑系，玷辱家声，羞对妻子"。[4] 也正是鉴于此，朝廷也希望采用调解的方式，以维持一种地方无讼的境界。

[1]（明）朱国桢：《涌幢小品》卷一一《禁人试》，第251—252页。

[2]《同治十一年常州知府吴水陆毙尸乡图地保免协缉碑示》，光绪《武阳志余》卷六之三《德政碑示》。

[3] 嘉庆《松江府志》卷四三《名宦传》，《上海府县旧志丛书·松江府卷》，上海古籍出版社2011年版。

[4]（清）潘月山：《未信编》卷三《刑名》上《饬禁刁讼并访拿讼棍示》，《官箴书集成》第3册，黄山书社1997年版。

这种重视调解的理念，显然得到了来自家族的支持与回应。明清时期江南的宗约、族规无不倡导一种“平情息讼”。徐三重《家则》曾以用兵作喻力戒诉讼，其曰：“词讼一事，最不可轻举。人非大凶恶，未有不可以理屈，但患不平心处之，彼此互执，讼端启矣。此事正如用兵，侵人者败，恃己者败，负曲者败，图幸者败。且先发首难，事更不祥，不有人祸，必有天责。况吾徒读书明道，当思以理义化强悍，若平心之外，更持一忍，安得有此。”[1] 其核心理念是中国传统文化的息兵和不争。上海忠诚赵氏更认为“人能守分，即为义是趋”[2]，而讼争则是不义的表现。很多家族都指出争讼的危害，如宝山钟氏先宣扬“太平百姓，饮和食德，乐莫大焉”的和平景象，认为如果争讼，“害即随之”“盖欲讼之，公庭要盘费要，奔走若造机关，又害心术。一到城中便受歇家，播弄到衙门，更受吏皂呵斥，伺候几朝方得见官。理直犹可，理曲到底吃亏，受笞杖罚，甚至身家立破，贻害子孙”。[3] 西盖赵氏则指出“以争而讼，其害有三”，即“败德一也，聚怨二也，荒业三也”，认为“冒此三害，以争有命之财，以平不平之怨，不尤惑之甚者”。[4] 忠诚赵氏则劝告，虽然“为人自不能位居人上”，但又何必因为诉讼而“致匍匐公庭案前长跪，等于囚役律禁”。[5]

不争讼又如何解决争端？家族也提出了各自的看法。如明人王演畴所著《宗约会规》，将争端分为以下两类：一是族内本家兄弟叔侄之争，此类争端完全可以由族内自行调停处分，即宗长令各房长在约所会议处分，完全不必诉诸官府。二是本族与外姓发生争端，则可分为两种情形：若是事情重大，则付之“公断”，由官府出面判决；若只是“户婚田土”一类的“闲气小忿”，则家长“便询所讼之家，与本族某人为亲，某人为友，就令其代为讲息。屈在本族，押之赔礼。屈

[1]（明）徐三重：《鸿洲先生家则》，《四库全书存目丛书》子部第106册，齐鲁书社1997年版。

[2]《忠诚赵氏支谱》卷一，1922年铅印本。

[3]《宝山钟氏族谱》，1930年铅印本。

[4]《西盖赵氏族谱》卷一，光绪十二年永思堂木活字本。

[5]《忠诚赵氏支谱》卷一，1922年铅印本。

在外姓，亦须委曲调停，禀官认罪求和。”[1]细究其意，还是以“讲息”解决争端。忠诚赵氏也认为“偶有田土之争、睚眦之故，或请族亲，或请邻友排解归和，既不伤彼此情好，亦不至花费许多，何等不美”。[2]西盖赵氏则认为不必争，因为“财之得失有命，命所当有，虽失必复得，命所不当，有虽得必复失，争亦有何益”，即使“横逆之来也不必争”。[3]毗陵胡氏也反对一切争端，认为，“凡事贵在于和，一味忍之而已。”只有崇明黄氏认为，如果“词讼告争田土，或被人坑陷，事出无奈者，必据理与论明白，果使曲在彼而直在我，方可申辩”。[4]

但实际情况却并非人们想象和希望的那样，江南不仅没有息讼，反而有“好讼”之说。“吴民健讼”“江南好讼”是明清时期的普遍评价，各地方志中对此多有描述，如上海，早在明代，范濂在《云间据目抄》中言：“上海健讼，视华青尤甚，而海蔡后益炽。凡民间睚眦之仇，必诬告人命。遂有赊命之说。此风原系东土讼师沈姓者启之。”[5]《南汇县志》云：“乡民谨愿者多，每以鼠牙雀角涉讼公堂，讼师暗唆胥吏，又从中煽惑，株连不已。其一时逞忿；其后，欲罢不能，经年累月，破家亡身，前志谓动以人命相倾，至今犹然。”[6]《扬州府志》也言：“但时有一二流移之徒，健讼喜斗，胁制官司，愚民堕其术中，往往以兴讼破家。”[7]江南之所以好讼，究其原因，主要有以下几方面的原因。

首先，为了不平之事而求之诉讼，恰恰就是人的客观本能。方孝孺坦然承认，“人之情不能无欲也，故不能无争。争而不能自直也，故不能不赴诉者，非人之所得已也。”他在解释孔子“无讼”一说时认为，即使经过“听讼”这一程序而获得实情，丝毫无失，孔子尚且“非之”，更遑论苛取于民，而又禁止百姓

[1]（清）陈宏谋辑：《训俗遗规》卷二《讲宗约会规》。

[2]《忠诚赵氏支谱》卷一，1922年铅印本。

[3]《西盖赵氏族谱》卷一，光绪十二年永思堂木活字本。

[4]《黄氏家乘》，1914年刻本。

[5]（明）范濂：《云间据目抄》卷二《纪风俗》。

[6] 光绪《南汇县志》卷二十《风俗》，《上海府县旧志丛书·南汇县卷》，上海古籍出版社2009年版。

[7] 嘉庆《重修扬州府志》卷六十《风俗志》，《中国地方志集成·江苏府县志辑》第42册。

诉讼。最后，他得出结论："治天下不能使民无讼。"[1]地方志中经常用"琐碎细故"之类的语词来描述百姓为了一点蝇头小利而争讼，但是却没有说明这些蝇头小利究竟是指哪些事端，它们是否属于法律所禁止的诉由。在精英阶层看来，那些刁民居然为了争点小利而打官司，实在是世风日下，人心不古。然而，对于小民百姓来说，这点蝇头小利也许关涉到他的生存所必需，他们争的田土或钱债则恰恰是他们生活当中最宝贵的东西，与每一个人的生活息息相关。如有学者研究时注意到，每当米价腾涌，生活维艰之时，讼争往往会大量增加。如叶梦珠《阅世编》记载，在松江地区，"顺治初，米价腾涌，人争置产。已卖之业，加赎争讼，连界之田，挽谋构隙。因而破家者有之，因而起家者有之。"康熙十九年春，"因米价腾贵，田价骤长，昔年贱价之田，加价回赎者蜂起"[2]的景象，导致诉讼增多。同样在康熙《嘉定县志》中也言："嘉民十室九空，然刁而健讼，其风大半起于田土。夫时直有贵贱，岁月有远近，价贱而添，年近而赎，亦恒情也。乃有田价每亩贵至六七两，岁月远至二三十年者在时直每亩不及二三两，一种刁徒诈求添，动以侵占为名，甚之捏称人命撇抢者。一词在官，草野愚民，其家立破。但使得主不愿添者，止许回赎，则刁风自杜，此亦息讼之大端也。"[3]在这段文字中，特别值得留意的是所谓"嘉民十室九空，然刁而健讼，其风大半起于田土"一言。就此而言，我们颇能看出地方志作者与普通民众在价值观念上的差异。对精英阶层来说，即便穷到家徒四壁的地步，人们也不应该起而争讼，否则就是刁猾健讼之徒；与此相反，就民众来讲，一旦落到山穷水尽的境地，自然必须维护自己的利益，即使提起诉讼也在所不惜。

其次，早期无论是居住在城市的人民，或是居住在乡村的农民，对官府衙门都有敬畏感。但是随着农民渐渐地出入城市市镇，社会流动性增大，城乡关系日趋密切，人们的观念也开始转变了。而到了明清以后，江南城乡商业活动不断发

[1]（明）方孝孺:《逊志斋集》卷四《周礼辨疑》。

[2]（清）叶梦珠:《阅世编》卷一《田产一》，上海古籍出版社1981年版，第23页。

[3] 康熙《嘉定县志》卷四《风俗》，《上海府县旧志丛书·嘉定县卷》，上海古籍出版社2012年版。

展，人们之间的社会联系日益加深，观念也产生了重大变化，鸡犬不相闻，老死不相往来的情况已经发生改变，很多人开始采用法律手段，通过诉讼形式来维护权益、解决纠纷。“但知国法，不知有阁老尚书”，从“吴中士习最醇”变成“三吴小民，刁顽甲于海内”。这种变化起自一些诸生秀才，“青衿日恣，动以秦坑胁上官”，“民间兴讼，各倩所知儒生，直之公庭。”[1]最后又扩散到社会各个层次的人们，“刁民蜂起，江南鼎沸”，“不问年月久近，服属尊卑，以贱凌良，以奴告主。弟侄据兄叔之业，祖遗蒙占夺之名”，[2]健讼之习遍于城乡。明代上海县人朱察卿指出：“讵意故乡风俗变成魑魅魍魉之区，……白发黄童俱以告讦为生，刀笔舞文之徒且置弗论，而村中执耒荷锄之夫，亦变成雄辩利口。……以故清节士大夫之家入其名于词内。如尊公老先生，天下称为长者，徐相公为两朝元辅，亦屡干其衔，此二百年所无事也。仆入郡城，见郡中之风尤盛。士夫之家，日有百人哄索钱，声震瓦屋，门闭则推扣如雷，开则拥屯如蚁，毁其几榻器皿，使一家人逾墙而匿，此亦二百年所无事也。”“今市廛之徒，言讼者十家而九，田亩之夫，言讼者十家而八”。[3]

第三，好讼之风的兴起与讼师的出现和人们对法律条文的熟悉和了解有关。讼师至少在宋代即已肇端，北宋哲宗元祐元年（1086）四月，刑部官员曾建议朝廷设置禁止“聚集生徒教授辞讼文书”的编配法和告获格等法律文书。[4]邱澎生认为，明清两代，随着社会管理日益复杂化，法律条文也日益繁琐，针对这一问题，政府主要采取了审转覆核制度和成案管理制度来维系司法体系的有效性，由此推动了讼师和幕友这样一些熟悉法律条文内容与司法审判实务的专业法律人士的发展。一般普通百姓在涉及法律诉讼时，既不了解法律条文，也不熟悉司

[1]（明）沈德符：《万历野获编》卷二二《海中介抚吴》，第556页。

[2]（明）沈德符：《万历野获编》卷二二《海中介被纠》，第558页。

[3]（明）朱察卿：《朱邦宪集》卷一四《与潘御史》，《四库全书存目丛书》集部第145册，齐鲁书社1997年版。

[4]（宋）李焘：《续资治通鉴长编》卷三七四，中华书局2004年版，第9076页。

法程序，只能求援于那些讼师。[1]“夫词以达情，小民有冤抑不申者，借词以达之，原无取浮言巧语，故官府每下令禁止无情之词，迭代书人为之陈其情。然其词质而不文，不能耸观，多置勿理，民乃不得不谋之讼师。”由于江南地区识字率和文人占人口的比例要远远高于其他地区，自然就有条件培养出人数可观的讼师，甚至还出现了一些名闻遐迩的讼师，藉此行业发财、出名者甚是不少。如绍兴更是讼师辈出，“其俗习于刀笔，以健讼为能，每驾词以耸听”。史称每逢放告之期，“多至二三百纸。状内多引条例以为言，谓如是可以挟制也”。[2]而小小的一个嘉定外冈镇出现了如沈天池、杨玉川等知名讼师，“昔维沈天池、杨玉川有状元、会元之号，近金荆石、潘心逸、周道卿、陈心卿，较之沈、杨虽不逮，然自是能品。其一词曰：此战国策也；其一词曰：此左国语也。其自负如此，至湮没者不可胜数。”讼师的发展，不仅推动了学习与运用法律人数增加，为一些才智之士提供了赖以谋生，甚至发财的新兴职业，同时也推进了法律知识的传承、累积和传播。很多所谓“讼师秘本”的法律文书汇编开始出现，[3]这些书不仅流行于讼师内部，而且在市场上非常畅销，在一定程度上起到了普及法律常识的作用，并成为形塑法律秩序的重要媒介。很多官员认为这些讼师是江南好讼风气的主要推手，而江南各家族也多有严禁族人包揽词讼的规条。如上海顾氏有“戒刀笔”的规定，认为君子读书，应该“君子读书，修德业，应科名，增光祖先”“未有习于刀笔。教人词讼，而可立业成名者也”。[4]崇明黄氏则指责“包揽词讼，入出衙门”是“国法之所必惩，亦斯文中之败类也”。[5]武进花墅盛氏则举常州城中邱姓讼师遭报应的故事，“郡城有邱姓者，笔刀铦利，讼者群走其门，厥子知其孽之大也，长跪哀求谢绝，某鉴其诚而辍焉。康熙癸巳科，厥子遂联捷，其

[1] 参见邱澎生《当法律遇上经济：明清中国的商业法律》，五图图书出版公司 2008 年版。

[2]（清）卢文弨：《抱经堂文集》卷三十《浙江绍兴府知府朱公涵斋家传》。

[3] 参见［日］夫马进《讼师秘本〈萧曹遗笔〉的出现》，《中国法制史考证》丙编第四卷，中国社会科学出版社 2003 年版；孙家红《走近讼师秘本的世界》，《比较法研究》2008 年第 4 期。

[4]《顾氏汇集宗谱》卷一，1930 年刻本。

[5]《黄氏家乘》，1914 年刻本。

孙亦厕弟子员。然卒以前此笔刀之孽，俱不寿，善恶之应，如响乃尔"，认为做讼师是"罪大恶极，殃及见孙""心术不良，斲伐元气，种祸非轻"。[1]可是只要了解现代法律制度的人应该明白，讼师教唆词讼，只是诸多正常诉讼策略中的一种而已，不可能因为有讼师就会形成好讼风气，最多只能是辅助因素。朝廷律法和儒生之所以严厉禁止讼师，地方官员之所以查拿讼师，恰恰是由于讼师的存在，不但挑战了朝廷法律的权威，而且挑战了官员和纲常秩序的权威。

最后，朝廷和地方官员的态度和措施也间接诱导了好讼风气的形成。明清时期为了息讼，从中央到地方往往会采取各种措施，如通过所谓的"岁暮停讼"与"农忙止讼"，用不听讼来压制诉讼案件的增加；又如强调案件双方的合解和调停，来减少案件的争端等等。当时曾流行所谓"四六分问"[2]，即在碰到一件诉讼案子时，若是给原告六分理，那么也必须给被告四分理。若是判原告六分罪，那么也必须判被告四分罪。通过这样一种原、被告曲直不甚相远的判案方法，以免除百姓忿激再讼。这种"和事老"式的判案方式，虽然可以息讼于一时，但实际上已经为争讼于日后打下了埋伏。道理很简单，对于民间老实的百姓来说，能得一半之理，也是心满意足了。但对于那些本来就无理而又健讼的人来说，假若让他们也能得到一半之理，事实上就是使原本被诬之人获一半之罪，其实已经达到了目的，他们自然会利用这种机会不停地发起各种无理的诉讼来获得好处，诉讼反而会变得日渐繁兴。明清时期经常会发生"假命图赖"情况，所谓"假命图赖"大概可分为两种，一种是"轻生诬命"，是指双方发生冲突、矛盾、纠纷和争讼之时，一方往往采取口头上或实际上的轻生自尽的极端手段，以给对方造成不利影响；另一种是"藉尸图赖"，人死后（无论是正常死亡还是非正常死亡），死者的亲属甚至是假冒亲属借此兴讹敲诈，总之就是用人命作为一种诉讼策略，借此达到把事情闹大的目的。[3]如果官员们严格按照法律条文对这种情况进行适

[1]《毗陵盛氏族谱》卷一，1915年思成堂木活字本。

[2]（明）海瑞：《兴革条例》，《海瑞集》上编，中华书局1962年版，第117页。

[3] 关于这种案例的研究，可参见徐忠明：《诉讼与伸冤：明清时期的民间法律意识》，《案件、故事

当的惩处，假命图赖不会蔚为风气。但是官员们或者是看在所谓“人命关天”的份上，害怕处理不当引发祸端；或者是一味强调道德，抱有泛滥的同情心，为了达到调解的目的，是非不分，忽略逻辑、忽略事实、忽略公正。总之对官府来说，比起判断事件的是非曲直，更重要的是息事宁人，不料由此导致了按闹分配。这种虚妄的道德意识弱化了法律的刚性规定，助长了恶，伤害了善，此乃传统中国道德本位意识形态的必然结果。普通百姓一旦窥破了官员的这种心态和举措，他们自然会理性选择，趋恶去善，钻法律的空子。官员们虽然前门意欲堵住好讼的风潮，却又打开后门诱使人们用讼的方法解决问题，从而陷入自相矛盾的困境。

二是完国课。

家谱中往往有“完国课”“急公粮”“勤输纳”的条目，内容是及时上缴赋税，今人也往往将其理解为现代意义上的按章纳税，却不一定清楚其背后的起因。

江南是历史上最为突出的重赋区。唐中期时韩愈说：“赋出天下而江南居十九”，可见随着江南作为全国经济中心地位的确立，这里的重赋在八九世纪之交就已初肇其端。明代时，江南赋重已经成为上下共识，明中期的经济名臣丘濬说：“以今观之，（全国赋税）浙东西又居江南十九，而苏松常嘉湖五府又居两浙十九也。”《明史》更有如下记载：“浙西官、民田视他方倍徙，亩税有二三石者。大抵苏最重，松、嘉、湖次之，常、杭又次之”。[1] 通计有明一代，江南田地仅占全国6%强，而税粮却占全国近22%。也就是说，在明代，各地上交给朝廷的税粮，每5石就有1石多是由江南提供的，江南以1/16的田土交纳了1/5的税粮。体现在每亩平均交纳的税粮上，江南的地位也是相当突出的。明初亩均税粮，全国仅为0.038石，江南高达0.143石，是全国平均水平的近4倍，以后虽因减赋，比例稍有下降，但仍为全国的3.5倍。就各府而言，太湖流域的苏松常嘉湖地区赋税最重，而苏松两府尤重。根据洪武十二年（1379）的统计，苏松二

与明清时期的司法文化》，法律出版社2006年版，第273—275页；［日］上田信：《被展示的尸体》，载孙江主编《事件、记忆、叙述》，浙江人民出版社2004年版，第114—133页。

［1］《明史》卷七八《食货志二》，第1896页。

府大致以 1/57 的田土承担了全国将近 1/7 的税粮。如前所述，当时全国平均亩税仅为 0.038 石，而苏州高达 0.285 石，松江 0.238 石，苏松相当于是全国的 7—7.5 倍。以上数字仅包括赋税，除此之外，江南还要承担输送漕粮和白粮的任务。如为了供给帝王、百僚及兵丁等食米，全国每年要输送大约 400 万石的漕粮，而江南八府输送的漕粮占其中的 40% 以上。也就是说，每 5 石漕粮，就有将近 2 石是江南输纳的。而最高的苏州一府，每年交纳漕粮占总数高达 17.43%，也就是说，每 6 石漕粮，就有 1 石多是苏州区区一府输纳的。由此可见，当时江南地区民众对当时社会的贡献之大，以及传统王朝对这一地区百姓的征赋之重。入清以后，全国和江南漕粮总数虽有所下降，但江南在全国的比重仍然极为突出，大约每 3 石漕粮就有 1 石多是江南交纳的。康熙初年的江苏巡抚韩世琦说："然财赋之重，首称江南，而江南之中，惟苏松为最。"晚清吴县人冯桂芬曾记述他对重赋的感受："余生长田间，深知其苦。先，淑人家为催科所破，尝谓桂芬曰：'汝他日有言责，此第一事也。'。"[1] 由此可见，"江南重赋"尤其是"苏松重赋"一直是明清两代十分突出的问题。

除了赋粮之外，还有徭役，这一般由官府根据"黄册"所记加以征发。明代自洪武年间起，基本形成了所谓的粮长制度。如归有光所言，"粮长督里长，里长督甲首，甲首督人户"[2] 的体系。而如苏、松、嘉、湖等地赋税在万石以上的还要增设副粮长一名。[3] 其中在松江府，粮长一般是选择丁粮相应，有行止者充任，专管本区银米的催征。嘉靖间称"公务粮长"，到隆庆初改称为"总催"，此后又以里长为粮长，承担粮长或里长职能的大都是中等富民。随着时间的推移，粮长、里长负担愈来愈重，在隆庆后粮长由里长替代后，里长承担的职任更多。时人曾言："如数尽足，尚有匝岁奔走之势，而民欠难完，往往堕误，甚有

[1]（清）冯桂芬：《显志堂稿》卷四《江苏减赋记》，续修四库全书集部 1535 册，上海古籍出版社 1995 年版。

[2]（明）归有光：《震川先生集》别集卷九《公移・乞休申文》，上海古籍出版社 2007 年版，第 931—932 页。

[3]《明太祖实录》卷一一二，洪武十年五月戊寅。

四五年尚未清楚者。沿乡催办，则有跋涉之苦；入城比限，则有盘缠之苦；完不如数，又有血杖之苦，田地抛荒，又有拖欠之苦，人户逃亡，有代赔之苦。若遇水旱凶年，钱粮无出，举一图之困苦，独萃于一人。破身亡家，卖妻鬻子，累月穷年，未能脱累。故百亩以下人户，充此一役，犹虑不堪。若以零星数亩之户朋充，未有不立毙者也。"[1]华亭人何良俊曾经世代为粮长五十余年，"后见时事渐不佳，遂告脱此役"，[2]其背后的原因便是为此。

人的天性趋利避害，重赋自然就导致了"逋赋"，所谓"逋赋"即逃避赋税的行为。特别在晚明时期，"吴中士大夫善逋赋"的说法非常常见，一个"善"字凸显出逋赋作为一种社会行为的特殊意味。据学者的研究，明代多次在苏、松二府出现上百万石的年逋赋量或40%的逋赋率，而逋赋率20%是非常常见的，也就是说二府税粮经常只能完纳60%左右，最多也只有80%。[3]

清军入关后，曾于顺治二年（1645）诏令削减江南赋税旧额，"一时人心翕然向风"，但清朝所减赋税是明代不急可缓之税，清初用兵频频，军饷、官俸有增无减，使得江南缙绅拖欠钱粮的现象仍十分严重，同时，政治立场上，江南士绅仍暗地支持抗清活动，清廷为抑制士绅特权并从政治上制服他们，以"抗粮"为借口发动了奏销案。顺治十八年二月，哭庙案爆发。五月，江宁巡抚朱国治疏报，将上年尚未完纳钱粮的江南苏、松、常、镇四府并溧阳一县的官绅士子全部黜革。于是鞭扑纷纷，衣冠扫地。此次奏销一案，四府一县共欠银五万余两，黜革绅衿一万三千余人。昆山探花叶方蔼只欠一厘也被黜革，因而有"探花不值一文钱"之谣。经此一役，两江士绅得全者无几，其中上海县只留完足钱粮秀才二十八名。此案因其打击面广，且击中士绅要害，给江南士绅造成了长期的心灵创痛。朝廷明知其中怨屈，但迟迟不予补救，直至康熙十四年（1675），因吴三桂起兵叛乱，朝廷急需筹饷，始开恩同意奏销案中被黜革的江南士绅可以纳银开

[1] 崇祯《松江府志》卷一一《役法一》,《上海府县旧志丛书·松江府卷》, 上海古籍出版社2011年版。

[2]（明）何良俊:《四友斋丛说》卷一三《史九》, 第111页。

[3] 参见胡克诚《明代江南逋赋治理研究》, 东北师范大学博士论文2011年。

复。奏销案降革的是一万三千多名江南士绅的功名官职。奏销案并没有解决江南的重赋问题，但却严重摧毁了士绅的尊严和社会声望。

随着清廷统治逐渐正常化，江南的重赋问题又重新泛起。为了缓解江南地方官赋重事赋的压力，雍正二年（1724），两江总督查纳弼正式上奏，提出析县升州的建议，请求将苏州府属的长洲、吴江、常熟、昆山、嘉定五县，太仓一州，松江府属的华亭、娄县、青浦、上海四县，常州府属的武进、无锡、宜兴三县等十三州县，各自一分为二。但是这也只是治标不重本。直到晚清太平天国战争之后，江浙地方官员联同朝臣奏请在江南减免漕粮，经清廷批准，于同治四年正式实行。其中苏州、松江和太仓三府州，按减征 1/3 原则，减去米豆 486055 石，常州、镇江二府减 1/10，减去米豆 57072 石，杭州、嘉兴和湖州三府减 8/30，减去米 266700 石，八府州共减额征米豆 809827 石，"民困为之大苏"，自后江南每年征收的米豆由康熙二十年的 330 万石减少为 230 万余石，而且减去的是实际负担最重的漕粮。[1] 从此以后，江南每年提供的本色赋粮只是清初的 70% 不到。江南人民在承受了至少整整五个世纪的重赋负担后，才算可以稍稍喘口气了。

不管江南重赋的原因如何，赋役沉重是不争的事实。这种沉重的赋役造成了很多恶果。首先，从奏销案就可以看出，朝廷在钱粮问题上毫不留情，连有权有势的绅衿生监都不放过，而且任意枝蔓，对那些升斗小民，剥削之残酷是可以想见的。其次，由于朝廷只顾钱粮是否足额，而不顾人民死活，不管征取钱粮通过什么途径，结果反为贪官污吏乘机侵吞需索开了方便之门。第三，豪绅地主总能千方百计逃避赋税，诡寄钱粮，将负担转嫁到无地少地的贫困下户头上，甚且和贪胥墨吏勾结起来，通同作弊，所以重赋最终导致了江南普通百姓的负担日益沉重。应天巡抚周忱在正统年间感慨苏松地区农民之不易："天下之农民固劳矣，而苏松之民比于天下，其劳又加倍焉。天下之农民固劳矣，而苏松之民比于天下，其劳又加倍焉。天下之农民固贫矣，而苏松之农民比于天下，其贫又加甚。"

[1] 范金民：《江南重赋原因的探讨》，《中国农史》1995 年第 3 期。

江南的望族或是经历过明代时任粮长的层层盘剥，或是经历过清初奏销案的狠辣恐怖，普通小百姓更是为了纳粮而活在惶恐之中，所以自然会在家谱中不断强调早完国课。他们对待纳粮的态度极其谨慎，如徐三重在《家则》中说："每岁秋收，不论田租多寡，当先以官税为急。预除此项，以待征纳，然后计人口食用，交际礼文。业少则谨节以省之，不足则勤苦以佐之。非养既不当得，本分者又复不节，以致亏损国课，渐积日久，负累日深，不惟法罔所征，恐一旦力不能支，大为掣肘。善为身家之计者，宜深慎此，毋见他人便宜，私笑此言过计也。"[1]

首先，他们会为"完国课"的必要性设计出很多大道理，如董庄李氏言："君亲并重，忠孝原无二理，知治于人者，食人之义，即为孝子顺孙。"[2]武进圻庄黄氏则说："普天之下莫非王土，率土之滨莫非王臣。故有田则有赋，有丁则有役。且今日所以能含哺鼓腹，享诸太平快乐，者皆上之功德所赐也。上之恩及于我者甚渥，而我之所以报者甚浅。"[3]龙溪盛氏则说"以下事上"是"古今通谊"，"赋税力役之征皆国家法度所系"，如果拖欠钱粮，躲避差徭，"便是不良的百姓"，就会"连累里长，恼烦官府，追呼问罪，甚至枷号，身家被亏，玷辱父母"[4]，即使这样赋役正供仍要全完，不准拖欠，所以不如早点完纳。而作为士人更应该以身作则，"士为四民之首，而亏欠钱粮，以致国库不足，清夜自思得毋憾惭"[5]，如果是"吾家新登甲第，列在缙绅"，依然亏欠，等于是"下同顽户，观听亦甚不便"[6]。同时他们还提醒族人，如果违抗逋赋，会招来大祸，毗陵胡氏警告，"士谁不爱功名，抗赋则随加褫夺；民谁不惜肢体，逋粮而动受鞭笞。是以石壕老妇之诗，实惊心于呼吏；即如风雨重阳之句，亦败兴于催租""积逋

[1]（明）徐三重：《鸿洲先生家则》，《四库全书存目丛书》子部第106册，齐鲁书社1997年版。

[2]《董庄李氏续修宗谱》卷一，1914年木活字本。

[3]《晋陵黄氏宗谱》卷一，1928年木活字本。

[4]《龙溪盛氏宗谱》卷一，1943年木活字本。

[5]《昆山琅琊安阳支王氏世谱》"荫槐公家训十四条"。

[6]（清）王时敏：《奉常家训》，《中国历代家训集成》第6册，第3409页。

移累，有司按籍以求；追比逢期，虎役持牌而至。两足至门，先需酒食，肆言出口，还索苞苴。计欲朦胧，必丐包荒于胥吏；图思宽假，更求缓颊于乡绅。册上之挂欠仍悬，室内之脂膏已竭。因而张冠李戴，以致东家赔西舍之粮；甚至产在人亡，徒使子孙受祖宗之辱”。[1]

鉴于上述种种原因，只能及早“完国课”，勿逋赋，勿短少，更不能贪小利而寄田于他人户上，如无锡华氏规定：“宜择上等精粹子粒，至诚加敬，依期供纳，不得计利较力，拖延规避”，即使有人“留难倍征，亦须顺受完办，慎勿形于词色”。因为“设若迟欠，或致破家危身，比见多矣，尤宜慎之”。至于“舟车、脚力、工食、钞米，即须随例而与之，勿得靠损于人，该当差役，听受趋赴，毋吝毋忽。田地户管，该科税粮，须是从实。如有推收，及时明白过割，给凭存照。要在时常检理之”。[2] 苏州问心堂章氏则规定：“国课如期早完，条银务倾足纹，耗羡宜随大例，不可短少，漕赋必须载米入仓，不可折干”。[3] 洞庭凤氏则规劝族人“勿飞寄以避役，勿捺征以拖赋，迷心望赦，百无一二，急于二熟之际，随田备赋，无愆其期，随赋应役，无慢其令”。[4] 正如龙溪盛氏所言，总之是要及早“本等差粮先要办纳明白，讨经手印押收票存证”，这样才是“良民职分所当尽者也”。[5] 朱柏庐在《治家格言》中说道：“国库早完，即囊橐无余，自得至乐”，可表面的乐其实掩不住心中的苦。

如果抛开时代背景而言，谨言慎行、明哲保身不仅不错，而且还是非常优秀的个人品格，强调的是个人的涵养，社会的和谐，不仅可以让人避免无缘无故的招惹是非，更是每个人身正影直的自我要求。但是正如清朝人黄中坚所言，明清时期是一个“横逆”的社会。所谓“横”，就是“强凌弱，富欺贫”；所谓“逆”，

[1]《毗陵胡氏重修宗谱》卷一，光绪二年木活字本。

[2]（元）华悰韡：《家劝》二，《中国历代家训集成》第2册，第1343页。

[3]《问心堂章氏本支录》卷一，嘉庆稿本。

[4]《洞庭凤氏宗谱》卷一，1918年木活字本。

[5]《龙溪盛氏宗谱》卷一，1943年木活字本。

则为“贱妨贵，小加大”[1]。朝廷不去探讨这种“横逆”产生的源由，一味只是将之归结于小民“犯上无礼”，亦即礼教秩序的沦丧，认为这样才是导致社会动荡不安的原因，要求小民们平静地接受这种“横逆”的社会现实，依靠“忍耐”和“沉默”来忽视问题，由此来解决问题。家规家训中也强调要明哲保身，要吸取前人的教训，要记住说多错多，活着就是好事。只要自己和家人没受伤害或大伤害，就可以纵容恶的猖獗。家训中还不断强调，之所以要求族人忍耐、沉默，要求他们完国课、戒争讼，是因为政治或社会压制太多，环境太过残酷，却往往忘记了正是自己的所作所为在为这种压制添砖加瓦，其实为这种环境又增添了几分残酷。他们忘记了，虽然可以堵上自己的耳朵或者捂上自己的嘴巴，直到有一天，当黑暗延伸到自己，却想逃避也无法逃避，这就是长期沉默的代价。

同时也应理性地看到，家风家训文化中推崇的谨言慎行并非一味地胆小怕事，裹足不前。古人也一样意识到，每一个独立的个人都对社会负有责任，每个人都应该培养改变社会、改变命运的勇气和责任。如毗陵庄氏认为“能立志者斯能立命”，“自天锡予之，谓命，自人斡旋之，谓立”。[2] 余巷冯氏则指出虽然每个人应当“循理而行，不可越分强求”，但是“尽人事以待天，方是真能顺天”，如果“凡事付天命”，难道“袖手不耕，田亦生谷？洪波自蹈，命亦可延”？所以应该要“打起精神，一心不懈，将命亦可造，天亦可回也”。[3] 所以毗陵庄氏才高声宣扬：“士君子当思七尺之躯终归有尽，倘临大节而隐忍苟活，腼颜天壤之间，何如名标青史，令万古精光炳炳，不可淹灭耶。”[4] 这才是中国传统文化中最闪亮的光芒，在最黑暗的时代也会照耀人们前行。

[1]（清）黄中坚：《蓄斋集》卷四《征租议》《四库未收书辑刊》第8辑第27册，北京出版社1998年版。

[2]《毗陵庄氏族谱》卷一一，1935年铅印本。

[3]《冯氏宗谱》卷一，光绪三十二年伦正堂木活字本。

[4]《毗陵庄氏族谱》卷一一，1935年铅印本。

第三章　近代以来江南地区家风家训的发展与变革

一、近代变迁下的家族

随着近代城市化和工业化的进程，农村居民开始大量进入城市，小城市居民又开始涌入大城市，原先宗族赖以维系的乡村同族聚居基础开始出现断裂。再加上近代社会生活激烈变化，新思想新观念的迅速传播，这一切都对家族组织产生了巨大的破坏力量，传统的家族制度走向衰落，但另一方面，家族组织并没有就此走向终结，有些家族能够顺应时代的要求，积极变革。就整体而言，近代家族组织受到了以下几方面的影响：

1. 家庭革命：新思想对家族的冲击

自从 19 世纪后半期开始，中国人一波波地受到外来新思想的冲击。从西方进化论、天赋人权学说的传入到新文化运动的开展，对儒家思想的批判，首当其冲便是宗法制度。

1907年，署名“家庭立宪者”的一位作者在《江苏》第七期上发表了《家庭革命说》，这是中国历史上第一次提出“家庭革命”的口号，他在文中写道：“家庭革命者何也？脱家族之羁轭而为政治上之活动是也，割家族之恋爱而求政治上快乐是也，抉家族之封蔀而开政治上之智识是也，破家族之圈限而为政治上之牺牲是也，去家族之奴隶而立政治上之法人是也，铲家族之恶果而收政治上之荣誉是也。”这时的家庭革命是为了在外人“扬大旗，擂大鼓，呐大喊，顺风扬帆，满载民族帝国主义，乘潮流以入中国，张目皇皇大搜大索”，中华民族“咽喉已经被人扼住，精血已经吸完，亡国之祸已在眼前”之时，摆脱家庭的束缚，走上政治革命的道路，以探求救国出路。他们意识到了传统家庭对革命的束缚，“革命者何也？以政治上之不自由而引出国民种种之不自由，是故自由死而致国权死，国权死而致国民死，而欲不死我国民，则唯有采恶感毒血以为之药石，此毒血实产美妙之花，文明之果也，然此花与果乃经第一重之家族主义摧挫殀阏而不发达，则中国其何由发达，是故家族不可以不革命。”家庭革命与政治革命是一个不可分割的整体，只有通过家庭革命，人们才能从家庭中走出来去投身于激烈的政治革命中，“拔出吾数千万青年于家族之阱，而登之于政治之台也”，所以是否实行家庭革命被视为是否革命的一个标志，“若已知祖宗革命之正当而不肯实行者，是甘心服从专制，反对公道，吾亦敢断其非新世纪之革命党”。[1]

清末思想界对如何实行家庭革命也有相关明确的主张，其中重点在于“祖宗革命”和“纲纪革命”。首先，他们指出“家庭中之最愚谬者，更莫甚于崇拜祖宗”，提出了祖宗革命的主张。认为国人因不识先人为何物，不知先人死后为何物，所以凡一切无可考证之谬想，皆归于祖宗之神灵，但其实“祖宗乃纯然一宗教上之迷信”。他们认为祖宗迷信会造成以下几种恶果，一是“反背真理，颠倒是非”，二是“肆行迷信之专制，侵犯子孙自有之人权”，三是“耗民力民财于无用之地”，四是“攘夺生民养命之源”。所以相信青年“凡以科学公理为务者，想

［1］ 家庭立宪者：《家庭革命说》，《江苏》第7期，1904年。

必赞助吾祖宗革命之意，且必实行之”。而具体实行之法，则包括“于书报演说中发阐此种新理”；以公理抗拒含有祖宗迷信性质的祭丧葬等礼仪；平坟墓，毁神牌，或将墓牌神位，送入博物馆；自己也要”嘱其子孙，于其死后，勿以昔日待祖宗之法相待”。[1]

纲纪革命就是在家庭革命中，破父界之说，破夫界之说，破母界之说，破兄界之说，从而建立家庭成员之间平等的新型家庭关系，首要任务是破父界之说。在纲常伦纪的规范和束缚下，家庭内部父尊而子卑，父亲有“杀子而无辜，殴詈其子，而子不敢复”的特权，以至达到“侵侮其子，无所不至的程度，这种“恃强欺弱”的父亲视为“暴父”，在暴父的威权下，其子既受皮肤之害，又被紧箍智慧，最终“变为奴隶禽部兽矣”。要破父界之说，就必须提倡父子平等，父子之间有相对的义务和权利，绝没有欺弱凌下之理。同时对不平等的夫妻关系，母子关系、兄弟关系、翁姑媳妇关系也进行批判，指出要变“夫尊而妻卑”为“夫妇平等”，破那种“柔瞻其体魄”“颓靡其精神”的母对子的荼毒之情，摒除因夺产析屋而“同室操戈，忿争不息”的兄弟阋墙；要改变翁姑对媳妇的“悍跋之威权”“拔千万女同胞于家族之火坑，而登之莲花之舞台也。”

家庭革命在很大程度上受到了西方的影响，所以他们大力宣传西方的家庭制度，有人指出：“欧西人之于家族也，未尝无爱情，未尝不有团结，未尝存一破坏之思想，然而人其室而其气和，籀其官而其容盎，窥其经济法律之权限而井然划然也，学年而入学，稍长而游历，虽妇孺童仆皆有政治之常识也。”其夫妻关系“入其室而和气迎人，登其堂而交际有节，觇其道路而同车携手乐意融融，欧美自由之空气，直弥漫于夫妇之生涯”。所以必须要效法西方家庭制度，学习他们的家庭革命。“西方之所以先我一步，是他们革命的步伐先我一步。欧洲十八九世纪，为君权革命世界；二十世纪，为女权革命世界。今中国犹君权时代也，民权之不复，而遗言女权！”[2]

---

[1] 真：《祖宗革命》，《新世纪》1907年第2、3期。

[2] 丁初我：《女子家庭革命说》，《女子世界》1904年第4期。

由于当时人对革命的迫切盼望，甚至还有些人提出了毁家的主张，以求尽快通过消灭家庭来推进家庭革命，进而达到政治革命的目的。他们认为，“盖家也者，为万恶之首”，自有家而后人各自私，然后有夫权、父权、君权，这些强权均由万恶之源的“家”造成的。所以要治万恶之本，要人人得自由和平等，要人人摆脱苦难，要人人施博爱之情，故家不可不毁，而毁家的可行方式，就是“不婚”，“人人所能行者，则不婚是也”，用博爱来取代个人之间的爱情，只有这时，才“有男女之聚会，而无家庭之成立，有父子之遗传，而无父子之名义”，只有这时才真正可以做到“家庭灭，纲纪无”“自由平等博爱之实行，人道幸福之进化也”。[1]

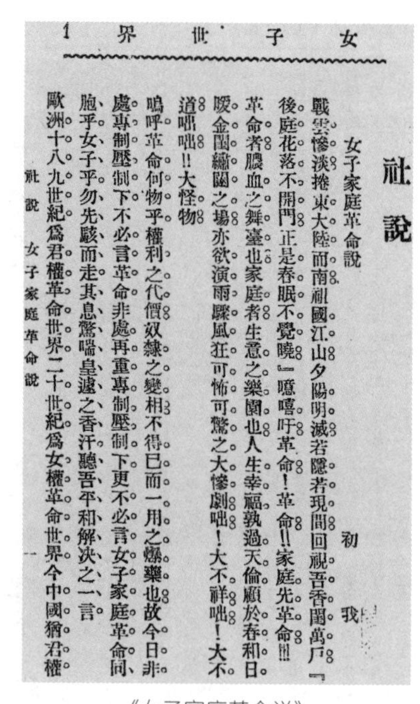

女子世界 1

社說

女子家庭革命說 初我

戰雲慘淡捲東大陸而南祖國江山夕陽明滅若隱若現間回視吾香閨萬戶『後庭花落不開門正是春眠不覺曉』噫嘻吁革命！革命!!家庭先革命!!!革命者膿血之舞臺也家庭者生意之樂園也人生幸福孰過天倫顧於春和日暖金閨繡閣之場亦欲演雨驟風狂可怖可驚之大慘劇咄！大不祥咄！大不道咄咄!!大怪物

嗚呼革命何物乎權利之代價奴隸之變相不得已而一用之爆藥也故今日非處專制壓制下不必言革命非處再重專制壓制下更不必言女子家庭革命同胞乎女子乎勿先駭而走其息驚喘皇遽之香汗聽吾平和解決之一言

歐洲十八九世紀爲君權革命世界二十世紀爲女權革命世界今中國猶君權

社說 女子家庭革命說 一

《女子家庭革命说》

民国成立后，人们仍旧在探求改造中国社会的出路。一些知识分子从分析具体问题入手，把改造中国社会与改造家庭制度联系起来，认为家庭“其制之良否，影响于社会甚大且巨”“家庭不良，社会国家斯不良耳”，而“我国家庭制度之不良，一般人民已多觉其弊害”。它已“阻碍国家之进步”，所以中国“家族制度不改变，即国家主义不发达”，而为“国家之进步，实当宁从割爱，而勿使为政治上之阻力也”。[2] 甚至有人把改造家庭制度看成是改造中国社会的“最便捷的路径”所以把改造家族制度视为一项重要的社会革命内容。“五四”时期，吴虞以其《家族制度为专制主义之根据论》一文，被胡适誉为“中国思想界的一个清道夫”。[3] 他认为，家族是宗法国家的基础，使我国困顿于宗法社会而不能前

[1] 真：《祖宗革命》，《新世纪》1907 年第 11 期。

[2] 吴贯因：《改良家族制度论》，《大中华杂志》1915 年第 3 期。

[3] 胡适：《〈吴虞文录〉序》，《吴虞文录》，《民国丛书》第 2 编，上海书店 1989 年影印本。

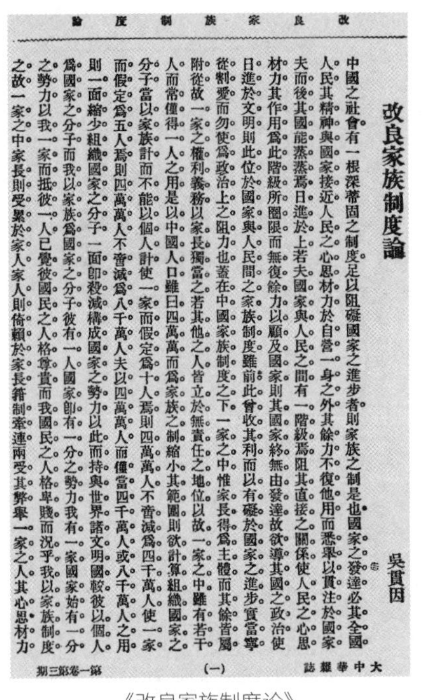

改良家族制度論

大中華雜誌 (一) 第一卷第三期

改良家族制度論

吳貫因

中國之社會有一根深蔕固之制度足以阻礙國家之進步者則家族之制是也國家之發達必其全國人民其精神與國家接近人民之心思材力於自營一身之外其餘力不復他用而悉舉以貫注於國家夫而後其國能蒸蒸焉日進於上若夫國家與人民之間有一階級焉阻其直接之關係使人民之心思材力其作用爲此階級所圈限而無復餘力以顧及國家則其國家終無由發達故欲導其國之政治使日進於文明則此位於國家與人民間之家族制度雖前此曾收其利而以有礙於國家之進步實當寧從割愛而勿使爲政治上之阻力也蓋在中國家族制度之下一家之中惟家長得爲主體而其餘皆屬附從故一家之權利義務以家長獨當之若其他之人皆立於無責任之地位以故一家之中雖有若干人而常僅得一人之用是以中國人口雖曰四萬萬而爲家族之制縮小其範圍則欲計算組織國家之分子當以家族計而不能以個人計使一家而假定爲十人焉則四萬萬人不啻減爲四千萬人使一家而假定爲五人焉則四萬萬人不啻減爲八千萬人夫以四萬萬人而僅當四千萬人或八千萬人之用則一面縮少組織國家之分子一面卽殺減構成國家之勢力以此而持與世界諸文明國較彼以個人爲國家之分子而我以家族爲國家之分子彼有一人國家卽有一分之勢力我有一家國家始有一分之勢力以我一家而抵彼一人已覺彼國民之人格尊貴而我國民之人格卑賤而況乎我以家族制度之故一家之中家長則受累於家人家人則倚賴於家長藉制牽連兩受其弊舉一家之人其心思材力

家族制度爲專制主義之根據論

吳虞

商君李斯破壞封建之際吾國本有由宗法社會轉成軍國社會之機顧至於今日歐洲脫離宗法社會已久而吾國終顚頓於宗法社會之中而不能前進推原其故實家族制度爲之梗也鈎命決記孔氏之言曰吾志在春秋行在孝經孟子云世衰道微邪說暴行又作臣弑其君者有之子弑其父者有之孔子懼作春秋故曰孔子成春秋而亂臣賊子懼董仲舒云孔子明得失差貴賤反王道之本故曰春秋之法以人隨君以君隨天屈民而伸君屈君而伸天春秋之大義也然孔子之修春秋最爲後世君主所利用者不外誅亂臣賊子黜諸侯貶大夫尊王攘夷諸大端而已蓋孔氏之志就如荀卿儒效篇所謂大儒之用無過天子三公宜其言如此至其所作孝經多君親並重尤爲荀卿三本之說所從出開宗明義章曰夫孝德之本也教之所由生也唐玄宗注云言教從孝而生其教之最要者曰孝始於事親中於事君終於立身玄宗注云忠孝道著乃能揚名榮親故曰終於立身士章曰資於事父以事君而敬同以孝事君則忠以敬事長則順忠順不失以事其上然後能保其祿位聖治章曰父子之道天性也君臣之義也五刑章曰要君者無上非聖人者無法非孝者無親此大亂之道正義云言人不忠於君不法於聖不愛於親皆爲不孝大亂之道也廣揚名章曰君子之事親孝故忠可移於君事兄悌故順可移於長居家理故治可移於官詳考孔氏之學說既認孝爲百行之本故其立教莫不以孝爲起點所以教字從孝凡人未仕在家則以事親爲孝出仕在朝則以事君爲孝能事親事君乃可謂之爲能立身然後可以揚名於世

家族制度爲專制主義之根據論 一

《改良家族制度论》　　吴虞《家族制度为专制主义根据论》

进，其害“不减于洪水猛兽”。[1] 沈雁冰更指出，要把“家庭问题归纳在社会全体的改造方案好几个，与他们联带着一齐改造。”[2] 到了20世纪20年代，报纸上已经开始讨论要不要废姓氏的问题。师复认为，在未来的现代社会，“一部贵族式的百家姓，绝对没有存在的必要”。[3]

中国共产党一直将家族制度作为革命的对象，早在“五四运动”时期，李大钊就说：“现在因为经济上的压迫，大家族制的本身已竟不能维持。而随着新经济势力输入的自由主义、个性主义，又复冲入家庭的领土。他的崩颓破灭也是不能逃避的运数。”“社会上种种解放的运动是打破大家族制度的运动，是打破父权（家长）专制的运动，是打破（家长）专制的运动，是打破男子专制社会的运动，也就是推翻孔子的孝父主义、顺夫主义、贱女主义的运动”“中国思想的变动

[1] 吴虞：《吴虞文录》卷上《家族为专制主义之根据论》。

[2] 沈雁冰：《家庭改制的研究》，《民铎》第2卷第4号。

[3]《“单名制”与“废族姓”问题》，《民国日报》1920年3月20日。

就是家族制度崩坏的征候。”[1] 陈独秀也强调要“以个人本位主义，易家族本位主义”。[2] 1927 年，李维汉在《湖南革命的出路》中提出说农民运动“动摇了族权、神权、夫权”，将“族权”变成了革命的对象。[3] 毛泽东在其著名的《湖南农民运动考察报告》中称：“政权、族权、神权、夫权代表了全部封建宗法的思想和制度，是束缚中国人民特别是农民的四条极大的绳索。”他认为族权通过族长的活动而体现，他们压迫族人，对违背家族法规的族人施行“打屁股”“沉塘”“活埋”的惩罚，不许女人和穷人进入祠堂吃酒，还侵占祠堂公款，为此他教育农民觉醒，战胜家族主义，推翻祠堂族长的族权和封建政权。[4] 瞿秋白在《中国革命中之争论问题》中也明确指出，农村中大量的族产族田是封建家族制存在的物质基础，要消灭家族制度，必须消灭这种以“公田”的形式出现的族产族田。[5] 在 1927 年 5 月中共第五次全国代表大会《土地问题议决案》最早提出：“所谓公有田产之管理制度，尚遗留于乡村间，作为乡村中宗法社会政权之基础。”“要消灭乡村宗法社会政权，必须取消绅士对于所谓公有的祠堂寺庙的田产的管理权。”[6] 1931 年中国共产党在苏区提出的土地法草案和中华苏维埃第一次全国代表大会通过的《土地法》中均有没收家族祠堂的族产族田的条款。各个根据地也依据此法，具体规定了没收家族祠堂的土地的细则和办法。如江西省苏维埃关于没收和分配土地的条例规定，凡祠堂、庙宇、公堂、会礼的土地、房屋，财产、用具，须一律没收。[7] 在土地革命中，一些族长被镇压，家族组织受到沉重打击。不过由于第一次国内革命战争时期，江南地区少有共产党的根据地，因此这一时期，相关政策对这一区域尚未产生太大影响。在抗日战争时期和人民解放战争初

[1] 李大钊：《由经济上解释中国近代思想变动的原因》，《新青年》第 7 卷第 2 号。

[2] 陈独秀：《东西民族根本思想之差异》，《陈独秀文章选编》，三联书店 1984 年版，第 98 页。

[3] 夏立平等编：《湖南农民运动资料选编》，人民出版社 1988 年版，第 350 页。

[4] 毛泽东：《毛泽东选集》，人民出版社 1966 年版，第 33 页。

[5] 瞿秋白：《中国革命中之争论问题》，《六大以前》上册，人民出版社 1981 年版，第 678 页。

[6]《六大以前》上册，人民出版社 1981 年版，第 830—832 页。

[7]《江苏省苏维埃政府对于没收和分配土地的条例》，《六大以前》上册，人民出版社 1981 年版，第 309 页。

期，中国共产党的农村政策发生变化，由打土豪、分田地转变为团结地主阶级共同抗日的减租减息的政策，对族产族田也由没收改为暂时保留。1942 年，中共中央政治局通过《关于抗日根据地土地政策决定》的附件，就承认族地的存在，但不得由族长独占，必须由本族人员组织管理委员会经管。但这只是适应当时抗战需要的暂时的政策，也是政策上的暂时退让。随着解放战争开始后，党的农村政策转变为彻底消灭封建制度的土地改革，对于族产族田则采取没收政策。在中国大陆全面推行消灭家族制度的政策，是在新民主主义革命胜利前后，通过全国范围的土地改革运动实现的。

2. 从大家族到小家庭：家庭规模的变化

从家庭结构和规模来看，近代中国有一个非常明显的特点，即传统大家族逐渐减少，两代人的核心家庭和兼顾赡养祖父母和父母的折中家庭开始大量出现。

虽然说五世同堂、四世同堂在明清以后的中国已经开始减少，而且在望族中的比例要明显高于普通家族，但真正亲属同居共财现象的减少则要到近代，在这时，已经很少出现四代以上多类亲属同居共财的现象。据 1921 年至 1925 年对安徽、河北、河南、山西、浙江、福建、江苏等 7 省 16 处 2640 户农家的调查[1]，以及 1922 年夏对直隶等 5 省 240 村 7097 户农家的调查[2]表明，当时农村户平均人口为 4—6 人，一般由一夫一妻、未婚子女及夫妻一方的父母等祖孙三代成员组成，已婚兄弟姐妹在一起生活的一户多家的现象已经极少。言心哲曾将 1924—1935 年国内重要的农村人口调查中家庭大小部分进行了汇总分析，也得出每个农家的平均人数为 5.26 人。大致民国期间，每个家庭人口数日渐减少，据相关统计资料，20 世纪 20 年代平均家庭人口规模为 5—6 人，30 年代为 4.7—5.5 人，40

[1]［美］卜凯：《中国农家经济》，商务印书馆 1936 年版。

[2]［美］戴乐仁、马伦著，李锡周译：《中国农村经济实况》，北平农民运动研究会 1928 年版。

年代为 4.4—4.8 人。[1] 虽然其中有战争等外力因素的影响，但总体趋势表明近代中国无论城市还是农村，家庭规模都在不断缩小，在实际生活中以小家庭居多，复合式大家庭不占优势。

就家庭人口结构来看，同居亲属关系以家主、妻、子及女为主。1935 年蒋杰、乔启明等人对江苏江宁县一镇三乡 113 户农家生活进行了调查[2]，调查发现，当地农村家庭以小家庭为主，其中农家中媳的比例为 6.6%，远远低于儿子的 27.0% 的比例，这说明父母多与未成年的子女一块生活，儿子成家后有一定比例的分家单过。家庭成员中兄弟及其后裔系的比例很低，这说明成家后的兄弟多分家另立门户，很少再一起过。当然，由于中国有赡养老人的传统，年老的父母有可能跟着某一个儿子生活的情况更加普遍，这就是社会学上的所谓兼顾赡养祖父母和父母的折中家庭。

1927 年，潘光旦通过《时事新报》刊登调查问卷[3]，共有 317 人踊跃应征答卷，约得《时事新报》销数的 1%，虽然当时整个中国识字率偏低，能够购买报纸阅读的人群还只是少数，但是这一次调查也可以从侧面反映当时城市中的知识阶层的一些观点和立场。

对于“祖宗之祭祀，有充分之宗教神秘价值，宜维持而加笃之”论点，有 85.5% 的人表示反对；对“中国社会正力求进步，祖宗纪念适足以助长守旧崇古之心理，宜绝对废除”这一点，赞成者达到 72.6%；对“答案人之宗族现有宗祠否”这个问题，32.8% 的人回答为“无”；对“答案人之宗族修有谱系否”这个问题，答案为“无”的占了 31.9%；对“答案人能不假参考，举其曾祖之名字否”这个问题，34.4% 的人选择了“不能”；对“答案人能不假参考，举其高祖之名字否”这个问题回答“不能”的人高达 55.2%。虽然结果表明，仍然还有不少家族还是有家谱和宗祠的，67% 的人有家族祠堂，68% 的人有家族宗谱，显示

[1] 言心哲：《农村家庭调查》，《民国时期社会调查丛编》，福建教育出版社 2014 年版。

[2] 蒋杰、乔启明：《京郊农村社会调查》，《民国时期社会调查丛编》，福建教育出版社 2014 年版。

[3] 潘光旦：《中国之家庭问题》，《潘光旦文集》第 1 卷，北京大学出版社 1993 年版。

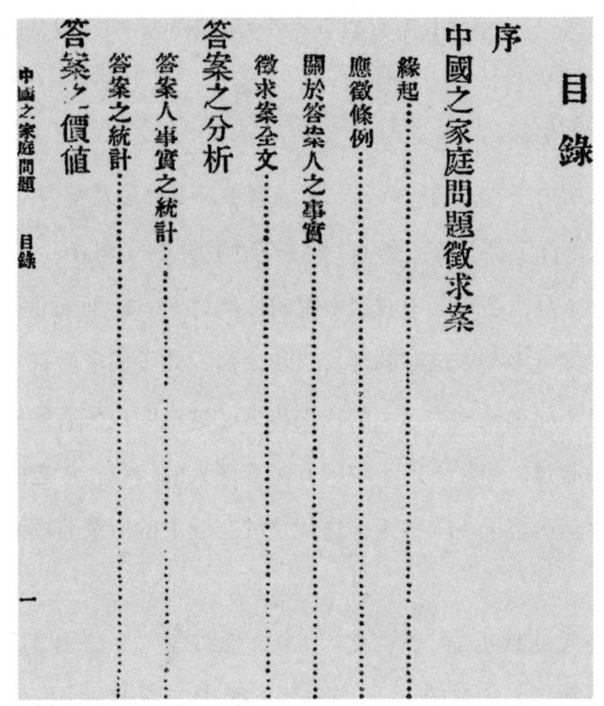
目錄

中國之家庭問題　目錄　一

潘光旦：《中国之家庭问题》

44.8% 的人能举其高祖之名，65.5% 的人能举曾祖之名，但其实比率并不算太高，虽不能说宗族势力彻底衰微，至少也说明了人们的家族意识已开始淡化。

对于中国大家庭制是否有种种价值这一观点，317 人中有 29% 表示赞同，其余 71% 表示反对。可见当时绝大多数人已经开始认识到大家庭的种种不利因素，正如潘光旦在分析中指出，重次序与约束的旧日大家庭制度今后自无存在之能力，亦无存在之理由。但是他们也不完全赞同一对夫妇加子女的核心家庭模式，虽然有 64.7% 的人赞同欧美之小家庭制，但都强调祖父母与父母宜由孙辈轮流同居奉养”。所以潘光旦认为，折中家庭的模式比较适合中国的国情，他在调查中指出，折中家庭有大家庭之根干，而无其枝叶，为家主者不需采取断然与高压之处分；兄弟一经成家，即各自成生计之单位，为父母及祖父母者即由彼等轮流同居奉养，减少了家庭纠葛之因缘。

由上述统计和调查结果可以推断，在近代，家族虽然还有祠堂、族谱，但是有相当一部分人已经不再重视家族活动，城市中的知识分子基本上都对大家族持否定态度，由两代人组成的核心家庭及兼顾赡养祖父母和父母的折中家庭开始占优势。

此外，随着时代的发展，家庭的核心功能也随之变化，家庭的变化或转型的标志就是家庭核心功能的变化。晚清以后，从变法维新、自治新政起步，现代国家的政府职能逐步完善，新式学校出现，警政和司法制度建立和加强，公用事业建设初步健全，家庭原有的一些如教育功能、社会控制和救济功能也逐步由政府和社会接管。虽然城市与乡村，沿海与内陆进展不一，但大致的趋势并无二致。再加上城市商品经济的发展，以及战争及自然灾害的打击，既使内陆地区也出现了大量的家庭成员的外流，家庭结构受到了严重的破坏。虽然家族组织在农村受到的影响相对较少，大部分农村家庭仍然是传统家庭类型，但由于其核心功能的弱化，已经在向现代家庭转型的道路上迈出了第一步。沿海地区和城市的家庭则在家庭的核心功能上产生了根本性的变革。城市家庭的生产功能基本消失，家庭的大部分功能已外化到社会，核心功能已经转化为生活功能（以消费和情感功能为主），家庭已成为私人生活的世界，现代家庭结构的雏形已经初步显现。这种情况，在中国最发达的江南地区和上海尤其显著。

3. 宗法观念的内部调整

不过传统的家族和家庭要彻底变革尚需时日，虽然新思想、新观念风起云涌，纷繁复杂，但晚清至民国依然是家谱纂修的高峰期，现存的大部分家谱都是修于光绪至民国时，据本人对《常州家谱提要》中所收入的近 1600 部家谱进行的不完全统计，其中在民国时所修家谱占 52%，光绪宣统时所修家谱占了 35%，可以说修于近代的家谱占了绝大多数。即使在抗战烽火连天之中也仍然有大量的家谱被编纂出来。如盛宣怀家族的《龙溪盛氏宗谱》和汪洵家族的《汪氏合谱》修于 1943 年，周腾虎家族的《临濠周氏宗谱》和蒋维乔家族的《新安蒋氏宗谱》均修于 1941 年。抗战结束之后，由于战争期间大多数人流离失所，一旦和平到来，产生了强烈的寻找亲人，重建家族的愿望，因此产生了又一个修谱的高潮。沙孟海当时为蒋介石修谱，他回忆道："抗日战争初结束，各地各姓纷纷发动重修家谱，交游中不少人向我访寻修谱体例"，于是他同柳诒徵商讨，拟订了一个《家谱通例》。[1]仅在常州一地，在当时兴修的家谱有修于1948年的《毗陵唐氏家谱》《萧江氏宗谱》，修于1949年的《恽氏家乘》和《毗陵谢氏宗谱》等。可见在惯性的作用下，人们对家族的依赖性在短期内无法彻底改变。

也有很多学者企图以一种客观的态度来看待宗族及宗法制度。如吕思勉认为，宗族的发展是随着时势发展而变更的，合族而居的制度，"必盛于天造草昧之时"，而随着时代的变化，宗族制度的负面影响也会随之凸显。"族长手握大权，或碍国家之政令"，"群族互相争斗，尤妨社会之安宁"。[2]因此，宗族制度的终结实属必然。但是他又指出，要彻底废止宗族制度尚有待时日，"非社会组织大变，其情不能遽更，人心不变，虽强以法律禁止，亦不能行"。[3]"由今之道，无变今之俗，即将所谓家者毁弃，亦人人思自利其身耳"，"人人自利其身，其贻害于公，与人人思自利其家，有以异乎？无以异乎？"[4]

更有一些人开始强调宗族的正面意义。梁启超曾言：宗法社会"以极自然的互助精神，作简单合理之组织，其于中国全社会之生存及发展，盖有极重大之关系"。[5]很多人据此提出了改造宗族，促进社会发展的观点。如孙中山曾经在谈到如何解决中国人一盘散沙问题时，曾特别论及宗族组织在成就极有力量的国族方面所能发挥的特殊作用。他说：

中国人对于国家观念，本是一片散沙，本没有民族团体，……我从

[1] 沙孟海：《〈武岭蒋氏家谱〉纂修始末》，《浙江文史资料选辑》第38辑，浙江人民出版社1988年版，第2页。

[2] 吕思勉：《中国社会史》第八章《宗族》，上海人民出版社2007年版，第253页。

[3] 吕思勉：《中国社会史》第八章《宗族》，第263页。

[4] 吕思勉：《中国社会史》第八章《宗族》，第258页。

[5] 梁启超：《中国文化史》，《梁启超全集》第9册，北京出版社1999年版，第5109页。

前说过了，中国有很坚固的家族和宗族团体，中国人对于家族和宗族的观念是很深的。由于这种好观念推广出来，便可由宗族主义扩充到国族主义。我们失了的民族主义要想恢复起来，便要有团体，要有很大的团体。我们要结成大团体，便先要有小基础，彼此联系起来，才容易做成功。我们中国可以利用的小基础，就是宗族团体。……依我看起来，中国国民和国家结构的关系，先有家族，再推到宗族，再然后才是国族。这种组织一级级的放大，有条不紊，大小结构的关系当中是很实在的。如采用宗族为单位，改良当中的组织，再联合成国族，比较外国用个人单位当然容易得多。……在每一姓中，用其原来的宗族组织，拿同宗的名义，先从一乡一县联系起，再扩充到一省一国，各姓便可以成一个很大的团体。……更令各姓的团体都知道大祸临头，死期将至，都结合起来，便可以成一个极大中华民国的国族团体。有了国族团体，还怕什么外患，还怕不能兴邦吗？[1]

孙中山这种承认宗族组织的作用，但是希望改革其宗法性，以为现代社会服务的观点在当时颇有影响力。民国后首任江苏都督庄蕴宽在为《澄江冯氏宗谱》作序时称："爱种合群之说阗溢于视"，他承认"处此之势，其孰不韪?"但是"事有著为空文而灿然，索之实验而爽然者"，而如果改革宗法，可以"有裨于群"，而一旦"有裨于群"，"即种无不系"。[2]这种认为宗法制度仍然对当世有益，只需要稍作改革的看法在当时颇有影响力。民国时活跃于常州、无锡等地的著名教育家李法章在为《杨氏续修宗谱》作序时也称："自汉族光复，政尚共和，南北伟人立平等之说，逞远大之图，创汉满蒙回藏五族一家之局，而于消弭种族之政策，与维系世道人心之文化，皆若他务未遑，卑焉不道。忽近图远，弃本求末，此同类相残，家族革命诸怪剧所以时现我二十世纪之新中国而不可收拾也。

[1] 孙中山：《民族主义》，《孙中山全集》第九卷，中华书局 1982 年版，第 238—240 页。

[2] 庄蕴宽：《澄江冯氏续修宗谱序》，《澄江冯氏宗谱》卷首，1916 年大树堂木活字本。

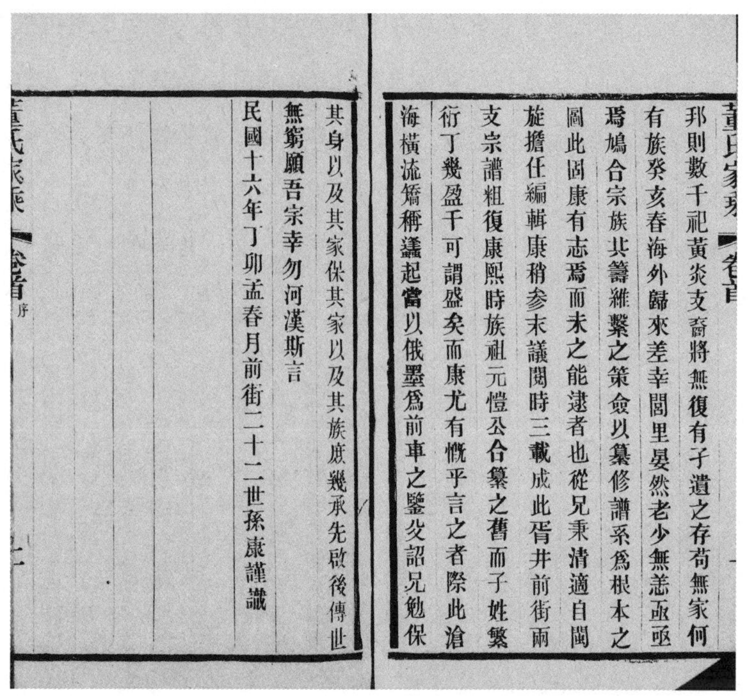
董氏家乘 卷首

邦則數千祀黃炎支裔將無復有孑遺之存苟無家何有族癸亥春海外歸來差幸閭里晏然老少無恙亟亟焉鳩合宗族共籌維繫之策僉以纂修譜系爲根本之圖此固康有志焉而未之能逮者也從兄秉清適自閩旋擔任編輯康稍参末議閱時三載成此胥井前街兩支宗譜粗復康熙時族祖元愷公合纂之舊而子姓繁衍丁幾盈千可謂盛矣而康尤有慨乎言之者際此滄海横流矯稱蠭起當以俄墨爲前車之鑒爰詔兄勉保其身以及其家保其家以及其族庶幾承先啟後傳世無窮願吾宗幸勿河漢斯言

民國十六年丁卯孟春月前街二十二世孫康謹識

董氏家乘 卷首 序

《董氏家乘》董康序

讵非人伦之变，世教之忧欤？”要解决这个问题，必须要“敦宗睦族”，“振自治之精神，树风声于草创”，如果全国各家族均如此，便可“预为大中华五族前途庆也”。[1] 更有甚者，认为宗法制度是解决现实问题的一剂良药。著名学者董康称，他环游欧美，目睹各国纷争祸患，“日寻干戈，惨无人道”，“大惧狂飙毒焰，扇我宗邦，则数千祀黄炎支裔，将无复有孑遗之存”，认为“际此沧海横流，矫称蜂起”之际，必须以“鸠合宗族、纂修谱系为根本之图”。[2]

如前所述，早在明清时家族一直在“与时变通”“应时会所需”。只不过在近代，由于“时会”变动过于剧烈，家族组织在“变通”“应需”时要作出比以前更大的调整。即使最顽固和保守的人也不得不承认，宗族“敬宗收族”的象征意义

[1] 李法章：《杨氏续修宗谱序》，《冷厂文存》，民国铅印本。

[2] 董康：《重修董氏胥井前街合谱序》，《宜武董氏合修家乘》卷首。

已经越来越大于实际意义，宗族势必要进行新的调整。[1] 像吴中施氏这样的家族，甚至都把近代的“民族”概念与家庭相联系，“大之为民族，小之为家庭，民族固由家庭积而成之者”。可见家族组织必须进行改革，已经是大部分人的共识，只不过有些人认为改革必须循序渐进，有些人认为应该彻底改造而已。

二、与时变通：近代江南家族组织的改良

近代江南地区一个重要转折是太平天国战争和上海的崛起。自一百七十多年前开埠以来，上海在中外贸易通商的推动下，短短几十年间就由一个滨海县城一跃而成为远东商业巨埠，并对身处其腹地的江南地区产生了深刻的影响。近代江南的家族组织、家族活动的相应变化都与此背景密切相关。

1860 年春，太平军突破江南大营，常州、无锡、苏州等苏南诸城相继沦陷，次年李世贤又率军进攻浙江，除温州、衢州、湖州三府和部分边地小县外，浙江也同样沦入太平军统治中。苏州、杭州这些江南的繁华都会在这场战争中损失惨重，人口下降在三分之二左右。战争结束数年后，苏州“虽渐次盖造，仍未能遽返旧观，每见通衢僻巷，瓦砾累累”。[2] 而在这些昔日繁华都会逐渐走向衰落的同时，上海却开始迅速成长。上海之前只是松江府的一个属县，虽然也称“江海通津，东南都会”，但其地位，最多也只是与武进县相仿佛，在江南地区并不具备中心地位。1842 年，《南京条约》签订，上海成为五口通商城市之一。1843 年 11 月 17 日，上海正式开放为通商口岸，从此之后，上海发生了日新月异的变化。1846 年，上海出口货值仅占全国总量的 16%，五年后，其所占的比重达到 50%。到 1863 年，上海口岸的进出口总值为 100,189,564 两，而广州仅为 6,046,365

[1] 董康等:《续增附例》,《宜武董氏合修家乘》卷一。

[2] 丁日昌:《抚吴公牍》卷五《饬议排除瓦砾章程》。

两，不及上海的十五分之一。[1]

当整个江南地区都被卷入到太平天国的战乱中，遭受到了史无前例的损失之时，上海却因有租界的托庇，未受到战争的破坏。虽然上海也发生了小刀会起义，县城被占领，但是随之而来的后果却是大量难民拥入租界，原来的华洋分居格局开始被打破。此后，随着江浙富户豪右开始向上海避难，江浙人掀起了一股向上海急速流动的大潮流。常州人姚公鹤在其所著《上海闲话》中一针见血地指出："太平军之发难，其初外人亦严守中立，故租界因得圈出战线之外。于是远近避难者，遂以沪上为世外桃源。当太平军逼近上海之际，某寓公名租界为'四素地'。盖界内籍外人之势力以免兵祸，所谓素夷狄、素患难者是。而流寓之中，富贵贫贱相率偕来，则所谓素富贵、素贫贱者是。此为上海市面兴盛之第一步。……以上海襟江带海，复经外人之竭力经营，工商发达，输运便利，其足以吸收全国之商业固已。然无吾国数次之乱，其效果亦决不至是。"[2]太平军攻克南京后，短时间内上海人口猛增。据统计，1853年在租界居住的中国人约500人，1854年上海小刀会起义期间，约增至2万余人，1860年太平军第一次攻打上海期间，人口骤增至30万人，1862年又增至50万人，一度还达到70万人[3]。如果再加上县城中原有的居民，上海华洋两界的总人口超过100万。另据太平军战事平息后上海租界当局所做的第一次人口调查显示：1865年初，上海法租界计有外侨460人，中国人55465人，凡55925人；公共租界计有外侨2297人，中国人90587人，凡92884人。两租界总计中外人口148809人[4]。可见，即使战事平息后有大批难民重返家园，但仍有近15万难民继续留在租界，成为上海市民。而曾一度还乡的难民目睹兵燹之后破败不堪的战后江浙世界，又纷纷重返沪上，或置产兴业，由绅变商；或以苦力谋生，由农变工。上海租界人口由此逐渐回

[1] 黄苇：《上海开埠初期对外贸易研究（1843—1863）》，上海人民出版社1961年版，第145页。

[2] 姚公鹤：《上海闲话》，上海古籍出版社1989年版，第26页。

[3] 上海通社编：《上海研究资料》，上海书店1984年版，第138页；蒯世勋编著：《上海公共租界史稿》，上海人民出版社1980年版，第359页。

[4] 汤志钧主编：《近代上海大事记》，上海辞书出版社1989年版，第214页。

升。大量移民的涌入，加速了上海的发展。

此后，伴随都市化的进程，以及城市社会经济的结构性转型，上海的人口容量急剧扩大，来自五湖四海的移民构成了上海城市居民的主体。移民性，以及由此带来的人口高度异质性和流动性，构成了上海社会的显著特征。而在其中，江南移民则扮演了尤为重要的角色。此后，每到战乱，上海都成为江南人的避风港。由于地理上近在咫尺；风俗民情类似，江南人成为上海人口中的主要力量。据统计，1885年，在公共租界的江苏籍人（按，因当时上海属江苏管辖，故此江苏籍人口包括上海本籍人士）为39,604人，浙江籍为41,304人，其时公共租界中的华人总数为109,306，江浙人占74%。此后，虽然江苏籍和浙江籍的在上海人口的比重有所变化，江苏人口逐渐增多，但江浙人占据了总人口的绝大多数这个现象并未改变。如1930年租界人口统计，江苏籍为500,576，浙江籍为388,865，总人口的79.35%，华界的人口比例也类似，1929年，江苏籍为104,622，浙江籍为283,995，合计1,330,617，占总人口数的88.68%。1930年，上海成立特别市，在华界人口数字单独统计，即使刨开上海，江浙人口数字依然占据多数，始终保持在近六成左右。[1]

除了江南人之外，上海也聚集了来自全国各地的人们，如开埠之初，上海客籍移民中以闽广籍势力最大，这是早期十三行贸易体制的遗产，上海通商伊始，充当洋行买办、通事和掮客的大多是广东人。姚公鹤在《上海闲话》中说："洋人由广东北来上海，故广东人最占势力。"[2]更重要的是，上海在20世纪前半期，一直是中国的经济中心、文化中心，这里集中了来自五湖四海的全中国最优秀的人才。而且由于在很长一段时间里，上海是世界上人口进出最方便的城市之一，又没有排斥外来人口的传统，所以上海还聚集了大量的来自世界各国的人，据统计，在当时的上海，有来自英、法、美、日、德、俄、意、葡、波兰、捷克、印

[1] 邹依仁：《旧上海人口变迁的研究》，上海人民出版社1980年版，第114页，按，1930年前，上海本籍人口系含在江苏籍人口中统计。

[2] 姚公鹤：《上海闲话》，上海古籍出版社1989年版，第19页。

度、越南等近40个国家的国际移民，最多时超过15万人。在一些特殊的历史时期，上海甚至成为外国难民的首选避难所。正是上海的华洋杂处与五方杂处的独特社会格局，以及都市化的整体进程，使得上海文化呈现出洋土混杂、新旧并存的总体特征。

最初，绝大多数的普通人进入上海，并非是为了主动吸收新知识新思想，对上海的印象只是那些赴沪同乡们道听途说的信息。不过不管其初衷如何，其立场又如何，一旦到达上海之后，他们多多少少都会被大都市的各种景观所耳濡目染，自然也会接受那些若似若无，半真半假，纷繁杂乱的各种信息、思想和知识，并或主动或被动地将这些信息、思想和知识带回家乡，上海市面的繁华，物品的丰富，名词的新鲜通过这些信息的传递普及到了江南最底层的民众，不仅勾起了他们对上海的兴趣，也吸引他们更多地前往上海，恰恰是这种潜移默化式的信息传递才从根本上改变了江南社会经济各个层面。新事物、新知识、新思想开始在各地次第迅速普及，身处其中，耳濡目染，人们的眼界日益开阔，社会观念和行为方式也发生了前所未有的变化，对新事物逐渐由消极被动接受转化为积极主动认识、接受和推崇。过去江南小城那种目障身塞、孤陋寡闻的狭小空间被一种开放的广阔的精神空间所代替，这种过程的不断深化也成为推动江南社会变迁的重要动力。同样，家族组织和家族活动的调整也基本上是由这些旅居上海的精英分子发起进行的。这种调整和变革无论是主动还是被动，都已经是一种不可遏制的时代潮流。

（一）“改良族制”：族会的创立与宗族组织的调整

会有聚合、汇合之意，人聚集之地即可称会。“族会”这个词并不始于近代，而是有着悠久的历史。《周礼》有“族食族燕”之制。中古时一些世家大族间有“宗会法”相传。宋时程颐主张祭祀始祖，曾引其师李籲之说，积极倡导族会：“凡人家法，须令每有族人远来，则为一会，以合族。虽无事，亦当每月一为之。

古人有花树韦家宗会法，可取也。然族人每有吉凶、嫁娶之类，更须相与为礼，使骨肉之意常相通。骨肉日疏者，只为不相见，情不相接尔。”[1]

程颐的族会主张在当时影响很大，族会渐成风尚。明中后期时，许多族规宗约皆可见族会之法。李濂曾著《族会仪》，规划李氏族会一年六次。[2] 嘉靖时，浙江鄞县张氏族约规定，不仅祭祀祖先之后合族会食，“凡冠婚，宗族毕会，燕享所不废矣”。[3] 杨庆堃也关注了这种宗族聚会，他认为族会有助于让族众“深切感受到一种群体意识”“通过所有家族成员参与的仪式，家族不断地强化自豪、忠诚和团结的情感”。[4]

除了这种宗族内的礼仪性聚会与联谊活动之外，还有一种宗族内部的会社组织也被称为“族会”。这种族会是族众内部醵资创办的会，广泛存在于徽州、江西、浙江、福建等地区。族会的内容涉及地方信仰、经济活动、祭祀祖先、修谱修祠乃至民众日常生活需要的方方面面，并代代赓续，相延成俗。[5] 明清徽州地区更是举凡“旧姓世家”，一旦“富庶则各醵钱立会，归于始祖或支祖”。郑振满在研究明清福建宗族组织时也注意到，对于那些以血缘为基础、继嗣关系明晰的继承式宗族，祭祖活动及相关费用只能由派下子孙共同分摊，即“按房醵金”或“亲房轮值”；而因利益关系结合起来的合同式宗族，则流行“集股”的方式。[6] 族会财产的筹集主要有丁会、产会两种方式，前者报丁捐产，后者按产量捐，聚集会本。刘淼在对徽州族会的研究时则指出，这是一种宗族内部的祭祀性会社组织，其活动主体是宗族内的继嗣群体，载体则来自宗族系统内的房、派单位，这种“族会”集中了“会”成员的私人财产，并可以组织从事营利活动，是对宗族

[1]（宋）程颐：《端伯传师说》，王孝鱼点校《二程集》卷一，中华书局 1981 年版，第 7 页。

[2]（明）李濂：《嵩渚文集》卷四二《族会论下》，《四库全书存目丛书》集部第 70 册，齐鲁书社 1997 年版。

[3]（明）张时彻：《芝园定集》卷二一《族约》，《四库全书存目丛书》集部第 82 册，齐鲁书社 1997 年版。

[4]［美］杨庆堃著，范丽珠等译：《中国社会中的宗教》，上海人民出版社 2007 年版，第 54 页。

[5] 参见胡中生《徽州的族会与宗族建设》，《徽学》第 5 卷，第 122—125 页。

[6] 郑振满：《明清福建家族组织与社会变迁》，湖南教育出版社 1992 年版，第 77、103—110 页。

功能的补充，也由此突破了宗族“房”“派”系统。[1] 林济更认为这种宗族内部的“族会”体现了“血缘宗法族权与宗族公产管理权一定程度的分离”“可以有效地防止血缘宗法宗族长对宗族公产的侵夺，使宗族公产能够长期稳定的存在，形成了强大的宗族凝聚力，这也是徽州宗族强固的一个重要原因”。[2]

近代的族会与传统社会的“族会”有很大的区别，起源于上海，最早由上海的王氏、朱氏等家族于光绪末年创立，此后上海的曹氏、黄氏、盛氏、郁氏、钮氏以及常州西营刘氏、慈溪姚氏、黟县余氏、休宁黄氏等各地家族也相继建立族会。族会与以前宗族的组织形态最大不同的是以近代社会团体为标准建立起来的组织。其兴起和繁盛，与近代思潮引入中国息息相关。对于近代族会的研究，最早由冯尔康先生提出[3]，但此后研究成果寥寥，汪兵的《清末民初的宗族议会：以变求通的一朵历史浪花》(《天津师范大学学报》2002 年第 1 期）及杨桢在其硕士议文《川沙黄氏家族的近代变迁》[4] 中有提及，杜正贞在相关文章中也对此问题有所讨论[5]。

1. 近代上海族会的源起

关于族会的起源，冯尔康先生等均是依据民国十四年（1925）刊印的《上海曹氏续修族谱》中的《族会缘起》所言：“光绪三十一年七月，苏松太道袁树勋准绅士所议，撤南市工程局，设城厢内外总工程局。冬十月，实行地方自治。邑王氏、朱氏仿其意，集族人为族会，从事家族立宪。宣统元年十月，润甫公于

[1] 参见刘淼《清代祁门善和里程氏的“会”组织》(《文物研究》第 8、9 辑)、《清代徽州的“会”与“会祭”：以祁门善和里程氏为中心》(《江淮论坛》1995 年第 4 期)、《中国传统社会的资产运作形态：关于徽州宗族“族会”的会产处置》(《中国经济史研究》2002 年第 2 期）等相关论文。

[2] 林济：《明清徽州的共业与宗教礼俗》,《华南师范大学学报》2000 年第 5 期。

[3] 冯尔康：《18 世纪以来中国家族的现代转向》，上海人民出版社 2005 年版，第 251—252 页。

[4] 杨桢：《川沙黄氏家族的近代变迁》，上海师范大学硕士论文 2016 年，第 35—46 页。

[5] 参见杜正贞《近代山区社会的习惯、契约和权利》上编相关内容，中华书局 2018 年版。

宗祠崇孝堂先后两次邀集族众决议仿行，拟具简章。十一月朔冬至，祠祭聚族通过简章，公举职员，正式成立。民国七年七月由临时大会公决，添举契券保管员。十三年六月，复由临时大会修改简章，通过施行规则。添举职员分任诸务，相延至今。”[1] 由此可知，曹氏族会成立于 1909 年，而在此之前的光绪三十一年（1905），有“王氏、朱氏”仿“地方自治”之意先成立族会，“从事家族立宪”，可见上海最早的族会当由王氏和朱氏家族创立。

今王氏族会情况限于资料，尚未可考。朱氏族会则载于民国十七年（1928）刊印的《上海朱氏族谱》之中，谱中有《族会缘起》一文载明其创始情况：

> 上海族姓无我朱氏大，祭田、义庄、家庙、坟茔、粲然秩然，亦无我朱氏之详且备者，非先人物力之厚，风义之高，曷以臻此盛轨。乾嘉之际，中国民丰物阜之时也，我朱氏亦号称极盛。道咸以后，族运中

上海朱氏族会摄影

[1]《族会缘起》,《上海曹氏续修族谱》卷四，1925 年铅印本。

衰，驯至生计艰难，丁口衰耗。民不足则不暇治礼义，庙貌荒顿，几同废刹，义庄颓弛，尽饱私囊。凌夷迄于光绪之季，而族运之否极矣。同人等发愤私议曰：“今日文明国民无不视国事如家事，视国人如同胞，我辈视切己之家事，血统亲密之同胞乃如秦人视越人之肥瘠，毋乃枉自菲薄，贻祖宗羞与？”乙巳夏，征集同民发起改良族制之议，大会族人于宗祠，演说主旨。虽为舆论所挠，未及果行，而此志固未尝少懈也。荏苒数年，以及戊申之岁，内讧迭起，外侮交侵，稍具天良者，无不言之扼腕。同人等呼祖宗在天之灵，重申前议，创立族会，拟具草章，请于前知县李公批准施行。即于是年十二月有投票法公举经理、议员若干人，邀请邑董监视选举，是为族会成立之始，距发起之岁已四年矣。[1]

据此，朱氏族会确实发起于1905年（乙巳夏），但实际上当时“为舆论所挠，未及果行”，而真正“重申前议，创立族会，拟具草章”则是1908年（戊申）末，真正由知县批准施行，则已经到了1909年。紧接着曹氏家族在同年一并也创立族会。曹氏和朱氏两个家族渊源颇深，清代有多次联姻，关系密切，著名学者朱文赤之女嫁给了曹氏的曹树杏[2]，另外曹鸿焘曾与朱文煜共同创办同仁堂[3]。朱氏家族以郡望命名其族会为“谯国族会”，曹氏族会同样以郡望命名为“沛国族会”。由此可见，曹氏族会的创办应该受到了朱氏族会的直接影响。

又如前所述，曹氏族谱曾提及，族会创始的起因是“光绪三十一年七月，苏松太道袁树勋准绅士所议，撤南市工程局，设城厢内外总工程局，冬十月，实行地方自治”，因受到自治的影响，才推动了相关家族“发起改良族制之议”。今查《上海市自治志》的相关记载，曹氏家族的曹骧（润甫）和朱氏家族的朱树恒

[1]（清）朱澄叙：《族会缘起》，《上海朱氏族谱》卷八《外录》，1928年木活字本。

[2] 据佐藤仁史的统计，朱曹二氏的联姻曾经达到13次之多，参见佐藤仁史《清朝中期江南的一宗族与区域社会：以上海曹氏为例的个案研究》，《学术月刊》1996年第4期。

[3] 光绪《松江府续志》卷二四，《上海府县旧志丛书·松江府卷》，上海古籍出版社2011年版。

（久叙）同为自治公所的第二批议员，曹骧同时还是城厢内外总工程局的议员。由此也证明，两个家族受到地方自治的影响，创立族会，“改良族制”。然而仍有必要进一步细究曹氏、朱氏家族创立族会的更多的动因和背景。

2. 改良族制的动机

在清代，曹氏和朱氏俱是上海屈指可数的名门望族，曹氏曾经产生了曹垂璨、曹一士、曹锡宝等清代名臣，被称为“江南数望族者，殆罕有其匹”[1]；朱氏则自称“上海族姓无我朱氏大”，也产生了如朱文赤、朱增沂等学者。同时，朱氏和曹氏家族在当时就有较为完善的宗族组织和祠田、族产，并一向积极投身于地方公益事业，事迹载入地方志书。试举数例：乾隆时，朱氏家族的朱之淇以贸易阜家后，投身慈善事业，乾隆二十一年（1756）岁饥时倡施糜平粜米，秋大疫时，舍槥以千计。又慕普济堂善举，储银三千两，命子侄俟有倡者资其事。其弟朱之灏捐修敬业书院，增建育婴堂房舍。朱之淇次子朱朝坤增置义田。[2] 朱文煜承父志母命，倡同仁堂公所。朱文燾邑有善事必捐资为倡，于道光七年（1827）独力修葺宗祠，卒后，妻许氏、子朱增楷遂捐置南汇县田千余亩为义庄。[3] 曹氏家族曹炳曾捐资育婴，夏月施帷帐，晚年与其兄曹炯曾创置义田。曹炳曾子曹培廉于宗祠祭田外增置义田，为族建义冢瘗无后者，岁助育婴堂。[4] 曹树珊赎公产，迁祖坟，葺宗祠，修族谱，皆独任之，又董理同仁堂，合并辅元堂。太平天国时总办团练，留养难民。[5] 曹树杏遵母朱氏遗训独葺宗祠[6]。曹基善“董同仁辅元

[1]（清）张云章：《曹氏族谱序》，《上海曹氏族谱》卷一《前序》。

[2] 同治《上海县志》卷二十《人物三》，《上海府县旧志丛书·上海县卷》，上海古籍出版社 2015 年版。

[3] 光绪《松江府续志》卷二四，《上海府县旧志丛书·松江府卷》，上海古籍出版社 2011 年版。

[4] 同治《上海县志》卷二十《人物三》，《上海府县旧志丛书·上海县卷》，上海古籍出版社 2015 年版。

[5] 同治《上海县志》卷二一，《上海府县旧志丛书·上海县卷》，上海古籍出版社 2015 年版。

[6] 光绪《松江府续志》卷二四，《上海府县旧志丛书·松江府卷》，上海古籍出版社 2011 年版。

堂，钩稽出入，靡不躬亲”[1]。

到了晚清，这两个家族又得风气之先很早接触了西方思想，主导朱氏族会创立，撰写《族会缘起》的朱澄叙是其中代表。朱澄叙（1850—1911），字彝伯，号问渔，族谱对其经历语焉未详，仅称其为本省乡试荐卷生，不过载明其是著名学者蒋敦复的女婿。[2]蒋敦复与王韬、李善兰相从甚密，有“海天三友”之名，又曾助慕维廉译《大英国志》。[3]应该借由蒋敦复这一关系，朱澄叙很早也接触西方思想。根据相关资料，他早年肄业于格致书院，光绪十五年（1889），李鸿章曾就“中西格致之学异同”论题，考校上海格致书院学生，朱澄叙和钟天纬列名获得超等奖励的学生名单当中。从他留下的答卷中可知，当时朱澄叙对西方近代的科学知识已经非常熟悉，而且能够深入到理论层面。如他对培根的经验主义认识论极推崇，认为其“创为新论，谓穷理必溯天地大原”“必心力与机器互用，方可得其实据”“而更试验其所行之事，而强识之，辨虚诬而归真实”，他对演绎和归纳法也非常了解，指出“爰是设立二法，曰心机料理（即演绎法），曰天地阐义（即归纳法），一以辅助格致之学，一以研究万物之理”。[4]另圣约翰大学曾有国文老师朱问渔[5]，此朱问渔是否为朱澄叙，尚须待考。不过族谱载明，继朱澄叙负责族会族产的其子朱树翘毕业于圣约翰大学，并为青年会总校长。[6]根据惯例，朱树翘应为基督教徒无疑。

这种情况在曹氏家族中同样存在。曹氏沛国族会的最早倡导者“艺心公”曹基增（1844—1909），字龙山，曾为工部局的绘图员。[7]另有曹钟秀（1839—1908），族谱称其“精西法绘图”，“刊入江南制造局译出《汽机必以》《化学分

[1] 民国《上海县续志》卷一八《上海府县旧志丛书·上海县卷》，上海古籍出版社2015年版。

[2]《上海朱氏族谱》卷三《世传》中，第87页。

[3] 滕固：《蒋剑人先生年谱》，《挹芬室文存》，辽宁教育出版社2003年版。

[4] 朱澄叙：《格致问》，上海图书馆编《格致书院课艺》第2册，上海科学技术文献出版社2016年版。

[5]《圣约翰大学自编校史稿》，熊月之、周武主编《圣约翰大学史》，上海人民出版社2007年版，第413页。

[6]《上海朱氏族谱》卷三《世传》下。

[7] 民国《上海县志》卷一六，《上海府县旧志丛书·上海县卷》，上海古籍出版社2015年版。

原》《器象显真》《轮船布阵》《测地绘图》《兵船炮法》《西艺知新》《井矿工程》《格致启蒙》《电学》《声学》《化学考质》《西药大成》《考工记要》《测绘海图》《法律》《医学》《无线电报》《物理学》等书，载邑志”。[1] 族会首任议长“润甫公”曹骧（1844—1923），早年即入外国人所设蒙塾习中西文，同治初年入英租界工部局任译务，曾著《英字入门》行世，为英文字典之始。光绪初年，被聘任县署译务，光绪十二年为英法公使刘瑞芬随员。[2] 由此可见，曹氏和朱氏族会的创始人均是最早接受西式教育的那批先进知识分子，他们对近代西方思想非常熟悉和了解，其创办族会也绝非简单地将“自治”这样的新概念引入家族而已，而并非只是“一个步入十里洋场的乡绅”为了要入乡随俗，随便“换了一身洋装”。族会的创办也不只是所谓的“为进一步巩固族权而为自家穿上的一层漂亮时髦的保护衣”。[3]

族會緣起
上海諸事得風氣先清光緒三十一年七月蘇松太道袁樹勛准紳士所議撤南市工程局設城廂內外總工程局冬十月實行地方自治邑王氏朱氏師仿其意集族人爲族會從事家族立憲宣統元年十月潤甫公於宗祠崇孝堂先後兩次邀集族衆決議仿行擬具簡章十一月朔冬至祠祭族聚通過簡章公舉職員正式成立民國七年七月由臨時大會公決添舉契券保管員十三年六月復由臨時大會修改簡章通過施行規則添舉職員分任諸務相沿至今爰述其涯略如右
譙國族會簡章 甲子修改
宗旨　聯絡情誼清釐公產保管祖墓修葺族譜

《曹氏族谱》《族会缘起》

朱氏和曹氏家族创立族会其实尚有更深一层的原因。朱澄叙在《族会缘起》中曾这样表述他们创办族会的初衷：“道咸以后，族运中衰，驯至生计艰难，丁口衰耗，民不足则不暇治礼义，庙貌荒顿，几同废刹，义庄颓弛，尽饱私囊，凌夷迄于光绪之季，而族运之否极矣”。所以他们才发愤私议：“今日文明国民无不

[1]《上海曹氏族谱》卷三《世次录下》。

[2] 同上。

[3] 汪兵：《清末民初的宗族议会：以变求通的一朵历史浪花》，《天津师范大学学报》2002年第1期。

视国事如家事，视国人如同胞，我辈视切己之家事，血统亲密之同胞乃如秦人视越人之肥瘠，毋乃枉自菲薄，贻祖宗羞与？”[1] 接替朱澄叙为会长的朱澄俭则在《族会大事记》中对“义庄颓弛，改饱私囊”有了更加明确的描绘：当初“七世祖妣许太淑人创立义田，捐置祀产”，此后“义田祀产管理之权向操于先赠公本支嫡裔，定有条规，于是深闭固拒，不许旁支顾问，遂至日久弊生，洎乎光绪末，庄务废弛，租息日亏，祠宇就圮，群情惴惴”。[2] 而在“义田之清理”项下，他更直接指出原有“壹千肆亩有奇”的义田在光绪末叶“被经理者私行出典至叁百叁拾余亩之巨”，所以族人闻讯后，认为“义田租息为全族寒苦养命之源，祀产收益又祭享岁修之费所从出，岂容一二后人垄断而败先德垂裕之功，更贻讥于宗党”，所以才“朝夕筹议，同谋所以救济之策”，[3] 由此产生创立族会的想法。

曹氏家族在创办族会之前也面临着与朱氏几乎一样的问题。据《艺心公保存祠产记》记载，清康熙四十五年（1706）前后，曹氏宗族由六世祖梧冈公与其弟巢南公、春浦公、侄大椿公等人捐田供祭；加之族人协力，共得田百九十四亩九分九厘三毫，归巢南公经理。乾隆五十八年（1793），巢南公八世孙南枝公身殁，“非特田不可问，即祠宇亦变迁，仅余颓垣芜壤八分三厘七毫……”。后虽“经道光五年十世二香公之重新，咸丰三年海林公之修葺”，但“祠屋苟完而祠产无着”。同治十年（1871），十一世子兰公为族长时，由十二世保全公输巨款修祠。至光绪三年，因赎“地三亩二分二厘一毫，五年，赎平屋五间”，因经费不足，“贷族弟又香钱二百五十千文，即以六亩七分二厘一毫全单作抵”。由此埋下日后又香倒卖族公产之祸根。光绪十一年，“赎张永春户名地二亩六分七厘九毫，其抵出之单则力未能赎，暂从缓图”，却不知又香早转抵于周积贞，先后称贷至钱七八百千，子母无着。至二十一年，又香“序为族长”后，自作主张，“以全地暨平屋出路悉售贾姓为业，用偿私负，祠有门而无路，弗顾也”。“和哉叔父与

[1]（清）朱澄叙：《族会缘起》，《上海朱氏族谱》卷八《外录》。

[2] 朱澄俭：《族会大事记》，《上海朱氏族谱》卷八《外录》。

[3] 同上。

同居诇悉，格于长幼分，乘冬至祠祭日，揭其事于祠门而覆始发。子兰公之子艺心公不忍父赎祠产沦没他姓，聚族筹保存策”。但此时，族众碍于族长权威，故“群情犹豫，有以宗祠不名一钱，虑难为无米炊者；有以又香分居族长，恐徒贻犯上讥者”。只有“十三世和哉、少怀、景元、菊人诸叔父，十四世训资弟”等人，以为“族长不当私抵公产，尤不当私售公产，是宜以全力争，事济，固赖祖宗之灵；不济，亦尽孙子之职”，才“于十二月以族长串同抵主购公产图卖等情控县”。这场官司打了七年整，最后，还是因又香与周积贞先后去世，方由曹氏诸人垫付周妻四百元而息讼，其中尤以“艺心公及和哉公担负居多”。曹氏宗族吸取了教训，方才在艺心公的支持下，由曹骧主持成立了宗族议会，以图宗族之自治。[1]

要理解朱、曹二家族当时的困境，必须对中国宗族制度的发展变迁有一深入的了解。正如冯尔康所言，明清时期的宗族制度其实发生了从贵族的宗子制到民间的祠堂族长制，从大小宗法到小宗法，从家国一体到家国分离等一系列的变化。[2] 如前章所述，这种新构建出来的宗族虽然在名义上仍守宗法制度，但由于科举获得成功的城居分支并不必然来自宗子一房，长房就不可能再像以前一样天然就被赋予宗族的主导权。那些科举成功的城居士绅用所谓“德”“功”“爵”等名义等取代宗子，掌握了宗族的主导权，并通过置办族产等方式进一步稳固在宗族中的权力。但是这种变化并没有真正改变宗法制度，仍然是以宗法理念治理家族，只是在传统框架中作出的略微调整，所以很多家族一直坚称是“本家礼大宗之说”[3] 的原因，由此也产生了理念与实际的相背离，最典型的是体现在对“族产”的概念理解和产权判断上。

江南宗族大多以族田或者族产为经济基础，家谱中也多表明“系属公产”“永作公产”的字样。早在宋代金华浦江“义门郑氏”的相关家规中，已可见到家族主事者向官府登录族产并呈请政府保护家族祭产、禁止子孙盗卖析产的事例。著

[1] 曹棅：《艺心公保存祠产记》，《上海曹氏族谱》卷四。

[2] 冯尔康：《18世纪以来中国家族的现代转向》，上海人民出版社2005年版，第247页。

[3]《建大宗祠记》，《毗陵庄氏族谱》卷一四《祠庙》，1935年铅印本。

名的苏州范氏义庄也一直申请政府保护义庄田产。[1]乾隆二十一年（1756），经江苏巡抚庄有恭奏请，清廷在原有的《盗卖田宅》律之外，针对子孙盗卖“祀产、义田、宗祠”等三类家族公产，制定了程度不同的罚则，并规定“其祀产、义田，令勒石报官，或族党自立议单公据，方准按例治罪。如无公、私确据，藉端生事者，照诬告罪治罪”。[2]因此无论从法律还是从实践上，都已经确认族产属于全族所有的“公产”。

科大卫曾经用“财产人人有份”和“管理轮流交替”来概括明清时期族产管理的基本原则。[3]但由于宗族仍然是建立在传统的宗法伦理观念之上，族往往是家的扩大，宗祢继承权、嫡庶之分等民间习惯使得族产在产权上有着天然的模糊性。族长或者宗子都认为自己有天然的族产处置权，当初捐置族产的族人嫡系后裔也认为这些族产理所当然属于自己，而在一般族人眼中，祠产的“公”属性即所谓的“财产人人有份”，反而代表了产权属于族内的每一个人。所以一旦私欲膨胀，即使有再严格和清晰的规条，也不能阻止从族长到族人将公产当作私产去占用和盗卖，故而当时常有“世俗大宗小宗，措置祭田所在多有，而日久弊生，或潜蚀于掌守，或侵夺于奸佃，或隐匿于土豪，产簿遗失，清厘非易”[4]的情况，这也是朱氏和曹氏家族在当时陷入困境的原因所在。他们想要“改良族制”，并不是简单地新瓶装旧酒，而是清楚地意识到了传统族制的弊端，试图通过借助一些新的名词、新的思想、新的制度来解决困境，这才是他们创立族会真正深层的动机。

晚清严复在翻译《天演论》时引入了“群”的概念，“天演之事，将使群者存，不群者灭，善群者存，不善群者灭”。[5]他将密尔的《论自由》翻译为《群

[1] 相关研究可见清水盛光著，宋念慈译《中国族产制度考》，台北中国文化大学出版社1986年版。

[2] 吴坛著，马建石等编：《大清律例通考》卷九《户律田宅》，中国政治大学出版社1992年版，第433页。

[3] 科大卫：《皇帝与祖宗：华南的国家与宗族》，江苏人民出版社2009年版，第274页。

[4]《复先贤祭田记》，《段庄钱氏族谱》卷一二《祭田志》，1927年木活字本。

[5] 赫胥黎著，严复译：《天演论》卷上《制私第十三》，《严复集》第五册，中华书局1986年版，第1347页。

己权界论》，就是要对公共领域和私人领域进行划分，讨论处理个人自由与群体自由，个人自由与国家自由的关系。由此又引出“国群自由”的概念，即国家和民族的独立。而要“求国群之自由”，他认为“非合通国之群策群力不可，欲合群策群力，又非人人爱国，人人于国家皆有一部分之义务不能。欲人人皆有一部分义务，因以生其爱国之心，非诱之使与闻国事，教之使洞达外情又不可得之也”。[1] 此后梁启超又在此基础上进一步引发了“独术”与“群术”，“合群”与“去私”概念。所谓“独术”凸显的是“私”字，所谓“人人皆知有己，不知有天下”；“群术”是指“善治国者，知君之与民，同为一群之中之一人，固以知夫一群之中所以然之理，所常行之事，使其群合而不离，萃而不涣，夫是之谓群术”[2]。群术的核心是“公”。所以他对严复说：“君主者何，私而已矣；民主者何，公而已矣。”[3] 要做到合群，在政治层面便是设议院，进行立宪，而在社会层面便是结社立会。所以康有为才说：“夫挽世变在人才，成人才在学术，讲学术在合群。”[4]“思开风气，开知识，非合大群不可，且必合大群而后力厚也，合群非开会不可。”[5] 正是在这一背景下，自变法维新开始，上海各界纷纷以广集同志、联络情谊、图谋共同进化相号召，组织各类社会团体。1908 年，清廷又颁布《结社集会律》，正式明确臣民在法律范围内有言论、著作、出版及集会、结社等自由，给予社会团体这种组织行为做了一定的制度性约束，同时也代表对社会团体的承认。

朱澄叙在格致书院时已和钟天纬等同学一起办兴学会，朱树恒和曹骧更是积极参与地方自治的议员，他们对于上述诸概念无疑有着充分的理解和领会。当家族中“私”与“公”相对立产生的各种问题令其有切肤之痛时，他们自然会希望

[1] 孟德斯鸠著，严复译：《法意》卷一七《论国群奴隶与其风土之关系》，商务印书馆 1981 年版，第 360—361 页。

[2] 梁启超：《说群序》，《梁启超全集》第 1 册，第 93 页。

[3] 梁启超：《致严复书》，《严复集》第五册附录三，中华书局 1986 年版，第 1570 页。

[4] 康有为：《上海强学会序》，《康有为全集》第二集，上海古籍出版社 1990 年版，第 192 页。

[5] 康有为：《康南海自编年谱》，中华书局 1992 年版，第 29 页。

通过援引“合群”理念，让原本分散的家族成员意识到彼此价值观念和实际利益的一致性，进而本着自愿的原则走到一起，结合成为具有参与意识的社会公众，以此将家族组织改造成现代法律意义上的社会团体，以解决家族中面临的族长专权、族产产权“公”“私”不明等矛盾。两个族会均成立于1909年，当与《结社集会律》颁布有关，两族会均呈请知县批准，也符合《结社集会律》的相关规定。

因此，近代的族会和传统宗族在很多地方存在着根本性的差异。首先，传统宗族的族长或是根据宗法，由宗子担任，或是根据齿、德、爵、功等要素，由族中有影响的人物担任，而族会的议长或会长是通过选举产生；其次，传统宗族往往是以家庭为单位参与宗族活动，家长是家庭参与宗族活动的代表，而族会成员则是个人身份的会员，与家庭无关；第三，传统宗族的族产产权归属不明晰，而族会由于是现代意义上的社会团体，从法律上具有独立法人资格，因此族产的产权是属于族会，而非某个族人，由此能解决族产产权归属问题。

沛國族會議事規則

族會一小小團體也然將以此爲合羣自治之試驗場不可以無法度謹訂議事規則四條於言論自由之中不失尊崇秩序之意願共守之

一應提議之事件分爲預定及臨時二項預定者先於開會時宣布逐條公決其有臨時發表意見者須俟預定條件業經議畢方可提議

一辯難之際意見參商在所難免反對者須俟他人語言已畢方可加以駁辯幸勿攙言致滋淆雜

一宗廟爲禮法之地應守孔氏便便唯謹之義尊長卑幼各

上海朱氏《沛国族会议事规则》

曹氏和朱氏对这一点是有着清醒的自觉的。曹氏开宗明义，设立族会为“家族立宪”，[1]朱氏也称其族会“乃族人组织之团体”，其议事规则中更指出：“族会，一小小团体也”，并为“为合群自治

[1]《族会缘起》,《上海曹氏续修族谱》卷四。

之试验场”。[1]朱澄叙在《通告全族声明职权族会内容启》中有着更加清晰的表述。首先，他认为族会是“族中人同心协力，保存祖遗，保存余荫之一大团体”，同时也是“吾国国民自治精神上之一小结力，一小团体”，所以族会其实是“宪法上之真实形式”，通过族会的训练可以“即小可以见大”，使“将来于国事上之团体公德，易于领悟”。其次，他认为要“视族中公产犹如大树，不愿听人斫枝作柴，锯木作料，致使族众不能共享余荫”，仅仅创立族会也不是“永久无弊之法”，更重要的是藉此提高族人的责任感和公共意识，方可以“合人目以共相监视，如大树之不许伤荫，将来愈久愈惧，即团结之力愈坚”，由此“可不致复生前弊”，所以族会和传统的家族组织不同，在于“个人皆负族务，兴废成败之关系”，如果“若皆视作无关紧要之事”，则“团体之精神散矣”，所以“自私自利之见断不可存，即存亦终归无用”。[2]

不过由于朱氏和曹氏族会试图彻底摆脱传统的宗法制度和宗法理念，是从传统向前迈进了一大步，在当时并不容易被世人所接受，所以也有族会尝试进行折衷和妥协。上海著名的郁氏家族在创办族会时，仍然保留了宗子和族长，他们对这一做法是这样解释的：

古者，圣人之教，其道有四，亲亲，长长，贵贵，贤贤，古之氏族有宗子以收族，百世不易，族人为之齐衰三月，缘一本之旨，尊祖则敬宗，此则亲亲之义也。近世宗祠之制，有族长者，此则长长之义也。诸侯夺大宗，大夫夺小宗，此则贵贵之义也。惟三代之世有天爵者，人爵随之，贵贵贤贤，无分也。洎乎后世贤者不必贵，贵者不必贤，于是贵之为贵，不若贤之足贵矣。宗族之设，上则尊祖，下则联合子孙，务求久远者也。故宜于宗子、族长之外，更举贤能以为族正，庶亲亲、长

[1]《沛国族会议事规则》,《上海朱氏族谱》卷八《外录》。

[2]（清）朱澄叙:《通告全族声明职权族会内容启》,《上海朱氏族谱》卷八《外录》。

长、贵贵、贤贤之义不偏废矣。[1]

郁氏家族并没有像曹氏和朱氏那样另起炉灶的革新，而是在保持原来的框架基础上进行改良。他们认为，宗子是“百世不易”，族长是族中分、齿最尊者，也是终身职务，族正则由族会选举，任期三年，连举得连任，但不得过二任。族长主持族中婚嫁祭祀一切事务，是一种仪式性的职务；宗子掌管家谱和宗祠，但是并无实际的处置权，而且必须会同族长一起办理，只是一种象征性职务；族正则掌管所有财产和宗族内部事务，是一种行政性的职务；而对家族事务和财产的处分和变更，必须通过全族大会，由全体族人出席表决通过。[2] 这种做法可以说是将传统的宗法制和现在的社团制融合在一起，虽然是一种“亲亲”“长长”“贵贵”“贤贤”诸因素的妥协融合，不过也可以看成是仿照君主立宪及三权分立制式的权力制衡。

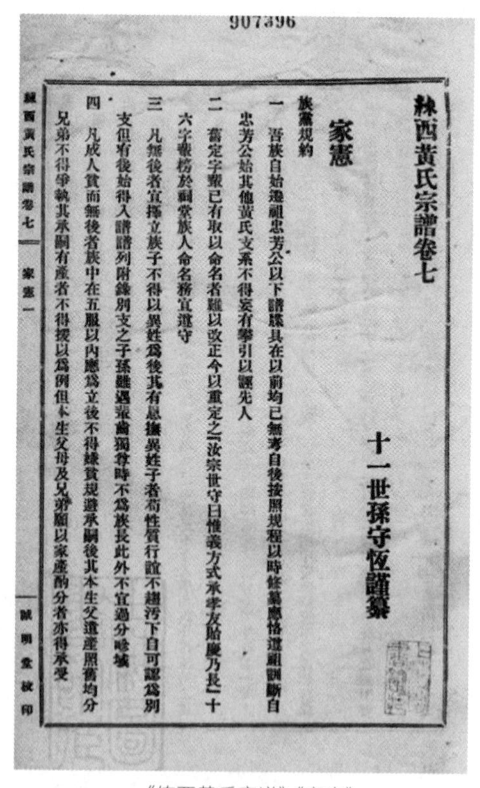
907396

練西黃氏宗譜卷七　十一世孫守恆謹纂

家憲

族黨規約

一 吾族自始遷祖忠芳公以下譜牒具在以前均已無考自後按照規程以時修纂應恪遵祖訓斷自忠芳公始其他黃氏支系不得妄有攀引以誣先人

二 舊定字輩已有取以命名者雖以改正今以重定之「汝宗世守曰惟義方式承孝友貽慶乃長」十六字張榜於祠堂族人命名務宜遵守

三 凡無後者宜擇立族子不得以異姓爲後其有息撫異姓子者苟性質行誼不趨汚下自可認爲別支但有後始得入譜譜列附錄別支之子孫雖遇輩齒獨尊時不爲族長此外不宜過分畛域

四 凡成人實而無後者族中在五服以內應爲立後不得棣貫規避承嗣後其本生父遺產照舊均分兄弟不得爭執其承嗣有產者不得援以爲例但本生父母及兄弟願以家產酌分者亦得承受

練西黃氏宗譜卷七　家憲一　誠明堂校印

《练西黄氏宗谱》《家宪》

3. 民国时期族会的发展

进入民国后，族会又有新的发展，除了前述的王氏、朱氏、曹氏和郁氏之外，在上海地区创立族会的家族越来越多，有代表性的有下列几家。

根据《练西黄氏宗谱》，民国三年（1914）十一月，黄氏制定“同族会议规程”，规定“凡族人年在二十岁以

[1]《族会》，《郁氏家乘》，1933 年铅印本，第 1 页上。
[2]《族会》，《郁氏家乘》，第 1 页下。

上，通晓文义，有正当职业者，得于同族会议列席为议员”。[1]

根据《一团盛氏支谱》，民国七年（1918）十月十七日，盛氏创立“家祠保族会”，[2]但 1919 年 2 月 25 日《申报》载浦东大团镇盛氏“原有保族会名义”，但是“族大支繁，人杂言庞，在旁观者既不解俗奢示俭之义，而热心者反遭以幼凌长之嫌”，所以族人，大团镇镇董，创办指南学堂的盛家洤（砺甫）决定职员重行推选。[3]

1920 年春，黄炎培所在的川沙黄氏由任职于江海关的黄士焕与毕业于龙门师范的黄圭商议后，决定成立黄氏族会。次年，邀集黄氏族中的父老昆弟在黄士焕家召开了雪社的成立大会。会议先由黄士焕报告世系及保存共产的理由，继而由黄圭宣读社章。推举黄植熙为理事长，黄士焕为副理事长，黄焕杰、黄增鼎及黄炎培等人为理事，并将族会命名为“雪社”。关于雪社之名的由来，一方面代表均先祖黄雪谷之后裔，另一方面也有“洗濯”之义，意即“吾黄氏为数百年之旧家，积累深厚，子孙或有不能缵承先志者，此后宜朝乾夕惕，一洗濯之”，此外雪之义“又为皎洁”，希望族人“心地光明，洁身自好，乃为人格高尚之国民”。1921 年 3 月 7 日，以“联络感情，互相扶助，保护族中共产，筹划族中公益”为宗旨的雪社正式成立。[4]

据《申报》记载，国民党元老钮永建所在的马桥乡俞塘钮氏“向有宗族会议之组织”，此后有少数族人应顺潮流趋向，提议改组，并得该会议长钮永建氏之同意，于 1929 年 4 月 15 日召集宗族会议，议决实行改组。其改组情形包括：一是实行委员制，设执行委员五人、监察委员三人，分别处理该族事务。委员人选由大会选举之。二是执监两委员各设常务委员一人，由各该委员中互推之。选举结果是永建夫人、永祥、世禧、世振、永冰当选为执行委员，并推定永祥为常务

[1]《同族会议规程》,《练西黄氏宗谱》卷七。

[2]《盛氏家祠保族会办事规程》,《一团盛氏支谱》第四册《附录》，1925 年铅印本。

[3]《浦东盛氏筹议婚嫁改良之进行》,《申报》1919 年 2 月 25 日第 11 版。

[4] 黄圭:《雪社缘起》,《黄氏雪谷公支谱》卷十《雪社社务》，1923 年铅印本。

《黄氏雪谷公支谱》族会雪社摄影

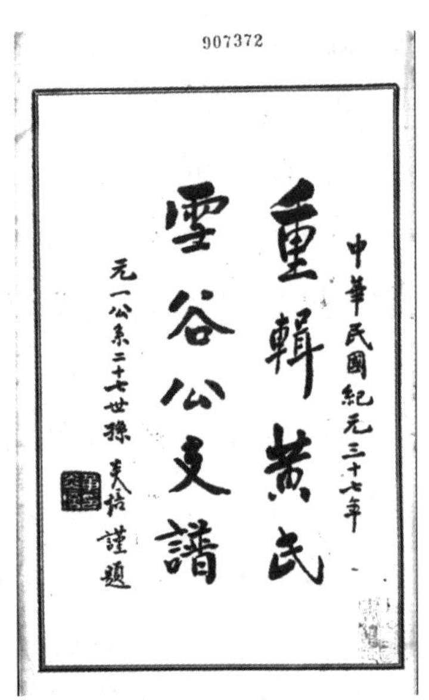

907372

中華民國紀元三十七年

重輯黃氏

雪谷公支譜

元一公系二十七世孫炎培謹題

《黄氏雪谷公支谱》黄炎培题字

委员，世振为经济委员，永冰为文书委员，永建夫人、世禧为庶务兼交际委员。永建、永曜、长庆当选为监察委员，并推定永曜为常务委员。同时还有重要提案如下：一是厉行强迫教育案。议决学龄儿童必须入学，以初级小学毕业为最低限底，成年失学者仍须受相当之补习。二是严禁烟赌等不良嗜好案。议决中年以下者限一个月内戒绝，年长者亦须量力定期戒除，其限不得过半年。如有阳奉阴违者，得由监察委员检举，并提出大会惩戒之。三是纂修本宗谱牒案。[1]

近代有大量的移民移居上海，这些大量人口的移入，加之上海的西式生活和高度发达的商业社会所带来的思维观念、生活方式的变化，对原有的以血缘关系为纽带的宗族组织和宗法观念必然会带来极大的冲击。但同时，在陌生的都市中，移民生存仍然需要依靠血缘和地缘关系，血缘、地缘关系以及由此而来的宗族认同、家乡认同仍是他们之间的重要纽带，所以上海也出现由移民家族组建的族会。

[1]《俞塘钮氏宗族会议改组》,《申报》1929 年 4 月 18 日第 16 版。

据1917年2月7日《申报》记载，宁波慈东姚氏旅沪同族于1916年发起同族会，为“合姚氏清行支系旅沪同族之人组织而成”，此时在四明公所开成立大会，公推商人姚云桥为主席，“当众宣布宗旨，并报告收入、会费及经过情形”，这是上海较早的旅沪同族会，当时称为“同族会沪上创举”。[1]

又如1918年7月26日，《申报》报道鄞县章氏旅沪同族组织——“同宗敦族会”在林荫路五号召开成立大会，“公推章备华主席，报告开会宗旨，以‘保乡敦族’为唯一主义，众皆赞成”。旋即“公举章备华为正会长，章旌榜、章备珊为副会长，章功谊为议长，章显鷞、章功允为副议长，章显达、章显仁为正副会计，并公举评议员二十人，由各房选出，所需经费由到场各会员分别担任，共得常年费二百八十余元，特捐一千六百余元”。[2] 此后苏州洞庭翁氏旅沪同族会[3]、洞庭东山郑氏旅沪同族会[4]、徽州黟南余氏同族会[5]、古林休宁古林黄氏旅外同族会[6]以及常州刘氏五福会[7]等相继成立。如冯尔康所指出的，虽无族会、家族会的名称，按照族会的精神和宗旨行事的家族组织，如上海葛氏的顿丘公会、上海倪王氏的职思堂等更加不计其数。

这些族会的创立基本上都遵循着“合群”精神。如慈东姚氏旅沪同族会创立时，上海工商界的知名人士洪承祁曾莅会发表演说，称“同族会宗旨与团体相符，惟同族更觉亲密，将来若能收美满效果，预卜可称世界最有精神之会。如各处能仿此普及，以一族之团力，聚而为一国之团力，则将来利益之大实无限量”。[8] 而章氏同族会创立时，同乡著名商人方积蕃（椒伯）也曾演说“同族合

[1]《慈东姚氏旅沪同族会纪事》，《申报》1917年2月7日第11版。

[2]《章氏同宗敦族会成立》，《申报》1918年7月26日第11版。

[3]《洞庭翁氏旅沪同族会成立》，《申报》1923年6月12日第15版。

[4]《洞庭东山郑氏旅沪同族会》，《申报》1929年4月18日第16版。

[5]《黟南余氏同族会消息》，《申报》1926年6月9日第13版。

[6]《浙皖同乡关心梓乡兵事》，《申报》1927年1月6日第11版。

[7]《五福会章程》，《西营刘氏五福会支谱》，1929年铅印本。

[8]《慈东姚氏旅沪同族会纪事》，《申报》1917年2月7日第11版。

頓邱公會記

余聞之先人曰上海葛氏初以經商海上沙船往來帆檣林立有所謂葛家廠者卽修築沙船之塢也道咸後家業漸衰然族祖號松亭公者少年豪放尚以貲財自雄可想見其憑藉之厚矣惟吾祖易賈而儒研求經史授徒餬口時當變亂遷徙無常雖舉於鄉文名震海外幾至託足無地吾父發憤從戎崎嶇三晉歷官數十年席不暇煖至余兄弟而衣食稍贍各得一廛屏蔽風雨豈非天乎詩曰風雨如晦鷄鳴不已古人言艱難可以興國逸豫足以亡身讀史至盛衰興廢之道未嘗不三致意焉余生也晚於族中公地公產等嚮不置意曾記十數年前有售去望道港基地三十餘畝及馬家廠基地兩事祖宗產業淪於異族未免可惜族中有鑒

《上海葛氏支谱》《顿邱公会记》

群之必要”。[1]

这一时期族会的迅速发展是和当时法律制度的逐渐完善密切相关。一是社团作为法人地位的确立。1930 年，当时负责朱氏族会的朱澄俭在回顾族会创立二十年的诸件大事时，曾有“本族会”属“团体法人之一”之说。[2]“法人”是现代民法意义上的概念，是指自然人之外由法律所创设，得为权利与义务主体的社会团体，“依法自治”和“得为权利义务主体”是“法人”的基本意义。“法人”这一概念应是由日本引入。据学者研究，1906 年汪有龄在《论产业组合》一文时已提及“法人”概念，同年杨志洵撰写有《论法人课税标准》。清廷编纂《大清民律草案》第一编《总则》中设有“法人”专章，其中从第六十七条至一百四十二条规定了社团法人的设立、组织、会员、监督、解散及罚则。按照社团设立的目的，社团法人分为非经济的社团法人、经济的社团法人，非经济的社团法人，由民律规定，经济的社团法人由商律等特别法规范。[3] 但是《大清民律草案》未及颁行，直到 1915 年民国政府修订公布《商会法》时，才正式在法律条文中出现“法人”一词。1928 年 5 月至 1930 年底，《中华民国民法》陆续公布各编，其中《总则》第二章“人”第二节“法人”中有“社团”部分，并已经分成以营利为目的之社

[1]《章氏同宗敦族会成立》，《申报》1918 年 7 月 26 日第 11 版。

[2] 朱澄俭：《族会大事记》，《上海朱氏族谱》卷八《外录》。

[3] 杨立新点校：《大清民律草案》，吉林人民出版社 2002 年版，第 9—18 页。

团和以公益为目的之社团，还规定成立社团必须先订立章程，得到主管部门的许可，并且进行登记。[1]至今台湾省地区仍然延续了这一社会团体的分类，将“私法人”分为“社团法人”和“财团法人”，“社团法人”分为“营利法人”和“公益法人”，其中“宗亲会”被纳入“公益社团法人”一类。民国时期，谯国族会经常成为新闻的焦点，他们不断地以法人的资格介入到一场又一场关于族产的诉讼之中，如“上海第一初级审判厅判决朱澄晓等诉参药商团占住莲花庵一案”直到今日仍引起了法学界的注意。[2]

二是新的继承法使得宗法制度不再得到法律的支持。《中华民国民法》中第五编是继承编，其中继承编是中国历史上第一部正式颁布的继承法。新的继承法立法原则之一是宗祧继承无庸规定，由此正式废除了宗祢继承，嫡庶之别也随之取消，传统宗法制度从此失去了法律的支持。[3]宗子或嫡支自此丧失了对族人的领导权和族产的处置权，而族会作为“社团法人”由此就有可能获得管理族务和处置族产的权利，族会制度在法律层面上获得了支持。所以此时朱澄俭才说：“若冢嫡众庶之称，今已一律平等，无所分别，从前公产，应归嫡支保管之例，既与现行法抵触，已不攻自破。”[4]

三是“亲属会议制度”的引入。受日本民法旧亲族编的影响。《大清民律草案》从1440条至1448条设有“亲属会”，民国初年的大理院判例及解释例，也承认亲族会议的设立。亲属会议的权限在当时仅限于继承事项，其组织和召集如当时解释例所言，“亲族会议除族中别无他人外，不得以族长之意思为亲族会议之决议”“亲族会议之组织，现行法上虽无明文，然按之条理，自必由各房族人多数或由各房举出总代表与会，而取决于与会者过半数同意，方为合法”。[5] 1930

---

[1]《中华民国民法》第一编《总则》第一章《人》第一节《法人》，文明书局1931年版，第5—15页。

[2] 参见李贵连《清末民初寺庙财产权研究稿》，载氏著《近代中国法制与法学》，北京大学出版社2002年版，第158页。

[3] 郭元觉辑校：《中华民国民法亲属继承》，上海法学编译社1930年版。

[4] 朱澄俭：《规约纲要》，《上海朱氏族谱》卷八《外录》。

[5] 周东白编辑：《大理院判例解释民法集解》，世界书局1928年版，第117页。

年公布的民法《亲属编》同样有亲属会议的规定，《继承编》则规定无人承认之继承，即继承人的有无不明时，应由亲属会议选定遗产管理人。[1] 亲属会议制度引入后，成为涉及遗产继承等相关问题时的经常性制度。如著名的盛宣怀遗产分配案，当时就有报道，称盛氏的遗孀庄氏向法院请求应按照监督分产人李经方所拟办法分配，但盛宣怀子嗣中有盛毓常对此办法持有异议，所以法院传讯，法庭上庄氏的律师定称李经方所拟分产办法，"盛氏亲族会暨各房子嗣多数赞成"。[2] 随着亲属会议制度的逐步实施，亲属会议有可能逐渐从临时举行变成常设机构，各家族逐渐习惯了通过会议投票来决定家族事务，族会也随之日渐发展。

民国时期族会相关的制度也较之晚清时有了更多的进步。如族产管理制度的改善。族产各单据的保管一直是宗族的大问题，朱氏发现"近年来因沪地各银行俱有管库之设置，非常稳妥，可无窃盗烽火之虞"，于是经公议讨论后，"将所有单契如数寄存银库"，并且与银行立约，"非经经理、监察、保管员会同盖章，不得开动"，以为"平安妥适，莫善于此"，应当永以为法。[3] 而刘氏五福会则要求族务会计由族人"会员中明会计法而有信用者担任"，并要求每年制定预算和决算表。[4]

最重要的改进则是关于女性族人的族会资格问题。当初，朱氏族会规定："族长以下不论辈行尊卑，凡年满二十岁者皆为会员，惟妇女不得干预"。[5] 朱澄叙曾加以说明："若族中妇女，现在未便与闻，系章程所规定。"[6] 郁氏的黎阳族会同样规定："族人男子二十岁以上，族会有选举族正及被选举权、提议权、表决权，十三岁以上得列席旁听而已，以上诸权，女子均无之。"[7] 曹氏沛国族会虽

---

[1]《中华民国民法》第四编《亲属》第七章《亲属会议》，第280—281页；第五编《继承》第二章《遗产之继承》第一节《无人承认之继承》，第293页。

[2]《盛宣怀遗产分配案》，《申报》1920年3月3日第11版。

[3] 朱澄俭：《族会大事记》，《上海朱氏族谱》卷八《外录》。

[4]《五福会章程》第七章第二十条，《西营刘氏五福会支谱》。

[5]《族会总章》，《上海朱氏族谱》卷八《外录》。

[6]（清）朱澄叙：《通告全族声明职权族会内容启》，《上海朱氏族谱》卷八《外录》。

[7]《族会》，《郁氏家乘》。

然没有明确说明，但显然应该也是女子无选举权和被选举权的。不过这并不是简单地可以归结为族会制度的落后。当时《结社集会律》在规定参加结社集会的主体资格时，就将包括妇女在内的八类人排除在外。民国时期，由于最初家族财产继承仍然与宗祧继承混在一起，所以对女子的财产继承权一直没有明确规定，即使妻子也没有对丈夫财产的继承权，女儿只有在户绝财产无继嗣可立的情况才有财产继承权，[1] 另外之有“亲女苟为亲所喜悦”方可获得一定的财产权。[2] 在法律没有明确女子继承权，社会底层、普通的社会习惯均不承认女子有继承遗产的权利的情况下，片面要求族会给予女性选举权和被选举权，其实是一种苛求。

这种情况一直到国民政府时期才有所改变。1926 年 1 月，国民党第二次全国代表大会上通过的“妇女运动决议案”，明确指出“制定男女平等的法律”“规定女子有财产继承权”“反对司法机关对于男女不平等的判决”等几项主张[3]。当年 7 月，国民政府司法行政委员会即通令：“查关于制定妇女新法规，系属改造司法委员会职责，除函送该会从速制定外，其未制定新法规以前，凡属于妇女诉讼案件，应依照中国国民党第二次全国代表大会妇女运动决议案法律方面之原则而为裁判，如有疑难问题，应向本会请示办理”。[4] 按照这一法令，最高法院在 1927 年第七号解释例中明确宣布：“查第二次全国代表大会妇女运动决议案，女子有财产继承权。”[5] 但是 1928 年最高法院的第 34 号解释例仍然说：“未出嫁女子与男子同有财产继承权，否则女已出嫁，无异于男已出继，自不能有此项权利。”[6] 同年在回答浙江永嘉地方法院的第 92 号解释例中称：“女子未嫁分受之产为个人

[1] 大理院民国三年上字第三八六号判例，周东白编辑《大理院判例解释民法集解》第五编《承继》，世界书局 1941 年版，第 71 页。

[2] 大理院民国三年上字第六六九号判例，周东白编辑《大理院判例解释民法集解》第五编《承继》，世界书局 1941 年版，第 50 页。

[3]《妇女运动决议案》，《政治周报》1926 年第 6/7 期，第 70—71 页。

[4]《审判妇女诉讼案件应根据妇女运动议案之原则令》，《国民政府司法例规补编》第五类《民事》，大东书局 1946 年版，第 615 页。

[5] 张虚白编：《女子财产继承权详解》，上海法政学社 1933 年版，第 12 页。

[6] 郭卫编：《最高法院解释例全文》第三四号，上海法学编译社 1930 年版，第 27 页。

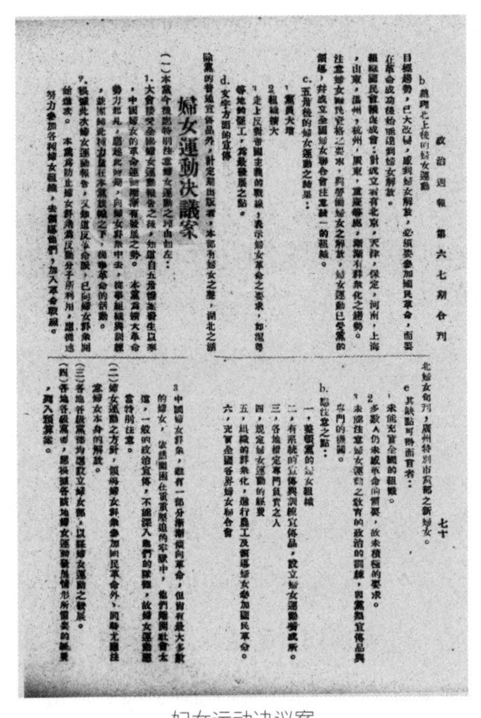

政治週報 第六七期合刊

b 熱烈北上後的婦女運動

目標趨勢，已大改變，感到婦女解放，必須要參加國民革命，而要在革命成功後始能達到婦女解放。

組織國民會議促成會，對於文所有北京，天津，保定，河南，上海，山東，溫州，杭州，廣東，重慶等處，漸漸有群衆化之趨勢。注意婦女的民衆之要求，與勞働婦女之解放，婦女運動已受黨的領導，并成立全國婦女聯合會注意統一的組織。

c. 五卅後的婦女運動之結果：

1 黨員大增

2 組織擴大

3 走上反對帝國主義的戰線，表示婦女革命之要求，如滬粵等地的罷工，為最發展之點。

d. 文字方面的宣傳

除黨的普通宣傳品外，計定期出版者，本部有婦女之聲，湖北之湖北婦女旬刊，廣州特別市黨部之新婦女。

七十

e 其缺點可得而言者：

1 未能充實全國的組織。

2 多數人仍未感革命的需要，故未積極的要求。

3 未能注意婦女運動之教育的政治的訓練，與黨類宣傳品與專門的機關。

b. 應注意之點：

一，整頓黨的婦女組織

二，有系統的宣傳與訓練宣傳品，設立婦女運動養成所。

三，各地指定專門負責之人

四，規定婦女運動的經費

五，組織的群衆化，進行農工及領導婦女參加國民革命。

六，完實全國各界婦女聯合會

婦女運動決議案

(一)本黨今後應特別注意婦女運動之理由如左：

1. 大會接受全國婦女運動報告之後，知道自五卅慘案發生以來，中國婦女的革命運動已漸有發展之勢。 本黨為擴大革命勢力起見，應速此時期，向婦女群衆中去，從事組織與訓練，並須將此種力量在本黨領導之下，從事革命的活動。

2. 鑒於此次婦女運動報告，又知道反革命派，已向婦女群衆開始進攻。 本黨為防止婦女群衆為反動分子所利用，應從速努力參加各種婦女組織，去領導他們，加入革命戰線。

3 中國婦女群衆，雖有一部分漸漸傾向革命，但首有最大多數的婦女，依然困在宗法制度的牢獄中，她們與社會太隔，一般的政治宣傳，不能深入她們的隊裏，故婦女運動應當特別注意。

(二)婦女運動之方針，須為婦女群衆參加國民革命外，同時尤應注意婦女本身的解放。

(三)各地各級黨部均應設立婦女部，以謀婦女運動之發展。

(四)各地各級黨部，應按照各該地婦女運動發展情形所需要的經費，列入預算案。

妇女运动决议案

私产，若父母具亡，并无同父兄弟，应酌留祀产及嗣子应继之分。如出嫁欲携往夫家，除妆奁必须外，需得父母许可，及兄弟或嗣子及未成年之监护人，或亲属会同意。”[1] 直到1929年4月，国民政府新成立的司法院以最高法院的解释“与决议案之真意不合，遂变更解释，女子不问已嫁未嫁，均与男子有同等财产继承权”。[2] 1929年7月31日，中央政治会议正式接受司法院的建议颁布《已嫁女子追溯继承财产施行细则》[3]，至此，女儿不论已婚未婚都和儿子一样真正在立法层面获得了同等的财产继承权。随着法律的调整和民众意识的进步，族会关于女子选举权的问题也开始有所改变。刘氏五福会就规定凡刘氏后裔，年满20岁，无论男女，包括妻子均是本会会员，女子出嫁后虽然不再是会员，但对五福会仍然有建议和请愿权。[4] 该会成立于1929年之前，相关规定显然受到了1928年司法解释的影响，不过在制度上已经提供了女子参与管理家族事务的可能性，已经可以称得上是向前迈出了一大步。从相关报道中可知，钮永建夫人当选为俞塘钮氏族会的执行委员，并被推为庶务兼交际委员[5]，则这一族会中女子无疑具备了选举权和被选举权，钮永建夫人可能是为目前所知最早的当选为族会领导的女性。

[1] 郭卫编:《最高法院解释例全文》第九二号，第71页。

[2] 胡长清:《论女子财产继承权》,《法律评论》1929年第6卷33期，第1—4页。

[3]《已嫁女子追溯继承财产施行细则》,《司法公报》1929年第34期，第10—12页。

[4]《五福会章程》第四章第四条,《西营刘氏五福会支谱》，1929年铅印本。

[5]《俞塘钮氏宗族会议改组》,《申报》1929年4月18日第16版。

上海从晚清开始，自治意识和公民意识已经开始出现，由此形成了社会团体开展的风潮，这种潮流也推动了宗族组织形态的改良。上海族会的建立并不是简单地给宗族组织披上民主的外衣，而是希望通过援引“合群”思想，让原本分散的家族成员意识到彼此价值观念和实际利益的一致性，进而本着自愿的原则走到一起，结合成为具有参与意识的社会公众，以此将家族组织改造成具有公共性的，现代法律意义上的社会团体，以解决家族组织中面临的族长专权、族产产权“公”“私”不明等诸多矛盾。族会组织和传统宗族在很多地方存在着根本性的差异。一是传统宗族的族长或是根据宗法，由宗子担任，或是根据齿、德、爵、功等因素，由族中有影响到的人物担任，而族会的议长或会长是通过选举产生；二是传统宗族往往是以家庭为单位参与宗族活动，家长是家庭参与宗族活动的代表，而族会成员则是个人身份的会员，与家庭无关；三是传统宗族的族产产权归属不明晰，而族会由于是现代意义上的社会团体，从法律上具有独立法人资格，因此族产的产权是属于族会，而非某个族人。随着晚清到民国期间的法律制度的逐渐健全和民众观念的逐渐开明，族会制度不断健全，数量不断增多。

当然，正如很多学者早就提出的，绝对不能将族会视为当时宗族改良的普遍情况。在整个社会均处于转型阵痛的近代，由于城市化水平有限，法律制度建设仍有明显欠缺，公民意识滞后，大多数宗族调整的步伐都不可能太大，族会只可能是少数的特例，它只是传统家族制度在现代进程中的一个过渡形态。根据现有族会的资料，可以推断，族会的创立大致需要同时满足以下几个条件：一是原为望族，家族制度相对较完善，拥有一定数量的族产、祠产，家族成员热衷家族事业，且有投身地方公益事业的传统，这一切为日后家族转型奠定了良好的基础。二是这些家族基本上是城居家族，或者是都市移民家族，族人素质普遍较高，对新思想、新观念相对较易接受，更有一批族人思想较为开明，且具备一定的领导能力。从朱氏的朱澄叙、曹氏的曹骧这样最早接触西方思想的先行者到川沙黄氏的黄炎培、俞塘钮氏的钮永建、五福会刘氏的刘海粟等民初新式知识分子，族会的不断发展其实就是近代新思想、新观念不断深入人心的一个缩影。而要满足以上条件的家族组织，在当时可以说是少之又少。

即便是已创立的族会，其发展也并非一帆风顺。朱氏族会1905年最初提议时“为舆论所挠，未及果行”，[1]盛氏族会创立时，也遇到“旁观者既不解俗奢示俭之义，而热心者反遭以幼凌长之嫌”[2]的问题。族会虽然希望倡导族人“合群”的思想，增强其责任感和公共意识，但除了少数领风气之先的先进人物之外，大部分族人仍然对“公私界限之分”非常模糊。朱氏谯国族会计划资助“族中清寒子弟无资向学者”，并对其“学分及格名列前茅，或课程中有一科之特长及课卷整洁者”，给予奖励，但不料“族中人为以先人遗泽，子孙理应均沾”，“竟不分家之有无，一律支领”，族会也无力阻止，只能眼看着经费日益增多，难以为继。[3]即使是族会负责人本身，其观念也由于时代原因存在着局限。如谯国族会议长朱澄俭坚持认为虽然当时民法已经规定“子女平权，遗产应各平均分析”，但是“我朱氏为沪滨大族，谱系厘然，不容异姓之乱宗，一脉相承，著为家法”，所以规定“凡族人无后者，其坟墓祀田应归族会保管，并不得以女子继承”。[4]

另外，如果说晚清时朱氏、曹氏等家族援引新制度和新话语是为了主动寻求宗族新出路的话，正如杜正贞指出的，到了民国时随着法律和制度的变革，更多的家族创立族会其实是被动地在寻找一种重新整合宗族制度的方法。新的法律制度虽然为宗族提供了一种新的发展方向，但另一方面，随着宗祧继承制被法律否认，围绕宗族的历史传统、文化观念以及族人基于血缘或“拟制的”血缘关系构建起来的联系也不再被法律所认同，宗族的未来也随之被蒙上了一层阴影。[5]当时已经有族人意识到家族未来的发展将遇到更多困难。1948年，黄炎培就清醒地指出，随着新土地政策的逐步实施，“族田制度将无法存在”“置田将一变而为最

[1]（清）朱澄叙：《族会缘起》，《上海朱氏族谱》卷八《外录》，第4页上。

[2]《浦东盛氏筹议婚嫁改良之进行》，《申报》1919年2月25日第11版。

[3] 朱澄俭：《规约纲要》，《上海朱氏族谱》卷八《外录》，第39—40页。

[4] 同上，第28页。

[5] 参见杜正贞《近代山区社会的习惯、契约和权利》，中华书局2018年版，第157—159页。

不可靠之经济基础”，希望“同人早为之谋”。[1] 但事实上，再怎么清醒的人也无法预料将来会面临什么样不可知的命运。

在整个社会均处于转型阵痛的近代，由于城市化水平依然有限，制度建设有明显欠缺，大多数宗族调整的步伐都不可能太大，所以族会只能是少数特例而已。但重要的是，这让人发现了宗族组织发生变化的可能性。部分江南宗族面对时代大潮，正在努力适应，进行相应的调整，上海这样发达的大都市也提供了这种调整和改变的环境。同时，随着家族结构变化，由过去普遍的“家庭—家族—宗族”三维结构的大家族逐步转向一夫一妻制的核心家庭，家族规模快速缩小，家族成员普遍减少，大大削弱了家族成员数量扩张与代际延续的能量。这是对传统家族最严重也是根本性的伤害。就此而论，家族逐步趋于衰落的命运已无法避免。

（二）宗族活动的改良

1. 丧葬礼俗的改良

中国传统的丧葬礼俗是与家族制度紧密联系在一起的，并且兼顾儒、佛、道，形成了一种独特的风俗，如“守三年之丧”“入土为安”等观念深入人心，家谱中往往对族人丧葬有详细的记录，家风家训中也往往有对丧葬的规范和要求。近代以后，有人认为“现在丧葬之礼，既虚縻国民之金钱，绞费国民之心血，使精神有所分，不能以事远大之事业，其结果不特使社会无进步，而亦受其敝，风俗之坏，既达极点”，[2] 因此开始批判传统的丧葬习俗，呼吁改良。早在 1903 年，庄鼎臣制定《家政改良》十则，其中就有改革丧礼的部分，虽然作为一个旧知识分子，他不可能改变“入土为安”等传统观念，但力求仪式简化是他改革的主要内容：“丧礼于三日内择时大殓，至亲不待告，疏远不必告，不点树灯，不拜素

[1] 黄炎培、黄洪培：《重辑黄氏雪谷公支谱导言》，第 1 页。

[2]（清）庄鼎臣：《家政改良十则》，《毗陵庄氏族谱》卷一一。

忏，七中不延僧道，讽经不烧化纸锭。百日内外，择期安葬，与家长别。家奠自不可无至亲旧友，灵前一奠。柩出门，首铭旌，次衔牌，再次以一亭悬像，一轿载主柩，前浅伞一柄，五服之亲执绋相送，如是而已。俗称几班几道，扫除净尽。柩到坟，近时乡人只图省力，开金井极浅，须亲督开挖，以深为上。惟此于化者有益，他皆浮文耳！”[1]

新文化运动中，胡适、鲁迅等都严厉批判传统的丧葬习俗，胡适提出要把“古丧礼遗下的种种虚伪仪式删除干净”“把后世加入的种种野蛮迷信的仪式删除干净”，形成“一种近睦人情，适合于现代生活状况的丧礼”。胡适在他母亲的丧礼上进行了众多改良的尝试。在讣告上，一是删除了“不孝 ×× 等罪孽深重，不自殒灭，祸延显妣”这样的“一派的鬼话”，二是删除了“孤哀子 ×× 等泣血稽颡”的“套语”。三是把“‘孤哀子’后面排着那一大群的‘降服子’‘齐衰期服孙’‘期’‘大功’‘小功’等亲族，和‘拉泪稽首’‘拭泪顿首’等虚文”。在祭仪上，保留了本族公祭仪节（族人亲自做礼生）：序立，就位，参灵，三鞠躬，三献，读祭文。二是“安排亲戚公祭”，“公推主祭者一人，赞礼二人，余人陪祭，一概不请外人作礼生。同时一奠，不用‘三献礼’。”仪节为：“序立，主祭者就位，陪祭者分列就位，参灵，三鞠躬，读祭文，辞灵，礼成，谢奠。”出殡时，“‘铭旌’先行，表示谁家的丧事，次是灵柩，次是主人随柩行，次是送殡者。送殡者之外，没有别样排场执事。主人不必举哀，哀至则哭，哭不必出声，主人穿麻衣，不戴帽，不执哭丧杖，不用草索束腰，但用白布腰带。”此外不守三年服制，他认为自己“既不是孔教徒，又向来不赞成儒家的丧制”，应该行短丧。首先，“三年的丧服在今日没有保存的理由”，其次，“真正的纪念父母，方法很多”，不必单单保存三年服制。“现行的服制，只是古丧礼的皮毛，乃是今人装门面自欺欺人的形式”，他“不愿意用这种自欺欺人的服制来作纪念我母亲的方法”。第三，不应该因为是“古制就糊糊涂涂地服从他”，而要“尊重良心的自

[1] 吴贯因：《改良家庭制度论》，《大中华杂志》第 1 卷第 5 期。

由，不愿意盲从无意识的古制，故决意实行短丧”。他总结道：现在的丧礼比古礼简单多了，这是自然的趋势，不能说是退化。将来社会的生活更复杂，丧礼应该变得更简单。现在丧礼的坏处，并不在不行古礼，乃在不曾把古代遗留下来的许多虚伪仪式删除干净。而且这种丧礼“废去古代的繁重礼节，一方面又添上了许多迷信的，虚伪的，野蛮风俗”，“例如地狱天堂，轮回果报，等等迷信，在丧礼上发生了和尚念经超度亡人，棺材头点‘随身灯’，做法事‘破地狱’，‘破血盆湖’等迷信的风俗”。最后他指出，

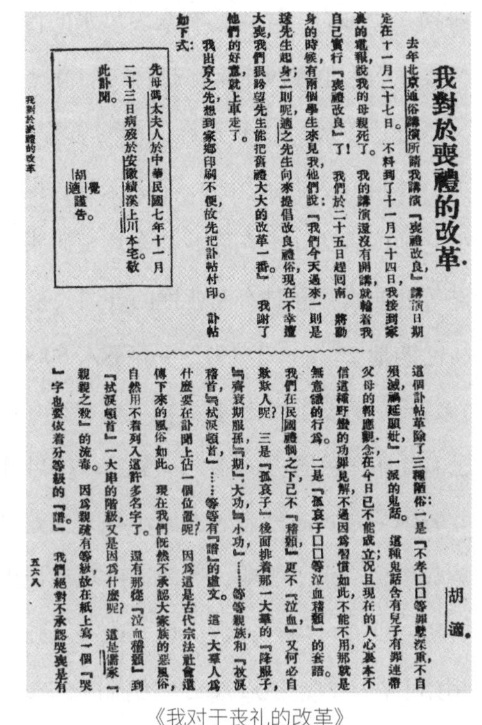
我對於喪禮的改革

胡適

去年北京通俗講演所請我講演「喪禮改良」，講演日期定在十一月二十七日。不料到了十一月二十四日，我接到家裏的電報，說我的母親死了。我的講演還沒有開講，就輪着我自己實行「喪禮改良」了！我們於二十五日趕回南。將動身的時候，有兩個學生來見我，他們說：「我們今天過來，一則是送先生起身；二則呢，適之先生向來提倡改良禮俗，現在不幸遭大喪，我們狠盼望先生能把舊禮大大的改革一番。」我謝了他們的好意，就上車走了。

我出京之先，想到家鄉印刷不便，故先把訃帖付印。訃帖如下式：

先母馮太夫人於中華民國七年十一月二十三日病歿於安徽績溪上川本宅。敬此訃聞。
胡覺
胡適 謹告。

這個訃帖革除了三種陋俗：一是「不孝□□等罪孽深重，不自殞滅，禍延顯妣」一派的鬼話。這種鬼話含有兒子有罪連帶父母的報應觀念，在今日已不能成立；況且現在的人心裏本不信這種野蠻的功罪見解，不過因為習慣如此，不能不用，那就是無意識的行為。二是「孤哀子□□等泣血稽顙」的套語。我們在民國禮制之下，已不「稽顙」，更不「泣血」，又何必自欺欺人呢？三是「孤哀子」後面排着那一大羣的「降服子」，「杖期」「齊衰期服孫」，「期」，「大功」，「小功」……等等親族，和「拭淚稽首」，「拭淚頓首」……等等有「譜」的虛文。這一大羣人為什麼要在訃聞上佔一個位置呢？因為這是古代宗法社會遺傳下來的風俗如此。現在我們既然不承認大家族的惡風俗，自然用不着列入這許多名字了。還有那從「泣血稽顙」到「拭淚頓首」一大串的階級，又是因為什麼呢？這是儒家「親親之殺」的流毒。因為親疏有等級，故在紙上寫一個「哭」字也要依着分等級的「譜」。我們絕對不承認哭喪是有

我對於喪禮的改革　五六八

《我对于丧礼的改革》

“由我们现在的生活，要想回到茹毛饮血，穴居野处的生活，固是不可能；但是由我们现在简单礼节，要想回到那揖让周旋宾主百拜的礼节，也是不可能”，而“懂得这个道理，方才可以谈礼俗改良，方才可以谈丧礼改良”。[1]

墓葬是另一个改革的重点。明清宗族的祖坟，被视为安放祖宗体魄之所，地位崇高。清末民初著名政治家赵凤昌所在的青山门赵氏家族称：“祖宗坟墓系体魄所安，孝子贤孙所当世守。”[2] 由于茔墓尊藏祖宗体魄，是宗族的报本之地，所以从观念上讲，建设祖坟是宗族的头等要务。因此建设祖坟有一整套的规范制度，在理想的条件下遵行昭穆制、房支葬区制、风水卜葬制和坟丁护坟制，实际上已经与祠堂、祀产、族谱共同构成了宗族的基本元素。几乎每个家谱中都有详细的祖坟记录。此外还必须遵守风水堪舆原则，几乎每个家族在择地卜葬时都会

[1] 胡适：《我对于丧礼的改革》，《胡适全集》，第674—688页。

[2] 《凡例》，《青山门赵氏支谱》卷一。

辨别穴位方向，同时还有众多风水的传说，并因为怕伤害祖坟龙脉，有一系列的禁条，而为争夺风水宝地打官司的情况也屡见不鲜。

近代以后，一些家族试图对墓葬制度进行改革。近代上海有公墓始于外国人，1844 年，西人组织一公墓公司，购买海关后面一块地皮作为安葬外侨遗体棺柩之地，后又在山东路、浦东坟山码头、东新桥九亩地、八仙桥、静安寺、虹桥路等处陆续开办具有商业性的外国公墓。1909 年，浙江上虞人经润山在徐家汇虹桥路购地 20 亩，于 1913 年辟墓穴 6000 余，初名薤露园。后被沪杭甬铁路占用。1917 年，薤露园由经妻汪国贞西移至张虹路购地重建，名薤露园万国公墓。万国公墓是中国人开办的第一家公墓，1934 年由上海市政府卫生局接办，改称上海市立万国公墓。此外当时上海还有天主教息焉公墓和佛教公墓等。公墓的设立对家族葬俗也产生了影响，苏州庞氏家规提出“速安葬”，同时认为“近世颇行公墓，其实一姓亦可仿行或数房合办或一房独办足为一劳永逸之计，不过择地较难，费用亦不在小数，望后人之有力者留意之”。

早在 1915 年，上海葛氏家族建设自己的公墓。[1] 1918 年，赵凤昌也开始筹设本家族在上海的公墓，他认为“中国人民今号称四万万，按生理学滋生，必日见其繁，而一国地域有限”。之前各族兴建祖墓，但其实“一经易世，邱垄渐平，所以民间少见数百年之祖墓”。因此如果再按风水祸福之说，兴修祖墓，会使“墓地常存，耕地日少”。如果按照风水的观点安排墓地，势必导致“一棺之外，隙地数倍数十倍”，如此下去，墓地也嫌不足，更何况人民生产之地。他以为“大抵积习已深，骤更或虑骚动，尤在不能以身作式，风示天下，可知转移习俗必先由乎社会自渐而进”，因此他决定从自身作起，选择在徐家汇土山湾旁不食之地建设赵氏墓园。不论风水，循序排列，不封不树，一墓即占一棺之地，立一碑碣。另造平屋，中间设龛奉主，东间可以起居，西间为治事之所。他希望以此带头，推进公墓制度的发展，以保留更多的耕地。如果世界日趋进化，推进水火之

[1]《葛氏公墓记》,《上海葛氏家谱》, 1928 年木活字本。

葬，也希望到时可以进一步改革。[1]

值得注意的是，赵凤昌建设土山湾坟园，并非是在其宗族所在的故乡建坟园，而是在其迁居地设立公墓，这和中国传统的叶落归根，狐死首丘的传统已经不符。中国家族的传统都是死后要千方百计归葬祖坟，如果祖坟没有空间便在附近择地安葬。无法回乡归葬的原因要么是财力有限，要么是违背宗规。赵凤昌主动选择在上海设立公墓，是迄今所知在上海第一个建立墓园的江南迁居宗族。这至少表明了他所在的房支决定永久定居上海，已经将本支认同为一个彻底的上海家族了。其次，土山湾坟园在规制上也打破了宗族关于坟茔的种种传统。坟茔的空间布局一般采用昭穆制，遵循辈次昭穆序列法，限于茔域环境，许多宗族做不到，但也尽量按照辈次排列。土山湾墓园则基本不按照辈次，而是随着去世时间先后循序排列。一般墓穴封土周围，特别是前面，竖立碑石牌坊等标志物，具有表达子孙孝思不匮和显示宗族地位的双重含义。土山湾墓园则规定不封不树，一墓即占一棺之地，立一碑碣，和现代意义上的公墓已经在形式上没有什么分别了。

葛氏公墓記

公墓之義甚古古者葬不擇地皆於國都之北兆域而叢塚如洛陽之北邙是也後世惑於風水於是有力者傾耗貲財竊山川之形勝無力者遷延歲月委骸骨於風霜習俗移人非一朝一夕之故矣攷周禮春官設墓大夫之職令國民族葬而掌其禁令所以重教化而敦倫紀者至纖至悉然後知聖王憂民之深具於養生送死豈好爲是繁瑣哉余也少游北方慕合族同居之誼長囘南地慨停喪不葬之非思欲著論以救其失苦於空言無補幸逢吾族公會成立而先慈周太夫人適遺有蘆田三畝五釐在浦東南碼頭相近一里有畸租籽久逋索欠無人商之少長姪捐助入會作爲葛氏公墓化無用爲有用亦稍彌敬宗收族之缺憾也夫

上海葛氏宗譜　卷三　公墓記　一

《葛氏公墓记》

赵凤昌坟园改革的背后是现代都市的影响。一方面是现代都市生活所形成的新思想对传统宗法观念和风水观念的冲击，使得他在土山湾坟园的规制形态的安排上主动抛弃了原先的传统范畴。另一方面是现代都市寸土寸金，一地难求，也

[1] 赵凤昌：《土山湾坟园记》，《东方杂志》第15卷第12号，1918年。

使得他必须对原有的坟茔安排做出相应的调整。建立土山湾坟园在江南宗族迁居上海的进程中具有标志性的意义，既代表了江南宗族到上海的迁移进程已经从暂时居住改为永久定居，也代表了江南宗族在迁居上海的过程中为适应都市生活所作出的新的调整。

2. 族谱编纂的改良

如前所述，晚清至民国有大量的家谱被兴修，这些家谱在修撰的过程中肯定会遇到那个时代所必须面对的问题，即革新还是从旧的问题。1928 年 11 月，孟森为自己家族新修的《毗陵孟氏六修宗谱》作序，他在序言中对家谱的发展变迁作出了详细的叙述：

> 古有谱系之学，详一国士大夫族望，非人人之家有谱也。世族之名，门第之见，至宋而始杀。宋郑氏《通志》尚有《氏族略》，以结前代之谱学。欧阳氏、苏氏制为家谱，开后世之谱例。家谱自欧、苏以后行之八百余年，元明以后，风俗流变，义例加严，如宋儒不讳再醮，且有叙其夫人善事，前夫以为美德者，近代谱牒于再醮之妇乃深别异之。此皆因时沿袭之变，非有定法存其间也。世运棣通，万国礼俗不无交错，以为衡量之用。舟车便而轻去其乡，衣食艰而累世同居之风不可以复得，无传袭之爵位而宗子无收养族人之力，宗法亦不能徒存。又礼制久而不定衡，其大势必不能无所增捐于旧。男女不能不稍平衡，古父尊母卑，父在为母服期，近世已不然。古又服妻与长子三年，则夫妻又自相等，长子独与次子以下不同，则所谓袭爵以长之故。凡此在吾国古今之不同，名为制礼，本乎孔氏所定之经，实则纯用礼经，于时俗亦有所难行矣。迩来制本宗外姻之服，以亲疏为厚薄，一一相平，则子娶而与嫁女无别，为女择婿又与为子纳妇无殊。系统之说或且大异乎前？谱之

> 为谱，恐非欧、苏之式所能限。故国事定而后可言家谱，大约传统必使有考，而广收远绍，向以为美谈者，后必难乎为继，此其可以推见者也。

之譜亦爲功於吾族之舉也譜成族之人命序其意如此民國十七年十一月遷常十九世孫森謹序

武進楊葆晟拜書

楊日升承印

《孟氏宗谱》孟森序

“因时沿袭之变，非有定法存其间”，“向以为美谈者，后必难乎为继”，这是孟森对家谱修纂历史的基本评价。所以当族人提议修谱时，他认为“宜稍待”，即仔细研究一下新时代的家谱如何修纂之后，才作定论。但是因为“族人亟亟欲观其成”，所以他不得不让步，认为“变革之际，悉遵旧法，以结从前，使后来蜕化者有托始之年，有上追之绪”，也就是说对旧有的做个总结，为后来的打下基础。[1]可见，孟森认为，家谱修撰在这时已经到了一个可以总结过去，展望未来的时代，和家族组织一样，在变革之际，应该作出相应的调整。只是对家谱还有没有必要修，如何修，还没有一个确定的想法。

近代很多先进的知识分子如黄炎培、钮永建、孟森、蒋维乔、姚公鹤等虽然都提倡家庭和家族的改良甚至革命，但同时也都曾参与到自己家谱的编纂中，如孟森这样新与旧的徘徊和矛盾，都是他们所必须面对和思考的问题。他们有的仍然延续原有的编纂方式；有的提出了问题，但也作出了妥协，如孟森便是如此；有的则积极参与到了改良过程中，如曾任商务印书馆编辑的庄俞、庄适便是如此。庄适在修谱时曾经提出由他主修，并任垫款，但是要求对家谱进行改革，如“更易前式，缩小篇幅，即可省纸，且便携带”，这一度引起了整个家族的异议，

[1] 孟森：《毗陵孟氏六修宗谱序》，《毗陵孟氏六修宗谱》，1928年木活字本。

《毗陵庄氏族谱》封面

直至庄清华起来对庄启表示支持，并认为“吾族所以修谱者，欲存其先人之教，辨世次，序系派也”，只要达到这一目的，如何修，如何改，只是次要问题，“何庸以口舌争”，才获得族人的一致同意。[1]《毗陵庄氏族谱》是民国时常州地区改良最成功，也是编纂体例最为科学的一部家谱，既和庄俞、庄适兄弟的学养和才华分不开，也和庄清华的支持分不开。而庄清华的观点，其实恰恰正符合了孟森的想法，即家谱的体例一直在变，只要达到辨世次、序系派的目的，那么如何变只是其次的问题。这就为家谱的改良提供了充分的空间。

一是修谱观念的改良。

为什么要修谱，修谱的目的是什么，是一个很重要的问题。传统社会中，修谱的目的是为了敬宗收族，因此中国家谱的编纂往往会追溯自己的祖先，讨论姓氏之源，往往会努力将祖宗推演到上古时代，其弊端是很多宗族因此攀附名贤为始祖，如朱姓全是朱熹后代，胡姓全自胡瑗等等，在历来家谱编纂中屡见不鲜，至今犹存。针对这一现象，清代已经有很多反对的声音，李兆洛是其中较有代表性的一位。他的《养一斋集》中为旁人所作谱序甚多，其中多次强调攀附名贤的错误观点，如“夫谱牒之设，使人不忘其本而已，使人知敬宗收族而已，若攀援假借，以为宠荣，是宗非其宗，族非其族，忘本孰甚焉。”[2]“为谱牒者必远追周秦，近溯唐宋，徒侈华胄为美观耳。倘非其真，则伪立名字以弥其阙，颠倒世次，以就其列，诬莫甚焉。甚者认他人之祖以为祖，附他人之族以为族，辱

[1] 庄清华：《民国甲子修谱序》，《毗陵庄氏族谱卷首》。

[2]（清）李兆洛：《养一斋文集》卷四《句曲东湾村冯氏族谱序》。

之時多入地平之時少耳觀于此知有形者必有所限隔窮極雖光氣至虛亦
有限隔窮極焉心之靈如光氣耳記曰雖聖人有所不知是也若知之本體則
無限隔窮極當以養復之學者不可不察也

真人府印說

江西貴谿縣真人府印凡大小四其三皆曰陽平治都功印案宋仁宗時安福
縣官林積以張魯敗于陽平故印稱陽平治都功聞于朝毀之林君之識非人
所及然其言有未盡者魯弟衛敗于陽平時魯在南鄭非魯敗于陽平且治都
功未竟其說敬官江西真人府以三符至故爲說以通之異苑錢唐杜明師夢
人入其館是夕謝靈運生其家送杜治養之注治音稚奉道家靜室也此印文
治義也後漢書百官志郡守有功曹主選署功勞通典督郵監屬縣有南西東
北中五部功曹之極位前漢書文帝紀遣都吏巡行注今督郵是也此印文都
功之義也三國志張魯傳來學道者初名鬼卒受本道已信號祭酒各領部衆
多者爲治頭治都功其即治頭歟魯之祖道陵本沛人隱鶴鳴山在今四川劍

大雲山房文稿初集卷一

州魯之父衡繼之魯據漢中今漢中府也陽平關即今府屬褒城縣之陽平驛
爲漢中之阨魯既用鬼道陽平當設治以治之然自魯祖父至魯及子富以降
魏入許下無居陽平者惟衛嘗築城于陽平今子孫居貴谿爲其道數千年止
用陽平印不可解也其一印中爲交午以達于四際中與四際各圍以朱白圍
其方中左右各二左爲文袤置之右爲文平置之有陰陽變化之理乃鬼道符
記也夫真人府所以惑人者印也而鄙誕不經如此其他可知自東晉以來士
大夫奉其道者不可勝數皆附會神仙誇飾變異以神其說亦獨何歟

得姓述

吾惲之初不詳所自出明洪武中吳沈纂天下姓得一千九百有奇惲姓始著
官譜以爲出于漢平通侯楊惲子孫徙安定遂以名爲姓敬考謝承後漢書平
通之孫楊豫自徙所上書乞還本土是未嘗以名爲姓也意者豫之後方易姓
歟顔師古匡謬正俗引晉灼漢書音義證楊有盈音意者自楊而之盈自盈而
之惲爲音之近歟皆不可知而吳沈之書已五百年舍是別無可依據故言吾

恽敬《得姓述》

莫甚焉。”[1]“夫谱以辨昭穆，非其祖之昭穆，何辨焉？谱以收族属，非其祖之族属，何收焉？至于攀援华胄，合宗联谱，以为夸耀，诬祖忘本，抑又甚焉。”[2]他自己编纂族谱时，对自己本姓王氏，当时祖先育于辋川里王氏，遂冒姓的情况直言不讳。当时在他周围的常州学者，也大多禀持这种看法。如恽敬对关于自己的祖先来自杨恽的说法不太认可，并专门撰写了一篇《得姓述》来考证其事，认为得姓来源纷繁复杂，“至后世中外递更，贵贱互易”，如果修谱者“必欲强为之说”，则“不至自诬其祖几何”。[3]所以他认为：“夫以远为不尽信，以近为可信，则谱信矣。”[4]张成孙在编纂自己家谱时，也认为“与其取不可必信者而合之，曷第即吾之所及知者而谱之”。[5]

[1]（清）李兆洛：《养一斋文集》续编卷一《魏氏分谱序》。

[2]（清）李兆洛：《养一斋文集》卷三《孟岸金氏谱序》。

[3]（清）恽敬：《大云山房文稿初集》卷一《得姓述》，续修四库全书集部1482册，上海古籍出版社1995年版。

[4]（清）恽敬：《大云山房文稿补编》《小河马氏谱序》。

[5]（清）张成孙：《端虚勉一斋文钞》卷三《叙谱》，丛书集成续编集部135册，上海书店出版社1994年版。

虽然有这些学者的强烈反对，但家谱编纂中“攀附华胄”的问题依然越演越烈，即使到了近代，这一情况也没有得到改善。所以胡适在给《绩溪旺川曹氏族谱》作序时，对此提出了批评：“中国的族谱有一个大毛病，就是‘源远流长’的迷信。没有一个姓陈的不是胡公满之后，没有一个姓张的不是黄帝第五子之后，没有一个姓李的不是伯阳之后，家家都是古代帝王和古代名人之后，不知古代那些小百姓的后代都到哪里去了？”所以他建议：“各族修谱，把那些‘无参验’不可深信的远祖一概从略。每族各从始迁祖数起。各族修谱的人应该把全副精神贯注在本支派的系统事迹上，务必使本支本派的家谱有‘信史’的价值。”[1]

到了近代，由于一些新式知识分子参与到编纂家谱中，编纂家谱的目的发生了一些调整，这一问题再次引起了重视，并提出了多种修正的方案，其中较为典型的是《北夏墅姚氏宗谱》。北夏墅姚氏是《上海闲话》作者姚祖晋（公鹤）所在的家族，《姚氏宗谱》是1914年由姚祖晋及其兄长姚祖颐、姚祖泰参与编纂的。姚氏兄弟在编纂宗谱时采用了前集和续集的方式，“别十世以上曰前集，后此则以续集名”。其中姚祖泰在《宗谱》的卷首写了篇很长的序，就为何采用这一编纂方式作出了自己的解释。

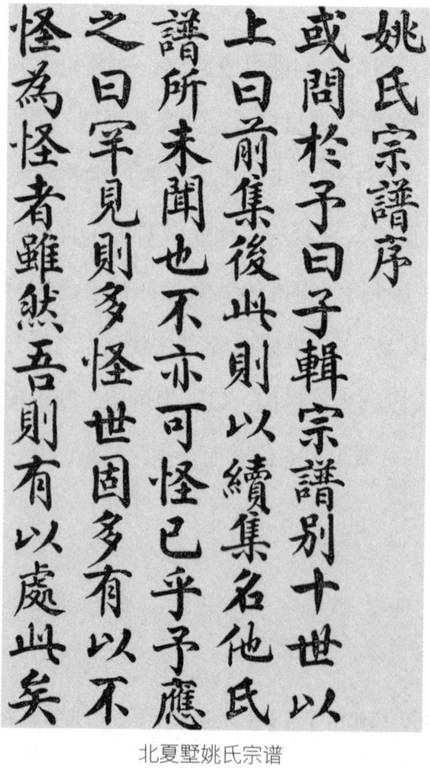

他解释道：“前集云者，备昔之遗忘也；续集者，备今之遗忘也。”“今之遗忘”是因为内容尚待完善，而“昔之遗忘”是因为记载传闻累积，纷乱复杂，

姚氏宗譜序
或問於予曰子輯宗譜别十世以上曰前集後此則以續集名他氏譜所未聞也不亦可怪已乎予應之曰罕見則多怪世固多有以不怪為怪者雖然吾則有以處此矣

北夏墅姚氏宗谱

[1] 胡适：《曹氏显承堂族谱序》，《胡适全集》第1卷，安徽教育出版社2003年版，第758—759页。

最后导致“无考”“失考”。他举一例,《字经》中写乌焉成马，古今校勘家罗列考证者多至百余种，少亦十数种，然而愈晚出的，其伪误愈多，所以历代学者都思“坏屋发冢，梦寐想望，欲求最初出之书，以发一朝之覆而后快”。家谱编纂时，主修者不必尽得其人，即使得人，也因勤惰详略，互有不齐，再加上刊刻者不识文义，甲乙颠倒，前后纷歧，甚至部分编纂者“杂烧古牒以灭口，妄改旧文以矜能”，导致家谱编纂错误无法避免。即使后世有稍知黑白的，发现文本中彼此间的混淆错误，但要真正了解详情，已不可能，“昔之熇然可信者，忽焉而堕其身于烟雾中，计无复之”，于是只能用注明“失考”“无考”来稍稍作出补救。

姚祖泰认为，修谱的重要目的是在于记录近世家族成员的言行、生卒、葬配，如果连近世的情况都未及登载，而贸然叙述数十百年前无法考证的如所谓始祖问题，不仅浪费精力，浪费金钱，也没有任何意义。所以他在修谱时，之前的内容一成不易，编为前集。目前五世尚未结束，尚待赓续，是为“续集”。此后续集可以不时增修，所谓“小修”，十余年举行一次。等到五世完毕，与前集合二为一，是为“大修”，可以数百年进行一次。这样的话不仅可以避免种种不必要的错误，更可以节省经费。所以这种做法不仅是姚氏修谱采用，而且“亦可为他氏之有事于变者法矣”。[1]

姚祖泰对家谱的改良非常符合胡适提出的“各族修谱的人应该把全副精神贯注在本支派的系统事迹上”的要求，并不只是简单的形式变化而已。之前家谱所提倡的尊崇祖先，敬宗收族的观念在姚氏兄弟的身上开始淡化，他们已经把家谱视为家族内部情况的一种记录。这种强调家谱资料文献的工具属性，而淡化其宗法属性的做法在家谱编纂史上有标志性的意义。这种观念也是庄启、庄俞在编修《毗陵庄氏族谱》时所持的观点。庄启曾言：“族之有谱，犹省县之有志，国之有史，均为传布民族文化之记载。”[2] 可见他也认同族谱的工具属性。既然承认其工具属性，那么“若必泥守成法，不特不切于用，且不合于时代之进步，恐非前人

[1] 姚祖泰:《姚氏宗谱序》,《北夏墅姚氏宗谱》卷首，1915 年木活字本。

[2] 庄启:《重订谱例概述》,《毗陵庄氏族谱》卷首。

之所许也”，因此随着环境的改变作出调整是件很正常的事，这种修谱观念的改变可以说是近代部分家谱在改良方面取得一定成功的最重要前提。

二是修谱组织的改良。

如前所述，部分宗族组织在近代采取了族会等改良措施，将现代社会团体的理念引入到宗族中，在修谱活动中也同样出现了类似的变化。很多家族都在实施修谱时成立了专门的机构，分工合作更加细致，工作的透明度也较高。如武进的莘村李氏由阖族开会讨论，确定选举一个组织委员会办理一切事宜，并推选李守之等十一人为委员。会中除主席一人外，分设总务、文书及调解三股，每股设主任一人，股员三人，分工合作。

其中总务股的职权是订定修谱进行计划，编造预算，审核决算，购置应用物品，分配干事员职务，催收宗祠借出款项及丁钱，掌管收支款项事宜，登记收支各项账册，保管现金及一切账册、单据等。文书股的职务是会同总务股订定修谱进行计划，草拟各项规约，收发及保管各项稿件、校对修改各项稿件，撰拟及缮写公文函件等。调解股的职权是调查阖族户口人丁事宜，调查所有纠纷事项之起

續修起至成立委員會止其間不及旬日我族分兩
長之辦事敏捷與闔族人士之熱心贊助殊堪欽激
茲將各股職權分述於左
總務股職權一訂定本宗祠修譜進行計劃二
編造預算審核决算三購置應用物品四分配幹事
員職務五催收本宗祠借出款項及丁錢六掌管收
支款項事宜七登記收支各項帳册八保管現金及
一切帳册及單據九處理不屬於其他各股之一切
李氏宗譜 卷一 弁首 二 天叙堂
重要事項
文書股職權一會同總務股訂定本宗祠脩譜
進行計劃二草擬各項規約三收發及保管各項稿
件四審查及校對各項稿件五修改各項稿件六撰
擬及繕寫公文函件
調解股職權一調查闔族戶口人丁事宜二調
查所有糾紛事項之起因三排解糾紛事項其不能
調解者呈請大會解决之

莘村李氏宗谱

因，排解纠纷事项，如有不能调解者，则呈请阖族大会解决。各股职权均经阖族大会投票通过后施行。

莘村李氏宗谱修于1937年，时值抗战全面爆发，烽天连天，飞机往返于李氏祠堂上空日必数起，正是由于设立了组织委员会，分工合作，使得李氏族谱得以顺利进行，于机声轧轧之下，未受任何损失。[1]

《莘村李氏宗谱》在修谱时已经建立了预决算制度，而当时的很多家谱虽然没有建立类似的制度，但也都将修谱职员的具体分工，捐款人名数额等公示族人，还将修谱的细节过程及编务资料公之于众。其实这种制度在很早以前已经在各家族兴修家谱中存在，如《恽氏家乘》第三十卷是《纪余》，其中有历次修谱留下的《纪略》，将每次修谱的情况、费用、捐款数都专门列出。但是这个制度当时还只限于部分望族，且资料也相对简单。而到了近代，随着预决算制度开始深入人心，各家族修谱时相关资料已经越来越详细。如武进伍氏专门出了一本《收支清账》，将修谱时所有的费用全部公布。根据这个《收支清账》，伍氏家族在修纂家谱时共收特别捐款2600元，城乡丁捐323元，领谱费420元，共收3343元，还收到捐献公墓地基11亩，估价800元。支出则包括修谱办事人薪水伙食费、印刷费、缮写费、润笔费、广告费、邮电费、摄影费、笔墨纸张费、采访费、勘看公墓费、酬应费、房租费、添置器具费、犒赏费、煤炭费、油火茶烟费、杂支费、牌位费及分谱用费等，共开支3254元，收支相抵共结余89元。其支出的每一项都详细开列，如宗谱印刷费包括印刷像赞费、夹板油漆工料、世表印刷工料、世系印刷工料、石印坟图工料、翻版工料、装订费用、空白栏印刷工料、刻另字费用等种种大小开支。[2]这个《收支清账》保存了相当珍贵的资料，对后人了解当时的家谱编纂史、物价史和印刷史都有相当的参考价值。

三是编纂形式的改良。

如果说家谱编纂的组织形式和家谱编纂观念的改良在当时仍然只限于少数的

[1] 李法章：《续修家谱弁言》，《莘村李氏宗谱》卷首，1937年天叙堂木活字本。

[2]《毗陵伍氏己巳庚午修谱收支清账》，1929年钞本。

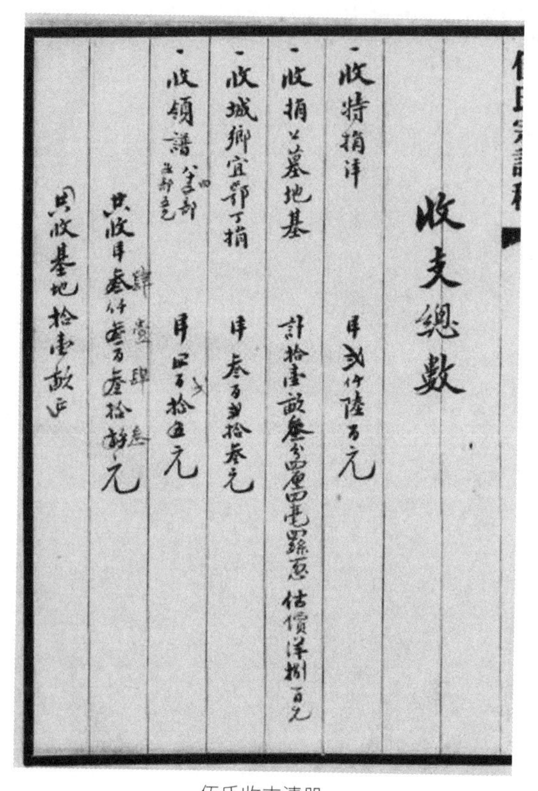
收支總數

一收特捐洋　洋弍仟陸百元

一收捐ㄨ墓地基　計拾壹畝叁分四厘四毛點忽　估價洋捌百元

一收城鄉宜鄂丁捐　洋叁百叁拾叁元

一收領譜　洋四百拾五元

共收洋叁仟壹百叁拾肆元

又收基地拾壹畝正

伍氏收支清册

家族的话，那么家谱编纂形式的改良则被越来越多的家族所采纳。

（1）家谱广告

据笔者对《申报》的不完全统计，1890年浙江萧山长巷沈氏是最早在《申报》上登修谱广告的家族，[1]此后，在《申报》上登修谱广告的家族越来越多，所在地遍布浙江、江苏、安徽各地，以浙江宁、绍为最多，江苏的无锡、苏州、常州、溧阳、镇江等家族也为数不少，如庄氏广告称：

> 吾常庄氏族大支繁，向例族谱三十年一修。查自光绪纪元增补后，至今垂五十年，若不及早修辑，必至散失无稽。现经阖族会商，佥谓斯举不容再缓。已就常城状元第西隔壁先设筹备处，除发公函知照外，特再登报，广为宣告。所有本埠城乡合族，务请将世系列表开送，限于两月以内交到。其流寓外省者，寄递较难，亦请于见报后详晰造表，于四个月内寄常，以便汇齐编纂。是项谱牒定限年内告成，不能过久。盖多一日即多一费，万不能不求克日竣工。凡我同宗幸留意焉。此白。[2]

前述伍氏的《修谱收支清账》中专门有广告费用一列，可知伍氏不仅在《申报》上登广告，还在上海的《新闻报》及宜兴、武进、苏州当地的报纸登广告，

[1]《申报》1890年11月11日。

[2]《申报》1921年7月10日。

其中《申报》和《新闻报》连登三天六行的广告，费用是 40.32 元。[1] 在现代传播媒介报纸上刊登广告，传播修谱信息，显然极有助于家族的信息收集，与原来的发公函等手段相比显然也更为有效，同时也增强了各家族的影响力。

（2）格式

各个宗族在编纂族谱时还在其他几个地方做出了一些调整，诸如关于公历阴历，关于继嗣，关于封赠恩纶的处理等等。值得注意的是《毗陵庄氏族谱》在编纂方法上做出的调整具有相当的创新意味。一是设立《检字表》。其凡例称：“现今子姓繁衍，世系录亦当然增多，欲查一人名，不免有翻检之困难。是以另编一检字表，以笔画为先后，注明世系表及世系录页数，另成一卷，庶几一检即得。”[2] 编《检字表》，与编者庄俞、庄适常年工作于商务印书馆，主编词典有关，当然宗族为避免“重名犯讳”也是原因之一。一是修改版式，将家谱排印缩小，

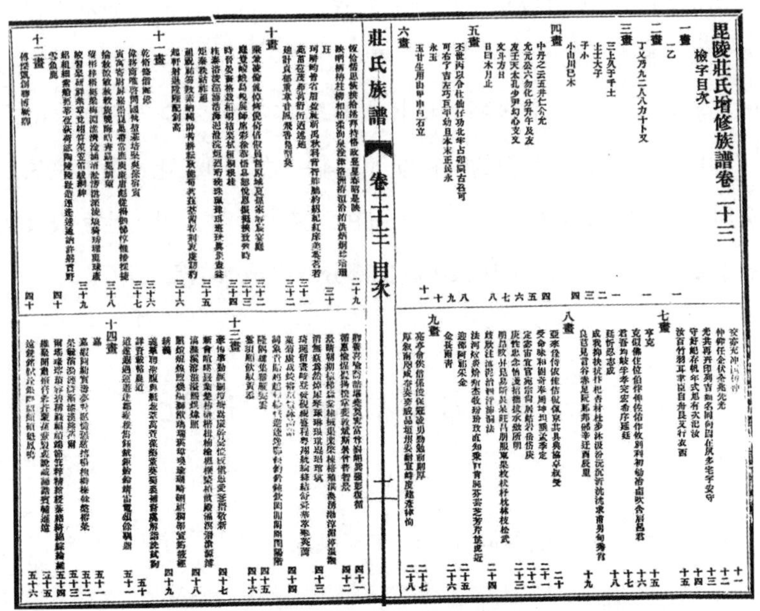
毘陵莊氏增修族譜卷二十三

檢字目次

莊氏族譜 卷二十三 目次

《毗陵庄氏族谱》《检字表》

[1]《毗陵伍氏己巳庚午修谱收支清账》。

[2] 庄启：《民国庚午重修族谱新增凡例》，《毗陵庄氏族谱》卷首。

减少卷帙，一方面节约成本，另一方面便于携带保存。“卷册求少，册轻易挟，则其权操之于艺术。”这个“艺术”和庄俞、庄适兄弟常年从事出版工作有莫大关系。所以他们将家谱各类分用大小字体，将旧谱三十五卷，减为二十二卷。每卷页数亦较少，而内容则增。[1]

吕思勉认为宗法制度最终将被废止，“宗法之废，由于时势之自然，后人每欲和今反古，谓足裨益治理，其事皆不可行”，对于改良宗族制度，他其实并不抱乐观态度。但是对于编修谱牒，他却持另外的观点，“使今后谱学日以昌明，全国谱牒，皆臻完善则于治化，固大有裨益。”他支持家谱的兴修，纯粹出于学者的观点：“人口之增减，男女之比率，年寿之修短，智贤愚不肖之相去，一切至繁至琐之事，国家竭力考察，而不得其实者，家谱固无不具之，且无不能得其实。苟使全国人家，皆有美备之谱牒，则国家可省无数考查之力，而其所得，犹较竭力调查者为确实也。”[2] 由于他提倡修家谱是为了“辅助民政，研究学问”，所以对家谱的编修质量也提出了很高的要求，“不可知者，不徒不必强溯，彼强为附会者，且宜删削，以昭真实”，[3] 更希望国家权力参与到谱牒的编纂过程中，“国家厘定谱法，责令私家修纂，总其成而辅其不及，实于民政文化，两有裨益”。[4] 他的观念其实与前面的姚祖泰等基本一致，即淡化家谱的宗法属性，而强化其资料文献的工具属性。庄俞、庄适在编纂家谱时，引入检字表其实也是这种变化的重要反映，这也是近代家谱改良部分取得成效的重要原因。

三、近代江南家风家训的变迁

近代家族的改良或者改革同样反映在家风家训之中，使得近代江南的家风家

[1] 庄启：《重订谱例概述》。

[2] 吕思勉：《中国社会史》第八章《宗族》，第250页。

[3] 同上，第253页。

[4] 同上，第251页。

训文化呈现出了“古今承续、海纳百川、中西融汇、多元并存”的特色。整体而言，近代江南的家风家训也同样呈现出一种过渡性的特点。首先，随着社会的变迁，新思想、新观念的传播，家风家训已经出现了近代转向，这种近代的转向体现在以下几个方面。第一，从家风家训的实施主体来看，传统的家族仍是实施主体，但其权威已经开始衰落，越来越多的核心家庭或者折中家族成为家风家训的实施主体，同时政府、学者也越来越多地参与到家风家训的实施中来。第二，从家风家训的实施对象来看，由于传统的家族伦理等级秩序受到破坏，家族成员之间开始形成平等的关系，儿孙和妇女在家族教化中的地位明显得到提升，家庭（家族）的每个成员逐渐开始平等地接受家风家训的教育和约束。第三，从家风家训的教化路向看，在近代以前，基本上是由长辈对晚辈、男性对女性，族长对族人等从上到下单向实施的教化路向；而进入近代之后，家风家训的教化模式不再是从上到下的传递，接受先进文化的年轻一代往往成为家风家训改革的主导力量，在家庭（家族）内部，随着族会、家庭会议等民主协商形式的逐渐推广，家风家训也逐渐通过协商讨论制定形成。第四，从家风家训的内容上看，爱国主义教育逐渐和忠君思想分离，国家和人民的利益得到彰显；单一的知识观和职业观得到变更，开始注重知识的实用性，并能够根据近代社会的职业划分来择业，以前被视为末流的商业受到了重视；道德修身教育中开始关注公德、独立人格、个性、个人卫生等新的道德要素，注意打造适合近代社会的健全人格；此外注意迷信、吸食鸦片等社会陋习对家族成员的毒害。

另一方面，虽然家族制度走向衰落，但是远未到终结之时。有些家族能够顺应时代的要求，积极对传统的家风家训进行变革，但由于人和制度都是有着强烈的惯性，一方面，往往一代人在潜移默化中就会继承前代人的思想和方法并内化为个体的思想，另一方面，家族组织和制度在近代中国还存在着广泛的影响力，中国社会有着尊老的传统，所以旧的家风家训会通过不同的途径起着一定的作用，呈现出新旧杂糅的特点。第一，同一时代同一区域不同家族的家风家训风格不同，如江南地区，以上海为中心，其家风家训先进性呈从中心到边缘，从城市到乡村逐渐递减的状态；即使在中国城市化和近代化程度最突出的上海，不同家族的家风家训也由于编纂者的知识水平、职业、思想视野的不同而呈现出不同的特点。第二，同一家族的家风家训，甚至同一个作者编纂的家风家训内容也新旧杂糅。第三，同一家族中，不同的人对家风家训所持的态度不同，这不仅体现在不同辈分、不同年龄的人态度不同，而且同一辈分中，由于受教育的程度不同，所持的态度也不同。第四，即使同样对家风家训持改革改良态度，也因为立场的不同，分别呈现出改良、改革甚至激进革命的样貌。

这种过渡和新旧杂糅的性质同样也体现在了近代江南家风家训形式的多元性上，传统家风家训主要的形式有文学体、书信体以及系统性的家训专书和载于家谱中的家训规条等，早期家风家训尚未成熟，形成系统，往往以个人的书信、诗赋、散文的形式出现，明清以后，随着家族制度的逐渐成熟，家训专书和家训规条成为家风家训的主流形式。近代以后，家风家训的形式出现了很多的变化。首先，在家谱中刊载的家训规条仍然是主流，但较之传统社会时多有创新，如其名称“家规”“家训”等渐为“家宪”“家范”所取代，一方面则是家族民主化的体现，另一方面也说明家训规条渐由规训惩戒转为劝谕、引导、启发。又如，随着大量移民家族的出现，像广东北山杨氏的《在外侨居家范》以及武进西营刘氏《旅沪通讯录》等都是其中代表；又如，传统家风家训往往援引经典格言，而近代族谱中的家风家训中开始引用所谓西儒格言，西方谚语等，如南关杨氏家风中引罗兰夫人名言：“自由自由，天下古今多少罪恶，假汝之名以行。尔等应知戒之。”[1] 皖北杨树屏甚至仿朱柏庐家训，用圣经名言编制家训，“黎明既起，谨守晨更，如拾取吗嗱。夜晚已临，殷勤祈祷，必接受灵力。”第二，随着核心家庭、折中家庭比重逐渐加大，家风家训越来越局限于小家庭内部，再加上曾国藩、林则徐、左宗棠等著名人物的身体力行，从晚清到当代，书信体家训成为风尚，《林则徐家书》《曾文正公家书》《左文襄公家书》一直到当代的《傅雷家书》

[1]《家法》，《南关杨公镇东支谱》，1932 年铅印本。

和大量的革命家书都是其中的经典。第三，传统的家训专书虽然也有曾懿的《女学篇》等作品出现，然其数量已经日益减少。随着近代大量新思想、新观念的引入，很多思想家、学者发表过文章、著作，对家风家训进行讨论和研究的，特别是随着教育学、社会学等现代理论的引入，由教育学者撰写的以家庭教育为内容的学术著作大量出现，同样可以将其视为家训专书的新类型。第四，由于近代报刊杂志的风行，载于杂志上的家风家训也日益增多，如著名的沈沛霖、俞杏人的《我俩的治家规约》、王哲忱的《勤俭文明之家训》等均是其中的代表。由一个家族乃至一个家庭举办的用于传播家风家训的刊物也开始出现，其中最著名的是由聂云台编纂的聂氏家族刊物《聂氏家言》，聂云台是晚清著名官僚聂缉椝之子，母亲是曾国藩之女曾纪芬，从小受到西方式的教育，同时也受到曾纪芬的传统教育的严格熏陶，是近代著名的工业家，相继创办大中华纱厂、大通、华丰纺织公司，曾任上海总商会会长兼全国纱厂联合会副会长。以曾纪芬和聂云台母子

乙丑年十二月初五日 聶氏家言旬刊 第七十六期 (一)

聶氏家言旬刊

舊曆乙丑年十二月初五日即民國十五年一月十八日上海匯山路四十八號聶宅發行

聶氏家言旬刊名字之商定 雲台

第七十六期 目次
聶氏家言旬刊名字之商定
岡州公牘錄要（續）
金山縣農民生活（錄職業教育社生活週刊）
喉症各方
治血崩良醫

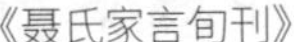
《聂氏家言旬刊》

乙丑年十一月初五日 聶氏家語旬刊 第七十三期 (一)

聶氏家語旬刊

民國十四年十二月二十日

家聲改名聶氏家語旬刊緣起 雲台

致某君書

第七十三期
家聲改名聶氏家語旬刊緣起
致某君書
盜竊因緣說
文正家書摘抄
新聞

《聂氏家语旬刊》

为核心，在上海的辽阳路崇德堂聂家老宅中，聂家人长年及时保持沟通，每周一次举行家庭会议，第十天一期编纂家庭刊物，每期发行量高达1800多份。这份家庭刊物初为《家声选刊》，创始于1925年，自第2辑起改名为《聂氏家言选刊》，自第4辑起又改名为《聂氏家言旬刊》，由中华书局出版，前后至少160多期，既是家庭会议的忠实记录，是曾纪芬、聂云台对子孙后代的训示，同时也是聂氏家族成员发表言论的舞台，是近代家风家训变迁的重要文献。

（一）近代江南家风家训转型的社会动因

近代家风家训是在近代中国复杂的社会环境中不断进行解构与重建的，其转型受到了一定社会条件的制约，近代社会制度的变革，包括政治体制、法律制度、政府行为、思想观念等一系列的变革是传统家风家训转型的直接动力。

1. 社会制度变革的影响

从晚清维新改良开始，一系列的变革和革命都动摇了传统家风家训存在的基础。1904年，清政府颁布并实施的《奏定学堂章程》，近代学校制度初步建立，原本由家族（家庭）承担的教育功能转由国家负责，族学、家塾等家族教育组织或是转型，或是衰落；1905年，清政府宣布废除科举考度，又从根本上动摇了家风家训中所强调对“学而优则仕”追求的人生理想。而由于中国传统家庭制度是与政治上的宗法制度互为依存，随着辛亥革命推翻了帝制，成立中华民国，政治制度的变革对家庭产生了更为强烈的冲击。

这一影响首先体现在政府层面。从晚清开始，政府也积极参与到了原来由家族（家庭）主导的家庭教育和家风家训的推广上。清末新政时的1904年1月13日，张百熙、张之洞、荣庆合订的《奏定学堂章程》中专门拟订了《奏定蒙养院章程及家庭教育法》，这是中国近代教育史上第一部关于家庭教育的法令，首次为家庭教育立法并把其纳入国民教育体系。虽然章程提出“应令各省学堂将《孝经》《四书》《列女传》《女诫》《女训》及《教子遗规》等书，择其最切要而极明显者，分别依次浅深，明白解说，编成一书，并附以图，至多不得过两卷。每家散一本”。“选取外国家庭教育之书”也要“择其平正简易，与中国妇道妇职不相悖者，广为译书刊布”，但总体而言，仍有很多新观念的体现，如章程指出，“蒙养家教合一之宗旨”“蒙养所急者仍赖家庭教育”“以蒙养院辅助家庭教育”；要求各省学堂刊布家庭教育的书籍供家庭教育使用；提出“发育其身体，渐启其心智”“习于良善之规范”“断不可强授以难记难解之事，或使之疲乏过度之业”[1]的要旨，第一次强调家庭要通过现代科学的方法抚养和教育未成年子女。

南京国民政府更加重视家庭的近代改造，并通过一系列的措施和办法直接介入家庭的教育工作中来。1934 年，国民政府在蒋介石的直接倡导下，开始历时十余年的“新生活运动”，新生活运动的目的及其得失成败，论者颇多，暂且不论。在家庭方面，其一方面重新倡导“礼义廉耻”等传统道德观，一方面也直接吸收和借鉴了当时西方国家的一些具体做法，制定了不少符合现代社会文明要求的生活目标和行为标准，如倡导新式文明礼仪，废除磕头跪拜，讲究家庭卫生，倡导节俭生活，改革传统婚丧仪式，改善和提高妇女家庭地位等。当时从江苏开始推行的警务改革——“警管区制”也倡导让警察配合新生活运动的推进，积极参与到家庭改良中，《江苏省民政厅试办警管区实施程序》中有“协助改良家庭”的内容，包括“改良家政会议，定家规，注意家庭卫生”等。[2] 1938 年 12 月，国民政府教育部又颁布了《中等以下学校推行家庭教育办法》。该《办法》对中等以下学校如何与家庭联络，如何改进和推行家庭教育等做了论述，成为后来制定相关家庭教育法令的基础。接着，吴鼎在 1939 年《教育杂志》第 30 卷第 4 号上发表了《小学如何推行家庭教育》，对小学推行家庭教育的意义、目标、组织、实施等做了深入探讨。此后，1940 年 9 月颁布了《推行家庭教育办法》，1941

[1] 舒新城编：《中国近代教育史资料》中册，人民教育出版社 1961 年版，第 385—389 页。

[2] 汪勇：《警管区制研究》，中国人民公安大学出版社 2012 年版，第 336 页。

年，又作为《办法》附件颁布了《家庭教育讲习班暂行办法》和《家庭教育实验区设施计划要点》等。这些教育法规中的“家庭教育”，已不再是通常意义的父母对子女的教育，而是指政府及其相关部门和人员对家庭的教育，内容涉及家庭（家族）的政治、经济，教育、卫生等四个生活方面。在《推行家庭教育办法》中，南京国民政府规定在省教育厅、县市政府、乡镇公所等各级政府组织均应设置家庭教育组织机构，负责推行家庭教育。明确规定幼稚园和小学等中等以下学校、中等学校、专科以上学校以及社会教育机构在推行家庭教育中的主办部门、参加人员、主要工作事项、经费安排等内容，要求“各级学校及社会教育机关每年度开始，应将家庭教育推行计划……呈报主管教育行政机关核准施行，年度终了时，应将办理情形编附呈报备案”。[1]这些教育法令都是为了“以法治家庭教育”，把家庭教育工作纳入社会各有关机关、团体和组织机构的工作范围，统筹管理，共同指导，促进家庭教育工作的开展。这些措施都是政府越来越深地介入家庭教育的表现，从此以后，家庭教育打破了以往主要由民间进行，分散、独立、各自为政的局面，成为国家社会各职能部门共同关注的一个重要领域。

其次是法律制度层面，中国传统法律中的家族伦理精神其实就是以父权、夫权为核心的血缘关系理论，这也是贯穿中国传统社会法律体系的核心原则。而伴随着清末修律、民主共和以及民主革命热潮，从法律上废除家族制度的步伐骤然加快，至1929—1930年间，仅用30余年时间，文本制度上即实现了废除延续数千年家族制度传统的目标。1911年初，《大清新刑律》的颁布，标志传统法律体系瓦解。除了在附属于新刑律之末而未经表决颁布的《暂行章程》5条中，依稀可见刑法对尊亲属或父家长权威有所倾斜外，正文法条基本与西方近代刑法的罪刑法定、法律面前人人平等、无罪推定、行刑文明等立法宗旨接轨，至此，刑法上家族伦理原则基本告一段落。相对于刑法而言，近代民法的创制和颁布比较滞后。《大清新刑律》颁布前数月，清廷曾颁布《大清现行刑律》作为过渡时期的

[1] 宋恩荣、章成：《中华民国教育法规选编》，江苏教育出版社1990年版，第597页。

律典。该律体例虽与原有的《大清律例》有所区别，但民刑混同、礼法合一的立法宗旨依然未变，捍卫传统宗族结构、维护父家长权威的《服制图》《服制》《名例》等仍昭示于律首。当时的修订法律馆也曾着手编制新型民法典，1907 年，宪政编查馆始起草民律，1911 年，前三编（总则、债、物权）告成，后两编（亲属、继承）则由法律馆会同礼学馆订立，并于 1911 年九月初五编纂完成，即所谓《大清民律草案》，这是我国历史上第一次创制的民法草案，故又称《第一次民法草案》。近代私法意义上的有关家庭、宗族各项规定，多在民法草案的《亲属》或《继承》编中体现出来。但是正如江庸所言："大清民律草案关于亲属、继承的规定，与社会情形悬隔天壤，适用极感困难，法曹类能言之，欲存旧制，适成恶法；改弦更张，又兹纷纠。何去何从，非斟酌尽善，不能遽断。"[1] 由于清廷不久覆亡，这部法典未能修正颁行，故民国初年时只能将《大清现行刑律》中民事有效部分继续援用，作为民事法律纠纷裁判的重要依据。当时的北洋政府也从 1915 年起开始进行民律的编纂，至 1925 年完成了民律草案的编制，史称民国民律草案，或第二次民法草案。但是这个草案，虽经司法部通令各级法院作为条理采用，然而最终未成为正式的法典，而且在《亲属编》中更多地因袭了传统礼教的内容，扩大了家长的权力，强化了包办婚姻制度，在继承编中也增加了宗祧继承等制度，民法近代化步伐反而有所倒退。

1928 年夏间，南京国民政府责成法制局着手起草《中华民国民法》，后于 1930 年冬完成，其中亲属编计 7 章 171 条，继承编计 3 章 88 条，1931 年 1 月 24 日颁布施行。此次《民法》较之以前颇多进步。如对家的定义，胡长清曾指出，一直有家族主义和个人主义之争，清末编纂法律时，曾有《家制》一章，其附说明："中国今日社会实际之情形，一身以外，人人皆有家之观念存，同在一家者为家属，其统摄家政者为家长。现行于社会者既全然是家制度，不是个人制度，而家长、家属等称谓，散见于律例中颇多。又历代皆有调查户口，编查户籍之

[1] 谢振民：《中华民国立法史》，中国政法大学出版社 2000 年版，第 747—748 页。

民法

第一編　總則

第一章　法例

第一條　民事法律所未規定者依習慣無習慣者依法理。

第二條　民事所適用之習慣以不背於公共秩序或善良風俗者為限。

第三條　依法律之規定有使用文字之必要者得不由本人自寫但必須親自簽名。

如有用印章代簽名者其蓋章與簽名生同等之效力。

如以指印十字或其他符號代簽名者在文件上經二人簽名證明亦與簽名生同等之效力。

第四條　關於一定之數量同時以文字及號碼表示者其文字與號碼有不符合時如法院不能

民法　第一編　總則　第一章　法例　一

中华民国民法总则

举。凡所谓户者，即指家而言，是于法律上又明认所谓家矣。以十八省皆盛行家属制度之社会，数千年来惯行家属制度之习尚，是征诸实际，观诸历史，中国编纂亲属法，其应取家属主义已可深信。”民国时“欧化输入，情势大异”，原有的家族制度“因经济之发达，政治之演进，渐形崩溃”，所以在修订《亲属法》时采用家族主义还是个人主义，颇有反复，直到1931年国民党中央政治会议最终确定仍采用家族主义。[1]《亲属法》第六章《家》第1122条至1128条作了系统规定：“家是指以永久同居生活为目的而同居的亲属团体；家设家长；家长由亲属团体推定，没有推定的，以家中最尊辈者为之，尊卑相同者，以年长者为之，最尊或最长者不能或不愿管理家务时，由其指定家属一人代理；家长的职能是管理家务，但家长得以家务的一部分委托家属管理；家长管理家务，应注意所有家属的利益。”但正如胡长清所言，此处的家族主义已经不是以前所谓的家族主义，不是将家视为亲属关系的基础，而是以家为一定亲属间共同生活方式的一种，即尽管采用家族主义，但个人主义的规定也掺杂其间，所以上述条款仅规定了家长的权力与义务与传统意义上的权力、义务不同，只有家长形式的存在，才依稀可见传统家长的特征。[2] 此外如将亲属分为配偶、血亲、姻亲三类，也与传统服制图根本不同，接近罗马法的分类。

[1] 胡长清：《中国民法亲属论》第四章《亲属法之立法主义》，台湾商务印书馆1986年版，第6页。

[2] 同上。

《中国民法亲属论》

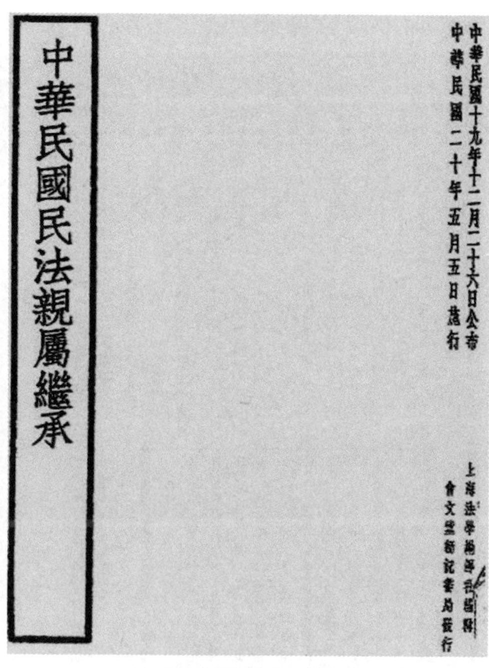

《中华民国民法亲属继承》

当然考虑到当时的国情，虽然对传统家族中维系家族存在的诸多纽带，如族谱的合法性问题，亲属法并未做出明确的规定，但考虑到家族在民间仍普遍存在，族谱联系、团结族人的社会功能一时间非其他载体所能替代，于是，司法院先后以司法解释为变通，来弥补民法条文在相关内容上的阙如。例如 1928 年司法的解释：“姓族谱系关于全族人丁及事迹之纪实，其所定条款除显与现行法令及党义政纲相抵触者外，当不失为一姓之自治规约，对于族众自有拘束之效力。” 1929 年司法解释：“谱例乃阖族关于谱牒之规则，实即宗族团体之一种规约，在不背强行法规，不害公秩良俗之范围内，自有拘束族众之效力。” 1930 年司法解释：“一族谱牒系关于全族丁口及其身份事迹之记载，苟非该族谱例所禁止，不问族人身份之取得及记载之事迹是否合法，均应据实登载昭示来兹，不得有所异议。” 同年司法解释：“谱牒仅以供同族稽考世系之用，其记载虽有错误，但非确有利害关系即其权利将因此受损害时，纵属同房族之人，亦不许率意告争，以免无益之诉讼。”“谱例系一族修谱之规约，其新创或修改应得合族各派之

浙江杭鄞金永律師公會報告錄第一百二十八期

判決例

譜例之修改或新創應依合譜各派之同意非一派所得專擅

最高法院民事判決十九年上字第二〇一六號

判決

上告人 葉吉交 住鄞縣新街葉明[illegible]號

葉吉發 住鄞縣江東

右代理人 秦綬章 律師

被上告人 葉昌鏞 住鄞縣月宮山

葉吉渺 同上

葉吉仲 同上

右兩造因請求刪除譜例涉訟一案上告人不服浙江高等法院中華民國十八年十二月三十一日第二審判決提起上告本院判決如左

主文

原判決廢棄發回浙江高等法院更為審判

理由

按譜例係一族修譜之規約其新創或修改依共同行為之原則應得合譜各派之同意非一派所得專擅本件上告人等雖係天鄮螟蛉子長屬之後然長屬生於明萬曆年間其子孫自與被上告人等正派合譜相傳至今並未於譜例中有所歧視則此次被上告人等欲新增譜例限制螟蛉派不能充當宗房長自應得上告人等之同意蓋兩造雖有正派螟蛉派之別而合譜數百年關於譜例之應否新創或修改乃係合譜各派之共同行為自應本於共同行為之原則以協議定之至於異姓亂宗之禁專為實際上承繼宗祧之問題與譜例之應否新創或修改究係各為一事一二兩審專就異姓不能亂宗之點認上告人否認新增譜例為失當而於被上告人等新增此等譜例曾否得上告人等同意之

一三六五

谱例之修改或新创应依合谱各派之同意，非一派所得专擅

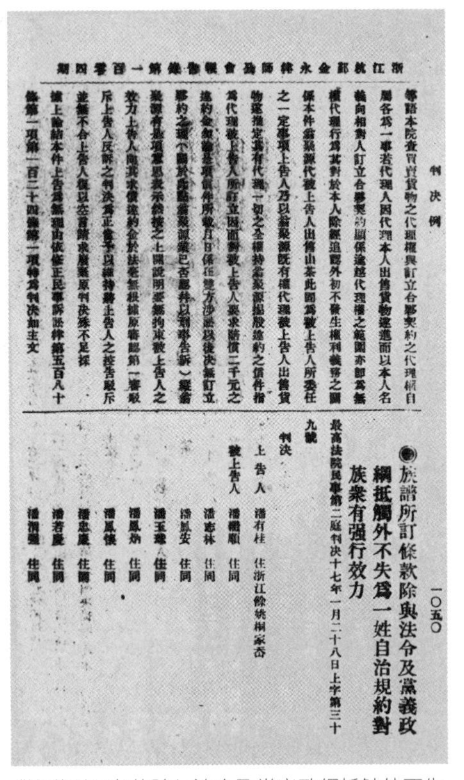

浙江杭鄞金永律師公會報告錄第一百零四期

判決例

等語本院查買賣貨物之代理權與訂立合夥契約之代理權自屬各為一事若代理人因代理本人出售貨物遂進而以本人名義向相對人訂立合夥契約顯係逾越代理權之範圍亦即為無權代理行為其對於本人除經追認外初不發生權利義務之關係本件茶號代被上告人出售山茶此固為被上告人所委任之一定事項上告人乃以茶號既有權代理被上告人出售貨物遂推定其有代理一切之全權持茶號擅股違約之借件指為代理被上告人所訂立因而對被上告人要求賠償二千元之違約金無論該項借件所載月日係在雙方涉訟以後決無訂立合夥約之理（[illegible]）縱當茶號有是項意思表示於被上告人之上開說明要無拘束被上告人之效力上告人向其求償違約金於法毫無根據原審認第一審駁斥上告人反訴之判決為正當予以維持將上告人之控告駁斥並無不合上告人猶以空言請求廢棄原判決殊不足採據上論結本件上告為無理由依修正民事訴訟律第五百八十條第一項第二百二十四條第一項特為判決如主文

一〇五〇

族譜所訂條款除與法令及黨義政綱抵觸外不失為一姓自治規約對族衆有強行效力

最高法院民事第二庭判決十七年一月二十八日上字第三十九號

判決

上告人 潘有桂 住浙江餘姚桐家岙

被上告人 潘繼順 住同

潘志林 住同

潘鳳安 住同

潘玉璣 住同

潘鳳炳 住同

潘鳳儀 住同

潘忠慶 住同

潘若慶 住同

潘潤璣 住同

《族谱所订条款除与法令及党义政纲抵触外不失为一姓自治规约对族众有强行效力》

同意，非一派所得专擅。”[1] 可见，“除显与现行法令及党义政纲相抵触者外”及“在不背强行法规不害公秩良俗之范围内”，法律对族谱编纂、谱例修订，包括族谱中的家风家训的确立和修订都予以一定的保护。

2. 思想观念变革的影响

制度的废除可以通过革命的方式加以解决，但有的观念和思想并不可能靠一部法律、一纸条文在一夜之间清除，而只能通过思想的批判来实现观念的更新。

[1] 参见史尚宽：《亲属法论》，中国政法大学出版社 2000 年版，第 785 页。

从晚清开始，国人即开始对我国传统的家庭制度展开了猛烈抨击，传统家风家训的理论和观念也受到了强烈冲击，可以说，批判范围之广、程度之深、时间之长、影响之大，在中国历史上都是空前的。在一定意义上，批判本身就意味着建构。对传统家风家训观念的批判，一方面突破了传统思想的藩篱，打破了其在整个社会的统治地位，解放了人们的思想，另一方面又为新的理论的引进和传播以及新的家风家训观念的形成扫除了障碍，开阔了人们的视野，由此也奠定了家风家训观念近代变革的前提和基础。

西方教育思想的传入，在江南地区始于19世纪80年代末由韦廉臣撰写了《泰西教法》一书，这是对西方家庭教育进行介绍的最早著作。《申报》还从1889年11月13日开始连载，分为四次，对韦氏《泰西教法》进行了全面的介绍。曾于1893—1897年任美国驻沪总领事，后长期在上海从事律师事务的佑尼干（Thomas Jernigan）曾著有《中国政俗考略》一书，其中有一章为《论中国家规》，由林乐知译，吴江任保罗述，初刊于1905年的《万国公报》[1]，对中国家规中主要关于婚姻、继嗣方面的内容进行介绍和批判，认为随着时代的进步，中国"视妇人为服从之人，在世无有幸福，无有盼望"的情况"亦必渐减"。

在这些思想的影响下，已经有一些有识之士开始讨论新的家庭教育方式，特别是在维新变法期间，维新派人士大力提倡新式教育，提倡男女平等，为中国的家庭教育开创了一条新路。如在江南制造局从事翻译工作的著名学者钟天纬从1883年开始，就尝试对自己的儿子进行新教育法的实验。[2] 1896年，他又与张焕纶、宋恕、赵从蕃、孙宝瑄、胡惟志等人结成"申江雅集"[3]之会，每七天一次，讨论改良教育问题，积极提倡新教育法，这也是上海近代最早的有组织地研究家族教育之始。而上海最早的关于家庭教育的研究团体则是创办于1907年4月的"家政改良会"。该会附设于竞化女子师范学校，由杨王震任首监，每周开

[1]《论中国家规》,《万国公报》第201册，1905年10月，上海书店出版社2015年版。

[2] 上海通社:《上海研究资料》，上海书店1984年版，第654—655页。

[3]（清）孙宝瑄:《忘山庐日记》，上海古籍出版社1983年版，第282页。

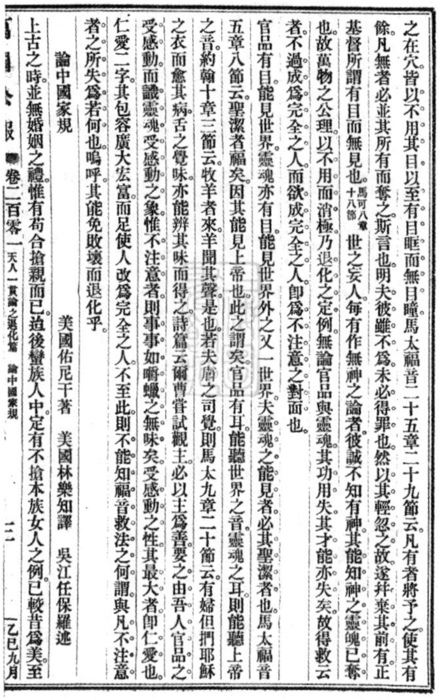
之在穴皆以不用其目以至有目眶而無目瞳馬太福音二十五章二十九節云凡有者將予之使其有餘凡無者必並其所有而奪之斯言也明夫彼雖不爲未必得罪也然以其輕忽之故遂并棄其前有正基督所謂有目而無見也馬可八章十八節世之妄人每有作無神之論者彼誠不知有神其能知神之靈魄已奪也故萬物之公理以不用而消極乃退化之定例無論官品與靈魂其功用失其才能亦失矣故得救云者不過成爲完全之人而欲成完全之人即爲不注意之對面也

官品有目能見世界靈魂亦有目能見世界外之又一世界夫靈魂之能見者必其聖潔者也馬太福音五章八節云聖潔者福矣因其能見上帝也此之謂矣官品有耳能聽世界之音靈魂之耳則能聽上帝之音約翰十章三節云牧羊者來羊聞其聲是也若夫膚之司覺則馬太九章二十節云有婦但捫耶穌之衣而愈其病舌之覺味亦能辨其味而得之詩篇云爾曹嘗試觀主必以主爲善要之由吾人官品之受感動而識靈魂受感動之象惟不注意者則事事如嚼蠟之無味矣受感動之性其最大者即仁愛也仁愛二字其包容廣大宏富而足使人改爲完全之人不至此則不能知福音救法之何謂與凡不注意者之所失爲若何也嗚呼其能免敗壞而退化乎

論中國家規　美國佑尼干著　美國林樂知譯　吳江任保羅述

上古之時並無婚姻之禮惟有苟合搶親而已迨後蠻族人中定有不搶本族女人之例已較昔爲美至

卷二百零一　天人一貫論之退化篇　論中國家規　乙巳九月

佑尼干:《论中国家规》

会一次，主要着力于对家庭卫生、环境、教育、经济以及职业等关于家庭发展问题的研究。如1907年11月25日家政改良会第27期会议是由“沈钦苓女士讲吾人家庭中急宜改良者有八大要件：一家庭财用，一家庭卫生，一家庭仪节，一抚育儿女，一家事管理，一家人职业，一家常服饰，一通常游息”。[1] 1908年3月30日家政讲坛内容是由“邓宝诚女士演讲儿童劣性之养成由于为母者一言一行之不慎，证引故事，听者莫不感叹”[2]。

民国成立后，对家庭和家庭教育的理论研究日趋活跃，早在1911年10月，北京就成立了“中华民国家庭改良会”。1913年，《教育杂志》第5卷第1号刊登了志厚的《蒙台梭利女史之新教育法》，这是近代西方儿童教育的最早引入。1915年1月，近代中国第一本家庭教育著作，裘德煌著的江西新建版的《家庭新教育之研究》出版；同年，曾任黑龙江巡按使朱庆澜著的《家庭教育》一书印行，不过本书虽用白话文写成，可读性亦强，当时影响颇广，但其内容仍不离“仁义礼智信”。1916年，李元蘅在《中华教育界》第5卷第5期上发表了《家庭教育中之家训》，这是最早用西方教育学理论研究中国传统家风家训的文章，明确了家庭与学校在教育子女上的关系，并最早提出了家庭教育的阶段划分。广义的家庭教育是包括学校教育的，所以家庭教育应分为两个阶段，“第一部，学校时代以前之家庭教育，此为学校教育之基础。第二部，学校时

[1]《二十七期家政会》,《申报》1907年11月25日。

[2]《家政讲坛纪略》,《申报》1908年3月30日。

代之家庭教育，此为学校教育之补助”。[1]

1916年8月，由美国的弗兰克·爱地普著，由吕鹏搏译的《新世纪家庭教育谈》由中华书局出版，这是我国近代第一部由国人翻译并介绍的家庭教育著作。类似的翻译著作尚有由日本民友社编，由蒋维乔等人组成的上海人演社翻译，由文明书局在1917年出版的《家庭教育》。相关的学术研究组织也开始成立。1919年，黄炎培和沈信卿等人在上海发起成立了“家庭日新会”。该会认为儿童孱弱是国家不振的主因，儿童孱弱则是因为家庭教育不科学，故要“从研究家庭教育，家庭卫生为人手，渐次及于改良婚嫁，家庭组织等问题”[2]，通过改良家庭教育，来推动家庭改良和社会改造。

20世纪20年代以后，一些新的社会学、心理学、教育学、卫生学、生物学理论相继传入中国，特别是伴随着一大批中国留学生的陆续回国，他们开始结合我国近代的国情和实际，运用现代西方教育观念和理论来指导实践中国的家庭教育改革。更值得一提的是，一大批深受民主、自由、平等学说影响的政治家、革命家、思想家和教育家以及一部分初步具有共产主义觉悟的知识分子，如蔡元培、鲁迅、胡适、沈雁冰、陈鹤琴、潘光旦、张天麟等等发挥了表率、引领、示范和带头作用，一面对传统的家族制度和家庭教育继续进行猛烈批判，一面积极实践家庭教育，使得近代的家庭教育实践体现出越来越明显的开放性、民主性、平等性和科学性等特征，从而为近代家风家训的转型和发展奠定了重要的基础。

1921年，沈雁冰在《家庭改制的研究》中，介绍了西方家庭改制理论中所谓急进、保守、修正三大派，特别系统地介绍了“社会主义家庭革命论”奠基者的理论思想一德国伯伯尔（Bebel）《社会主义下的妇人》，英国加本特（Carpenter）《爱的成年》，英国惠尔斯（H.G. Wells）《社会主义与家庭》中的主要观点，并认为“家庭改制应着眼在三方面：（一）妇女的解放；（二）儿女的良善教养；（三）私产继承法的废止”，并主张“照社会主义者提出的解决法去解决中国的家庭问

[1] 李元蘅：《家庭教育中之家训》，《中华教育界》1916年第5期。

[2] 谈社英：《中国妇女运动通史》，妇女共鸣社1936年版，第160页。

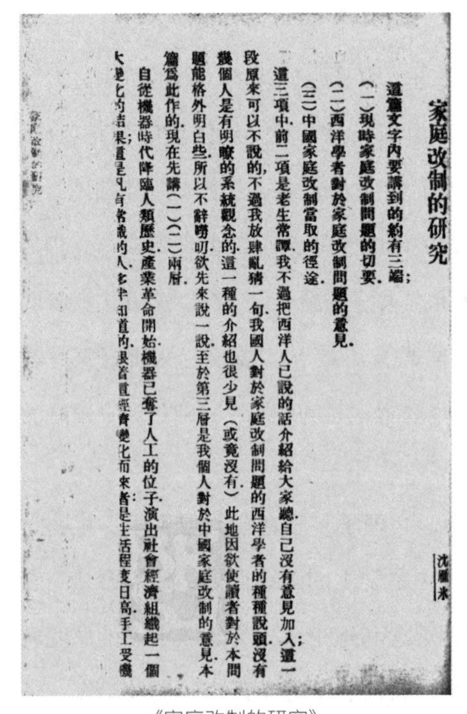

家庭改制的研究

沈雁冰

這篇文字內要講到的約有三端;

(一)現時家庭改制問題的切要.

(二)西洋學者對於家庭改制問題的意見.

(三)中國家庭改制當取的徑途.

這三項中前二項是老生常譚.我不過把西洋人已說的話介紹給大家.總自己沒有意見加入;這一段原來可以不說的,不過我放肆亂猜一句.我國人對於家庭改制問題的西洋學者的種種說頭.沒有幾個人是有明瞭的系統觀念的.這一種的介紹也很少見(或竟沒有).此地因欲使讀者對於本問題能格外明白些.所以不辭嘮叨.欲先來說一說.至於第三層是我個人對於中國家庭改制的意見.本篇爲此作的.現在先講(一)(二)兩層.

自從機器時代降臨人類歷史.產業革命開始.機器已奪了人工的位子.演出社會經濟組織起一個

《家庭改制的研究》

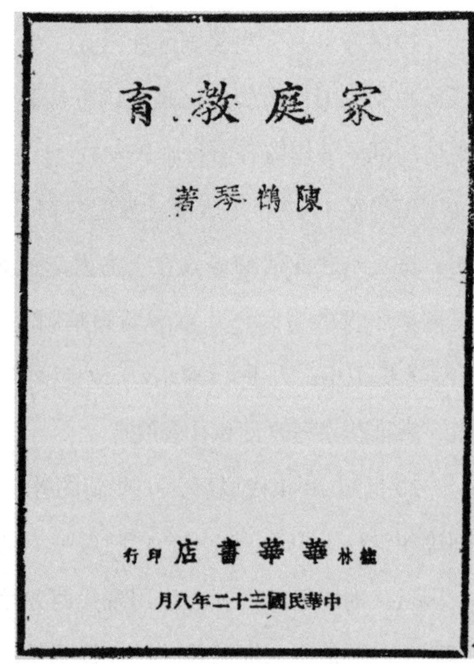

陈鹤琴:《家庭教育》

题”,[1] 这是社会主义家庭理论的第一次引入中国。1918 年获得美国哥伦比亚大学教育学硕士的陈鹤琴则是近代中国儿童心理学和儿童教育学的奠基人,1920 年 12 月 26 日,其长子陈一鸣出生,他通过对陈一鸣长达 808 天的观察和实验,最终完成《家庭教育》一书,这是中国第一本儿童心理学专著,由于其家庭教育理论建立在深厚的儿童心理学、教育学的理论基础之上,对当时及后来的家庭教育理论及实践产生了广泛而深远的影响。陈鹤琴还发起成立“儿童教育社”,创办了《幼稚教育》杂志。1923 年,该杂志改名为《儿童教育》。在此基础上,又于 1929 年成立了中华儿童教育社,1933 年 6 月又在上海成立了“儿童教育社上海分社”,由陈鹤琴负责,其宗旨是“研究关于家庭教育、幼稚教育、小学校的各种问题”。[2] 而由张天麟著,正中书局于 1948 年 8 月出版的《中国母亲底书》,则是

[1] 沈雁冰:《家庭改制的研究》,《民铎》1921 年第 2 卷第 4 号。

[2] 许敏:《上海通史》第 10 卷《民国文化》,上海人民出版社 1999 年版,第 259 页。

这一时期家庭教育研究的总结性论著。

观念的变革是家风家训转型的核心和先导。我们很难想象，一个没有现代家庭教育观念的家庭能够实践新的家风家训，同样，我们也不可设想，在一个现代化的社会和家庭环境中依然恪守着传统的家风家训。正是对传统观念的持续批判，新观念、思想、理论的不断传播，才为江南家风家训的发展注入了新的因子，并提供了实践发展的理论源泉，促进了家风家训的转型。

（二）近代江南家风家训转型的内容

伴随着政治、经济、社会乃至日常生活所发生的重大变迁，江南地区家风家训的内容和形式也发生了巨大变化，开始形成多元开放、中西并举的特点，但又由于受到家风家训自身所具有的世代性、传承性和延续性等特征的影响，又使其在走向现代化的过程中始终呈现出新旧杂糅、传统与现代并存的现象。

1. 关于教育观的内容

19 世纪后半期，在西学东渐思潮的引导下，传统的知识价值观逐步动摇，传统教育从教育制度、教育体系、教育内容、教育观念都发生了重大的变化。

中国近代新式教育的开端，始于传教士，1818 年，英国伦敦会传教士马礼逊（Robert Morrison）和米怜（William Milne）在马六甲创办了以中国学生为主要教育对象的教会学校，取名英华书院（The Anglo-Chinese College），后于 1843 年迁至香港，在校就读的华人学生最多时达 200 余人。最早在中国本土开办的教会学校则是 1839 年在澳门成立的马礼逊学堂，由马礼逊教育协会主办，因纪念马礼逊而得名。《南京条约》签订后，传教士开始逐渐在五个通商口岸和香港等地设立学校，如 1844 年，英国传教士亚尔德西（Miss Mary Ann Aldersey）在宁波开设了女塾，这是中国内地最早的教会女子学校；1845 年，美国长老会在宁波建立崇信义塾，1867 年迁至杭州，名为育英书院，后来发展为之江大学。1850 年，在上海有英国圣公会的英华书院，美国长老会办的清心书院，天主教办的圣依纳爵公学（即徐汇公学）等。随着五口通商，近代工商业的发展，以及中国在与西方列强的战争中不断失败，传统教育也受到了挑战。1862 年，京师同文馆创办，此为中国官办新教育之始。1863 年，上海开设同文馆，后又于 1867 年改名为广方言馆。此后江南制造局操炮学堂、上海电报学堂等新式学校相继成立。1874 年，英国驻沪领事麦华陀、轮船招商局总办唐廷枢等人创办了格致书院，以使“华人得悉泰西各学之门”，是为上海最早的民办新式学堂。此后，林乐知又于 1881 年创办中西书院。甲午战争后，江南各地一些有识之士痛定思痛，开始加快教育改革，以此为变法之本，中国富强之本。[1] 戊戌变法时，光绪又曾下令各地已有之大小书院一律改为兼习中、西学之学堂，虽然变法失败后，相关举措一度被废止，但是各地新式学堂的创办已经呈风起云涌之势，以得风气之先的江南而论，上海的南洋公学、中国女公学，南京的储才学堂、江南陆师学堂、江阴的南菁高等学堂、杭州中西书院、绍兴中西学堂都是其中的代表。为了加强对新式学堂的管理，统一全国的学制系统，清政府于 1902 年 8 月 15 日颁布了《钦定学堂章程》，即《壬寅学制》，但未及施行。此后又于 1904 年 1 月 13 日颁布了《奏定学堂章程》，即《癸卯学制》。这些学制的制定和实施，为中国新型学制的建立奠定了基础，促进了各级各类学校的发展。1905 年科举制的废除，更为新式学堂的大量涌现创造了条件。这些新式学堂不仅扩大了不同层次民众受教育的机会，使教育不再为社会某一阶层所垄断，同时改变了传统的家族教育方式和教育理念，对家风家训产生了很大的冲击。

如前章所述，江南的家族一向注重教育，虽然科举被新式教育取代，但为了维持本家族的发展，巩固自身在地方社会的权势，他们都积极寻求新的文化资源，迅速将目光投向了新式教育，实现教育的转型。当年那些在科举上取得成功

[1]《龙城书院课艺》，关于华世芳在龙城书院数学教学的成果，可参见夏军剑：《清末数学家华世芳及其〈龙城书院课艺〉研究》，天津师范大学硕士论文，2006 年。

的家族，在新式教育上也同样取得了一系列突出成就。他们不仅将族学改为新式学堂，创办新式教育，家族成员也大多通过接受新式教育，甚至出国留学，试图努力保持其文化精英的地位，可以说近代江南地区家族教育的转型基本是顺利和平稳的。

一是积极改造族学，兴办新式学堂。

在教育近代化的大背景下，江南各个家族也逐步对自身的家族教育作出适应性的调整，改造族学，兴办新式学堂是其中一个重要的举措。近代族学的变化，是新式教育与原有的族学资源互相调和的产物，在顺应时势的调整和重组中，族学成为近代江南新式教育建设中一支重要的力量。

以嘉兴府为例，早在1897年，徐棠创办了徐氏私立敦本小学，此后，1902年，平湖葛氏在宗祠，以义庄余资创立稚川学堂。1904年，王铭楹以王氏义庄租息创办了诒谷学堂，海宁张氏的张陛恩、张陛庚在张氏支祠创办观海小学堂。1905年，平湖张氏的张元善在留香草堂创办留香学堂，郑惟章创办私立通德两等小堂。1906年，嘉善陶氏义塾改造成陶园初等小学堂，海盐朱丙寿创办登云初等小学堂。1909年，海宁董氏的董宝楹创办钱山小学堂，海盐徐用福创办培风初等小学堂。1910年，嘉兴高氏的高宝铨创办高氏族学，嘉善程氏的程学洙将程氏义塾改造为私立秉义初等小学堂，钱氏义学则改造为私立秉义小学堂。而其中最有代表的是嘉兴谭氏，早在戊戌维新时期，谭新炳在家乡提倡新学，创办宗正学塾，在嘉兴开学堂风气之先。在其影响下，谭新嘉于1904年创办了碧漪初等小学堂。浙江嘉兴早期的重要学堂——私立慎远小学，也是由嘉兴谭氏族学改造而成，于1906年开始招收族外学生。当时该校聘有教师6人，在校学生90人，是嘉兴招收学生最多的一所学校。苏州府据不完全统计，在清末由家族创办的新式学堂有1902年彭氏彭福孙创办的彭氏两等小学堂，1907年黄以增等在陈氏义庄创办的培养两等小学堂，1908年潘氏潘承谋创办的潘松麟两等小学堂，吴氏吴兰生创办的简易识字学塾，沈氏义庄创办的沈氏两等小学堂，1909年俞氏俞景初等创办的务本初等小学堂等。无锡荣氏更是陆续创办荣氏公益第一、第二、第三、第四小学校、公益工商中学、江南大学，由小到大，由少到多，由普通到实业，由低层次到高层次，造福甚广。

常州庄氏创办的冠英小学是族学改造的典型，庄氏族学是常州府地区传统族学中历史最悠久，影响最大的一个。洪亮吉、赵翼、刘逢禄等都曾经在庄氏族学中读书。道光二十一年（1841），苏应珂、邵荣洗等在新街巷创办冠英义学。此后由庄逢泰、庄凤威等庄氏族人接收，太平天国战争结束后，庄逢泰等将冠英义学改为义塾，并拨入图内无主房屋归义塾所有，并置办产业，收租给用义塾。冠英义塾此后一直由庄氏族人进行管理。在科举时代，冠英义塾经常举行会课，一度名流荟萃，角胜文场，蜚声翰苑。但是此后因乏人经理，几同虚设。光绪三十一年（1905），庄鼎臣、庄鼎彝、庄济泰、庄洵等庄氏族人在城区觅渡桥将冠英义塾进行整肃扩建，创办冠英小学堂，开设 3 个班，学生 70 余人。[1]

毗陵庄氏被认为是中国最成功的科举家族，庄鼎彝本人也是举人，但他早就对科举不满。早在 1896 年已告诉其子庄俞："世乱无已，科举不足致用，宜尽弃旧业，研究有用之学。"1902 年时，他又说："科举当废，即不废，亦不必再应试。"[2] 他在冠英小学堂的简章中也称："自学校废，科目兴，中国积弱至今已臻极点，人心风俗更流荡而不知返，此世变之所以日亟也。"[3] 可以他认为科举是导致中国积弱的重要原因。同时他又举日本崛起的例子，以为日本"以蕞尔国获优秀之美，登争剧之场"，其原因是"自明治维新以来，深得普通教育之效"。所以"近瞻东海，远法西欧"，要急起直追，必须以废科举，兴普通教育。为了创办冠英小学堂，庄鼎彝辞去了汉口轮船招商局的职务，其侄庄俞也辞去了商务印书馆的职务，从上海返乡，两人都将全部身心投入到办学中，从改筑校舍到整顿学科，庄鼎彝均亲力亲为，出钱出力。未及半年，因校舍狭小，乃迁校于庄氏宗族三贤祠。一年后，学生益众，校舍仍不敷使用，复募集经费，于祠后扩建校

[1] 武进县教育志编纂领导小组，《武进县教育志》，1986 年内部出版物，第 31 页。

[2] 庄鼎彝等：《常州公立冠英小学简章》，上海图书馆藏盛宣怀档案。

[3] 庄俞：《庄百俞先生年谱》。

舍，建北舍、西舍各九大间，改造者若干间。同年，庄鼎彝用自己住宅创设幼幼女学，办学经费，悉由己出。1906 年，幼幼女学开学，庄鼎彝聘请教员，详订课程，历尽艰辛。至 1909 年，冠英两等小学堂和幼幼女学学生多至二百人。[1]

上海沙船富商王氏家族的族学发展历史更具典型性。道光二十七年（1847），王氏家族就拟用义庄余租“增设义塾，课族中子弟读书上进”，后因庄款无多，事业未成。1893 年，王维泰入京城，目见清廷政界种种败征，遂绝意于仕途，“决意倡导青年摒时文，讲实学，兼习外国语言文字，为他日出身救国张本”。1895 年，王维泰纠合同志，在松江设立“中西学塾”。因当地风气未开，学塾很快停办。1896 年，已迁至上海县大东门旧居的王维泰决心于家塾之基再立新式学堂。经过族中长者公议，定在家祠“省园”中设学塾，先尽族人，次及外客，取名“育材中西义塾”，并希望“将来拟将禀请地方官，先行立案，俟诸生学有成效，由官长咨送大学堂，考验用备折冲御侮之选，其有补自强大计非浅鲜矣。”1900 年，“庚子国变”前后，王维泰之侄王培孙正式接掌育材书塾，后以感恩母校南洋公学之情而易名为“南洋中学”。此后，他掌校达半个世纪之久，使这所学校逐渐以学制健全、设备完善、名师云集、乐育英才而称誉东南，“实海上有名之中学”，直至今天仍是上海最优秀的中学之一。

族学改造成新式学堂，虽然看似相似，其实有众多不同。首先，生源的选择是新式学堂和传统族学一个最大的区别。如前章所述，族学基本上以本家族成员为主，非家族成员只是少数；而新式学堂则恰恰相反，在于除面向本家族成员外，主要以普遍招收乡里子弟为主，没有限制。育材书塾章程规定：“先尽族人，次尽外客，似私而实公。”无锡荣氏创办的荣氏公益第一小学更规定：只要是“贫苦学生来校读书，可请求免除学费”。而在教育内容和教学形式上，其不同最为明显。庄鼎彝曾言，族塾只不过是“平日收六七蒙童，课《千文》、《百姓》”“徒抛岁月”而已，而且“重课读，不重讲解”，导致“有年将及冠，提笔

[1] 庄蕴宽：《庄公苕甫墓志铭》，庄鼎彝：《一匮草堂诗钞》卷首，1934 年铅印本。

不能作家书者”。改造为学堂，则一方面改读新编初等教科书，有图有说，易于领悟；另一方面，课读与讲解并重，使毕业生“未有不通浅近文字者”。因此，改义塾为学堂，既可以节省经费，又可以收取速效。[1] 他创办的冠英学堂和传统的族学不同，当时分高等小学堂（即高等班）和初等小学堂（即寻常班）两级，学期均为四年。高等班收学费一元，寻常班收五角，高等班学生不住宿，如果在学校用餐，则月收午膳费一元五角。课程也基本按照癸卯学制，和正则小学堂大致相同，寻常班课程有修身、读书、习字、算术、图画、体操，高等班有修身、读书、算术、习字、地理、历史、图画、理科、体操。[2]

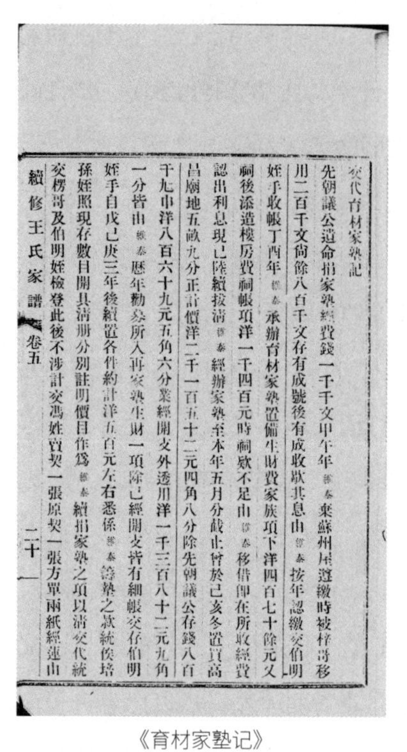
交代育材家塾記
先朝議公遺命捐家塾經費錢一千千文甲午年維泰稟蘇州居遵繳時被梓哥移
用二百千文尚餘八百千文存有成號後有成收歇其息由維泰按年認繳交伯明
姪手收帳丁酉年維泰承辦育材家塾置備生財費家族項下洋四百七十餘元又
祠後添造樓房費祠帳項洋一千四百元時祠欵不足由維泰移借即在所收經費
認出利息現已陸續投清維泰經辦家塾至本年五月分截止曾於己亥冬置買高
昌廟地五畝九分正計價洋二千一百五十二元四角八分除先朝議公存錢八百
千九申洋八百六十九元五角六分業經開支外透用洋一千三百八十二元九角
一分皆由維泰歷年勸募所入再家塾生財一項除已經開支皆有細帳交存伯明
姪手自戊己庚三年後續置各件約計洋五百元左右悉係維泰籌墊之款統俟培
孫姪照現存數目開具清册分別註明價目作爲維泰續捐家塾之項以清交代統
交楞哥及伯明姪檢登此後不涉計交馮姪買契一張原契一張方單兩紙經蓮由
續修王氏家譜　卷五　二十

《育材家塾记》

这种差异性在王氏育材书塾的发展史中体现得最为明显。育材书塾最初采取的是“旧塾其表，新学其里”的模式。所谓“旧表”，首先是指以族塾义学为名，不立学堂名目，“盖社会惟尊科举，以洋学堂为邪见也。”其次，学生入学，须按古代投师礼俗，缴纳“修膳”费。族内子弟入学者，尤重古礼，“遵例封银四两谒学师”。再者，育材书塾初设时分经、蒙二馆，明显来自旧学塾之习惯，分别以断识字义，通顺四书五经为准。凡此种种，可见王氏办学逻辑之中不乏浓厚的传统私塾教育色彩。但育材书塾虽有“旧表”，其实却具“新里”，“西馆”之设就是最鲜明的体现。所谓的“西馆”，以班次分，“亦犹经蒙之递进也”，是根据王维泰主张的以“旧书塾加课洋文、授算学”为育材之法而添设的。据 1896 年首次招考章程记载，塾中西学课程，首开英文、算学、格致，以期实用。授课教

[1] 庄鼎彝等：《常州公立冠英小学简章》。

[2] 同上。

习延请的是圣约翰书院教习胡可庄、胡文甫，“一切教法次序，悉照约翰章程”，显然是受到了沪上圣约翰书院这样的西式学校的影响。1897年续定招考章程时，西学课程门类渐增，程度分级，最低为第四班，修习英文基本拼法、默书作句，以上依次为第三班、第二班、头班，五年可达最高的“特班”。特班不限年数，学无尽期，所习西课，趋于高深，包括富国策、形学、三角学、化学考质、电学、译文件、辩学等，力求改变“粗涉语言文字，已急急为治生计”的短浅风气，达至“探求泰西政教富强之要”的目的。王培孙接手改造成南洋中学后，其办学宗旨和课程设置进步更加明显。1905年，王培孙新订《民立南洋中学新章程》，明确规定了兼顾深造与就业为旨归的高等中学的办学层次：“务使幼年子弟研究必须之高等普通科学，以能用世及进专门为归。”在课程设置上，1905年时中学课程主要有修身、国文、历史、地理、数学、英文、日文、图画、理化、体操十门。从每周学时来看，英文课最长，为12时。民国以降，南中“各学科悉仍旧章，英文渐渐增高。”1916年，根据《京师教育报》的报道，南洋中学对于外国语一课，特别注重。其第一二三年级，英语每周12时，四年级每周9时，五年级每周6时，唯于本学年加授德语六时，故外国语一课，仍为12时。数学一课，自始业迄毕业，每周均5时；国文第一二三年级，每周各6时，四五年级每周各3时，关于本国之地理、历史及法制、经济，用中文教授，其余诸课，概用英语。[1]

南洋中学和冠英小学是江南族学改造的典范，在当时，很多江南族学改造成的学校的师资与现在一流大学相比也毫不逊色，许多著名学者曾在此任教，培养出一大批优秀的学生。南洋中学的英语水平和教育水准当时颇受肯定，著名教育家唐文治言：“即以上海一隅而论，名为中学者不下十余所，其能与本校直接升班者，不过南洋中学一所。”而《京师教育报》也说，南洋中学毕业生多留学英美者，“其留学美国之学生，只须持有本校证书得免入学试验”。民国成立后，冠

[1] 参见胡端：《西学与义学的融合：近代上海沙船著姓王氏办学研究》，《安徽史学》2019年第1期。

英被改为武阳市立第二高等小学，当时已被称为模范学校，1949 年后改名为觅渡桥小学，至今仍是常州地区质量最好的小学之一。瞿秋白是这个学校百年历史中最著名的学生，此外，还培养出了蒋亦元、顾冠群、庄逢甘、庄逢辰、庄逢源五位两院院士。难怪历史学家严耕望说："清末民初之际，江南苏常地区小学教师多能新旧兼学，造诣深厚，今日大学教授，当多愧不如。无怪明清时代中国人才多出江南！"[1]

二是鼓励子弟向学，促进人才培养。

如前章所述，传统家族中有资助族内子弟读书的相关规定，在向新式教育的转型过程中，江南家族仍然和传统时期一样，对族中子弟求学给予一定的补助和奖励。如苏州彭氏义庄规条中称："议定自庚申年为始，入国民学校及蒙养院者每年给学费银元六元，入高等小学者给学费银元十二元，入中等学校者，给学费银元二十四元。入高级中学或专门预科者，每年给学费银元三十六元……其自中等以上学习理工农医等科者，增给实习费，比照学费减半，每年分上下两学期，凭所在校收条支给。函授、商易速成班概不给发，师范生不取学膳费者不给。"[2]如海宁朱氏也规定："议定入初等小学者，每年补助钱二千文；入高等小学者，每年补助钱八千文；入中学堂者，每年补助钱十六千文；入高等学堂既专门学堂者，每年补助钱廿四千文。"并规定"自庚申年为始，由庄添派视学员一人，随时察考本校课程"。[3]

练西黄氏的资助条款更为详细，首先，每年给"学费补助金"，"入初等小学者，银二圆；入高等小学及与同等之学校者，银四圆；入中学及与同等之学校者，银五圆，中学毕业后入高等专门学校者，岁给学费补助金银二十圆"。并规定"在家无财产者及孤子女，照原额加给十之二"。同时规定："中学以下之子女，每学期按学业试验规程。试验时每次奖金之额，以银十圆为度。不应学业试

[1] 严耕望：《钱穆宾四先生行谊述略》，严耕望：《治史三书》，上海人民出版社 2008 年版。
[2]《彭氏宗谱》，1922 年刻本。
[3]《海宁朱氏宗谱》卷一四，1923 年刻本。

验至二次者，停给补助金。”试验的科目包括：初等小学是国文、算术，高等小学是国文、算术、图画，乙种实业学校，视高等小学，但加本科重要科目一项，中学是国文、外国语、数学、历史、地理、理科、法制、经济，女生还要加试“家事”。甲种实业学校，师范学校与中学一样，但加本科重要科目一项。学业试验时，除国文、算数外，于前条科目中任择二科命题。学业试验按照年级程度分班拟题，不以所入学校现用课本为限。考试时间，则自上午九时起至下午四时止。按照考试所得各科总平均分数，分甲乙丙丁四等，分别给奖。甲等八十分以上，乙等七十分以上，丙等六十分以上，丁等五十分以上。[1]

传统家族制定家谱时，往往会单列《科名录》等，对获得科举功名的家族成员进行表彰。随着新式学校的发展，各个家族也往往将新式学历和学位等同于传统的功名，予以表彰和奖励。如《毗陵庄氏族谱》中规定：“科举停废，崇尚学校，学校毕业，义宜记载。其中等以上学校或专门学校之毕业生，应将所得学位、毕业何校、何年毕业，均详细刊列于世系录。”[2]有些家族则对在学校取得成就的子弟进行奖励，或是在谱中设专门栏目，予以表扬，如《恽氏家乘》称：“旧谱原有‘科举’一门，今则科举久废，而为学校，本届议增大学暨专科以上学校及高中毕业者，按照世次分别续列，以彰学绩。”[3]或是将其成就列入祠堂，如《董氏家乘》称：“科举废，学校兴，吾族子孙有志上进者，舍此无他途。特于《恩荣志》内增‘学位’‘学校毕业生’两门。公议于祠堂两庑制备木榜，凡自中学毕业起及与中学有同等资格者，分别题名，藉励读书种子，光我宗祊。”[4]

值得注意的是，近代家族对族人读书的鼓励，与传统社会也存在着一定的差异。首先，随着义务教育的理念开始深入人心，家族除了奖励优秀者之外，更注重保证家族成员受教育的权利。传统社会，教育由家庭承担，家庭的状况决定教

---

[1]《同族会议规程》，《练西黄氏宗谱》卷七。

[2] 庄启：《民国庚午重修族谱新增凡例》，《毗陵庄氏族谱》卷首。

[3]《民国丁亥续修增订凡例》，《恽氏家乘》前编卷首。

[4] 董康：《本届新增附例四条》，《宜武董氏合修家乘》卷一。

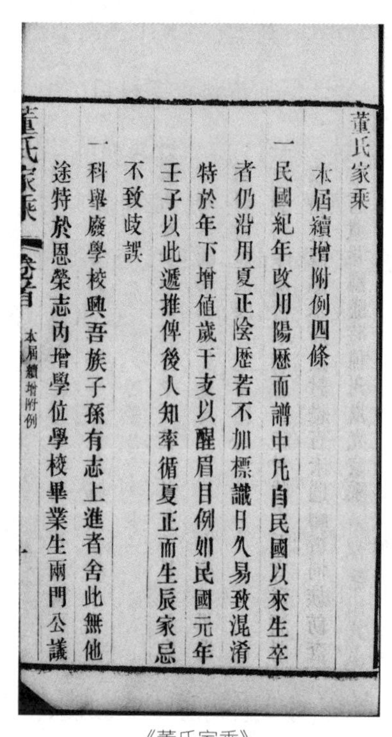
董氏家乘
本届續增附例四條
一民國紀年改用陽歷而譜中凡自民國以來生卒者仍沿用夏正陰歷若不加標識日久易致混淆特於年下增值歲干支以醒眉目例如民國元年壬子以此遞推俾後人知率循夏正而生辰家忌不致歧誤
一科舉廢學校興吾族子孫有志上進者舍此無他途特於恩榮志內增學位學校畢業生兩門公議
董氏家乘　卷首　本届續增附例

《董氏家乘》

育水平的高低，国家并不承担相应的义务。而随着近代家庭教育的职能向学校转移，家庭的责任变成保证子女学习的权利。早在晚清，无锡薛福成详细介绍了西方的义务教育制度，并明确提出对家长的要求。他说："西洋各国教民之法，典盛于今日。凡男女八岁以上不入学堂者，罪其父母。男固无人不学，女亦无人不学，即残疾聋瞽喑哑之人亦无不有学。其贫穷无力及幼孤无父母者，皆有义塾以收教之。在乡则有乡塾，至于一郡一省，以及国都之内，学堂林立，有大有中有小，自初学以至成才，及能研究精微者，无不有一定程限。"[1] 自《癸卯学制》始，明令"除废疾、有事故外，不入学者罪其家长"，由此从法律上规定了父母在学龄儿童入学问题上的责任和义务，意味着我国开始强制推行义务教育。此后，很多家族都采取措施增强族人的责任意识，保证子弟拥有受教育的权利，以普及族人教育。如南翔陈氏强调："我族人丁日盛，政农工商各执一业，然任从何业，必先读书识字，所谓普及教育也。对于子孙读书之费必不可省，使家无盲丁，即国无盲人，家兴则国强。"[2] 练西黄氏也规定："如有学龄已届，父兄不令入学者，族长得强迫之，族人得督促之。"为了保证每个族人都能够接受现代的学校教育，练西黄氏还专门规定："就学私塾不入学校者，不给补助金。"[3] 钮氏家族推进强迫教育案，规定学龄儿童必须入学，以初级小学毕业为最低限底，成年失学者仍

[1]（清）薛福成：《出使英法义比四国日记》卷六，商务印书馆 2016 年版，第 191 页。
[2] 陈家栋：《训声翔》，《南翔陈氏宗谱》卷一，1934 年铅印本。
[3]《同族会议规程》，《练西黄氏宗谱》卷七。

须受相当之补习。[1]

其次，出国留学成为家族重点资助的对象。清政府的官派留学始于幼童赴美，此后留学欧美渐成风潮，甲午战争后，留学日本更是成为许多家长关注的焦点。1905年科举制废除之后，由于新式学堂不能满足子弟读书的需要，留学又能获得功名，出国成为很多家族的最优选择，江南兴起了出国留学的热潮。据统计，仅常熟一地，在1895—1910年间有留学生179人，其中留学日本74人，美国61人，法国12人，英国11人，德国12人，比利时3人，意大利2人，加拿大2人，瑞士1人，捷克1人。[2]对出国留学的资助也随之成为家族教育支持措施的重点。如苏州彭氏规定："入大学或专门本科及至日本留学者，每年给学费银元六十元。欧美加倍。"[3]练西黄氏规定："游学日本者同游学欧美者，岁给学费补助金银四十圆。"[4]海宁朱氏规定："如有出洋留学者，每年补助钱五十千文以上。"[5]南翔陈氏的陈家栋自己留学日本，他虽然认为"清季民初之选派留学生，为最大误点"，培养出了歧视本国文化的一批留学生，"袖一毕业证书，或得有博士学士等学位，高视阔步，言旋故国，仪表举止，衣食习惯，恬然以欧美化自豪，于众即语言一端，亦必纯用外国语，一若本国语不足道者"，导致了礼教崩塌，但他也没有否认留学，而只是规定"子孙出洋留学，须在大学毕业，实习其所学若干年后，方可遣出"。如果有志留学，"贫乏者亦可向义庄借支学费，完成其志愿，于国于家两有裨益"。[6]

曾有学者认为，在传统教育向近代教育转化的过程中，哪些家族开明，哪些家族能更好地适应学制的变化，那么这些家族就能继续在文化上保持领先地位。正是由于家族中对族人教育的不断资助，保证了这些家族在近代以后仍不断地培

[1]《俞塘钮氏宗族会议改组》,《申报》1929年4月18日第16版。

[2] 曹家俊:《20世纪上半叶常熟留学生名录》,《常熟史志》2013年第2期。

[3]《彭氏宗谱》，1922年刻本。

[4]《同族会议规程》,《练西黄氏宗谱》卷七。

[5]《海宁朱氏宗谱》卷一四，1923年刻本。

[6] 陈家栋:《训声翔》,《南翔陈氏宗谱》卷一，1934年铅印本。

养优秀的人才。获得诺贝尔奖的华人，如上海金山籍的高锟，杭州临安籍的钱永健，江苏太仓籍的朱棣文等均出于望族。以曾经产生过清代两位大学士及著名经学家刘逢禄的武进西营刘氏为例，根据其《旅沪通讯录》，当时所有的刘氏男性族人都曾经受到过一定程度的教育，所有10—20岁的适龄青少年无论男女，无一例外都在读书。高等教育普及率很高，在20—25岁的适龄男青年共10名，除2名以外，均在大学读书，包括上海美专2名以及圣约翰、同济大学、陆军大学、雷士德大学等。另外还有16名男性成员大学毕业，所毕业大学包括复旦、交通大学、东吴大学、震旦学院、中法大学、金陵大学等。此外有4名曾经留学海外，包括3名留日及1名留法（即美术大师刘海粟），大学毕业程度及以上者在所有的成年男性中占29%。[1] 如考虑到成年男性成员中包括曾经经历传统科举考试者，而且当时大学大量设立时间不长，学校数量尚不很多等因素，这一比例是相当高的。由于新式教育在中国的发展是一个循序渐进的过程，因此，西营刘氏的成员还有6名在早期还参加一些法政学堂、武备学堂、师范讲习所、财政讲习所等的学习，如果加上这些成员的话，大学学历获得者的比重还将更高。这充分显示了家族整体的文化素质，也反映了江南部分家族对新式教育的适应和接受能力。

三是教育观念不断改变，教育内容日益多元。

早在戊戌变法前后，便有众多江南的有识之士认识到了科举制度的弊端，出现了对科举制度的批判，否定中国读书人传统的“学而优则仕”的人生道路。苏州大埠潘氏的潘霨在1877年任湖北布政使时遇到曾纪泽，曾纪泽劝告他：“《英华萃林韵府》一书不可不令子弟早肄，他日备朝廷之使，一事不知，儒者之耻，未可与拘墟者同年语也。”[2] 所以他让自己的儿子潘志俊出使外洋，其孙潘承福更是最早留学欧洲学习工商业的苏州人。常州余氏的余思诒祖父是第一次鸦片战争中与义律签订了《广州和约》的时任广州知府余保纯，他从小受家族的影响，“益专力求时务实学”，也希望自己的儿子“以后不必应制”“与其务虚名，不如

[1]《武进西营刘氏旅沪通讯录》，上海档案馆藏，卷宗号Y4-1-291。

[2]（清）潘霨:《铧园自订年谱》，抄本。

求实在有用之学”。[1] 1902年，吴汝纶先生给在日本留学养病的儿子吴闿生的家信中写道：“吾料科举终当废”，希望儿子“在日本学一专门之学，由学堂卒业为举人、进士，当较科举为可喜。以其用实学得之，非幸获也”。[2] 吴县叶氏更言，要“尽举中国相传之训诂考据、小学性理、金石词章诸书，投畀一炬；急取泰西良法，参以先王遗意，斟酌而措施之，务使中国之人各有专学，所习之学均有实际，俾坐言即可起行，居诸不至虚掷”。[3]

1905年科举制的废除，更是对江南家族的教育取向产生了深远的影响。教育从此摆脱了科举制度附庸的地位，家族教育的目的不再是单一的入仕做官，而是需要依照新的社会发展的需要，通过不同层次的教育，促使每个人都能找到自己最佳的社会位置，并培养其社会主体意识和国民精神。传统家族教育注重道德伦理和学习经典知识的情况从此开始逐渐改变，人们越来越重视科学精神的培养，重视全面教育、重视人的和谐。

首先是对传统经典教育的反思，1905年《东方杂志》第2年第10期发表了蒋维乔的文章《论读经非幼稚所宜》，批判了传统家庭智育对性灵的泯灭，他说：“天下之人，父诏子，兄勉弟，群众人之智力材艺，而悉疲于所谓代圣立言之制艺”“其于古者德育之意，亦相去远矣，而况汩没儿童之性灵，蔽塞天下之人智，则国家不振，以至今日之时局也。”之后，顾实在第4期发表了《论小学堂读经之谬》等，都提出在小学阶段不应读经。民国成立后不久，1912年1月19日教育部宣布废除小学读经，蔡元培认为：“普通教育废止读经，大学校废经科，而以经科分入文科之哲学、史学、文学三门，是破除自大旧习之一端。”[4] 他后来专门撰《对于读经问题的意见》，认为“为大学国文系讲一点诗经，为历史系的学生讲一点书经与春秋，为哲学系的学生讲一点论语、孟子、易传与礼记，是可以

[1] 余朝瑞：《毗陵余氏族谱》卷八《易斋府君行述》。

[2]（清）吴汝伦：《谕儿书》，《中国历代家训集成》第12册，第7134页。

[3]（清）叶永孚：《书某姻论读书后》，《吴县叶氏宗谱》卷五二，宣统三年木活字本。

[4] 蔡元培：《全国临时教育会开会词》，《蔡元培教育文选》，人民教育出版社1980年版，第12页。

赞成”。为中学生只是选少数几篇经传的文章，“编入文言课本”，也是可以赞成的，但是“若要小学生也读一点经，我觉得不妥当，认为无益而有损。”[1]由此也引发了严复等人的反对，不过此后仅袁世凯当政时提倡尊孔读经，随着他复辟失败，1916年，教育部宣布废除国民学校和高等小学的读经科目。此后鲁迅、孟宪承等都对读经问题提出批判，虽然屡有争论，但读经作为一个单独课程存在的历史已经一去不复返了。值得注意的是，1935年，时任《教育杂志》主编的何炳松对全国教育界的专家学者广泛征询了关于“读经”的意见，得到了71封回信，并在是年作为《教育杂志》第25卷第5期出版发行，据统计，71位学者中几乎所有人都同意传统经典有其不可取代的文化价值，但是对于学生是否需要读经则意见不一。其中持完全赞成和反对，一刀切态度的人极少，完全支持读经的16人，完全反对的10人，其余有5人支持小学高年级读经，12人支持初中读经，3人支持高中读经，10人支持大学读经。关于中小学是否读经，35人反对，36人赞同。但若以小学读经为标志，只有21人支持，50人反对。而即使支持中小学读经，几乎没有支持读全本的。即使是读经，也主张明白大意，而反对用宗教态度读，如傅东华认为，经是Classics（经典），而不该看做一部Bible（圣经）。同时也几乎没有人支持将经学专列为一门课目，而多主张在国文、历史等学科中增加读经内容。[2]这一调查，对于我们今天如何看待读经有着一定的参考价值。

其次是对有用之学的重视。早在国门打开之初，王韬就从经世致用的角度出发，指出“去时文尚实学，乃见天下之真才”，并明确提出“以学时文之精神才力，专注于器艺学术”的主张。[3]更有人指出当今之世是“才艺之世也”，如果“吾辈一介书生，惯弄口皂，徒钻故纸，商务西学皆所不谙，而欲藉文字之灵以求得一当，夫亦可知难而退矣”。[4]所以随着现代教育的引入，很多家族都认可

[1] 蔡元培：《关于读经问题的意见》，《蔡元培教育文选》，第223页。

[2] 何炳松：《全国专家关于读经问题的意见》，《教育杂志》1935年第5期。

[3]（清）王韬：《弢园文录外编》卷一《原士》，上海书店出版社2002年版，第8页。

[4]《论今世尚才艺》，《申报》1888年8月31日。

了除儒家经典以外，还有众多丰富的知识内容，鼓励子弟积极吸收有益的西学知识，社会逐渐形成了崇尚西学、实学的风气。如余思诒在青年时代“遍购东西国各种书籍，中经西纬，纵览约取，弃短录长，参互而考证之”。[1] 他曾略述自己早年的求学经历：“初究心于天算，苦其奥远无凭，旋弃之而究心化学。乃一器伤而诸器若废，药水断而考验无从，又复弃之。锐意求尊攘怀柔之道，为简练揣摩之功。于是博采群书，究其缘始，访购译刻图籍，遍览华字新闻，而涉历西书。既师承之无，自学习西语，又口齿多伪，累日积月，垂二十年所学，迄无实际。”[2] 这一经历颇具代表性，从“西语”到“西书”都是当时各家族重点学习的对象。

从晚清开始，江南地区，尤其是上海兴起了学习外语之风。据统计，上海还有大量的外语补习学校，仅1873—1875年间在《申报》上做广告的有15所。很多望族都非常重视英语的教育。李瀚章的次女嫁给孙家鼐之侄，她从家业的维持上着眼，非常注重子弟对外语的学习，曾经说：“当今欧风东渐，欲求子弟不堕家声，重振家业，必须攻习洋文，以求洞晓世界之大势，否则殆难与人争名于朝，争利于市。”[3] 很多工商人士也非常重视英语的学习。在上海的买办世家均精通外语，这样才能为他们在洋行办事打下良好的基础。如南山杨氏的杨梅南早年就读于中西书院，中西书院是由美国传教士林乐知于1881年创办，是传教士在上海创办的最有名的学校。杨梅南在这里受到了基础的英文教育。不过由于当时家境贫寒，杨梅南的读书生涯没有多久就告中断。此后他的英文教育主要通过英文夜校进行，所谓“习衺上旁行之文字”，但却达到了公认的“精于勤”[4] 的地步。他的下一代杨少南、杨润德、杨润钧、杨润康、杨润麟均在圣约翰附中读书，除杨润康早逝外，其他诸子均升入圣约翰大学并读至毕业，女儿就读的圣玛

[1] 余朝瑞：《易斋府君行述》，《毗陵余氏族谱》卷八，光绪三十四年木活字本。

[2] 余思诒：《航海琐记》序，《龙的航程：北洋海军航海日记四种》，山东画报出版社2013年版，第82页。

[3] 孙锡山：《孙多森简历》，上海政协文史资料委员会编《上海文史资料存稿》第7册，上海古籍出版社2001年版，第244—245页。

[4] 高恩洪：《杨梅南先生六十寿叙》，《南关杨公镇东支谱》，1932年铅印本。

利亚女校也与圣约翰渊源颇深。圣约翰创立之初，于1881年创立英语部，又称广东部，其起因便是应一些在沪的广东商人要求学习英语而设，可见当时广东商人与圣约翰大学之间的渊源。1883年，圣约翰的一份报告称："学生绝大部分是买办和上海租界高等华人的子弟……看来孩子们受到了极好的教育，为洋行招募办事员或其他良好职位做了良好的准备。"[1]此后卜舫济掌校后，圣约翰更成为全国最好的学习英语的场所，在时人心目中，说一口纯粹的英语成了圣约翰学生的典型标志，而买办和圣约翰之间的关系也日益密切，很多买办都毕业于圣约翰[2]，杨氏家族成员的教育背景说明了这一点。

除了买办世家，很多在上海创业的工商业者也都非常重视英语教育。如无锡荣氏家族的荣方舟总是告诫子女说，我们家没有祖产，财产是义庄的，他只是关心子女的教育……并教子女学习英语和数学，强调学以致用。荣显庭以己年长，店务又繁忙，无法去学外语，因此考虑要儿子成为掌握外语及西方自然科学的人才，故要其长子荣月泉辍学赴沪，连同其余的几个儿子在家学西学，聘请一外籍女教师为家庭教师，传授英语、数学、物理、化学等实学，终于使他们各有所成。[3]另一位无锡商业巨子周舜卿当年在上海某铁号当学徒，就在19世纪70年代利用夜晚工余时间就读于英语学校，坚持三年，终于有成，后结识英商帅初，得帅初的资助而自设铁号，以此起家，在铁行业中传为佳话。镇海叶澄衷少年时代在黄浦江上一边摇橹向外轮的海员兜售货物，一边拿着用宁波方言注音的《英语话注解》自学英语，受到英商的赏识和资助，开设了上海也是中国第一家经营进口五金商品的店铺，成为上海滩上的五金大王。学好英语，甚至成为当时江南普通人家教育子女的基本要求。于右任曾经说："上海人家庭中旧日习惯，每教其子弟几句洋文，足以应对西方人，便一生吃着不尽，此一念不知误多少好青

[1]《北华捷报》1883年1月17日。

[2] 马学强、张秀莉：《出入中西之间：近代上海买办社会生活》，上海辞书出版社2009年版，第93—95页。

[3] 荣敬本、荣勉韧：《梁溪荣氏家族史》，中央编译出版社1995年版，第85页。

年。近虽稍稍改革，然为父母者，不可不时时以远大相期也。”[1]虽然这当中有着明显的功利主义倾向，但是也应该看到，有越来越多的家庭鼓励子弟学习外语，才使近代的江南与上海找到了与国际接轨的契合点，为日后的发展提供了不竭的动力。

当时的家庭教育远不止仅仅学英语那么简单，而涉及现代学科的方方面面。吴汝纶在给儿子的信中，借日本人之口对晚清中国读书人“人人欲学宰相”而缺乏职业分化的现象进行了批判，他还指出日语、英语等语言文字非专门之学，“能通两国语文自佳，但无专门之学，尚不为有用之大才”，而化、电、格致、政治、法律、理财、外交等才算得上专门之学，并指出中国当时急需理财、外交人才。[2]很早便有人意识到现代科学教育的重要性：“今夫学校者，人才之根本也，格致者，学问之根本也。非宏学校无以广收人才，非崇格致无以大明学问。”指出格致为西国学问之根本，而算学则为格致之根本。又有人说：“西国富强之业本乎制造，而制造之巧源于格致，于是推本穷源，习其各种格致之学，如化学、电学、练金机器之类，虽习之者尚少，而得其奥口者，未尝无人。然格致之学终不能如西国之广且大者，则以不明算学之故也。”[3]一些得风气之先的人在与西人接触的过程中，逐步认识到要“自强”“求富”，就必须学习西方先进的科学技术，正是在这种观念的影响下，他们在家庭教育中也开始加入一些有关西方近代科技的教育内容，如李鸿章、曾国藩积极鼓励学习国外的科技知识：“西人学求实济，无论为士、为工、为兵，无不人塾读书，共明其理，习见其器，躬亲其事，各致其心思巧力，递相师受，期于月异而岁不同。中国欲取其长，一旦遽图尽购其器，不惟力有不逮，且此中奥窍，苟非遍览久习，则本原无由洞彻，曲折无以自明。”[4]当时的工商人士也是如此，荣显庭积极教育长子荣月泉学习数、理、化知识，后来，荣月泉又进入上海电报学堂学习。在荣月泉的影响下，大量的荣氏宗

[1] 于右任：《于右任先生文集》，台北“国史馆”1985年版，第179页。

[2]（清）吴汝伦：《谕儿书》，《中国历代家训集成》第12册，第7134页。

[3]《论学习格致当以算学为本》，《申报》1895年2月17日。

[4]（清）李鸿章、曾国藩：《选派幼童出国肄习技艺折》，《奏议四》，《李鸿章全集》第4册，安徽教育出版社2008年版，第363页。

人都留意于经世济民的西方科学。商业知识也是当时教育的重点。郑观应指出："当此竞争之世，不耐劳苦不能自立，虽有一艺之长，仍须勿论薪水多少、有无，先于大公司处学习，以图上进，方可自立也。"[1] 此后，随着社会和时代的发展，如金融、财务、税务、投融资管理、企业管理、股份制等与现代工商业发展相关的企业经营理念和商业知识也开始走进许多人的家庭教育中。当时，许多企业家、资本家还有商家为了发展自己的事业，纷纷把子弟送入相关专业的商业学堂接受教育。19 世纪众多专业化商业学堂的出现及其专业化的招生对象就充分反应了这一点，如上海市钱业公会创办的钱业初级中学的学生"大部分均为钱业子弟"，更有像刘鸿生这样的实业家把子弟送往国外，学习与现代经济相关的知识，以为企业日后的发展奠定基础。

除了知识的传授，近代家庭教育也逐渐开始重视培养子弟的全面发展。1895 年，严复在天津《直报》上发表了《原强》一文，当时中国国弱民贫，国民素质低下，而要改变这种状况，就必须"以今日要政统于三端：一日鼓民力，二日开民智，三日兴民德"，[2] 成为我国近代从德、智、体三方面出发来构筑教育目标模式的第一人。"中华民国"成立以后，随着新教育方针的施行，人们开始更加意识到德智体全面发展对人的身心发展的重大意义和价值。

1903 年 2 月，上海人沈心工（叔逵）在日本留学时从日本的音乐教育受到启发，在留学生中发起成立音乐讲习会。回国后他在南洋公学负责教音乐，使得南洋公学附小成为中国最早开设音乐的小学，也是西洋音乐在中国传播之始。不久沈心工出任附小校长，开始在更广的范围内推广"乐歌运动"。所谓"乐歌运动"是中国的一些音乐家选择一些外国乐风的音乐改填歌词，进而自己作词作曲，在课堂中教唱。沈心工由此成为开创我国近代学校音乐教育先河的启蒙音乐家，曾

[1] 郑观应：《香山郑慎余堂待鹤老人嘱书》，上海图书馆、澳门博物馆编，澳门博物馆 2007 年版，第 51 页。

[2] 严复：《原强》，《严复集》，第 27 页。

被李叔同称为“吾国乐界开幕第一人”。[1] 此后，沈心工在上海的务本女塾、南洋中学、龙门师范等地教授乐歌，举办乐歌讲习所。在他的影响下，很多新知识分子都参与到音乐教育中，据蒋维乔日记记载，1904年春，他和严保诚、谢仁冰、许指严加入了在务本女塾举办的乐歌讲习会，学习乐歌，并学习风琴演奏，此后半年他天天赴乐歌讲习所上课，并在家中勤练琴艺，[2] 为了在家乡推广音乐教育做准备，并借此提高民众素质，传播新式思想。这年暑假，他就和谢仁冰、许指严等人在常州举办了乐歌讲习会，并帮助常州的育志小学购买风琴，常州小学有音乐课和风琴自此开始。[3] 到1905年，当时江南大部分的小学堂中，音乐课已经成为学习的必修课程了。

在体育方面，上海是全中国得体育风气之先的地方，大量的在上海的外国人很早就已经开始了体育运动，他们成立了一系列的体育组织，最早是道光三十年建立的跑马总会，以后有划船总会、板球总会、运动事业基金董事会、草地滚球会、棒球总会、游泳总会、网球联合会、足球联合会、西侨青年会以及万国象棋会等组织出现。同时，在上海又举办了一些即使在中国都是“首次”的体育比赛，如1851年在第一个跑马场举行的第一次赛马，1852年举办的黄浦江划船比赛，1892年在跑马厅游泳池进行的游泳比赛，1902年上海足球联合会举办的第一届史考托杯足球比赛，1904年举行的第一届万国竞走赛和第一届万国越野赛等等。很多由传教士创办的学校都有着悠久的体育传统，圣约翰在1890年举办了中国近代体育史上最早的学校运动会。1902年，和南洋公学发起校际足球赛，开创了上海近代体育史上校际足球比赛之先河。1910年由基督教青年会开展的“全国学校区分队第一次体育同盟会”，被认为是近代中国第一届全国运动大会。目睹这些体育活动，中国人在经历“惊诧”后开始逐渐“接受”，走上模仿。维新派到革命派，为了政治目的，也积极提倡尚武精神，特别重视体育训练。学制改

[1]《“吾国乐界开幕第一人”》,《音乐世界》，1989年第2期。

[2] 蒋维乔:《因是子日记》光绪三十年三月初二日。

[3] 蒋维乔:《因是子日记》光绪三十年六月初十日。

革以后，大部分的中小学堂都设有体育课，大量的以体育会为名，实为革命组织的体育团体也相继成立。至民国后，舆论更加注重对体育教育的引入，很多中国人办的学校也都以体育见长，其水平甚至超过了教会学校，在上海还出现了如中国体操学校、东亚体育专科学校等专门的体育学校，各行各业也有体育组织，如1939年银行钱庄篮球联赛，参赛者达21队，乒乓球联赛有26队。很多受过新式教育的学生从小养成了热爱体育运动的习惯。如曾就读于青年会中学和圣约翰大学，任职于上海柯达洋行的王文秀平时“喜以游泳、网球、乒乓等为消遣”，怡行洋行买办潘志铨业余消遣为“网球、骑马、高尔夫球”，宝华制药厂的买办李元信喜欢体育，“为高尔夫健将”。[1] 当时很多工商企业家、洋行买办等上层社会的人物家中经常组织家庭体育活动，有些家族甚至建有游泳池。

这时的家庭教育也更加注重培养子弟的兴趣，让他们在各方面全面发展的基础上，寻找自己的专长爱好。著名教育家黄炎培对子女的教育是其中的典型。他有一个儿子，“少年最喜欢读子书、佛经，便指导他研究哲学”；“还有一个在孩童时期喜欢积木，构成各种建筑，便时常带他从远处、高处看上海市景，诱发他对工业的兴趣，指导他研究工科”；他指出，青少年“如果得不到尝试机会，眼睁睁地便把天才埋没掉”，他感慨“青年中自己没有发觉他的天才和没有机会表现他天才的，真不知多多少少哩！”他还认为子弟求学必先确定职业方向，他指出“初中三年的使命，就是让别人认定他的，或自己认清自己的天性和天才”，[2] 以决定一生的职业方向。黄炎培的教育模式在当时具有典型性，突破了传统社会家庭教育的个体性、单一性、传承性模式，更多地体现出社会性、多样性、发展性的特征。

近代家族积极参与新式教育，开办新式学堂，鼓励子弟学习以西方科学文化

[1] 马学强、张秀莉：《出入中西之间：近代上海买办社会生活》，上海辞书出版社2009年版，第284—285页。

[2] 黄炎培：《怎样教我中学时期的儿女》，《黄炎培教育论著选》，人民教育出版社2018年版，第472—475页。

为中心的新学，促使家族中先进分子走出家族、步入新式学堂成为普遍现象。引入新的教育方法和教育观念，是家族面对社会变迁所作出的适应性行为，其主要目的是从家族利益出发，培养显扬家族荣誉的族人，使家族在新的社会竞争中继续保持领先的优势。但是在客观上，家族中的一些先进分子开始接触西方文明，开始了思想观念的转变，逐步突破了传统的思维模式，逐渐走上了与传统家族文化相背离的道路。而且在这些新式知识分子的影响下，传统的目障身塞、孤陋寡闻的狭小空间逐步被一种开放的广阔的精神空间所代替。

2. 关于女性观的内容

女性问题是近百年来进步最快，但也是遗留问题最多，引起争论最多的部分，很多问题直至今日尚未完全解决。不过从整体而言，从基本人权的严重缺失逐步走向独立自主，从对自身权利毫无观念逐步发展到拥有强烈的女性独立意识，这是近代以来女性地位演变不可逆转的走向。如前章所述，传统的家风家训中关于男尊女卑的内容是其最保守和最不公正的部分，也是至近代以后受批判最多的部分，近代以后，女性地位的变化同样也体现在家风家训中。

对于传统男尊女卑关系的指责，对于女性独立自主的呼吁，最早始于在中国的传教士。早在 1844 年，英国传教士亚尔德西（Miss Mary Ann Aldersey）在宁波开设了女塾，这通常被认为是中国国内第一所公开招生女学堂，次年该校已有学生 15 名。此后，传教士又在五口通商城市广州、福州、厦门、上海、宁波开办了多所学校，据统计，至 1860 年，又有 11 所教会女学校。传教士向来也反对缠足，以鸦片烟、女子缠足、时文为“中国三弊”。[1] 1870 年，在美国传教士林乐知（Young J. Allen）主办的《教会新报》上，连续刊出三篇由传教士撰写的《缠足论》。1875 年，中国历史上第一个不缠足团体由传教士成立于厦门，三

[1]（清）谭嗣同：《上欧阳瓣姜师书》，《谭嗣同集》，第 18 页。

年内入会者达80余家。1895年，上海天足会在英国人立德夫人（Mrs. Archibald Little）等的倡仪下成立，此会“专司劝戒缠足，著书作论，印送行世，期于家喻户晓。在会诸友，皆有同心，体救世爱人之心，务欲提拔中华女人而造就之。先以释放其足为起点，除其终身之苦，然后进谋其教导之法”。其章程规定：“凡人会者，皆先释放其家中女人之足，且于他日永不再裹女子之足，又不娶裹足之女为儿媳。”[1]此外传教士的著作和刊物还多次介绍西方的婚姻自主，如德国传教士花之安（Ernst Faber）在其《自西徂东》一书中称：“凡西国合婚，务必男女意无龃龉，方为夫妇。若有一不允，即父母亦不能相强。”[2]他们更是对中国传统的男尊女卑关系提出猛烈抨击，如林乐知在《险语对》中对中国“锢蔽妇女，不使读书之恶习”“娶妾之颓风”“缠足之虐政”等作了全面批判，他认为“夫男，人也；女，亦人也”，因此男女应该平等，“至于女子不许有二夫，男子则三妻四妾；男子四体安舒，女子则缠其足”，更是“不恕之尤，在所宜禁”，认为要把建立在平等观基础上的“己所欲者，必施诸人”西教恕道取代儒者之恕道。[3]

随着中国人逐渐走出国门，睁开眼睛，这些行为和言论给他们带来了强烈的刺激，如刘锡鸿在《英轺私记》中写道：“女有所悦于男，则约男至家相款洽，常避人密语，相将出游，父母不知禁。”[4]王韬于19世纪60年代末曾游历英、法、俄等国，他羡慕英国人“婚嫁皆有择配，夫妇偕老，不妾媵”。他还在《漫游随录》中记载了游历伦敦水晶宫时的见闻：“每游，必遇一男一女，晨去暮返，亦必先后同车。彼此相谂，疑其必系夫妇，询之，则曰：非也，乃相悦而未成婚者，得同游一月后，始告诸亲而合卺焉”。他开始反思中国传统的一夫多妻制，认为实际上是将妇女视为“玩好之物”，这同“天地生人男女并重大相刺谬”“一

[1]［美］林乐知辑，任保罗译：《天足会兴盛述闻》，《万国公报》第184册，1904年5月，上海书店出版社2015年版。

[2]［德］花之安：《自西徂东》卷二，上海书店出版社2002年版，第80页。

[3]［美］林乐知：《险语对》，《万国公报》第87册，1896年3月。

[4]（清）刘锡鸿：《英轺私记》，湖南人民出版社1981年版，第163页。

夫一妇，实天之经，地之义也。无论贫富，悉当如是”。[1]

受到影响的维新派思想家开始强调女子与男子的平等地位，要求废除裹足的陋习，通过兴办女学来提高妇女和整个民族的素质，在这种思想的影响下，自 19 世纪末起，从不缠足运动和兴办女学开始，争取男女平等，包括追求人格、婚姻、教育、职业、参政、财产、性等诸方面平等的运动开始席卷全国。

谭嗣同《仁学》斥“重男轻女”为“至暴乱无理之法”，宣布“男女同为天地之菁英，同有无量之盛德大业，平等相均”。[2] 他认为如果“本非两相情愿，而强合漠不相关之人，絷之终身，以为夫妇，夫果何恃以伸其偏权而相苦哉？实亦三纲之说苦之也”。并指责宋儒妄将“饿死事小，失节事大”之“瞽说”引入婚姻家族，是“直于室家施申、韩，闺闼为岸狱”，导致“不幸而为妇人，乃为人申韩之，岸狱之”。[3] 康有为在《实理公法全书》中也对传统婚姻进行了抨击，倡言“人类平等是几何公理”[4]，认为如果“男女之约，不由自主”，而是由“父母定之”，或者“男为女纲，妇受制于其夫”“一夫可娶数妇，一妇不能配数夫”，则皆“与几何公理不合，无益人道”。[5] 此后他又在《大同书》中又系统地提出了改革婚姻和废除家庭的主张。他指出：“人者，天所生也，有是身体，即有其权利……女子亦何得听男子擅其权，而不奉行其天职？”[6] 所以“夫为妻纲”毫无根据可言，是“天下最奇骇不公不平之事”“天既生一男一女，则人道便当有男女之事。既两相爱悦，理宜任其有自主之权”。[7] 梁启超也严厉批判礼教对中国女性的压迫：“为男者从而奴隶之，臣妾奴隶之不已，而义闭封其耳目，缚其手足，冻其脑筋，塞其学问之涂，绝其治生之路，使之不能不俯首帖耳于此强有力者之

[1]（清）王韬：《弢园老人外编》卷一《原人》，第 4 页。

[2]（清）谭嗣同：《仁学》十，第 325 页。

[3]（清）谭嗣同：《仁学》三十七，第 360 页。

[4]（清）康有为：《实理公法全书》，《康有为大同论二种》，中西书局 2012 年版，第 7 页。

[5] 同上，第 11 页。

[6]（清）康有为：《大同书》，《康有为大同论二种》，中西书局 2012 年版，第 159 页。

[7]（清）康有为：《实理公法全书》，《康有为大同论二种》，中西书局 2012 年版，第 9 页。

手。久而久之，安于臣妾，安于奴隶，习为固然，而不自知。”[1]很多人开始倡言女子家庭革命，“呜呼！革命何物乎，权利之代价，奴隶之变相，不得已而一用之爆药也。故今日非处专制下不必言革命，非处再重专制压制下，更不必言女子家庭革命。”[2]

随着这些思想者的倡导，男女平等初成潮流，至20世纪初更演变成“女权”，正如柳亚子所言：“‘女权’‘女权’之声，始发现于中国人之耳膜”，很多新式知识分子以“女权”为武器，对传统的男权制度进行了猛烈抨击，把女权革命、家族革命与推翻专制统治、挽救民族危亡联系起来，为辛亥革命之后，特别是“五四运动”时期更大规模的批判做了思想舆论准备。1900年，清议报刊载石川半山所撰《论女权之渐盛》，称西方“其俗崇视女子与否，以判国民文野。故举世靡然从风，敬重女子，礼数有加，故其权日盛”，更提出“女子权力之长，由其自主作活，不仰赖男子”，并预言，“男女之竞争，虽创于十九周年（按即世纪之义），但实为二十周年一大关键也”[3]，这实为日后所谓“二十世纪乃女权世纪”之说的先声。1902年，马君武翻译《斯宾塞女权篇》，很多日后在女权运动中流行的警句都出于此，如“公理固无男女之别，人之为学也，实男女二类之总名，而无特别之意义”“欲知一国人民之文明程度如何，必以其国待遇女人之情形如何为断”“同类不平等，而以力相压服，乃悖乱之制，禽兽之道也”。[4]此后，他又译《弥勒约翰之学说》，其中第二卷《女权说》专门介绍弥勒的《女人压制论》(The Subjection of Women，今译为论妇女的从属地位)，文首宣称：“欧洲所以有今日之文明者，皆自二大革命来也。二大革命者何？曰君民间之革命，曰男女间之革命。”他更总结：“凡一国而为专制之国也，其国中之一家，亦必专制焉；凡一国之人民而为君主之奴仆孔，其国中之女人，亦必为男人之奴仆焉。”[5]

[1] 梁启超：《变法通议·论女学》，第33页。

[2] 丁初我：《女子家庭革命说》，《女子世界》1904年第4期。

[3] 石川半山：《论女权之渐盛》，《清议报》1900年第47期。

[4] 马君武：《斯宾塞·女权篇》，《马君武集·文集》，华中师范大学出版社2011年版，第17—19页。

[5] 马君武：《弥勒约翰之学说》，《马君武集·文集》，第145页。

可见，他宣扬女权革命，其终极目的是为推进民主革命，反对专制。此后，很多人都从这一点出发，宣扬女权和女权革命。如丁祖荫在《女子家庭革命说》中指出：“女权与民权，为直接之关系，而非有离二之问题”“欲革国命，先革家命；欲革家命，还请先革一身之命”，[1] 明确指出女权革命实乃家庭革命和政治革命的基础，要通过“女权革命”“家庭革命”达到政治革命的目的。在这些思想的倡导下，很多人投身到实际行动中，全国一大批女子学堂、女子团体、女子报刊迅速兴起。1897 年，梁启超、经元善等

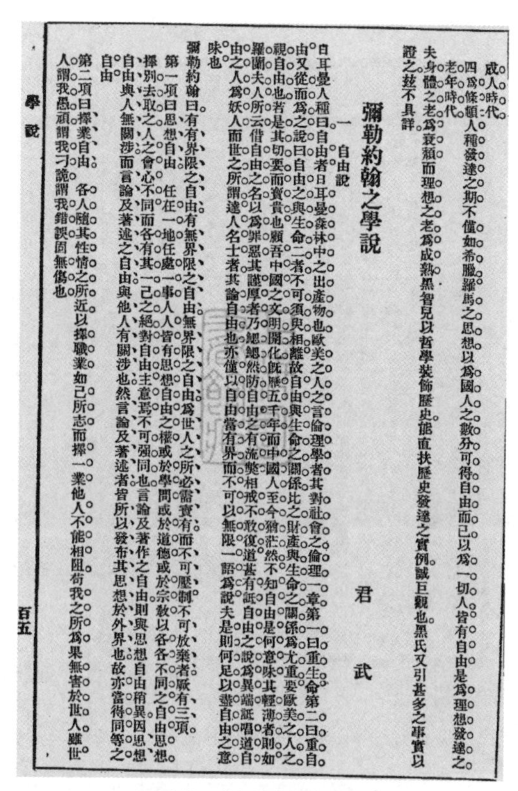
成人時代。

四為條頓人種發達之期，不僅如希臘羅馬之思想，以為國人之數分可得自由而已，以為一切人皆有自由是為理想發達之老年時代。

夫身體之老，為衰頹；而理想之老，為成熟。黑智兒以哲學裝飾歷史，能直扶歷史發達之實例，誠巨觀也。黑氏又引甚多之事實以證之，茲不具詳。

彌勒約翰之學說

君武

一 自由說

日耳曼人種曰：自由者，日耳曼森林中之出產物也。歐美之人之言倫理學者，其對社會之倫理，一章第一曰重生命，第二曰重自由，又從而為之說曰：自由之與生命，二者不可須臾相離，故自由與生命之關係，比之財產與生命之關係為尤重要。歐美之人之重視自由也，若是其切要而貴也。顧吾中國之文明開化，既歷五千年，而中國人至今猶茫然不知自由是何意味，其輕薄者則如羅蘭夫人所云，借自由之名以為罪惡；其謹厚者乃鰓鰓然防自由之有流弊，相戒不敢復道，甚有詆自由之說為異端，詆唱道自由之人為妖人。而世之所謂達人名士者，其論自由也，亦僅以自由當有界而不可以無限一語為說。夫是則何足以盡自由之意味也。

彌勒約翰曰：有有界限之自由，有無界限之自由。無界限之自由，為世人之所必需，實有而不可壓制、不可放棄者，厥有三項。

第一項曰思想自由。任在一地，任處一事，人人皆有思想自由之權，或於學問，或於道德，或於宗教，以各各不同之自由思想擇別去取之。人之會心不同，而各有其一己之絕對自由主意，焉不可強同也。言論及著作之自由，則與思想自由稍異，因思想自由與人無關涉，而言論及著述之自由與他人有關涉也。然言論及著述者，皆所以發布其思想於外界也，故亦當得同等之自由。

第二項曰擇業自由。各人隨其性情之所近，以擇職業，如己所志而擇一業，他人不能相阻。苟我之所為，果無害於世人，雖世人謂我愚頑，謂我刁詭，謂我錯誤，固無傷也。

學說　百五

马君武:《弥勒约翰之学说》

倡导成立中国女学堂，这是中国人创办的第一所女子学校。女学堂成立不久，又创办了中国最早的女子团体女学会和最早的女子刊物《女学报》。此后正如吕碧城所言，“自欧美自由之风潮，掠太平洋而东也，于是我同胞如梦方觉，知前此之种种压制束缚，无以副各人之原理，乃群起而竞言自立，竞言合群”。[2] 1903 年，留日女生胡彬夏创办了“以拯救二万万之子女，复其固有之特权，使之各具国家之思想，以得自尽女国民之天职为宗旨”的“共爱会”，1906 年李元等人在日本创办的中国留日女学生会，吕碧城在天津创办的女子教育会、张竹君在上海创办的女子兴学保险会等女性组织风起云涌；而 1899 年《苏报》主人陈撷芬创办的《女学报》，1904 年由丁祖荫创办的《女子世界》，1907 年秋瑾创办的《中

[1] 丁初我:《女子家庭革命说》,《女子世界》1904 年第 4 期。
[2] 吕碧城:《女子宜急结团体论》,《中国女报》1907 年第 2 号。

各國之上哉謹按湖南地勢大略而縱論及之願天下究時務而有權商務之責者或偶有取爾也

徐大宗師　寶慶府不纏足分會序

不纏足利纏足不利中土大慧心發之因慧心中之大行省都會雖不慧解說其說去其涂趨其涂何去趨之易豈不以其理天下公理未有不愛憐其女子父母未有不自愛人口習其例不去心慕其利則趨之矣寶慶雖不當大都會爲中土靈鐘具其理一也具其理有發之撫中之不解說勿恰使者切切中之猶有曰是例也是天下大愚不靈魁傑人固無有樂是名論不愛其女子且不自愛也使者重愛寶慶人故叙之告之

不纏足會駁議　新化曾繼輝

此會創始於粵人茂才周君孝廉梅君著論勸戒於上流各省嗣是粵人賴君弼彤陳君默庵等設會於順德去歲梁君卓如譚君復生等復設會於上海風氣提倡海內於變各省分會開建日多輝等竊步後塵相地因時設法開辦奈創行伊始守舊之徒斷斷之爭不能免也茲將與會外諸君辯難之語錄諸簡端凡我同人其尚以此舉爲多事者謹操斯言以進庶稍損唇舌之力云爾

難者曰纏足之舉始於周代考史記臨淄女子彈絃纚屣此爲纏足權輿嗣是而後如襄陽者舊傳盜發楚王塚得宮人玉屣瑯環記馬嵬老嫗女得太眞雀頭履長三寸皆小足明證

三十三

《不缠足会驳议》

国女报》，陈以益主办的《女报》等女子刊物也相继问世，据统计 1898—1918 年出版的妇女刊物约有 50 余种。这些女性组织、女性刊物都大力宣传革命，呼吁解放妇女，主张婚姻自由，积极提倡女权，极大地推动了女权革命的进一步开展。

虽然晚清关于男女平等和女权革命的思想的普及和实现尚需时日，但新潮已经开始渐渐涌动，有一发不可止之势，尤其是在女子教育的推进和反缠足运动中取得的成就更是异常显著。晚清很多人意识到缠足的危害，在域外，黄遵宪因为“华人缠足，万国同讥，星轺贵人，聚观而取笑；画图新报，描摹以形容，博物之院，陈列弓鞋；说法之场，指为蛮俗”，觉得“欲辩不能，深以为辱”。所以他认为缠足有“废天理”“伤人伦”“削人权”“害家事”“损生命”“败风俗”“戕种族”七大罪状，[1] 梁启超也指出缠足“毁人肢体，溃人血肉，一以人为废疾，一以人为刑僇”，只好“深居闺阁，足不出户，终身未尝见一通人，履一都会，独子无友，孤陋寡闻”[2]。认为“欲救国，先教种，欲救种，先去害种者”，而“害种者”莫过于缠足。[3] 所以严复认为：“缠足之事不早为之除，则变法者，皆空言而已矣。”[4] 早在 1880 年，郑观应在《易言》中要求对缠足“以十载为期，严行禁止”；1883 年，康有为更身体力行，坚持不为长女康同薇缠足。在他们的努力下，1897 年，梁启超、汪康年、康

[1]（清）黄遵宪：《臬宪告示》，《湘报》1898 年 5 月 9 日。

[2] 梁启超：《变法通议 · 论女学》，第 33 页。

[3]（清）曾继辉：《不缠足会驳议》，《湘报》第 151 号，1898 年 9 月 10 日。

[4] 严复：《原强》，第 29 页。

广仁等在上海成立不缠足会，其《戒缠足会章程叙》即刊载于梁、汪主持的《时务报》上，以上海为总会，各地的分会竞相设立，“近而沪、苏，远而闽、广，以小生巨，异步同趋，行之未及一年，入会已逾万众”。[1] 1907 年中国天足会及其创办的《天足会报》也影响颇广。反缠足也渐渐受到了清廷的支持，戊戌变法时，康有为上《请禁妇女裹足折》，光绪帝亦下发了准令各省劝诱推行禁止妇女缠足的谕旨。此后，1902 年，光绪和慈喜又相继发布了相关的劝谕。学制改革时，翰墨林书局印行的《劝不裹足浅说》经学部审查，规定为各省通行讲课应用书。反缠足运动也影响到了家风家训中，一些具有新思想的家族也开始在自己家族内部反对缠足，如武进袁学昌之妻曾懿在其讨论女教的家训《女学篇》中想到自己小时候看到兄长“捕蝶寻花，有无限自由乐趣”，而自己却“自觉身负千钧，足如桎梏，每抚之而泣”，听闻变法维新，创办天足会，“能使此后女子脱离此难，实万分心喜”，认为天足有“保身”“治家”“强国”三益，可以让“平日为人视若玩具”的二万万女同胞，“一旦尽变为有用之材”，是“中国前途之大幸福”。[2] 但正如当时其他的改革一样，反缠足受到了传统势力的极大阻挠，江苏沭阳胡仿兰以振兴女学为重任，力主放足，受到公婆的阻挠，四日不给饮食，迫令其生吞鸦片自尽，造成了悲剧，甚至死后，当地人也“非独不以妇之死为无辜之冤，乃反以因放足而死有应得咎”。不过这种倒行逆施的恶行终为时代所淘汰，至民国以后，经过新文化运动的洗礼，随着大量女性走出家庭，走向社会，反缠足运动成效显著，除掉穷乡僻壤，风气闭塞的地方，还不免有缠脚的妇女，都市省会，差不多全是天足，再也看不见小脚伶仃的了，缠足和小脚终于进入了博物馆。

1844 年的宁波女塾既是中国最早的新式女学堂，也是江南地区最早的新式女学堂。之后，以上海为代表，教会女学不仅数量不断增加，而且办学层次也逐步由初等教育向中等教育、高等教育延伸。其中 1879 年由施若瑟主教创办的圣约翰书院，以及将文纪、裨文两女塾合并成立的圣玛利亚女校和 1892 年由林乐知

[1]（清）黄遵宪:《臬宪告示》,《湘报》1898 年 5 月 9 日。

[2]（清）曾懿:《女学篇》,《中国历代家训集成》第 12 册，第 7242 页。

创办的中西女塾是其中的主要代表。由传教士开创中国女子学校的先河，令很多中国人深以为耻。梁启超言："彼士来游，悯吾窘溺，倡建义学，求我童蒙，教会所至，女塾接轨……譬犹有子弗鞠，乃仰哺于邻室；有田弗芸，乃假手于比耦，匪惟先民之恫，抑亦中国之羞也。"[1]他们认为向西人学习兴办女子教育有诸多益处，"泰西之所以若此放达者，以其先读书以明理也，若不学其读书而徒羡其放达，不且大为风化之忠耶"，[2]因此办女学成为当时有识之士的急务。

郑观应在《盛世危言》指出，女学发达与否直接影响国家的发达与否，"是故女学最盛者其国最强，不战而屈人之兵，美是也。女学次盛者，其国次盛，英、法、德、日本是也。"将女学提到关乎国家之兴衰存亡的高度，"女学衰，母教失，愚民多、而智民少，如是国之所存者幸矣。"所以中国"如欲富强，必须广育人才；如广育人才，必自蒙养始；蒙养之本，必自母教始；母教之本，必自学校始"，而"女学之源，国家之兴衰存亡系焉"。[3]梁启超也说，"务欲令天下女子，不识一字，不读一书，然后为贤淑之正宗，此实祸天下之道也"，认为这种"勿道学问，惟议酒食"的女教其结果造成了"智男而愚妇"，正是国弱民贫的根本所在，"天下积弱之本，则必自妇人不学始"。而女子之所以"被男子以犬马奴隶畜之"而"极苦"的原因也是因为"其不能自养而待养于他人也"，所以妇女只有入学接受教育，才能变"分利"为"生利"，才能对子女"因势而利导之"，更好地承担良母的责任，也才能掌握谋生的技能，从而获取经济上的独立。[4]他在《倡设女学堂启》中明确指出，兴办女学可达到"上可相夫，下可教子，近可宜家，远可善种，妇道既倡，千室良善"[5]的目的，从而把女学作为保种、保教、保国的前提，与国家的前途命运联系起来。很多人认为如果能让占人口一半的女性接受教育，就可"兴东土二千年绝学，造中华二百兆美材"。[6]

[1] 周剑云:《废除穿耳》二,《解放画报》1920年第3期。

[2] 梁启超:《倡设女学堂启》，第104页。

[3]（清）郑观应:《致居易斋主人论谈女学校书》,《郑观应集》，上海人民出版社1988年版，第264页。

[4] 梁启超:《论女学》，第31页。

[5] 梁启超:《倡设女学堂启》，第104页。

[6] 广学会书记:《上海创设中国女学堂记》,《万国公报》第125册，1899年6月，上海书店出版社2015年版。

梁启超：《论学校六（变法通议三之六）女学》

上海创设中国女学堂记

1898 年 5 月，经元善、梁启超等人率先在上海桂墅里创办中国第一所女学堂——中国女学堂（又称中国女学会书塾、经正女学），课程分中西两类，明确提出教育宗旨是：“以彝伦为本，所以启其智慧，养其德性，健其身体，以造就能将来为贤妇之始基。”虽然中国女学堂创办一年后就因种种原因关闭，但江南各地创办的女学日渐兴盛，除了上海女学林立外，江南各府县女学均如雨后春笋般迅猛发展。以无锡为例，1902 年，胡雨人与兄胡壹修在无锡堰桥村前创办胡氏公立蒙学堂，设男女两部，由此开创了无锡女学之历史。同年望族严氏的严毓芬在无锡寨门开办经正学堂，同时招收女学生。1905 年，无锡望氏华氏的华倩朔、华子唯在荡口创办了无锡第一所女子学校——鹅湖女学。1906 年，荣氏族长荣福龄将家塾改办新学，1908 年起，在荣宗敬、荣德生兄弟的支持下，在宅西创办竞化女子小学。1911 年荣氏家族的寡妇张浣芬又捐出田租、首饰等创办荣氏女塾，自任校长。在嘉兴，1903 年，桐乡淮院陆氏家族捐资创办女学，定名为淮院女学社，开了嘉兴女子学校教育的先河。光绪三十一年（1905），王琬青创办道前街女子小学堂，设有两个班，由王琬青亲自参与教学，讲授修身课。次年，知府调拨嘉兴、秀水两县的卫生税款银两若干充作该校经费，学校更名为嘉秀女子公立学堂。常州庄氏除创办冠英小学外，庄鼎彝又用自己住宅创设幼幼女学，办学经费，悉由己出，于1906年开学，庄鼎彝聘请教员，详订课程，历尽艰辛。据统计，1902年前后中国基督教会学校的女生人数为4373名[1]；清朝学部1907年调查女学堂共428所，学生15496人[2]，这不可不说是中国女性教育史上的重大进步。从授课内容上，也有明显的进步，郑观应提出：女学中要“参仿西法，译以华文，乃将中国诸经、列传、训诫女子之书别类分门，因材施教，而女红、纺织、书、数各事继之”。最初的女学堂，此后在课程设置上，也逐步由中学为主向中西并举转变。如常州粹化女学，分设初等小学、高等小学、预备科（即相当于初中）、师范科，其中初等小学课程为修身、国文、习字、算术、体操、图画、唱歌、手工、地理、历史、理科；高等小学为修身、国文、习字、算术、体操、图画、音乐、地理、历史、手工、家政、英文；预备科为修身、国文、习字、算术、体操、图画、音乐、地理、历史、手工、家政、日文；师范为伦理、心理、论理、教育、国文、书法、算术、体操、图画、音乐、地理、历史、博物、理化、家政、手工。[3]时人这样说：“今之创设女学堂者”是要“教之以不裹足，曰恐毁伤父母之遗体也。教之以蟹行书，曰藉以开维新风气也。教之以西法体操，曰劳其筋骸，使毋精神懈弛也。教之以察西之医学、化学、史学、天文学、地质学、航海学、测量学，曰毋使无一技之长，不足与丈夫齐驱并驾也。而其宗旨之所在，则曰男女平权。”[4]

面对民间女学的不断兴办，清政府并不鼓励。《癸卯学制》中便并未涉及女

[1]［美］林乐知：《全地五大洲女俗通考》，广学会1903年版。

[2] 学部总务司：《光绪三十三年学部第一次教育统计图表》，《中国近代史料丛刊》第三编第93册，台北文海出版社1971年版。

[3] 粹化女学：《记常州粹化女学开办始末及劣绅仇阻情形》，光绪三十二年石印本。

[4]《与人论创兴女学事》，《申报》1902年9月13日。

子教育，之后制定的《奏定蒙养院章程及家庭教育法章程》也明确规定认为，“中国此时情形，若设女学，其间流弊甚多，断不相宜”，如果少女读了西书，会“误学国外习俗，致开自行择配之渐，长蔑视父母长婿之风，故女子只可家庭教之，或受母教，或受保姆之教”。可见，他们依然不赞同女子出外就学，只是“以蒙养院补助家庭教育，以家庭教育包括女学。”不过该章程也指出：“女学原本不仅保育幼儿一事，而此一事为尤要；使全国女子无学，则母教必不能善，幼儿身体断不能强，气质习染断不能美，蒙养通乎圣功，实为国民育第一基址。”[1]可见清政府尽管坚持“以家庭教育包括女学”，但对民间女学不再严格限制。此后，随着民间女学的发展，清政府也开始议论女学解禁事宜。1907年，学部拟定《女子小学堂章程》和《女子师范学堂章程》，从而宣告了女学的独立。不过，仍然将“期于裨补家计，有益家庭教育”订为立学宗旨，且强调所谓“女德”，《师范学堂章程》甚至言“女子之对父母夫婿，总以服从为主”，将所谓“不谨男女之辨”“为政治上之集会演说”之类都归入“放纵自由之僻说”，“务须严切摒除”，而其教育内容仍然以《列女传》《女诫》《女训》《女孝经》之类为主。各地女学当时也多受阻挠，如常州庄氏的庄先识与好友吕思勉、赵元任等青年集益社成员于1906年创办粹化女学，开设不久“学生多至百余人”，当地保守势力得知此事后，随即上告江苏学务处，指控庄先识“在外招集十三岁以上之女子，擅办女学，有男教员教授，居心不良，应严密访拿查禁”，他们还在常州地方官面前造谣，称江宁女学有男装女扮的教习混入校中，污辱女生，还称上海务本女学这种情形也是常有的，并笑着对武进知县言：“我已年老多须，汝髭尚少，盍往作女校教习，可以纵观。”江苏巡抚陆元鼎为此专门札示：“如有开设女学，谬以男教习杂厕其间者，务即严行谕禁，毋任蠹害风俗”。[2]此后幸赖盛宣怀、赵凤昌等人从中斡旋，庄先识方才免祸，粹化得以维系，由此可见女学创办初期举步维艰之境况。

但是女子教育已经逐渐深入人心，在江南各地，至民国初年时，几乎各个

[1] 舒新城编：《中国近代教育史资料》中册，人民教育出版社1961年版，第385—389页。

[2] 粹化女学：《记常州粹化女学开办始末及劣绅仇阻情形》，光绪三十二年石印本。

宗族对女子教育也均表示认可。如毗陵庄氏的庄鼎臣早在1903年改良家政时称："男子本志在四方，女子亦宜就学。"[1]董氏家族也称：女子"凡有学校毕业者，并得附叙，以宏造就，而励闺才。"[2]曾懿在家训《女学篇》中也言："男女平等，无强弱之分也，欲使强弱相等，则必智识学问亦相等。故欲破男尊女卑之说必以兴女学为第一义"。[3]广东在沪的移民家族南关杨氏家训中也要求"儿女均宜读书""人无才不足以自立，有才而无学不知所以自立尔。子若孙生际时艰，无分男女，均宜讲求实学。以华文立其体，而以洋文善其用。果能体用兼备，学底于成，男为辅世之良才，女为治家之贤媛。光大门第，合族与有荣幸焉，尚其勉旃。"[4]上海黎阳郁氏也规定："子女年龄已届入学之期，须报告族会代为送入功课认真之学校。至高小毕业为止，学费等款由经理径送，学校父母不得干涉其事。"[5]曹氏家族也称："凡生有子女至六七岁须使之入学读书，极低限度宜俟文理普遍方可就业。"[6]还有更多得风气之先的家族已经开始让女性出国留学，除了晚清风行一时的女子留日外，留美留欧者也屡见不鲜，如宋氏家族的宋蔼龄于1904年作为中国赴美的第一个女学生远涉重洋，进入了佐治亚州梅肯的威斯理安女子大学读书。之后，宋庆龄和宋美龄也于1908年进入了威斯理安女子大学。

但是女性可以进入学堂，并不等于是就真正迈上自由之路。1904年，柳亚子进入金天翮创建的同里自治学社读书，在此结识了在明华女学校就读的孙济扶，并与其弟孙宇撑三人同舟共载游苏州，当时孙济扶与柳亚子均已订婚，双方也均已知晓对方情况，除了游伴以外没有别的意思，但三人却在返校后受到了处分。当时的社会环境下，男女自由交往正是西学的婚姻自由观念所倡导的，学堂的老师与学生也应都是当时先进思想的拥护者与实践者，为何一次单纯的出游还

[1]（清）庄鼎臣：《续订家规四则》，《毗陵庄氏族谱》卷一一。

[2] 董康：《本届新增附例四条》，《宜武董氏合修家乘》卷一。

[3]（清）曾懿：《女学编》，第7234页。

[4]《家法》，《南关杨公镇东支谱》，1932年铅印本。

[5]《黎阳郁氏家谱》卷一二，1933年铅印本。

[6]《族会缘起》，《上海曹氏续修族谱》卷四，1925年铅印本。

要备受苛责？这很明显的反映了若想短时间内彻底改变中国保守迂腐的传统仍然是不切实际的。不过也正如夏晓虹所言："在女子社会化教育实行的初期，'保存礼教'与'启发知识'相提并论，已然是为新式教育留下了立足与生长的必要空间。而日以扩展的新教育最终必将突破旧道德的规范，又是可以预期的前景。"[1]

民国以后，随着女性教育的不断发展和争取社会权利斗争的不断高涨，推动女性独立意识的不断觉醒，并逐步向深入发展，中国女性逐步获得教育权、职业权、社交权和经济权，女性开始在家庭从中要求与男性享有平等的地位，不断要求恋爱自由和婚姻自主，传统家庭道德逐渐崩塌，家风家训中的新女性观和两性观逐步树立和完善。

首先是出台了一系列的法律，基本采用了男女平等的原则，女性独立的法律人格有所展现，原本处于弱势地位的女性群体无论在婚姻、财产等方面都获得了一定保障，女性的身份从传统的被动角色转向权利主体，由此推动了女性地位的提高。

如在婚约的效力上，规定婚约由当事人自行订立，尊重双方当事人的意思表示，完全采用婚姻自主的原则。1922 年，上字第 2257 号判例中直指民法上的婚约必须有男女双方自行订立，婚约在民法亲属编施行前订立的，也适用新法的规定；在成婚的规定中，规定了家长、尊长的同意权，而不是传统法律中的决定权，即"未成年人结婚应得法定代理人同意"。这些条款都体现了尊重婚姻关系中男女双方当事人意思自治的特点。在夫妻关系上采取男女平等原则，法律赋予妻子独立的人格，不再依附于丈夫。《中华民国民法》《亲属编》关于离婚条件之规定，使得女性在婚姻中取得主动权。《亲属编》增设"夫妻财产制"，在法律层面赋予女性支配财产的权利，在某种程度上保护了妇女在家庭中的合法地位和财产权益。《亲属编》中关于夫妻财产制的条文也具有较明显的"个人权利主义"色彩，如约定财产制、设立特有财产制度等。法律也明文规定夫妻可以以契约的方式选择适用哪一种财产制度，完全尊重自主之原则，也更尊重女性的意见。这与

[1] 夏晓虹：《晚清女性与近代中国》，北京大学出版社 2004 年版，第 61 页。

中国传统的婚姻家庭制度相比，具有一定进步意义。《亲属编》中还规定了夫妻间的特有财产，明确妻因劳力所获报酬归妻特有；夫妻间所受赠之物经赠与人声明特别给予的，归个人特有。这就在法律上明确了女性拥有独立的财产权，拥有独立的人格。

在财产继承方面，明确规定了女儿的财产继承权。1926 年，中华民国第 1138 条法律规定女子有财产继承权，这是中国女子财产权第一次得到法律的明确保障。而《中华民国民法》《继承编》采用男女平等的原则，对于父母财产的继承不再以性别为限制；对于遗产的继承也不再以宗祧继承为限，此外还有许多先进性的规定。如规定继承不再是嗣子继承，被继承人的配偶、父母、兄弟姐妹都有继承遗产的权利。更进步之处在于，女儿也可对父母的遗产主张其权利，此时的女子既包括未嫁女也包括已嫁女，既包括亲女也包括养女。关于配偶的财产继承权，在我国旧时，女性对于丈夫的遗产并没有继承的权利只有暂代管理的权利，《继承编》明确规定夫妻双方互有继承财产的权利，且配偶继承遗产不受法定继承顺序的限制。如民法 1144 条同样规定："配偶有相互继承遗产之权。"女性可以取得继承丈夫合法遗产的权利，这也是对女性日后生活的保障。

当时曾有人认为，女子继承权的取得，打破了男尊女卑的陋俗，是"亘古未有之大改革"使"一声晴天的霹雳竟震破了四千年陈腐的空气"。[1] 当时著名的盛宣怀子女争产案便是这一法律出台的结果。盛宣怀死于 1916 年，留下 1295.6 万两白银的家产，庄夫人死于 1927 年，也留下巨额遗产。盛宣怀去世前命令将他的财产在适当安排了他的寡妻的扶养和女儿的嫁妆后，分成 2 份，一份在其 5 个儿子间均分，另一份用来建立愚斋义庄。1927 年庄夫人病逝。同年江苏国民革命政府命令把义庄财产的四成 230 万两白银充作军需，1928 年盛家兄弟子侄将剩下的六成 350 万两白银平均分配，把盛爱颐和盛方颐（七小姐和八小姐）排除在外。盛爱颐和盛方颐两人认为未嫁女子应与同胞兄弟同等享有继承财产的权利，

[1] 刘郎全：《我国女子取得财产继承权的经过》，《妇女杂志》1931 年第 3 期。

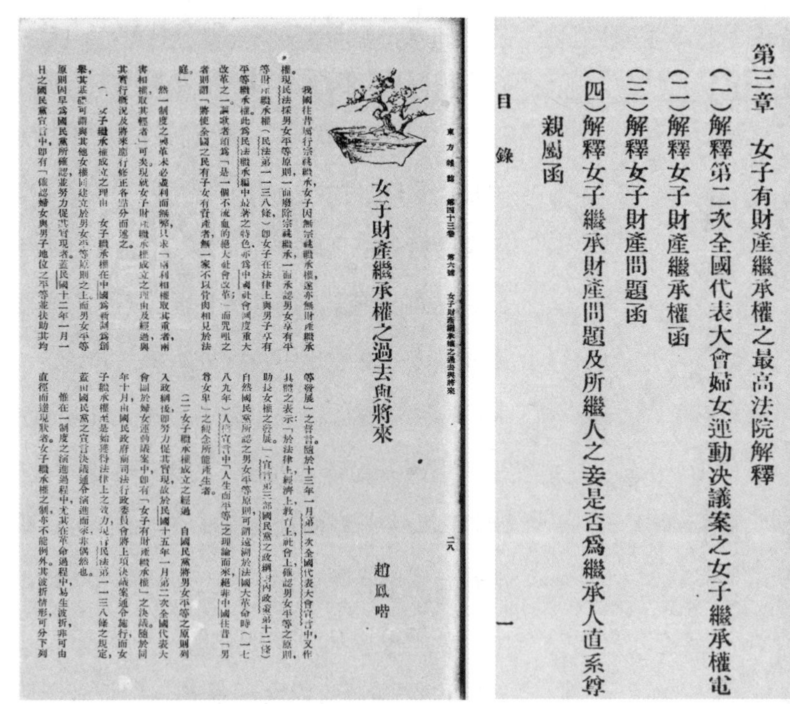

東方雜誌　第四十三卷　第六號　女子財產繼承權之過去與將來　二八

女子財產繼承權之過去與將來

趙鳳喈

我國往昔厲行宗祧繼承，女子因無宗祧繼承權，遂亦無財產繼承權。現民法採男女平等原則，一面廢除宗祧繼承，一面承認男女享有平等財產繼承權（民法第一一三八條），即女子在法律上與男子享有平等繼承權。此爲民法繼承編中最著之特色，亦爲中國社會制度重大改革之一。謳歌者頌爲「是一個不流血的絕大社會改革」，而咒咀之者則謂「將使全國之民有子女有資產者，無一家不以骨肉相見於法庭。」

然一制度之興革未必盡利而無弊，只求「兩利相權取其重者，兩害相權取其輕者」可矣。現就女子財產繼承權成立之理由及經過與其實行概況及將來應行修正各點分而述之。

（一）女子繼承權成立之理由　女子繼承權在中國爲舊制爲創舉，其基礎可謂與其他女權同建立於男女平等原則之上。而男女平等原則因早爲國民黨所確認，並努力促其實現者。蓋民國十二年一月一日之國民黨宣言中，即有「確認婦女與男子地位之平等並扶助其均等發展」之誓言。隨於十三年一月第一次全國代表大會宣言中又作具體之表示：「於法律上，經濟上，教育上，社會上確認男女平等之原則，助長女權之發展。」（宣言第三部國民黨之政綱對內政策第十二條）自然國民黨所認之男女平等原則，可謂遠溯於法國大革命時（一七八九年）人權宣言中「人生而平等」之理論而來，絕非中國往昔「男尊女卑」之觀念所能產生者。

（二）女子繼承權成立之經過　自國民黨將男女平等之原則列入政綱後，即努力促其實現，故於民國十五年一月第二次全國代表大會關於婦女運動議案中，即有「女子有財產繼承權」之決議。隨於同年十月，由國民政府前司法行政委員會將上項決議案通令施行，而女子繼承權至是始獲得法律上之效力，現行民法第一一三八條之規定，蓋由國民黨之宣言決議通令演進而來，非偶然也。

惟在一制度之演進過程中，尤其在革命過程中，易生波折，非可由直徑而達現狀者。女子繼承權之制，亦不能例外。其波折情形，可分下列

女子財產繼承權詳解 目錄

目錄　一

《女子财产继承权之过去与将来》　　《女子财产继承权详解》目录

于是她们重金聘请了陆鸿仪和庄曾笏两位律师据理力争。尽管官司打了9个月之久，但最终七小姐与八小姐胜诉。[1] 虽然整个民国时期，女子财产继承权仅存在大都市地区的有产家庭，当时也有人说过，即使在教育较为普及的城市中，“亦未必每一妇女能安享此权利，况在守旧之家庭”。[2] 但这些法律的出台，即使是提供了一种可能，这种可能也是对以往制度的冲击，也是思想上的解放。

推动女子地位改善的另一个因素是城市的发展，工业的发达和社会的变迁。在近代，随着工商业和城市的发展，女子也有了独立谋生的机会和能力，这是她们地位提高的经济基础。像在上海这样的移民大都市中，有大量江南家族聚集于此。尽管当时他们移居上海的原因不尽相同（有躲避战乱、谋求生计、寻求庇护、追求发展），移居的模式也不完全一样（有独身移居、夫妻移居、举家移

[1] 参见郑全红：《中国家庭史》第5卷，广东人民出版社2007年版，第242页。

[2] 赵凤喈：《女子财产继承权之过去与将来》，《东方杂志》1947年第6期。

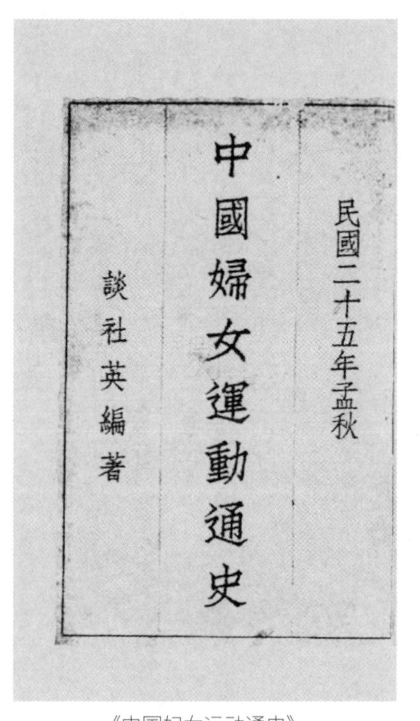

《中国妇女运动通史》

居、连带亲属移居等），但女性移民不在少数。她们从江南的乡村或者小城向上海这座近代化大都市的转移，使她们的生产生活方式发生了巨大改变，由于家庭失去了基本的生活资料——土地，因而为了维持家庭的生存，继而改善家庭的经济状况，不仅男子要出外做工，女性也不再深处闺房，开始走出家门，踏进社会，外出做工，她们与男子一起上班，一起杂处混居，与男子平起平坐，她们成为一个新的社会群体，她们的社会生活开始发生巨大变化。在上海这样的大城市中，女子可以从事的职业已经很丰富，“当教师这件事已变成女子最普遍的职业，除此之外，从事商业的也有，如京津沪粤以及诸大都市，往往有令女子营业的商店，女子在职业算已得到了解放，只要有可做的事便可被人延用，不至于因性别不同而见外于男子”。[1] 据 1934 年上海市政府所进行的调查显示，在工业系统工作的女性总数为 15.8 万人，主要集中在棉纺（49%）、烟草（11.88%）、缫丝（7.74%）、军服（5.72%）、针织（4.08%）等业。[2] 如武进西营刘氏《旅沪通讯录》中记录家族中在上海的 20 名 20 岁至 30 岁的女性中，有 8 名女性已经标注了职业，包括 1 名医生，2 名护士，1 名药剂师和 4 名教师，占了总数的 40%[3]，这已经是相当可观的比例了。同时随着女性职业角色的多变，女性职业教育也慢慢发展起来。据中华教育改进社调查，在 1922—1923 年，全国甲种职业学校共有学生 20360 人，其中女生 1452 人，占

［1］ 谈社英编：《中国妇女运动通史》，妇女共鸣社 1936 年版，第 163 页。

［2］《上海市工人数统计》，上海市政府社会局编印，1934 年。

［3］《武进西营刘氏旅沪通讯录》，上海档案馆藏，卷宗号 Y4-1-291。

7.13%。全国各类女子职业学校在5年内已经达到76所。[1]即使在江南农村，妇女也大量从事家庭副业，为家庭提供经济收入。民国时期，费孝通在调查太湖东南岸的开弦弓村时发现，蚕丝业在家庭经济中占有很重要的地位，新娘从事蚕丝生产的技能能确定她在丈夫家中的地位。[2]

针对女子外出工作这一社会现象，当时人们议论纷纷，有批评者认为，女性外出做工，有违传统妇德和礼教，破坏了伦常纲纪，是对传统礼教的践踏："教化日衰，闺门不肃，幼不能事其父母，长不能事其舅姑，老不能训其子女，在家有诟谇之声，出外作轻佻之态，伤风败俗，莫此为甚"，[3]但无论旁观者是持何种态度，女性从家庭走向社会却是一个不争的事实，这就意味着女性社会生活空间的扩大、社会地位的提升和社会角色的转化。女性通过做工获得的收入不仅成为家庭经济的重要来源，而且也标志着女性家庭经济地位的独立，说明女性开始以生产性劳动取代以往非生产性劳动在家庭中的主要职能。在女性走向社会的过程中，她们的社会交往也不再是以家庭家族的血缘关系为核心，以丈夫为主要社交对象，而是形成了以业缘和地缘为中心，以同事、同伴、同乡等为主的包括同性和异性在内的多元化社会交往模式。女性家庭经济地位的独立和社交圈子的扩大，为她们人格的独立创造了条件，她们开始从家庭的幕后走向台前，其所扮演的角色也与传统时代完全不同。同时，女性经济的独立和家庭经济地位的提升，打破了丈夫对家庭经济来源的垄断，她们对丈夫的依赖性大为减弱，而丈夫对妻子的权威也日渐衰微，夫妻关系由以往的男主女从向男女平等转变，进而引起了家庭权利结构改变。女子经济地位的提高，更改变了其对自我的看法，沪江大学教授的调查发现，在上海杨树浦附近农村的女子进厂做工后，其自我意识发生了很大的改变。不少女工具有独立的观念，她们有钱修饰自己，并且对于家务好发议论。[4]

---

[1] 俞庆棠：《三十五年中国之女子教育》，庄俞等编《三十五年来之中国教育史》，商务印书馆1933年版，第197页。

[2] 费孝通：《江村经济》，江苏人民出版社1986年版，第34页。

[3]（清）宋书卿：《教女说》，《上海新报》1870年7月21日。

[4] H.D. Lamson，何学尼译：《工业化对于农村生活之影响：上海杨树浦附近四村五十农家之调查》，《民国时期社会调查丛编一编 · 乡村社会卷》，福建教育出版社2005年版，第258—262页。

此外以“民主”和“科学”为标志的“五四”新文化运动迅速兴起以后，新式知识分子对传统礼教进行了火力更猛的批判，对女性解放则大力提倡，女性自己日益觉醒，开始反观自身与男性、社会之间的关系，为争取自身的平等权利和独立人格而努力。辛亥革命时期，为了挣脱封建家庭道德对女性的束缚，一些知识女性提出“女子家庭革命”，号召广大女性从家庭的樊笼中挣脱出来，争取人格独立。女子家庭革命的目的是“拔千万女同胞于家族之火坑，而登之莲花之舞台也”。[1] 民国成立后，《妇女评论》《妇女杂志》等影响巨大的女性杂志越来越多，这些杂志和《东方杂志》《晨报》《民国日报》副刊“觉悟”等进步刊物都大力宣传新式的家庭观念和思想，并就妇女问题展开了热烈的讨论。尤其是以《新青年》为主要阵地，陈独秀、李大钊、鲁迅、胡适、吴虞等都对传统的家族、家庭制度进行了猛烈抨击。如吴虞在《女权平议》一文中说，所谓“天尊地卑，扶阳抑阴，贵贱上下之阶级，三从七出之谬谈，其于人道主义皆大不敬，当一扫而空之”。[2] 陈独秀在《一九一六》中：“夫为妻纲，则妻于夫为附属品而无独立自主之人格矣”，号召“一九一六年之男女青年，其各奋斗以脱离此附属品之地位，以恢复独立自主之人格”。[3] 在《敬告青年》一文中说：“女子参政运动，求男权之解放也。”[4] 鲁迅撰文《我之节烈观》提出两个尖锐问题，一问节烈是否道德？二问多妻主义的男子，有无表彰节烈的资格？最后的结论是：“只有自己不顾别人的民情，又是女应守节男子却可多妻的社会，造出如此畸形道德，而且日见精密苛酷，本也毫不足怪。但主张的是男子，上当的是女子。”[5] 李大钊更在文章中宣称：“我以为妇人问题彻底解决的方法，一方面要合妇人全体的力量，去打破那男子专断的社会制度；一方面还要合世界无产阶级妇人的力量，去打破那有产

[1]《辛亥革命前十年间时论选集》第1卷，三联书店1960年版，第927—928页。

[2] 吴虞：《女权平议》，《吴虞文录》，第99页。

[3] 陈独秀：《一九一六》，《独秀文存·论文上》，首都经济贸易大学出版社2018年版，第27页。

[4] 陈独秀：《一九一六》，《独秀文存·论文上》，第2页。

[5] 鲁迅：《我之节烈观》，《鲁迅全集》第一卷，人民文学1973年版，第111页。

女子問題

◉女權平議

吳曾蘭

歐洲自盧梭福祿持爾穆勒約翰斯賓塞爾諸鴻哲、提倡女權、男女漸躋平等。美洲男女同校、自小學至於大學、學科一律。女子之成績、反優於男子。立法司法行政、女子皆得爲之。紐約一府、女子之爲官吏者、且數千人。而發明家尤以婦女居其多數。美洲人至有男子末路之歎。此次大戰爭、婦女起而同男子服務於國家社會者、尤卓著於世界。其運動參政權風潮之激烈、更非吾國議員所敢擬其毫末。報章所載、昭布耳目、非空言也。夫謂吾國女子二千年來受儒教之毒、壓抑束縛、蔽聰塞明、無學問、無能力、現在不可與歐美幷論、卽起而行使無意識之女權、尙可言也。若漫不加察、指主張女權者爲謬言、而必謂女子學問不可造、能力不可復、則妄矣。今謂革命二字、惟政治與種族上可言、家庭與道德上則不可言。而言女權革命爲尤甚。吾試問家庭不可改革、則今之家族主義、能永久保持不改入個人主義乎。今之大家庭主義、能永久保持不改入小家庭主義乎。恐言者不敢堅也。道德不可改革、則歷史忠臣之義、不見於共和。一夫一妻之制、特著於新刑律。言者又將何以解。按革卦疏云、革者改變之名也。此卦名改制革命故名革。巳日乃孚者、夫民情可與習常、難與適變、可與樂成、難與慮始。故革命之初、人未信服、所以卽日不孚、巳日乃孚也。然則革者改變之名、非必斷脰流血而後可謂之革命。吾國人拘墟固蔽、則古稱先、巳成天性。語以適變慮始之事、則適然而驚。故觀於趙武靈王商君李斯之議變法可知。反對者多、籠統而先。嘗革卦疏又云、計王者相承、改正易服、皆有變革、而獨舉湯武者、蓋舜禹禪讓、猶或因循。湯武干戈、極其損益。故取相變甚者、以明人革。是知變革之道、不貴因循、取其變甚。政治如此、餘可推知。證諸歐美潮流、日異月新、更無不合。夫事之是非、學之優劣、苟無比較、曷明得失。故歐美爲學之方、皆以比較爲重。若旣不深知歐美之俗、而僅舉古義爲言、一隅之見、甯有當哉。言者謂吾國男女之標、實未有天然之階級、何革命之足云、不過分爲內治外治而已。外與內相對抗、不平云乎哉。按易坤卦云、陰雖有美、含之以從王事、弗敢成也。地道也、妻道也、臣道也。疏云、地道妻道臣道也者、欲坤道處卑、待倡乃和、皆卑應於尊、下應於上。繫辭曰、天尊地卑、乾坤定矣。卑高以陳、貴賤位矣。又曰、乾道成男、坤道成女。說卦曰、乾爲天、爲君、爲父。坤爲地、爲母。繁露基義曰、天

女子問題　一

《女子问题：女权平议》

我之節烈觀

唐俟

「世道澆漓，人心日下，國將不國，」這一類話，本是中國歷來的歎聲。不過時代不同，則所謂「日下」的事情，也有遷變：從前指的是甲事，現在歎的或是乙事。除了「進呈御覽」的東西不敢妄說外，其餘的文章議論裏，一向帶這口吻。因爲如此歎息，不但針砭世人，還可以從「日下」之中，除出自己。所以君子固然相對慨歎，連殺人放火嫖妓騙錢以及一切鬼混的人，也都乘作惡餘暇，搖着頭說道，「他們人心日下了。」

世風人心這件事，不但鼓吹壞事，可以「日下」；即使未曾鼓吹，只是旁觀，只是賞玩，只是歎息，也可以叫他「日下」。所以近一年來，居然也有幾個不肯徒託空言的人，歎息一番之後，還要想法子來挽救。第一個是康有爲，指手畫脚的說「虛君共和」纔好；陳獨秀便斥他不興。其次是一班靈學派的人，不知何以起了極古奧的思想，要請「孟聖矣乎」的鬼來畫策；陳百年錢玄同劉半農又道他胡說。

這幾篇駁論，都是新青年裏最可寒心的文章。時候已是二十世紀了；人類眼前，早已閃出曙光。假如新青年裏，有一篇和別人辯地球方圓的文字，讀者見了，一定發怔。然而現今所辯，正和說地體不方相差無幾。將時代和事實，對照起來，怎能不教人寒心而且害怕？

近來虛君共和是不提了，靈學似乎還在那裏搗鬼。此時却又有一羣人，不能滿足；仍然搖頭說道，「

我之節烈觀　九二

鲁迅：《我之节烈观》

女子參政問題

（在武昌暑期學校的講演稿）

高一涵

最近北京方面要求女權的團體同時發生的有兩個：一是中華女子參政協進會，一是女權運動同盟會。但這是京內女界的運動，至於京外，除掉天津方面組成團體一致進行之外，各省女界對於這個問題還沒有十分的注意——這就是我今天要講演這個問題的動機。

當沒有說到女子參政的必要之先，且略微敘敘普通人反對女子參政的論調。反對女子參政的理由是：

（一）男女知識上不平等　普通人多以爲女子的知識總是不及男子，故女子至今沒有一個能在歷史上佔地位的哲學家，政治家。但是我以爲男女知識不平等，祇是人爲的結果，不是天然的結果。因爲教育的功能可以變化人類的氣質，故當兒的女權論便是根據這種理由。他以爲人性可以變遷無定，環境的勢力可使人類精神發生區別。性（Sex）的區別是由外面情形發生的，很可以人力來改變他。因此，便認定男女的區別不是根本的必不可避的區別，乃是由很久的習慣造成的。如果女子得到社會的政治的自由，這種區別便可以消滅。女子得參與政治運動，社會運動，便可使才力發展，和男子平等。故我敢斷定歷史上沒有女子哲學家和政治家祇是教育不同的結果；因爲有教育不同的原因，所以纔有知識不平等的結果。

（二）男女生理上不平等　普通人多以爲女子體質薄弱，不及男子體質剛強。但是女子的體質是否比男子薄弱，還是科學上爭論未決的問題；我們的目的並不在解決這個問題。我以爲假定女子的體質異正是弱於男子，也不能推倒女子參政的論據。因爲參政非

晨光　女子參政問題　一

《女子参政问题（在武昌暑期学校的讲演稿）》

中國婦女問題討論集

婦女問題討論集第一册目錄

序言

（一）通論

第一册目錄

《中国妇女问题讨论集》

323

阶级（包括男女）专断的社会制度。”[1]这些言论思想表明，女权这个名词在此时已不再只是充满感性的口号，也不再只是把其作为革命的工具，而是深入到中国传统文化、传统社会体制的内容，从各个层面来批判传统的女性观，激励人们与之自觉而又积极地进行斗争，由此推动了整个社会观念的再造。

正是在以上种种外在力量的推动下，女性地位逐步提高，女性权利逐步改善，这一进步也同样体现在家风家训的变迁上。

一是女性教育权的改善。民国以后延续了戊戌变法时期和辛亥革命时期对于女性教育平等权的解放，而且其内容和形式也较之前更加深化。当时女子同男子一样接受教育虽然已经成了普遍寻常之事，但其内容和宗旨却与男子仍有着一定的差异。如北山杨氏认为“男子教育以勇壮活泼为主，修内外之学，养忠义之气”；而女子教育则应“养成其贞洁之性，助长其优美之质，顺从为旨，周密为要”。[2]同为广东旅沪家族的南关杨氏也说教育是为了让“男为辅世之良才，女为治家之贤媛”，[3]这种以培养贤妻良母为宗旨的女性教育引起了当时很多人相当大的不满。有人认为，如果仍是“把那些三纲四德如传教式的讲给学生听，既不合于世界潮流，又不顾当如何的依女子身心发育的程序来施训练，这样的教育，是逆着横流的教育，是退后的死的教育”“我们天天说男女知识不平等，请问这种教育制度—女子教育和男子教育不同的制度—又怎能造出男女知识、职业的平等结果呢？”[4]所以当时梁华兰就指出：“男女教育平等者，非种类之平等，乃教育人格之平等。”[5]一些开明的家族也开始重视通过教育培养女性的人格独立，如庄蕴宽对其外甥女，日后著名的作家陈衡哲说：“你是一个有志气的女孩子，你应该努力地去学西洋的独立女子。”[6]在他的鼓励和支持下，陈衡哲赴美留学。著名

[1]《中国妇女问题讨论集上》第二册，《民国丛书第一编》，上海书店 1989 年版，第 22 页。

[2]《北山杨氏侨外支谱》卷一，1919 年铅印本。

[3]《家法》，《南关杨公镇东支谱》，1932 年铅印本。

[4] 高一涵：《女子参政问题》，《晨光》1922 年第 1 卷第 2 期。

[5] 梁华兰：《女子教育》，《新青年》1917 年第 3 卷第 1 号。

[6] 陈衡哲：《我幼时求学的经过：纪念我的舅父庄思缄先生》，《陈衡哲散文选集》，百花文艺出版社 2004 年版，第 72 页。

民主人士史良的父亲史刚一直宣扬男女平等，史良在武进县立女子师范读书时，积极参与反对日货等学生运动，史刚也一直宣称自己是放任主义者，对她的行动大力支持，正是在这种言传身教下，史良逐渐养成了富有正义感，面对困难坚强不屈的优秀品质。

此后，“五四”知识分子提出男女同校和大学开女禁的要求，被称作女性教育史上的重大变革，成为女性接受高等教育的先河。徐彦之指出：“教育是人的教育，男子是人，女子亦是人，男子受教育，女子同样的受教育，这是自然的现象，就当该如此。学校是人的学校，女子是人，男子亦是人，男女共校，是当然应该的办法。”[1] 1919年，邓春兰上书给时任北京大学校长的蔡元培，表达了希望北京大学附属中学开设女班的愿望，后多次号召女性团结起来争取入大学的权利，之后邓春兰进入北京女子高等师范补习学校，成为中国女性获得高等教育机会第一人，并掀起大学开女禁的高潮。在邓春兰事件的推动下，高校女禁开始打破。1920年，北京大学正式对外招收28名女大学生，同时，很多教会学校也开始招收女生，如上海沪江大学、江苏东吴大学等，很多优秀的女青年开始进入这些男女同校的大学读书，接受和男性一样的教育。

二是婚姻自由权的争取。婚姻是家庭的前提，婚姻关系是家庭中最基本也是最重要的关系。婚姻关系首先表现为婚姻的形成方式。中国自古就有“父母之命，媒妁之言”的传统，强调家长在子女择偶、婚配上的决定权。晚清时，崇尚追求爱情的观念也随着西学东渐传入中国，冲击着中国传统的伦理纲常，人们开始逐渐对中国传统的婚姻制度感到不满。如有人在《女学报》上发表文章指出：“中国婚姻一事最为郑重，必待父母之命，媒妁之言，礼制故属谨严，然因此而贻害亦正无穷……若西国则不然，男女年至二十一岁，凡事皆可以自由，父母之权，即不能抑制。……（夫妻）并肩共乘，携手同行，百年偕老，相敬如宾。”[2]《女学报》上的另一篇文章则指出：在中国，“天下之女，一皆听命于男，而不敢

[1] 徐彦之：《北京大学男女共校记》，《少年世界》1919年第1卷第7期。

[2]《贵族联姻》，《女学报》第5期，1898年8月27日。

与校……男可广置姬妾，而女则以再醒为耻……夫可听其离妇，妇不得听其离夫……泰西之制，男女平等。彼西人之治家，尽有胜于中国者，又安见家之不齐乎？”[1]一些有志之士开始尝试改革传统的婚姻制度。如1900年蔡元培丧偶后准备再娶时，曾向媒人提出五项捧偶标准：一是女子须天足，二是女子须识字，三是男方不娶妾，四是男死后女可再嫁，五是男女双方意见不合可离婚。不久，蔡元培与黄仲玉结婚。在代替“闷房”旧俗的演说会上，有人问蔡元培：“倘黄夫人学行高于蔡先生，则蔡先生应以师礼视之，何止平等？倘黄夫人学行不及蔡先生，则蔡先生当以弟子视之，又何以平等？”蔡元培回答道：“就学行言，固有先后，就人格言，总是平等。”[2]1902年6月26日的《大公报》上还刊登了一则颇具新意的征婚广告，内容如下：“今有南清志士某君北来游学，此君尚未娶妇，意欲访求天下有志女子聘定为室，其主义如下：一要天足；二要通晓中西学术门径；三聘娶仪节悉照文明通例，尽除中国旧有之陋俗。”1905年8月17日，上海《时报》登载了《文明结婚》一文，较为详细地描绘了新式婚礼的具体情形：秀水张君鞠存、王女士忍之，于11日3时假爱文牛路沈宅举行结婚礼。先由女士王某某唱祝歌，次由介绍人褚君幼觉报告结婚之原由，次由主婚人陶君哲存宣读证书。两新人及介绍、主婚人签名毕，主婚人为两新人换一饰品，两新人相和两揖，复同谢介绍、主婚人，叩谒男女家尊长，男女又各同致贺。末由马相伯先生及穆君抒斋、沈君步洲演说，两新人各致答辞。礼毕，拍掌如雷动。两新人同车出，男女客亦即赴一品香宴饮，尽欢而散。张君仍入复旦肄业，王女士亦即拟入务本研究学术。民国以后，新式婚礼的范围不断扩大，从上海这样的大都会到江南各地小县城，均屡见不鲜。在浙江定海，“流行一种新婚礼节，即所谓文明结

[1] 王春林：《男女平等论》，《女学报》第5期，1898年8月27日。
[2] 高平书：《蔡元培年谱长编》，人民教育出版社1998年版，第227页。

接受西式教育的中国女子

震旦女子文理学院 1941 年毕业生

婚，士族多仿行之”。[1]在江苏武进，“民国以来，旧式未改，参用新礼”[2]这种新式婚礼的传入，淡化了中国传统婚礼中的功利目的，婚姻中追求利益的目的正在逐步转变。不过此时大多数人都对传统婚姻制度持保守态度，曾懿坦言：“我国中男女之辨过严，故婚姻，事非父母之命，媒妁之言，则又关乎名誉。且女子具有专静纯一之德，而男子无不存怜新弃旧之心，此中国之恶习也”。她承认中国婚俗中的弊端，但并非完全支持学习西方所谓的“自由结婚”：“须知欧俗男女群处，互相结交，方能互相择配。靡不称心，然亦有初结褵时两相契合，久之爱情寖减因而拒绝者有之，尚有恋其才慕其色辄与结婚，迨至色衰财尽相与离异者有之，并可以一妇而更数夫者”。她认为此乃西俗之恶习，因而对于外来文化不能盲目跟风，摭拾皮毛，而对于“一己之义务”则“懵懵焉而不力行”，此乃为学之大忌。[3]

到了民国之后，越来越多的人认为，婚姻自由是建立在婚姻自主的基础之上的，没有个性自由、个性独立，也就谈不上婚姻自由和个性发展。他们指出，传统婚姻和家庭扼杀了人的独立性和主体性，“成了奴隶的制造场，杀人的断头台”，[4]对女性是一种束缚：“家庭是妇女的牢狱，丈夫在家时，服侍他，淫媚他；不在家时，做他们的门役，替他们料办家政，看护子女；行踪不明时，还替他守活寡；死了的时候，又自称未亡人。”[5]炳文在《妇女杂志》发表《婚姻自由》一文，指出“必定先有恋爱，方可结为夫妇，必定彼此永久恋爱，方可为永久的夫妇”，只有“自由恋爱的结合，才算真实、正确、含有意义的婚姻——才算婚姻自由”。[6]胡适指出：婚姻的基础应该是“人格的爱”，正当的男女关系应该建立

[1] 民国《定海县志》卷五，《中国地方志集成》浙江府县志辑第38册，上海古籍出版社1990年版。

[2]《武进社会状况》，胡朴安编《中华全国风俗志》下卷，上海科学技术文献出版社2008年版，第466页。

[3]（清）曾懿：《女学篇》，第7232页。

[4] 华林：《废除家庭》，《民国日报》“觉悟”副刊，1919年7月25日。

[5] 易家钺：《中国的家庭问题》，《中国妇女问题讨论集上》第三册，《民国丛书》第1编第18册，上海书店1989年版，第152页。

[6] 炳文：《婚姻自由》，《妇女杂志》第6卷第2号。

在“以异性的恋爱为主要元素”的基础上，“没有爱情的夫妇关系，都不是正当的夫妇关系，只可说是异性的强迫同居”。“若在爱情之外别寻夫妇间的道德”，别寻“人格的义务”，是不可能的。[1] 1918 年 5 月《新青年》四卷五号上发表了周作人翻译的日本作家谢野晶子的《贞操论》，引发了一场轰轰烈烈的贞操观的讨论。随后胡适发表《贞操问题》，鲁迅发表《我之节烈观》，进一步清算传统的贞操观。

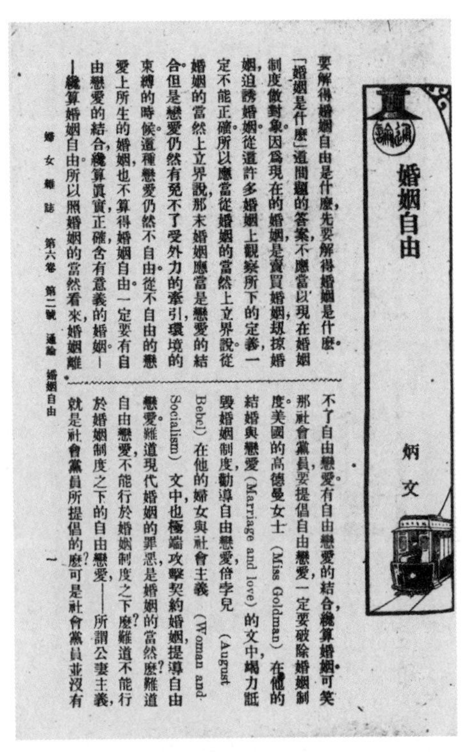
通論

婚姻自由

炳文

要解得婚姻自由是什麼，先要解得婚姻是什麼。「婚姻是什麼」這問題的答案，不應當以現在婚姻制度做對象。因為現在的婚姻，是賣買婚姻，刼掠婚姻，迫誘婚姻，從這許多婚姻上觀察所下的定義，一定不能正確，所以應當從婚姻的當然上立界說。從婚姻的當然上立界說，那末婚姻應當是戀愛的結合。但是戀愛仍然有免不了受外力的牽引，環境的束縛的時候。這種戀愛仍然不自由。從不自由的戀愛上所生的婚姻，也不算得婚姻自由。一定要有自由戀愛的結合，纔算眞實正確含有意義的婚姻。——纔算婚姻自由。所以照婚姻的當然看來，婚姻離不了自由戀愛。有自由戀愛的結合，纔算婚姻。可笑那社會黨員，要提倡自由戀愛，一定要破除婚姻制度。美國的高德曼女士 (Miss Goldman) 在他的結婚與戀愛 (Marriage and love) 的文中，竭力詆毀婚姻制度，勸導自由戀愛。倍孛兒 (August Bebel) 在他的婦女與社會主義 (Woman and Socialism) 文中，也極端攻擊契約婚姻，提導自由戀愛。難道現代婚姻的罪惡，是婚姻的當然麼？難道自由戀愛，不能行於婚姻制度之下麼？難道不能行於婚姻制度之下的自由戀愛，——所謂公妻主義，就是社會黨員所提倡的麼？可是社會黨員並沒有

婦女雜誌　第六卷　第二號　通論　婚姻自由　一

《婚姻自由》

在这种思想的宣传下，中国的婚姻观念开始出现变革，社会上开始出现了自行择偶、自由恋爱和自主结婚的现象。1924 年 3 月，上海一对青年在他们的婚礼上宣言：“我们结合的动机，是精神的，内在的，自然的，非肉欲的，外观的，勉强。”[2] 1927 年，潘光旦在《时事新报·学灯》采用社会学的问卷法，在该报刊登“中国家庭问题征求答案”，其调查结果为我们了解当时城市青年的婚姻观念提供了一个参考。在所收回的问卷中，有 100% 的人反对婚姻“宜完全由父母或其他尊长做主”，80.6% 的人赞成由“本人做主，但须征求父母的同意”。在择偶标准问题上，男子对于妻子的期望，首先是性情相投，其次是身体健康，再次是受过一定的教育。女子对丈夫的期望，也首先是性情相投和身体健康，然后是具有办事的能力。当被问及婚姻目的时，在所列的“浪漫生活及伴侣”“父母之侍奉”“性欲满足”“良善子女之生产与教育”四个选项中，选择“浪漫生活及

[1] 胡适：《论贞操问题（答蓝致先）》，《胡适全集》第 1 册，第 644—645 页。

[2] 《钱鸿伟、刘竞渡结婚的宣言》，《民国日报》“觉悟”副刊，1924 年 3 月 17 日。

，便見得戀愛眞切——在中國婦女史上，是有覺悟的一個人了。老實說，在舊禮教束縛下的中國婦女，有許多因內心與外物的激戰，而做出不道德的事來。做寡婦的，一方面要博社會的采聲，說是「矢志柏舟」；一方面要求靈肉的滿足，覺得「客昧難守」，便有所謂「偷漢子」的故事——這是最不光明最不道德的事，和卓文君相比，不免相形見絀了。舊戲裏像有「淫爲首惡」的事情，而這種醜惡的勾當，在社會裏一幕一幕地不斷地揭出，不是思想不澈底行爲不痛快的原故麼？一般智識不健全的人，反怪新劇底不當，難道戲劇眞是提倡什麼的嗎？

婚姻問題

結婚的宣言

錢鴻偉 劉競渡

我們於民國十三年二月二十日，在金陵莫愁湖的湖內開始舉行共同生活的紀念：這時豔陽媚然，湖光爍影，卻江樓裏金山等名勝遙遙在望；而我們神聖的結合適在這華嚴燦爛中，於是我們在這大塊文章裏，好整以暇；才把我們心湖的眞情之流滔滔地瀉出！在一般人們驟然平靜起來，似不免有些驚奇；哪知道我們在這經過的程途中，固已衝了幾多的驚濤駭浪，遭了幾多的盤根錯節呢！

「結婚須以愛情爲主」，這句話是各家研究婚姻問題所考訂的成語；凡能收結婚美滿的效果的，莫不以此爲基。可是我們的結合，除了愛情之外，還有理智。嚴格說起來，我們結合的主要元素，與其說是愛情，無寧說是理智；而且縱要說是愛情，也是由理智呼喚起來的。我們這種意思，好像違反各家的論旨；但我們實際的情形是如此，所以只好照實寫來。

我們對於結婚的條件，平素所討論的結論，並且確信不疑的：第一要動機純善，第二有長期歷史，第三不怕經過波折。所以那般以色情爲動機的，無時間性的，一說即成的，我們敢斷定是種淺薄的結合，殊無結婚的價值。我們既明白了這層理由，我們的結合還敢出乎以上三條軌道之外嗎？現在按照這三條定理，把我們過去相互的史實，分說如下：

一 動機 我們結合的動機，儘可自告無愧的，或者傍人亦能加以諒解的，就是動機純善！以人格而論：我們平日所行所爲，均以正義相砥礪；所以互相敬慕，積久彌深！以性質而論：我們的性情都帶膽液質的色彩，故趨事赴功，與趣相湊；尤其所研究的學問，也莫不相同！鴻偉畢業於江西女子師範，競渡畢業於江西第一師範。鴻偉曾做過幾次編輯——江西婦女週刊等——競渡也曾做過幾次編輯。近又趨向研究法政一途，同在北京法政學校。據以上種種的事實看來，我們結合的動機，是精神的，內在的，自然的；非肉慾的，外觀的，勉強的。所謂合則相得益彰，正是我們相互間的關係呢！

二 歷史 自從民國六年，江西發起學生聯合會，我們歷年皆在會內服務，往常相與，上下議論，判斷是非，便能莫逆於心！大約經過四五年之久，情感愈深，相信愈篤，遂於民國十年互訂金蘭之交。那時江西風氣尚未開通，男女界限異常嚴密，稍有接洽，誹議即來；然而我們卻能於此時互訂蘭譜，結爲兄妹，是什麼緣因呢？（一）爲得是我們的歷史既久，觀察自深，自信這種形式，專爲促進事業的互助，並不是戀愛的動機。（二）爲得是我們原想在新文化運動下面做個小卒，深想在此時做個社交公開的模範，以挫敗舊社會的勢力。因有這種坦白的心懷，所以毅然實行此舉！誰知再越數年，愈演愈進，於是從前的思想，以次減削；而結婚的觀念，日漸萌芽了。這是對我們的初衷不能不抱愧的地方！但從婚姻問題方面觀察，未始不是有價值的歷程！我們自愧之點，安知不又成了我們自慰之點嗎？

三 波折 我們在沒有結婚觀念之前，雙方爲了人格的融合，友誼

覺悟（十三年三月十七日）

第三頁

钱鸿伟、刘竞渡：《结婚的宣言》

伴侣”的人仅次于选择“良善子女之生产与教育”的人，而多于选其余两项的人。对于“不论有无子息，鳏宜再娶，寡宜再嫁”这个问题，赞成者达到 62.9%。对于男子实行一夫一妻制，无论如何，不宜置妾，赞成者达到 79.8%，反对者仅 20.2%；对于艰于子嗣时，不妨置妾，赞成者 29.6%，不赞成者 70.4%；对于婚姻多不美满者，离婚不便，重婚又不可，宜许其置妾，赞成者 19.2%，不赞成者 80.8%。[1]

同样，1923 年，北京师范大学甘南引先生对 841 位青年人调查显示，已婚的青年中最不满意妻子的是无学问智识，其次是多疾病，另外还有不少青年不满妻子小脚。另外受调查的青年中 71% 愿意自己的妻子在社会上服务，其中未订婚的为 82%，已订未婚的 77%，已婚的为 59%，在已婚青年中还有 24% 的人愿意妻子在社会上服务，但认为妻子不具备服务能力。已婚的 397 个男青年中，没打骂过妻子的有 274 人，占 69%；打骂过的 76 人，占 19%；仅骂过的 39 人，占 10%，不答的有 8 人。打骂过妻子的青年，有不少表示后悔，还有的在调查中写到“打骂过，现在大变，不人道事”；没有打骂过妻子的青年中，有不少表示“尊重妻子的人格”，“男女平权，男子没有打妻子的权利”。调查者中有 87% 的人不赞成多妻制，其原因有：“多妻制有蔑女性，不人道极”“人各有人格，男女平等，一女多男，世人鄙之，一男多女，岂平等乎？”“因他辱及女子人格，不合人道”。[2] 陈鹤琴等学者通过社会调查也发现类似的结果。“不娶妾的比要娶妾的多七倍有

[1] 潘光旦：《中国之家庭问题》，《潘光旦文集》第 1 卷，北京大学出版社 1993 年版。

[2] 甘南引：《中国青年婚姻家庭问题调查》，《社会学杂志》1924 年第 2 卷第 2、3 期。

余，这可见得学生之人格高贵了。”反对娶妾，因为娶妾不是“人的行为”。[1] 在生男生女的选择问题上也有明显的改观，甘南引先生有关生男生女的调查中，总共 832 人接受调查，其中就有 482 人不看重只生男性，占到了受调查人数的 57.93%。究其原因，有“听其自然，随便”“现在是男女平等时代，当然没有成见”“既然赞成生育制裁，无子嗣必要的观念自无男女之好恶”“男女都好，唯不要太多”。可见当初在青年中生男生女一个样的观念已经初步形成。值得注意的是，甘南引的调查中甚至有 110 人赞成独身主义，占到总数的 13%。[2] 独身现象在当时已经引起了社会的广泛关注，1919 年一位寓居上海八仙桥的女学生蒋某，就发起女子不婚俱乐部，要求入部之时要在志愿书中预先填明誓不婚嫁，开幕之时还请名人演说，宣布不婚乐趣。[3]《妇女杂志》《京报》等刊物还开专号讨论当时社会的独身风气。周建人表示：“从来社会上存活不住的，一生只有从母家走到大家一条路的女子，今日居然能够高叫独身，觉悟旧家庭的压迫，在社会上独立起来，这不能不说是思想，社会的进步，和一切奋斗能力的进步；实在是女子有点觉悟，在社会上已经有一部分地位的表

社會問題

學生婚姻問題之研究　　陳鶴琴

人生在世有二件最重大的事體：一件擇業，一件擇偶。從中國的社會情形看來，擇偶比較擇業似尤爲重要。何以呢？擇業不得其當，不妨改業，所耗的光陰尙少，所受的害處尙淺。假使擇偶不得其人，恐怕終身要受莫大的痛苦。邇來歐風美雨，漸漸東來，新思潮的升漲，一天高似一天，什麼「自由結婚，」什麼「自由戀愛，」什麼「社交公開，」什麼「男女同學，」什麼「小家庭制」種種新名詞常常接觸吾人的眼簾，震盪吾人的耳鼓。使舊式的婚制大有破產之趨勢。吾因此有所感，遂把這個人生最重要的婚姻問題，從事實上稍爲研究一番。研究後，我覺得所得的結束很有價值。現在把他詳細的寫出來，以供大家參攷。

這個婚姻問題是非常複雜的，其中包含無數小問題，若『我們中國人大概在幾歲時結婚，』『舊式的婚制在現今的學生界是否仍舊通行；』『自由婚制有否實行；』『多妻制學生是否贊同；』『對於父母代定的婚事，做子女的滿意不滿意；』『建設小家庭是否是青年的希望；』『青年人要求怎樣的女子爲妻；』『有否減育的思想和有否獨身主義的傾向』這些問題都是非凡重要而且非凡有味。可惜我所研究的，僅限於六百三十一個男學生。若要得着真確的結束，非有普遍的研究不可。本篇所錄的，不過作一勸構而已，希望讀者諸君中亦有興起而研究之者。

研究的方法

學生的婚姻問題可分爲三段研究：一關於已結婚的；二關於已定婚的；三關於未定婚的。我把對

東方雜誌　第十八卷　第四號　學生婚姻問題之研究　一〇一

《社会问题·学生婚姻问题之研究》

[1] 陈鹤琴：《学生婚姻问题之研究》，《民国时期社会调查丛编一编·婚姻家族卷》，第 11 页。

[2] 甘南引：《中国青年婚姻家庭问题调查》，《社会学杂志》1924 年第 2 卷第 2、3 期。

[3]《女子不婚俱乐部》，《大公报》1919 年 1 月 9 日。

现。”[1]如果说这些调查结果仅局限于受教育程度较高的家族，吴至信的调查对象范围相对而言更广，其调查结果也更符合当时现状：“现在为妻者已不甘受夫之虐待遗弃，或坐视其重婚纳妾，较之早年实有觉悟，是以起而诉之于法。……今日妇女已不如昔日妇女之能在失睦以后安居家庭也。”[2]这些调查说明，“五四运动”后，随着女性政治、经济、文化地位的提高，城市女子渐有自觉，已不愿屈从于男子，旧式一夫多妻的婚姻形态正在逐步退出历史的舞台，夫为妻纲的男权社会正在逐步瓦解，夫妻关系也日趋平等，由原来的单向被动型向双向互动型转变，新型婚姻道德正逐步深入人心。

即使是在旧家族所纂修族谱内有关家风家训的内容中，女性的地位也是逐步提高的。如女子入谱一直是有争议的事情，民国第一任众议员杨秉铨之子，毕业于上海持志学院的杨平在为其所在的《邢村杨氏宗谱》作序时，开宗明义地称：“兹男女平等，载明宪法，盖时代进化，礼法更新，男女血统系出同源，是以男女同有继承之权。凡有女而无子者，其女究较立继立嗣之为近。宗谱原为一族之历史，所以明子孙之繁衍实况，则女子之出处似不宜狃于旧制，独使缺如。余与弟厚曾本斯旨，增补凡例，俾女子亦得往入谱。”[3]民国著名藏书家董康在编修族谱时，也在凡例中称：“旧谱女子不书名，方今风气开通，女子多有志向学，蔚为国华，应于其父表内书名。”[4]常州著名的望族《恽氏家乘》中也称：“旧谱生女向不书名，现男女在社会上学识职业并无区别，本届世表，凡所生女无论已嫁未嫁，均予书名。”[5]

在关于离婚和妾的问题上较之从前也更加开明，无锡许同莘称：“夫妇离婚，古人不以为讳，今日则视为常事，谱于此当别曰书之。因薄物细故而离者，仍存

[1] 易家钺：《中国女子的觉醒与独身》，《中国妇女问题讨论集上》第五册，《民国丛书》第1编第18册，上海书店1989年版，第83页。

[2] 吴至信：《最近十六年之北京离婚案》，《民国时期社会调查丛编一编·婚姻家族卷》，第394页。

[3] 杨平：《十一修宗谱跋》，《毗陵邢村杨氏十一修宗谱》卷首，1947年务本堂木活字本。

[4] 董康：《本届新增附例四条》，《宜武董氏合修家乘》卷一。

[5]《民国丁亥续修增订凡例》，《恽氏家乘》前编卷首。

妻之名氏而隐其事实，所以令其可嫁。出嫁离异而再嫁者，书适某某离婚，继适某某。妇于夫亡后再醮者，书夫亡再醮，不书所适之家。出妇再适他人者不书。”[1] 又如常州《恽氏家乘》规定：“已适人而再嫁者仍不书”，但“正式离婚者，列载明，以示绝于夫族，无姻戚之关系也”。[2] 虽然只是步子迈得有限，但毕竟是对社会的离婚潮流作出了一定的反应。在清代修谱时，恽氏谱例规定除非有子及守节，妾一般都不书。到了1916年修谱时，作出了一定的调整，称有的妾虽无子，但勤慎无失，或能佐理家政，贤淑足称，如果一律屏弃，显然不妥。而从宗法制度而言，“妾死则祔于妾祖姑，是妾皆得附庙祭”，那么庙祭既可，入谱也应该可以。因此改为“凡妾之年稍长，侍奉家主主母有年及有所出者，概行载入”。此后为精确起见，又改为“妾须年过四十，侍奉家主主母二十年，或无失德，方准载入”。[3] 1947年恽氏续修宗谱时，当时的情况已经发生了根本的变化。《民法》不再认可纳妾为合法的契约关系，只是在司法解释中还承认其为家属成员，但再也没有从前的名分服制关系，这一规定与宗法制度产生了冲突。如果遵从法律的规定，由于不存在名分服制关系，妾不可能再载入家谱。《恽氏家乘》在谱例中对此做适当通融，基本仍旧按照从前的体例，生有子女的妾概称侧室，守节者并列节孝，年逾四十，即使无所出，经本支认可，也得附载入谱。[4] 在蓄妾制度暂时不可能彻底取消，妾的法律地位又很难得到保障的情况下，这可以说也是一种解决办法。虽然不能称之为最优解，但同样也是宗族面对变化时努力作出调整的一种表现。而如前文所述，当时江南地区的很多族会西营刘氏五福会、钮氏族会等，女子已经和男子一样在家族中拥有选举权和被选举权，即女子已经有理论上成为房支或者宗族的领袖的可能，这在以前的宗法观念中是不可想象的，更是近代家风家训发展中具有里程碑意义的事件。

[1] 许同莘：《谱例商榷》，《东方杂志》1946年第16号。

[2]《民国丁亥续修增订凡例》，《恽氏家乘》前编卷首。

[3]《民国丙辰增订辛丑议修凡例摘要》，《恽氏家乘》前编卷首。

[4]《民国丁亥续修增订凡例》，《恽氏家乘》前编卷首。

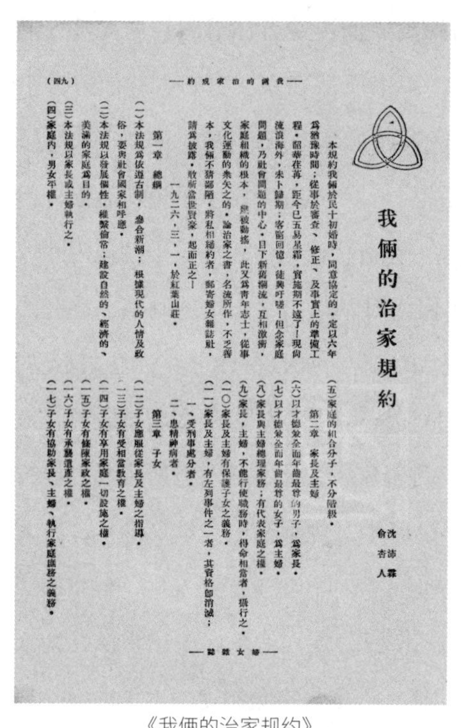

我倆的治家規約

沈沛霖 俞杏人

本規約我倆於民十初婚時，同意協定的，定以六年爲猶豫時間；從事於審查、修正、及事實上的準備工程。韶華荏苒，距今已五易星霜，實施期不遠了！現尚流浪海外，未卜歸期；客窗回憶，徒興吁嘘！但念家庭問題，乃社會問題的中心，目下新舊潮流，互相激衝，家庭組織的根本，幾被動搖，此又爲青年志士，從事文化運動的衆矢之的。論治家之書，名流所作，不乏善本，我倆不揣鄙陋，將私相締約者，郵寄婦女雜誌社，請爲披露，敬祈當世賢豪，起而正之！

一九二六，三，一，於紅葉山莊。

第一章 總綱

(一)本法規爲依遵古制，參合新潮；根據現代的人情及政俗，要與社會國家相呼應。

(二)本法規以發展個性，維繫倫常；建設自然的、經濟的、美滿的家庭爲目的。

(三)本法規以家長或主婦執行之。

(四)家庭內，男女平權。

(五)家庭的組合分子，不分階級。

第二章 家長及主婦

(六)以才德兼全而年齒最尊的男子，爲家長。

(七)以才德兼全而年齒最尊的女子，爲主婦。

(八)家長與主婦總理家務；有代表家庭之權。

(九)家長，主婦，不能行使職務時，得命相當者，攝行之。

(一〇)家長及主婦有保護子女之義務。

(一一)家長及主婦，有左列事件之一者，其資格卽消滅；

一、受刑事處分者。

二、患精神病者。

第三章 子女

(一二)子女應服從家長及主婦之指導。

(一三)子女有受相當教育之權。

(一四)子女有享用家庭一切設施之權。

(一五)子女有條陳家政之權。

(一六)子女有承襲遺產之權。

(一七)子女有協助家長、主婦、執行家庭庶務之義務。

《我俩的治家规约》

而基于夫妻平等，一夫一妻理念基础上的新式家风家训在此时也逐渐形成。1927 年沈沛霖、俞杏人夫妇发表了《我俩的治家规约》，他们认为：“家庭问题，乃社会问题的中心，目下新旧潮流，互相激冲，家庭组织的根本，几被动摇，此又为青年志士，从事文化运动的众矢之的”，所以他们俩在平等、自主的基础上制定了自己的《治家规约》，“以发展个性，维系伦常，建设自然的，经济的，美满的家庭为目的”，既“依遵古制”，又“参合新潮，根据现代的人情及政俗，要与社会国家相呼应”。家庭内，男女平权；家庭的组合分子，不分阶级。家室之组织则根据于经济、美好之二原则。一家之中以才德兼全而年齿最尊的男子，为家长；以才德兼全而年齿最尊的女子，为主妇，家长与主妇地位平等，总理家务，有代表家庭之权。子女应服从家长及主妇之指导，有相当教育，家庭一切设施，条陈家政，承袭遗产之权，也有协助家长、主妇，执行家庭庶务之义务，有从事生产，补助家计之义务，有谏诤家长、主妇之义务。家庭的经济、会计公开，家计账略逐月结清，每年末作决算报告，及财产目录，以证家业。子女婚嫁本人有参与之权，父母有指导之职，续弦，再醮，均自主决定，不加限制。家族中组织家族会议，由家族全部成员参加，由家长或主妇主席。家族会议分年会及预算会之二种，年会讨论家务，征集意见，编制家政大纲，以作家庭行政之标则，预算会编制预算。表决方法从少数服从多数为原则，未成年之子女有发言权，无表决权。家族会议的决议案，家长、主妇有遵照执行之义务。[1] 这一治家规约可称得上是新时代家风家训的范本，值得我们今天借鉴和学习。

当然，我们也必须承认，近代女性观的改变是相当艰难的过程，如前述旧家族中关于离婚，妾的调整都是相当缓慢而隐晦的。邢村杨氏家族的杨平曾言，1928 年他第一次和弟弟提出将女子入谱，遇到了极大的阻碍，导致新增凡例最终没有收入所修的家谱中。此后，族人想让孙女的出生年月列入世表中，同样遭到了强烈的反对，也被抽去原稿。二十年后，到了 1947 年，当初提出的修改方案，大家都已经“视为当然”，杨平犹嫌未尽革新改善，希望在今后作出更多的调整。[2] 由此可见，从传统到近代的嬗变是一个痛苦而又漫长过程，新旧交织与矛盾其实是这个时代的特点，这才是社会变迁的真实映照。

3. 关于代际关系的内容

中国传统维系家庭中的代际关系是“孝”，这也是中国传统人伦秩序中最重要的观念，直至近代，传统家风家训中的“三纲五常”，尊卑长幼的伦理等级次序依然存在。直到民国时期，蒋旨昂对北平城北卢家村的调查发现，年轻的夫妇没有分家前都不能管家里的事，只是被家长管着；儿媳对婆母习惯上是应服从恭敬的，该村有一个注重礼节的家庭，儿媳在婆母面前时不准坐的。[3] 即使是那些日后反对传统孝道观念最为激烈的胡适、鲁迅也不得不接受家庭为他们选择的婚姻。蒋廷黻的哥哥尽管非常不愿意，还是在父母的坚持下回老家成婚了，只是以结婚不圆房来反抗父母包办的婚姻。当蒋廷黻决定反抗自己五岁时父母包办的婚姻。父母也认为其“荒谬绝伦，不可能”，因此“亲戚们的信函雪片飞来”劝其

[1] 沈沛霖、俞杏人：《我俩的治家规约》，《妇女杂志》1927 年第 1 期。

[2] 杨平：《十一修宗谱跋》。

[3] 蒋旨昂：《卢家村》，《民国时期社会调查丛编一编 · 乡村社会卷》，第 201—203 页。

服从，最后几经波折才解除了这桩婚约。[1]所以傅斯年对老师胡适所言“我不是我，我是我爹的儿子”的说法甚为赞同。他曾对一位朋友说过：“中国做父母的给儿子娶亲，并不是为子娶妇，是为自己娶儿媳妇儿。”他感叹道：“这虽然近于滑稽，却是中国家庭实在情形。咳！这样的奴隶生活。”[2]

但随着时代的发展，家族生活中这种严格的尊卑长幼的等级次序已经不能适应近代社会发展的需要，“天赋人权”、人格平等、个性自由等资产阶级思想观点开始影响到家族生活，传统的代际之间的等级秩序已经开始破冰，“孝”也不可避免地受到了激烈抨击。

戊戌变法时，维新派已经提出要反对传统的纲常观念，谭嗣同对之批判尤烈：“数千年来，三纲五伦之惨祸烈毒，由是酷焉矣。君以名桎臣，官以名扼民，父以名压子，夫以名困妻，兄弟朋友各挟一名以相抗拒，而仁尚有少存焉者得乎。”他认为五伦中只有“朋友”可以保留，原因在于朋友关系体现了“一曰平等，二曰自由，三曰节宣惟意”，总括其义就是“不失自主之权”，也就是君臣、父子、夫妻、师生都应该平等自主，而保留了“朋友”，其他四伦便皆可废[3]，这也为日后“非孝”的思想埋下了伏笔。

20世纪初，随着排孔批儒的声音日趋强烈而尖锐，开始将传统的家庭关系与君主专制联系结合起来一并加以抨击。邹容在其名著《革命军》中对传统封建的家庭关系进行了大力挞伐，他说：“父以教子，兄以勉弟，妻以谏夫，日日演其惯为奴隶之手段。”他认为在这样的家庭关系中只能是“造就了一批奴才”，而这种奴才是“既无自治之力，亦无独立之心，举凡饮食男女，衣服居处，其不待命于主人，而天赋之人权，应争之幸福，亦莫不奉之主人之手，衣主人之衣，食主人之食，言主人之言，事主人之奉，依赖之外无思想，服从之外无性质，谄媚之外无笑语，奔走之外无事业，伺候之外无精神”，因此，要培养国民之国家观念，

[1] 蒋廷黻：《蒋廷黻回忆录》，岳麓书社2003年版，第68—69页。

[2] 傅斯年：《万恶之源》，《新潮》1919年第1卷第1号。

[3]（清）谭嗣同：《仁学》三十八，第369—370页。

就必须按照“天赋人权”来进行家庭革命，使人人具备“独立羁绊之精神”“乐死之辟之气概”“尽瘁义务之公德”和“个人自治、团体自治，以进人格之人群”等素质。[1] 1906年4月24日《申报》上发表了一篇名为《刺私篇》的文章，对传统的家庭关系，包括父子关系、夫妻关系、兄弟关系等进行了深刻的揭露和批判，认为在家庭的各种关系中，因为各有所私，所以也缺乏真实和快乐：“礼文隆，则情意杀，情意杀则私意起。家庭之交际，既莫不各有其私，则生人之道苦，而家庭之乐尽。”1907年《东方杂志》第六期发表了《论家庭教育当铲除依赖性质》一文，认为中国的家庭关系“但严责子女之对于父母，使之尽其义务，而父母之对于子女，则概从简略”。

一系列社会制度的变化更加削弱了传统父权的权威。中国传统法律是以宗法制为基本原则，子女违反父亲的意志，父亲可行使威权加以惩处，只要父亲活着，子女没有独立自主的可能，法律也对这种威权予以保护，“不孝”则是一种罪名，父在，不经允许，分异财产是不孝，婚姻也由父母主婚，违者要处杖刑，而因非孝被父母杀死，父母可以免罪。而随着晚清法律制度的改革，相关的法律渐渐调整，传统的父权不再受到法律的保护，因此逐渐削弱。《大清民律草案》虽仍力求传统家长的权威，如在《亲属编》1327条规定：“家政统于家长”。修订法律馆也说明：“家长既有统摄之权利，反之，则家属对于家长即生服从之义务”。但其总则编也规定：“人于法令限制内，得享受权利，或担负义务”，按语更称：“凡人，无男女老幼之别，均当有权利能力，否则生存之事不得完全”。由此人格平等的观念逐步确立，对于在传统家长制下毫无独立人格的子女而言，这个意义非常重要。民国成立后，司法改革的步伐加快，1914年北洋政府颁布《商人通例》，其第四条规定以是否有独立订结契约的能力来作为能否成为商人的标准：“凡有独立订结契约负担义务之能力者，均得为商人。”这一年龄标准不再受到继承清代宗法习惯的《现行刑律民事有效部分》中的“丁年”的限制。同时

[1]（清）邹容：《革命军》，中华书局1958年版，第24页。

“家长”的字样也在法条中不再出现，而称之为法定代理人，至少在形式上去除了家长制。而到了南京国民政府颁布《民法典》时，随着民事行为能力年龄标准的确定为标志，中国最终取消了在财产制度方面家长对于卑幼缔约行为的限制，而代之以行为能力的规定。即一个人是否具有缔约能力，并不由其在家庭中的身份来决定，而取决于其自然状况，如是否达到了法定的年龄，是否具有健全的智力等。在法律中也不再有“尊长”“卑幼”之分，而只有完全行为能力人与限制行为能力人之别。如果说，北洋政府时期在《现行刑律民事有效部分》和大理院的判例、解释例中仍然沿袭清代多次使用“尊长”与“卑幼”的语词，保留有宗法道德习惯的话；《中华民国民法》则完全奉行主体平等的原则，对此完全摒弃，而代之以“成年人”“未成年人”“限制行为能力人”“限制行为能力人之法定代理人”等中性语词，以明主体平等之宗旨，彻底取消“尊长”与“卑幼”之分。此外，如上文所言，子女的婚姻自主权也受到了明确地保护。

同时，社会的变化也逐渐削弱了传统的家长制权威，这种变化在上海这样的移民大都市尤为明显。首先，由于上海是移民城市，除了少数富裕家族之外，大部分人是独自从乡村移居到上海，他们不仅离开乡土，也离开了父母，他们在外打拼，经济上日趋独立，家庭地缘关系、血缘关系的纽带逐步减弱，自然也就要求人格上的独立，而由他们为基础组建的家庭也容易形成民主、平等基础上的代际关系。曾有学者这样描述近代的上海家庭，“上海是移民城市，居民来自五湖四海，几代通婚之后，往往一家之口，籍贯就有好几个。可能公公是苏北人，婆婆是宁波人，媳妇的娘是广东人，而爹却是四川人。这是上海一个很普通的家庭”。[1] 在这样的家庭氛围中，家庭成员要和睦相处，就必须接受不同地域，不同阶级的生活习惯及文化传统，从而逐步形成一种平等、开放、包容、理解、互补的文化，也有助于培养人的开放意识、平等精神、民主思想，这就为构建新的代际关系奠定了一定的社会基础。

［1］ 朱国栋、刘红、陈志强：《上海移民》，上海财经大学出版社 2008 年版，第 52 页。

更重要的是教育和思想的变化，民国成立后，随着蔡元培等学者在教育政策方面提出了培养“共和国健全公民”的教育目标，国家主导的新教育不仅降低了父权的权威，也弱化了家庭在子女教育中扮演的角色。而在新学堂接受新教育的青年学生随着对新的人生观和价值观的学习和认知，他们对“孝”的认识已经与他们的父辈迥然不同，传统的孝道也由此受到更猛烈的抨击。特别是“五四”新文化运动以后，很多新式知识分子以自由、平等、民主等观念为武器，提出了所谓“非孝”的思想。1919 年 11 月 7 日，时为浙江省立第一师范学校二年级学生的施复亮（原名施存统）因为父亲长久地虐待母亲，在《浙江新潮》第 2 期上刊发了一篇题为《非孝》的文章，引起了轩然大波，其后续影响甚至间接改变了日后新文化运动的生态。同时，吴虞又作《说孝》一文，引据经典论证了“孝”的弊病及不合理性。也在同一年，胡适写作了一首题名为《我的儿子》的诗：“我实在不要儿子，儿子自己来了。‘无后主义’的招牌，于今挂不起来了！譬如树上开花，花落偶然结果。那果便是你。那树便是我。树本无心结子，我也无恩于你。但是你既来了，我不能不养你教你，那是我对人道的义务，并不是我待你的恩谊。将来你长大时，莫忘了我怎样教训儿子：我要你做一个堂堂的人，不要做我的孝顺儿子。”那句“树本无心结子，我也无恩于你”成为当时流行的“父子无恩”思想最好的注脚。在与友人汪长缘一封关于《我的儿子》的通信中，胡适又对此作了一番发挥：“‘父母于子无恩’的话，从王充孔融以来，也很久了。从前有人说我曾提倡这话，我实在不能承认。直到今年我自己生了一个儿子，我才想到这个问题上去。我想这个孩子自己并不曾自由主张要生在我家，我们做父母的不曾得他同意，就糊里糊涂的给了他一条生命。况且我们也并不曾有意送给他这条生命。我们既无意，如何能居功？如何能自以为有恩于他？他既无意求生，我们生了他，我们对他只有抱歉，更不能市恩了。”[1] 此后鲁迅也针对这一点，发表了多篇文章，他说：“倘如旧说，抹煞了爱，一味说恩，又因此责望报偿，那

[1] 胡适：《我的儿子》，《胡适全集》，第 656 页。

便不但败坏了父子间的道德，而且也大反于做父母的实际的真情，播下乖刺的种子。”“‘父子间没什么恩’这一个断语，实是招致‘圣人之徒’面红耳赤的一大原因。他们的误点，便在长者本位与利己思想，权利思想很重，义务思想和责任心却很轻。以为父子关系，只须‘父兮生我’一件事，幼者的全部，便应为长者所有。尤其堕落的，是因此责望报偿，以为幼者的全部，理该做长者的牺牲。”“例如一个村妇哺乳婴儿的时候，决不想到自己正在施恩；一个农夫娶妻的时候，也决不以为将要放债。”[1]

这种“非孝”论在当时产生了极大的影响，20世纪30年代初，章太炎曾观察到：“今日世风丕变，岂特共产党非孝，一辈新进青年，亦往往非孝。”[2]吴稚晖也说：“今日时贤之所惧者，莫如西说东渐，而孝必破碎。”[3]考虑孝之于中国文化的核心意义，可以非孝是对中国文化的一个根本挑战，由此也引起了相当的反弹。这种观念也受到了当时国民党政府的支持，1927年5月，国民党浙江省党部颁布《党化教育大纲》时，主张保存中国固有的“美德”，建设忠孝仁爱信义和平的“新道德”。蒋介石在倡导新生活运动时，也提倡四维、八德，制定“忠勇为爱国之本”“孝顺为齐家之本”等12条规则，强调“礼”的价值，“孝亲敬长”作为新生活须知之一，试图依靠“父训其子，兄教其弟，夫妇相劝，朋友互励”来实现移风易俗、革新生活的目标。

“非孝”论在刊载于家谱里的家风家训中受到了明显的排斥，基本上少有认可。毗陵庄氏认为“今人误解新学诸说，几视亲长可以平等，言动可妄自由”，势力导致一家之内“渐起乖离，不关痛痒”。[4]黎阳郁氏的家训第一条仍是“尽孝道敦本源”，强调“孝为百行之原、万化之始，能尽孝道，方可以为人、可以为子”。并规定要“父坐子立、兄先弟后，虽在私室之中，造次之际亦不可遗忘

[1] 鲁迅：《我们现在怎样做父亲》，《鲁迅全集》第1卷，第116—130页。

[2] 章太炎：《讲学大旨与〈孝经〉要义》，《章太炎讲演集》，上海人民出版社2011年版，第372页。

[3] 吴稚晖：《说孝》，《东方杂志》1916年第13卷第11号。

[4]（清）庄鼎臣：《续订家规四则》，《毗陵庄氏族谱》卷一一。

忽略，至令外人谈论”。[1]荣德生主编的《人道须知》卷一为“孝悌”，认为孝是百行之原，不孝是万恶之原，对于“倡‘非孝’之说”“谓母之生我，不过借他肚皮一袋，无所谓恩，父更不论”的观念，他驳斥道，即使这“一袋之后”也要“历无数阶级，至有今日”，“乌知反哺，羊知跪乳，岂非禽兽不如，是故‘非孝’之说，不攻自破也。”[2]

今天也有学者对“五四”以来的“非孝”思想进行过批判，认为他们有破坏而无建设，不过实际上这种批判并非客观。非孝论者虽然论述的重点在于强调新的父亲形象如何区别于旧的父亲，但并没有彻底地取消子女对父母的应有责任，即是从自身行为上非孝最彻底的吴虞也称：“我的意思，以为父子母子，不必有尊卑的观念，却当有互相扶助的责任。”陈独秀更指出：“现在有一班青年却误解了这个意思，他并没有将爱情扩充到社会上，他却打着新思想新家庭的旗帜，抛弃了他的慈爱的、可怜的老母；这种人岂不是误解了新文化运动的意思？因为新文化运动是主张教人把爱情扩充，不主张教人把爱情缩小。”[3]更重要的是无论是陈独秀、胡适、鲁迅还是吴虞、施存统都曾经受到过传统亲子关系带来的压迫，前三人都被迫接受父母的婚姻安排，这种接受其实也是出于对自己父母的尊重和爱戴。具有新思想的他们显然不愿意让自己的后代继续这样的痛苦体验，这也是他们极力地批评旧式礼教的初衷之一，所以他们无疑不会只破坏而非建议，而是会身体力行地尝试构建一种新的代际关系。鲁迅就认为自然界“并不用‘恩’，却给予生物以一种天性，我们称他为‘爱’”这是一种“绝无利益心情，甚或至于牺牲了自己，让他的将来的生命，去上那发展的长途”，所以“父母生了子女，同时又有天性的爱，这爱又很深广很长久，不会即离。现在世界没有大同，相爱还有差等，子女对于父母，也便最爱，最关切，不会即离。”鲁迅等学者对自己的子女都抱有发自内心的爱，鲁迅曾经写了一首诗来肯定父子间的亲情：“无情

[1]《黎阳郁氏家谱》卷一二，1933年铅印本。

[2] 荣德生：《人道须知》，《荣德生文集》，第377页。

[3] 陈独秀：《新文化运动是什么》，《新青年》1920年第7卷第5号。

未必真豪杰，怜子如何不丈夫。知否兴风狂啸者，回眸时看小於菟。”胡适也处处为儿子打算。他给大儿子的信中不厌其烦地叮嘱儿子应注意的各种生活细节，专门为小儿子特设了一个储蓄户头，作为小儿子求学的费用。但是父母对子女除了爱之外，还有一定的责任，正如鲁迅所言，“只要思想未遭锢蔽的人，谁也喜欢子女比自己更强，更健康，更聪明，更高尚，更幸福”，认为这是“超越了自己，超越了过去”。因而在健康成长的基础上，父母还有责任为子女提供发展的基础，理解、指导、解放他们，包括“健全的产生，尽力的教育，完全的解放”，让子女成为独立的人，所以他说：“觉醒的父母，完全应该是义务的，利他的，牺牲的”，应该“自己背着因袭的重担，肩住了黑暗的闸门，放他们到宽阔光明的地方去，此后幸福的度日，合理的做人”。[1]

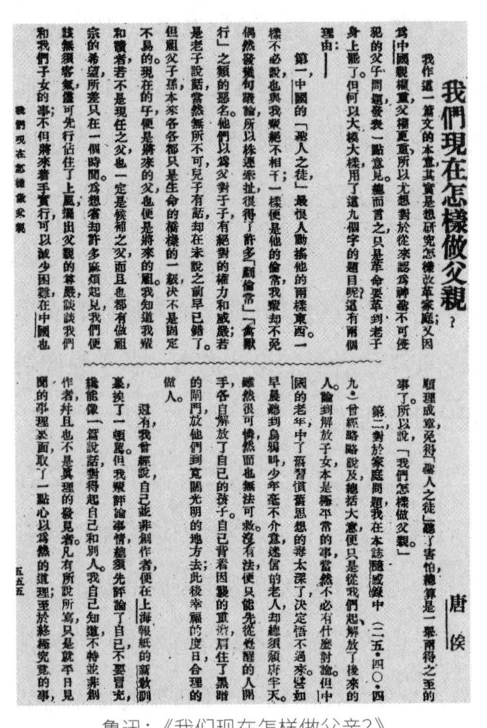

我們現在怎樣做父親？

唐俟

我作這一篇文的本意，其實是想研究怎樣改革家庭；又因為中國親權重，父權更重，所以尤想對於從來認為神聖不可侵犯的父子問題，發表一點意見。總而言之：只是革命要革到老子身上罷了。但何以大模大樣，用了這九個字的題目呢？這有兩個理由：——

第一，中國的「聖人之徒」，最恨人動搖他的兩樣東西。一樣不必說，也與我輩絕不相干；一樣便是他的倫常，我輩卻不免偶然發幾句議論，所以株連牽扯，很得了許多「鏟倫常」「禽獸行」之類的惡名。他們以為父對於子，有絕對的權力和威嚴；若是老子說話，當然無所不可，兒子有話，卻在未說之前早已錯了。但祖父子孫，本來各各都只是生命的橋樑的一級，決不是固定不易的。現在的子，便是將來的父，也便是將來的祖。我知道我輩和讀者，若不是現任之父，也一定是候補之父，而且也都有做祖宗的希望，所差只在一個時間。為想省卻許多麻煩起見，我們便該無須客氣，儘可先行占住了上風，擺出父親的尊嚴，談談我們和我們子女的事；不但將來着手實行，可以減少困難，在中國也順理成章，免得「聖人之徒」聽了害怕，總算是一舉兩得之至的事了。所以說，「我們怎樣做父親。」

第二，對於家庭問題，我在本誌「隨感錄」中（二五．四〇．四九．）曾經略略說及，總括大意，便只是從我們起，解放了後來的人。論到解放子女，本是極平常的事，當然不必有什麼討論。但中國的老年，中了舊習慣舊思想的毒太深了，決定悟不過來。譬如早晨聽到烏鴉叫，少年毫不介意，迷信的老人，卻總須頹唐半天。雖然很可憐，然而也無法可救。沒有法，便只能先從覺醒的人開手，各自解放了自己的孩子。自己背着因襲的重擔，肩住了黑暗的閘門，放他們到寬闊光明的地方去；此後幸福的度日，合理的做人。

還有，我曾經說，自己並非創作者，便在上海報紙的新教訓裏，挨了一頓罵。但我輩評論事情，總須先評論了自己，不要冒充，纔能像一篇說話，對得起自己和別人。我自己知道，不特並非創作者，幷且也不是真理的發見者。凡有所說所寫，只是就平日見聞的事理裏面，取了一點心以為然的道理；至於終極究竟的事，

我們現在怎樣做父親　五五五

鲁迅：《我们现在怎样做父亲？》

鲁迅的观点受到了很多学者的支持，《教育杂志》第25卷第12号上发表了陈征帆的《中国父母之路》，文章明确提出了要“打破私有儿童的观念”，“在从前，是期望儿童当一个‘孝子’或‘家族的功臣’；而在今日呢，则是期望儿童当一个光明正大的人，去为社会效命，去为国家努力”。而陈鹤琴、张天麟等儿童教育家更对如何构建新型的子女观和代际关系做出很多有益的探索，如陈鹤琴指出，虽然“小孩子实在难养得很”“也难教得很”，但是父母不能因为这而放弃教育的职责，必须“非用尽九牛二虎之力”去改造他们，去建造“健全的人格”。

[1] 鲁迅：《我们现在怎样做父亲》，《鲁迅全集》第1卷，第116—130页。

而父母对待子女，首先要尊重子女的人格，父母和子女在人格上是平等的，所以父母要尊重子女人格，就要以身作则，“需要在行为上举动上处处能够使做子女的佩服你、尊敬你。”[1] 他还建议做父亲的要主动亲近子女，和他们做伴侣，这样做一是可以使父子之间产生浓厚的感情，从而把亲子关系建立在爱的基础之上，有助于消除父子关系上的隔膜状态；二是在做伴侣的过程中，可以根据孩子的特点及时教给他必要的文化知识；三就是通过父子的这种亲子活动，父亲可以更加了解自己的孩子，便于教育上的针对性。陈鹤琴对亲子关系的见解对后来家庭教育的发展影响深远。张天麟在《中国母亲底书》中认为不能从小把小孩子当作大人看，从小就教他成人的规范，让他们去履行。不要觉得只要小孩子有出息就好，个性无关紧要的，要重视孩子的个性发展自由，不要扼杀其创造的本能和发展的天性。同时，他又指出西方的儿童个性主义也不适合我国国情，因而不能照搬，我们应该根据我国的民族特色，兼采西方个性主义的长处，来构建新时期我国的子女观。

很多民国时的先进知识分子都把这些理论付诸了自己的家风家教的实践中。有一次，鲁迅在家请客，从外面叫的菜有一碗鱼肉丸子。儿子海婴一吃就说不新鲜，许寿裳先生不信，别人也都不信。许先生又给海婴一个，海婴一吃，又说不新鲜。鲁迅先生没有责怪孩子，而是把海婴碟子里的丸子拿来亲口尝了一尝，果然是不新鲜的。事后，鲁迅先生说：“他说不新鲜，一定有他的道理，不加以查看就抹杀是不对的。”从这生活小事上，就可以看到作为父亲的鲁迅是怎样地尊重孩子，并且如何去了解他们，决不因为孩子幼稚、弱小，就忽视他们的意见。许广平后来回忆，鲁迅给予海婴的教育是顺其自然，极力不多给他打击，他要儿子“敢说，敢笑，敢骂，敢打”，如果大人错了，海婴来反驳，鲁迅先生是笑笑地领受的。许广平总结鲁迅的教育理念，是要向孩子指出“社会像海底的宝藏一样繁复、灿烂、深潜、可喜、可饰”，自己要“把孩子推到这人海茫茫中，叫他

[1] 陈鹤琴：《家庭教育·怎么教小孩》，教育科学出版社 1994 年版，第 130 页。

自己去学习”，“他应该训练自己，他的周围要有有形无形的泅泳衣来自卫，有透视镜来观察一切，知道怎样抵抗，怎样生存，怎样发展，怎样建设”。[1] 柳亚子教导自己的子女也和鲁迅有相似之处。1918 年，柳亚子送别儿子出国时候，曾作诗一首：“狂言非孝万人骂，我独闻之双耳聪。略分自应呼小友，学书休更效而公。须知恋爱弥纶者，不在纲常束缚中。一笑相看关至性，人间名教百无庸。”可见他对“非孝”观的认同。儿子柳无忌回忆：“我读中学时，父亲已走上时代的前头，主张非孝之说，要把至性的纯洁的爱，代替封建社会的所谓孝道”“母亲是我的慈母，父亲并不是我的严父，是比我大 20 岁的老朋友。他有时性子很躁急，对我却从不发脾气。”1943 年他发表《我的儿童教育观》明确主张对于儿童的教育要“自由放任”。他认可好友高天梅提出的“不肖主义”，即要子女比父母更高明，更能适合时代。主张父母“要做青年的垫脚石，而不要做青年的绊脚石。”[2] 他是这么说的，也是这么做的。柳亚子在家中，从来没有长篇说教，没有强求，没有呵责，更没有打骂，“放任自由，真意在于尊重每个人的自由发展”。女儿柳无垢回忆道：“父母亲对我们的管教并不严，也从不督促我们做功课，一切要我们自觉，但是我们被教以一定的礼貌规矩，例如，做人最重要的是诚实不说谎，长辈们常做榜样给我们看，证明大人是不说谎的。上学要勤，不迟到，不旷课；功课要好，做个好学生。”[3] 柳光辽则总结道：“既有浓烈的修身、齐家的传统家庭道德氛围，又摒弃其中的封建性，代之以西方的民主思想，这在家庭层面上反映了阿爹（柳亚子）的思想体系的特色。”[4]

值得注意的是，即使民国那些反对“非孝”论的那些保守者也多半不同意传统社会二十四孝那些“郭巨埋儿”“卧冰求鲤”“老莱娱亲”和“割股疗亲”的愚孝观，更不会同意忠孝合一的观点，所以在家族教育中也会接受一些新知识分子

[1] 许广平：《鲁迅与海婴》，《鲁迅风》1939 年第 18、19 期。

[2] 柳亚子：《磨剑室文录下》《我的儿童教育观》，《柳亚子文集》，上海人民出版社 1993 年版，第 1393 页。

[3] 张明观：《柳亚子史料札记二集》，上海人民出版社 2014 年版，第 56 页。

[4] 柳光辽：《序》，张明观《柳亚子史料札记》，上海人民出版社 2008 年版，第 3 页。

的主张，杂糅到传统的教育中。这在南关杨氏的家法中有明显的体现。家法首先规定“家庭主权在于家长”，“家长为一家领袖，总揽家务，以家中最尊辈为之”。家属应该遵守家法、服从家训。但同时又讲究民主，设有家务会议，家属以会员出席，过半数决议相关议案。关于婚嫁继承、禁治产、准禁治产（禁治产，即禁止继承权）等身份事件；关于提存公积，分配余利，预算岁费，决算家用等财产事件；关于家族财产各店定章变更、事业缩减、职员黜陟，产业增减等营业事件均由家务会议一人一票投票决定。婚约须经家长之许可，但必须征得男女当事人之间同意。婚姻可依西式，但必须祭祖谒祠。家族会议期间，家属必须背诵家训，并宣誓，誓词为：“敬以至诚，遵守家法，服从家法，如有违背，愿受惩戒。谨誓。”对于亵渎祀典、妨害家庭、违背家法、侮辱尊亲的家属便会丧失继承权、宣告终止同族关系。如有财产浪费、品行不正的则应该准禁治产。[1] 这可谓是结合新旧两种家族伦理的尝试。

正如有学者讨论民国时的“非孝”争论时，认为“双方都不否认父母子女之间有天性之爱，都反对帝王假借孝道作为专制统治的基础，都赞成博爱精神。双方的根本差异在于：非孝者主要从塑造独立人格，培养现代公民，建设现代国家的政治层面看待孝道；拥孝者主要从社会道德角度对孝道进行新诠释。”[2] 1948年，施存统在《非孝论》写作近三十年后专门写了一篇文章，详细解释自己写这篇文章的原因和经过，分四期发表在《展望》杂志上。他解释自己非孝的用意，只是反对不平等的“孝道”，主张“爱”的亲子关系，他只是想用亲子间相互的“爱”来取代旧有的孝道而已。他说：“经我再三思索的结果认为，‘孝’是一种非自然的、单方的、不平等的道德，应该拿一种自然的、双方的、平等的新道德去代替它。这种新道德，我认为就是出于人类天性的‘爱’。”从这一角度来看，其实如果把“孝”看成父母与子女之间的互相爱护和尊重，那么“孝”与自由、平等、民主，都是人类共同的感情，并没有任何冲突，而是需要相辅相成地互相促进。

[1]《家法》,《南关杨公镇东支谱》，1932年铅印本。

[2] 刘保刚:《试论近代中国的非孝与拥孝》,《晋阳学刊》2009年第4期。

4. 关于职业观的内容

如前章所述，江南地区的家风家训虽重读书科举，但向来也强调各业皆本，江南一地又经济发达，从商者众多，早在清乾嘉时期，洪亮吉称“昔之为农者或进而为士矣，为贾者或反而为农矣；今则由士而商者十七，由农而贾者十七”。[1]各个望族其实早已亦官亦商。到了近代，情况更是发生重大变化。

随着西方列强的侵入和掠夺，朝廷上下倡导洋务运动，一些江南有识之士如薛福成等开始主张“商战”以救国，他们认为只有振兴民族经济，增强国家的经济实力，才能救亡图存。朝廷也对官员、文士经商持默认或赞同的态度，官商一体的趋势日益明显。王韬曾分析了通商的好处，即“工匠之娴于艺术者得以自食其力”“游手好闲之徒得有所归”“可以供输糈饷”，由此大胆得出“恃商为国本”[2]的结论，彻底抛弃了商为末业的传统观念。薛福成则认为当今之世已发生巨变，在原来的“华夷隔绝之天下”，要实现国家富强须以“耕战为务”；而在当今的“中外联属之天下”，要富强则必须以“工商为先”。治世之法要随着社会条件的变化而变化，所以中国必须放弃重农抑商的旧观念，转而发展工商，以求国家富强，并在此基础上形成了著名的重商理论——“握四民之纲者商也”。[3]随着“商本”地位的确立，轻贱商人的社会心理和社会风气发生了逆转，各种为商人辩护、主张提高商人社会地位的言论纷然杂陈。

在这种思想的推动下，“四民”观念开始发生了重要的变化。在《申报》1881年8月28日发表的《论考验艺徒》一文中，重视农工商，认为士农工商的治生性是相通的，将治生的理念提高到一个新的高度：“人生世上，厥有四民，士居其一，农工商居其三，可知教育之方原不仅使为士，苟能于农工商之中学成

[1] 洪亮吉：《卷施阁文甲集补遗·服食论》，中华书局2001年版，第240页。

[2]（清）王韬：《弢园文录外编》卷十《代上广州府冯太守书》，上海书店出版社2002年版，第246页。

[3] 薛福成：《英吉利用商务辟荒地说》，《薛福成选集》，上海人民出版社1987年版，第297页。

一端，何尝不可以为恒业，而农工商三者之中又条分缕析，款目繁多，通一事即可得一事之用，执一业即可得一业之力，业虽有大小之分，而其所以谋食则一也。”这种思想也逐渐变成全社会的共识，清朝最高统治者也逐渐开始认可“工商之业，为富国之本”，“通商惠工，为经国之要政”，由此从根本上肯定了晚清时代“商本”的社会地位。清末新政时期，为鼓励民间投资办理实业，政府又于1905年、1907年分别颁布《奖励华商公司章程》和《华商办理实业爵赏章程》，规定根据商人集股投资的多少，分别授予不同品级的顶戴或爵位。这一趋势直接冲击了传统的四民社会结构，引发了士农工商传统秩序的变动。20世纪初，清廷对士农工商的提法做出了修正，正式宣布：“窃闻国家兴亡，匹夫有责。天下虽分四民，而士商农工具为国民之一分子，而实行之力，则惟商界是赖。”这标志着传统的社会秩序彻底破坏，新的社会结构得以确立：商取代农成为立国之本，其社会地位似乎仅次于士。社会结构的破旧立新，给人们灌输了新的思想，不能偏废的近代职业观念逐渐成为主流意识。

另一方面，上海的发展对江南地区的职业观有着重大的影响。到甲午战争前，上海已经成为全中国的商业中心，同时也是外资工业最密集的城市，与此同时，由于城市面貌日新月异，市政设施不断完善，从而催生了一批新的社会行业和职业，如企业管理、洋行买办、律师、建筑师、设计师、报刊编辑、医生、海关、银行职员以及电话业、电报业、邮电业、电力等城市公用事业的从业者，这些职业往往都有着较高的社会地位、优厚的待遇和高额的薪俸，成为一些人追求的目标和家长对子弟的就业期望。另一方面，对于前往上海的江南移民群体来说，他们背井离乡，首先要解决的就是谋生问题，加之从商的丰厚利润以及个人的资质、社会环境等原因，经商、务工成为许多外来移民的首选行业。当时《申报》指出：“华人之欲学西学大半为谋食计，为身家计耳。”[1]而要“为谋食计，为身家计”，学商则是最便捷的一种方式。于是，许多家长开始把商业作为子女

[1]《论习西学当以工艺为急务》，《申报》1896年12月29日。

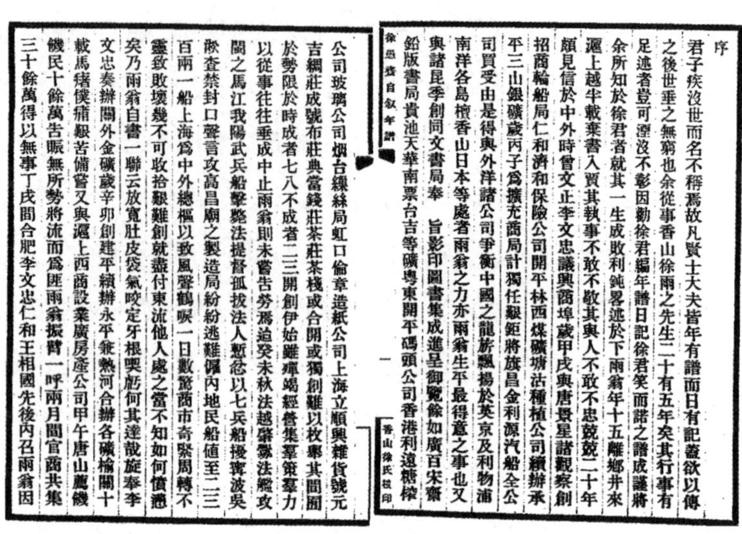

序

君子疾沒世而名不稱焉故凡賢士大夫皆年有譜而日有記蓋欲以傳之後世垂之無窮也余從事香山徐雨之先生二十有五年矣其行事有足述者豈可湮沒不彰因勸徐君編年譜日記徐君笑而諾之譜成謹將余所知於徐君者就其一生成敗利鈍畧述於下雨翁年十五離鄉井來滬上越半載棄書入買其執事不敢不敬其與人不敢不忠兢兢二十年頗見信於中外時曾文正李文忠議興商埠歲甲戌與唐景星諸觀察創招商輪船局仁和濟和保險公司開平林西煤礦塘沽種植公司續辦承平三山銀礦歲丙子爲擴充商局計獨任艱鉅將旗昌金利源汽船全公司買受由是得與外洋諸公司爭衡中國之龍旂飄揚於英京及利物浦南洋各島檀香山日本等處者雨翁之力亦雨翁生平最得意之事也又與諸昆季創同文書局奉　旨影印圖書集成進呈御覽餘如廣百宋齋鉛版書局貴池天華南票台吉等礦粵東開平碼頭公司香港利遠糖棧

徐愚齋自叙年譜　一　香山徐氏校印

公司玻璃公司烟台纍絲局虹口倫章造紙公司上海立順興雜貨號元吉綢莊成號布莊典當錢莊茶莊茶棧或合開或獨創難以枚舉其間困於勢限於時成者七八不成者二三開創伊始雖殫竭經營集羣策羣力以從事往往垂成中止雨翁則未嘗告勞焉迨癸未秋法越肇釁法艦攻閩之馬江我陽武兵船擊斃法提督孤拔法人懟忿以七兵船擾寗波吳淞查禁封口聲言攻高昌廟之製造局紛紛逃難僱內地民船値至二三百兩一船上海爲中外總樞以致風聲鶴唳一日數驚商市奇緊周轉不靈致敗壞幾不可收拾艱難創就盡付東流他人處之當不知如何憤懣矣乃雨翁自書一聯云放寬肚皮袋氣咬定牙根喫虧何其達哉旋奉李文忠奏辦關外金礦歲辛卯創建平續辦永平兼熱河合辦各礦榆關十載馬瘏僕痡艱苦備嘗又與滬上西商設業廣房產公司甲午唐山饑饑民十餘萬告賑無所勢將流而爲匪雨翁振臂一呼兩月間官商共集三十餘萬得以無事丁戊間合肥李文忠仁和王相國先後内召雨翁因

《徐愚斋自叙年谱》

以后职业选择的重要领域。如早年在广东香山接受的传统家塾教育的徐润随着四叔荣村公赴沪，尽管在上海期间他曾被送到姑苏西园杨子芳老伯家读书，但终因“口音隔阂，不惟书不能读，话亦不明，于是仍回上海”，他的伯父“伯钰亭公谓既不读书，当就商业，因留宝顺行学艺办事，师事曾寄圃，同学郑济东、许兴隆与余三人学丝学茶”，从此走向了买办之路。[1] 同为买办的杨梅南之父杨桂轩在上海经商失败，欠下巨资，郁郁而终，杨梅南母亲温氏依然认为：“上海为万国商战之场，将来繁盛必能十倍于今。吾家如此寒薄，吾纵日事女红，所得几何？安足长供儿辈读书？”所以“决意”命其“来沪谋食”。[2] 杨梅南先赴上海中西书院学习英文，后经亲戚介绍进入太古洋行，也走上买办之路。[3]

如果说，徐润、杨梅南从事买办之路尚有同乡、家族的影响，大部分普通家族也同样以此为目标。早在 1848 年，常州武进的农民吴正慧在来上海贩卖东西时，偶然得知一个消息，就在自己经常活动的王家码头一带开办了一所教会学

[1] 徐润：《徐愚斋自叙年谱》，《近代中国史料丛刊》续编第 50 辑，文海出版社 1978 年版。

[2] 刘麟瑞：《杨老伯母温太夫人七旬晋一荣庆》，《南关杨公镇东支谱》，1932 年铅印本。

[3]《太古公司华经理杨梅南退休》，《申报》1939 年 2 月 24 日第 11 版。

校，把儿子吴虹玉送往这所教会学校学习，期盼着他能够成为一个洋行的买办，发财赚钱，只是没想到吴虹玉日后没有成为买办，而是成为基督教会在中国最重要的传教士之一。[1] 如包天笑曾回忆其父亲“习业”的职业选择，也是由家族决定，“父亲因为幼年失学，已经是来不及（读书）了。而且这一条路，有好多人是走不通的，到头发白了，还是一个穷书生。所以父亲经过了亲族会议以后，主张是习业了。”[2] 年轻的荣德生赴上海习业后，当其父亲来沪探望时嘱咐他：“勿必学商，可一同回去读书，余《命书》四十五岁有子入泮，照汝情形，可读也”时，少年荣德生的回答竟然是：“刻已学商，回去读不成，被人窃笑，不如学商。当留心，亦可上进。”[3]

在近代职业体系的建立过程中，科举制的废除起了重要作用。传统的科举

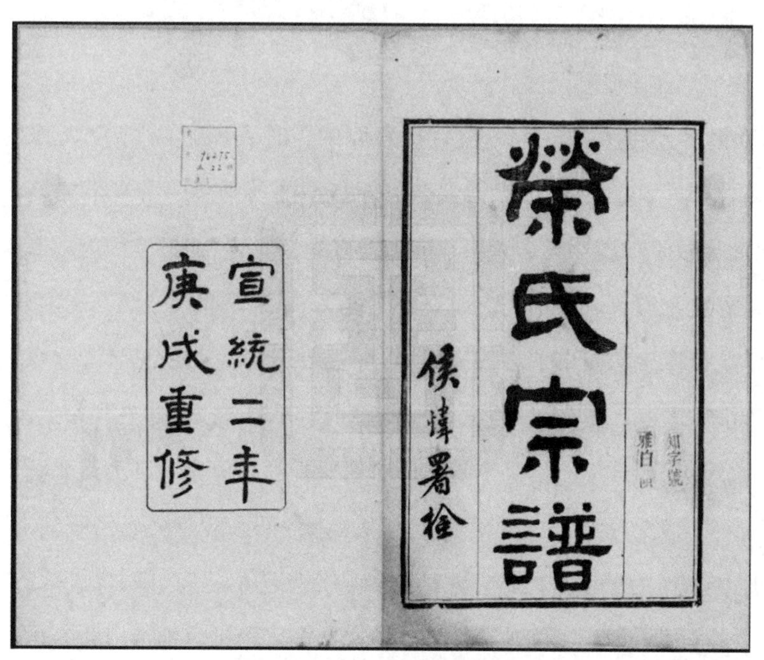

梁溪荣氏宗谱

［1］ 吴虹玉口述，朱友渔记，徐以骅译：《吴虹玉牧师自传》，“近代中国”1997 年。

［2］ 包天笑：《钏影楼回忆录》，大华出版社 1971 年版，第 10 页。

［3］ 荣德生：《荣德生自述》，安徽文艺出版社 2014 年版，第 12 页。

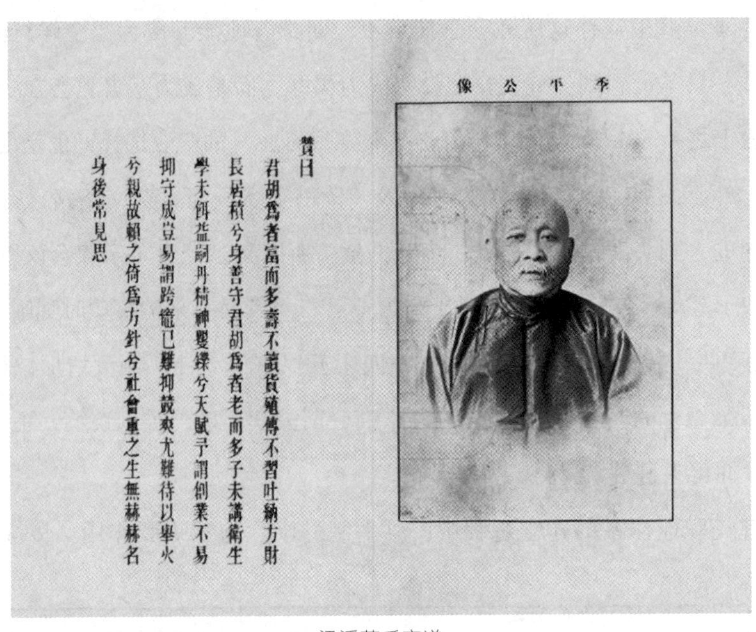

季平公像

贊曰

君胡爲者富而多壽不讀貨殖傳不習吐納方財
長居積兮身善守君胡爲者老而多子未講衛生
學未餌藎嗣丹精神矍鑠兮天賦予謂創業不易
抑守成豈易謂跨竈已難抑競爽尤難待以舉火
兮親故賴之倚爲方針兮社會重之生無赫赫名
身後常見思

梁溪荣氏宗谱

制度导致很多人将大好的生命浪费在八股中，时人评论："今之人其稍获温饱者，莫不送其子弟入塾读书以博科名，即贫不能从师者，有义学之处，亦可送入"，由此导致了"游荡无藉者多，能执技以糊口者少"，都是因为"慕读书之虚名，忘浆养之至道，耻于学艺，而安于从容"，导致一些人"既不能读书以明理，复不屑学艺以谋生，日事嬉游，成群聚党，穿街度巷，目所见者皆浮靡之习，耳所闻者皆虚矫之言，其有不渐为浸渎习与性成者乎"。[1] 不过在科举制废除之前，尽管新兴职业和新式学堂已经出现，但"然科举尚未停止，则为父兄者，希望科举之心未绝，以为学堂之教育不适于，故士人一部入学堂之心已减其半"，许多家长仍把科举作为子弟发展的基本路向。科举废除后，"选举之法一变，旧教育之制度，亦失其依据而不能独存，于是向之从事于科举，而恃以为衣食者，皇皇焉如穷人之无所归"，[2] 彻底阻断了学仕合一的发展理路，切断了"士"与"大

[1]《论考验艺徒》,《申报》1881 年 8 月 28 日。

[2]《论过渡时代之可危》,《申报》1906 年 2 月 9 日。

夫”的内在逻辑，使“士”演变为新型知识分子。此后，受西学新思想、新观念影响并接受过新式教育的知识分子群体不断壮大，很多原本仕宦成功的家族都发生了职业的转向，如聂辑槼在官场失落之后，曾教导子弟不要步入仕途，而是积极鼓励投资实业，在他的支持下，儿子聂云台为了加强企业管理，于1915年应美商之邀，以中华游美实业团副团长的名义赴美国参观巴拿马赛会并考察商务，并到英、美等国家考察棉业生产情况。提倡“以工商为先”的薛福成也让自己的儿子弃官从商，使之成为近代工商业界的佼佼者。如吴建华曾对常州庄氏第16世至第18世进行过统计，发现其中也有大量从事电报业、铁路业、海员、律师、翻译等新兴职业的成员，其中公司工厂职员7人，银行职员8人，教员2人，商业人员，电报员5人，铁路员4人，警察7人，法律人员10，海员1人，船员1人，翻译1人，税务1人，林业1人，外事1人。[1] 而据徐茂明对苏州望族大埠潘氏长蓼怀公支的统计，其大学专业包括数理化、工程、医学、生物、实业、法政、教育、军校、艺术、农科等。[2] 西营刘氏旅沪通讯录中涉及成年男性共69人，除4人职业不明以外，另外65人均有详细的职业介绍，包括政界的15人，金融界12人，商界11人，教育界8人，军界5人，工程师4人，会计2人，医生3人，电影业2人，编辑1

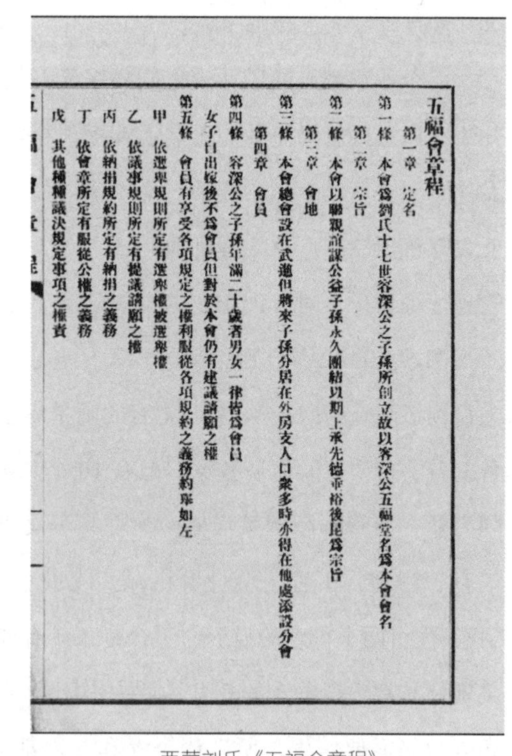
五福會章程
第一章　定名
第一條　本會爲劉氏十七世容深公之子孫所創立故以容深公五福堂名爲本會會名
第二章　宗旨
第二條　本會以聯親誼謀公益子孫永久團結以期上承先德垂裕後昆爲宗旨
第三章　會地
第三條　本會總會設在武進但將來子孫分居在外房支人口衆多時亦得在他處添設分會
第四章　會員
第四條　容深公之子孫年滿二十歲者男女一律皆爲會員
女子自出嫁後不爲會員但對於本會仍有建議請願之權
第五條　會員有享受各項規定之權利服從各項規約之義務約舉如左
甲　依選舉規則所定有選舉權被選舉權
乙　依議事規則所定有提議請願之權
丙　依納捐規約所定有納捐之義務
丁　依會章所定有服從公權之義務
戊　其他種種議決規定事項之權責

西营刘氏《五福会章程》

［1］ 吴建华：《明清江南人口社会史研究》，群言出版社2005年版，第245页。

［2］ 徐茂明：《明清以来苏州文化世族与社会变迁》，中国社会科学出版社2011年版，第269页。

人、药剂师 1 人、律师 1 人。[1]

而企业家家族的职业观也同样多元开放，有的是让子女学习企业管理和相关知识，以协助管理企业。著名实业家严裕棠出身于跑街，自己不懂技术，就把子女送到国外留学，六子庆龄、七子庆禧先后到德国留学。学成归国后，严庆龄担任大隆机器制造厂总工程师兼厂长，对大隆厂进行了一系列技术改革；严庆禧则管理苏纶纱厂，对严氏企业的发展立下了汗马功劳。严裕棠的长子严庆祥则送其子严潮泰与严云泰分别到美国学习法学、工程学，严庆祥子侄和孙辈中有 20 多人得到了国外的博士学位。[2] 有的则是完全开放，如著名实业家刘鸿生在子女教育上就实行“多元化”教育。他有 10 个儿子，3 个女儿，分别送到不同国家学不同专业。不管哪个国家强盛，他都有子女出来应付局面。儿子们学经济、法律、银行、管理、工程、会计、机械，女儿们学家政、营养。他常在朋友面前说：“我一生有两个得意的投资，一个是工矿企业，一个是子女教育。”[3] 著名实业家吴敬仪非常重视子女的教育，认为中国当时在乱世，最好的专业便是学医，因为病人总是需要医生，所以让子女和女婿都去从事医学，他的长子著名医学家和社会活动家吴阶平曾回忆道：“我从来没有想过不做医生而去从事其他职业，我很早就决定做医生。当然，这应该说也是父亲为我作出的决定。”自女婿陈舜名 1927 年毕业于北京协和医学院，成为吴家第一位医生后，吴阶平等四个儿子也相继都任职于协和，分别成为儿科、泌尿外科、普通外科、免疫学的专家。1961 年，晚年的吴敬仪在《敬仪辛丑留言》中写下了这样一段话，对当初的安排颇为自得，也对孩子们的成就深表欣慰：“余婚姻方式极不一致，比之我兄我弟，殊有愧色，但结果成绩俱佳，男女九人，兄弟姐妹，多数同操一业，同处一方，互相提携，互相亲爱，聊可自慰……自瑞萍儿科毕业后，领导诸弟分科习医，依次完

[1]《武进西营刘氏旅沪通讯录》，上海档案馆藏，卷宗号 Y4-1-291。

[2] 王季深、沈祖荫：《我国机器制造工业的开拓者严庆祥》，《上海文史资料选辑》第 66 辑，第 96—102 页。

[3] 参见刘念智《实业家刘鸿生传略》，文史资料出版社 1982 年版。

成，家庭人口只增不减，已历三十三年，可见医生不仅于卫生有关，于生命亦有影响。长婿陈舜名为吾家学医先导，得其益不浅，不可不感。”[1]

譜例商榷

許同莘

東方雜誌 第四十二卷 第十六號 譜例商榷 二七

许同莘《谱例商榷》

这些观念的转变也同样反映在各个家族的家风家训上，如庄氏称：“世人大同，人民平等，士农工商，同列于并行线上。凡有正当职业者，无论为农为士为工为商，均宜记载。”[2] 无锡的许同莘在制定谱例时也说：“有恒产然后有恒心，有恒心然后可以言民德，士农工商皆民也，士农工商各得其所，然后国家可跻于治理。”他认为“好高骛远，斥商贾为末富，工作为技巧”，是不明白“士苟不读书明理，其为害且甚于游民，安得比于农工商贾”，导致了“一族而有清浊之分，门户之异”，而“国势之积弱不振，未始不由于此”。所以他要求家谱“必著其人职业，业农工商而未尝入学校者，直书曰业农业商，业工者并著工业之种类，妇女有于家计操作之外，兼服农田或从事工商者亦如之。其有精于医术及发明新理新器者，备载勿漏”。[3]

如果说经商、从医以及编辑、教师等职业与传统职业观冲突尚不明显的话，新兴职业观中对传统家风家训贬斥甚至反对的职业的认可，则更体现了职业观念的彻

［1］邓立：《吴阶平传》，浙江人民出版社 1999 年版，第 11 页。

［2］董康：《本届新增附例四条》。

［3］许同莘：《谱例商榷》，《东方杂志》1946 年第 16 号。

底转变。如《西营刘氏旅沪通讯录》中有两位从事电影业。[1]在传统社会中，从事演艺事业的所谓优伶，向来为家风家训所排斥。如盛宣怀家族在族谱中规定："为僧道，为胥隶，为优戏，为椎埋屠宰，犯者宜会族众委曲开谕，令彼省悟改图，断不可避嫌姑息也。"[2]而在此《通讯录》中电影从业人员已经成了高尚职业，不仅正大光明地记录在案，而且其从业者均为名门之后。刘尔权的父亲是湖南阮州知州，外祖父是湖南知县。刘继群是清会元刘嗣绾的玄孙，父亲刘明禔是候补知府，外祖父史悠庆来自常州另一望族，官居湖南知府。此外，在传统家风家训中，女性不要说从业，出门都是严禁的，如前文所述，在西营刘氏这样的传统望族中，现代女性走出家门，迈向社会，从事职业，甚至养家糊口已经是屡见不鲜了。

5. 关于修身的内容

近现代以来，传统的伦理道德受到了前所未有的撼动，并因此出现了断裂，陷入困境；另一方面，由于社会中各种思想的混杂，以及对实用主义的重视，新的道德观又远未构建，尤其是如上海更是华洋杂处，各种思潮冲突交汇之处，故家风家训中往往有对社会道德败坏的哀叹和抨击。如广东北山杨氏制定在上海的《在外侨居家范》称："上海为华洋总汇之区，"虽然"求学立业能得风气之先"，且"侨居沪上四十余年久，已视同乡井"，但仍以"风俗奢靡歉然于怀"。[3]曾纪芬制定《聂氏家训》时也感叹："自民国以来，推翻一切礼教，男女青年，因堕落而自杀者，不胜枚举"，认为这是"时事日非，又居此风俗太坏，万恶丛集之上海"的缘故，担心"吾家人口众多，常恐青年不慎，或致沾染习气为惧"。[4]在新的环境下，如何进行道德教育，成为很多家族（家庭）关注的问题。

[1]《武进西营刘氏旅沪通讯录》，上海档案馆藏，卷宗号 Y4-1-291。

[2]《龙溪盛氏族谱》卷首《宗规》，1943 年敦睦堂木活字本。

[3]《北山杨氏侨外支谱》卷一，1919 年铅印本。

[4] 聂曾纪芬：《聂氏家训》，《女铎》1935 年第 9 期。

1902 年《钦定学堂章程》颁布，德育课程正式纳入国家政策层面，1904 年《奏定学堂章程》更规定初、高等小学堂和中学堂均需开设修身科，这是中国历史上首次由国家承担负责人民的道德教育，前述的江南地区大多数新式学堂都设有“修身”课程。不过此时清廷方面根深蒂固的“君子修身、教化臣民”的君臣意识尚未发生真正的转型，普通人也仍然讲求传统的修身积德，因此这只能是传统道德教育的传承与延续。如 1902 年的《章程》规定：小学修身科以“古人之嘉言懿行”养成儿童之德性，中学修身科以“坚其敦尚伦常之心”“鼓其奋发有为之气”。1903 年《重订学堂章程折》规定无论何种学堂，教育“均以忠孝为本”。废科举之后成立的学部也明确教育宗旨为：“忠君、尊孔、尚公、尚武、尚实”。“忠君”旨在使全国学生“每饭不忘忠义，仰先烈而思天地高厚之恩，睹时局而涤风雨飘摇之惧”。“尊孔”因“孔子之道大而博”，故“无论大小学堂，宜以经学为必修之课目”，“务使学生于成童以前，即已熏陶于正学”，“以使国教愈崇，斯民心愈固”。[1] 同样，如前所述，1907 年的《女子小学堂章程》也规定，女学的教育应当延续历代首倡女德的传统，要求“涵养女子德性，使知高其品位，固其志操”。

这一时期的家风家训中修身部分基本上也是旧道德的延续，不过也有少数家族力求创新，如毗陵庄氏的庄鼎臣在撰于光绪二十九年（1903）的《续订家规四则》中指出，他个人仍然坚持服膺“孔子之言”，“男子处世之道，不外忠信笃敬，女子处世之道，不外德言容功，苟能守此勿失，庶亦毋忝所生矣”。但是他对新旧、中西问题也持宽容态度，认为“各国风俗不同，西人风俗，我不以为是；我国风俗，彼亦以为非”，只要“于是非之中各行其法可耳”。他认为“今人误解新学诸说，几视亲长可以平等，言动可妄自由”，这样势必导致“一家之内，势必渐起乖离，不关痛痒”，他以为“平等自由之说，苟无法律教育以济之，亦断不可行之于家庭”。这也代表了当时接受新思想的很多知识分子的立场。

民国成立后，一方面排孔批儒的声音日趋强烈而尖锐，对传统道德的批判也

[1]（清）庄鼎臣：《续订家规四则》，《毗陵庄氏族谱》卷一一。

日益激烈，而另一方面，从国家层面开始，围绕“国家”“社会”等内容，道德观开始了重塑的过程，其目标也转向了国民性的培养。1912 年，时任教育总长的蔡元培曾明确指出，要废弃传统的忠君、尊孔等教育，“忠君与共和政体不和，尊孔与信教自由相违”。他还将中国传统道德中的“义”“恕”“仁”比附于西方资产阶级自由、平等、博爱的思想，认为“三者诚一切道德之根源，而公民道德教育之所有事者也”。[1] 1912 年 2 月全国教育临时会议上，蔡元培又提出：“公民道德教育、军国民主义教育、实利主义教育、美育、世界观教育”是养成共和国民健全之人格所必须提倡的，其中“五者以公民道德为中坚，盖世界观及美育皆所以完成道德，而军国民教育及实利主义，则必以道德为根本”。[2] 同年 9 月，教育部将此“五育”正式定为教育宗旨，之后又相继发布了一系列具体的教育法令、规程，对中小学德育课程进行详细规定。如小学校以“留意儿童身心发育，培养国民道德之基础，并授以生活所必需之知识技能”为宗旨，故其修身旨在“涵养儿童之德性，导以实践”，又应授以民国法制大意，俾具有国家观念。对于女生“尤须注意贞淑之德，并使知自立之道”；中学则要“以完足普通教育、造成健全国民”为宗旨，其修身旨在“养成道德上之思想情操，并勉以躬行实践，完具国民之品格。修身宜授以道德要领，渐及对国家社会家族之责务，兼授伦理学大要，尤宜注意本国道德之特色”。蔡元培的道德教育观得到了当时很多人的赞同，陆费逵在其编纂的《修身讲义》中指出：“小学教育之修身科，所以达道德教育及国民教育之目的者也。

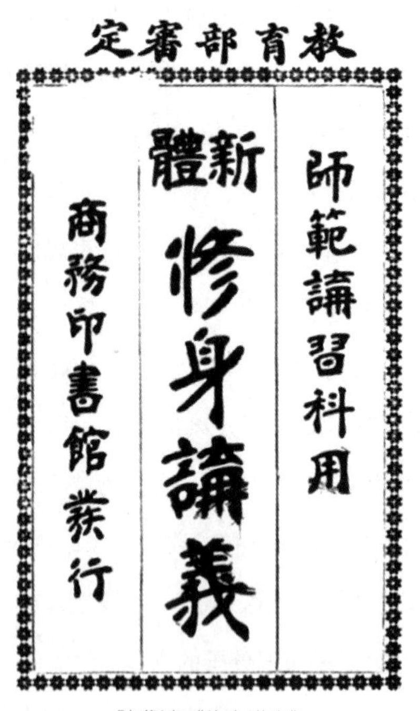

陆费逵《修身讲义》

[1] 蔡元培：《对于教育方针之意见》，《蔡元培教育文选》，人民教育出版社 1980 年版，第 7 页。
[2] 蔡元培：《全国临时教育会议开会词》，《蔡元培教育文选》，人民教育出版社 1980 年版，第 11 页。

欲国家文化之进步，不可不谋国民程度之进步；欲国民程度之进步，不可不养成国民之道德心；欲养成国民之道德心，不可不令国民修身。”[1] 此后，即使袁世凯试图恢复读经，但仍然增设了公民教育的内容，整个国家的教育中，新的道德观念大量输入，儒家传统经典已开始退出历史，培养“爱国自立的国民”成为道德教育的宗旨所在，这是近代中国道德教育转型的一大标志。同样，独立、平等、乐观、利群、合作、公德等一些新的元素开始成为一些家族修身教育的内容。如胡适很注意培养儿子的独立人格，他在《我的儿子》一文中以直接对儿子以倾诉的口吻写出了自己家教的宗旨，“我要你做一个堂堂的人，不要你做我的孝顺儿子”。儿子祖望10岁时，他把儿子从北京送到苏州寄读，以培养儿子独立的人格、社会责任感、合群助人的品性。陶行知先生也注意从小培养儿子的自立、助人的精神。他除了为孩子做出自立立人、自助助人的榜样外，还和儿子商议出一个自立立人自助助人的教学做过程，内分四个阶段：“三餐喂得饱，个个喊宝宝。小事认真干，零用自己赚。全部衣食住，不靠别人助。自活有余力，帮助人自立。”[2]

不过总体来说，虽然民国以后强调“以国民道德为中心”，重在强调培养个性独立自主的公民，但一方面何为新道德，并无定论，另一方面，传统的道德观虽然被弱化，但其影响依然可见，认为传统的道德教育不可废弃，更不应学习西方的道德教育的观点可是屡见不鲜。如南翔陈氏的陈家栋认为，“中华民族论人不谈法律，而以礼教衡之”，而“中华民族较诸异国民族之仅以法律为范围，高出一等者，亦在此”。当今“国家阽危，人伦攸斁，非孝其妻谬说日炽”，国家“欲求自强，仍须求之于礼教”。不过他也认为“重视礼教”不等于“轻视科学”，更不等于赞同“君主防范人民，束缚人民”的专制统治，而是希望“与国之策”当“以注重国文，尊崇礼教，提倡科学，合并进行”。[3] 丹阳荆少英在为荣德生编纂《人道须知》时也认为当时“异端邪说，课目繁多，而三育之中，独疏德

[1] 陆费逵：《修身讲义》，商务印书馆1912年版。

[2] 陶行知：《儿子教学做之四个阶段》，《陶行知全集》第7卷，四川教育出版社2005年版，第358页。

[3] 陈家栋：《训声翔》，《南翔陈氏宗谱》卷一，1934年铅印本。

訓聲翔

宗祠舊有宗規十二條載在舊譜於脩身齊家之道概括無遺近來學說日新風氣漸變人生斯世自立尤難故再發揮己意以訓聲翔並與我族人共勉焉人之為物與禽獸之為物生理作用間不容髮饑思食渴思飲勞思息倦思眠穴居禦寒聚衆禦侮人與禽獸皆能為之所異者人較禽獸開化較早智識進步則運用其智識研究為人之道於是有敬父母愛朋友重夫

南翔《训声翔》

育，于是异端邪说，乘时而入，青年驰骛新奇，以至溃防决堤，人欲横流，为祸之烈，伊于胡底”。[1]

其实，即使强调新观念的知识分子也大都对道德教育持有改良渐进的态度，著名学者蒋维乔便是代表。他一直认为要对传统道德进行改革，必须“夙昔受国粹之学说，旧社会私德之陶铸”这样，方可化“昔日之私德为公德”，“领略新学说而无有障碍”。因此，如果妄言自由，肆意委行，破坏传统，“处家庭则谩骂其父世”，那么“处社会则互相诋排”，这只是“野蛮自由”。[2]又如买办是近代中国最西方化的群体之一，他们一直与西方人打交道，他们的子孙后代也受到西式教育的影响，对西方文明的认识在深入，西化程度也不断加深，但同时他们身上传统文化的烙印也仍然很深，这就导致了他们的身上有着浓烈的中西合璧痕迹，其家族与家风呈现出一种复杂的面貌。曾在太古洋行服务多年的杨梅南是其中的代表，他一直倾向基督教义，并于去世前在灵床上正式成为一名基督徒，[3]但是本质上仍是一个传统的重视家庭的中国人，从来没有放弃过儒家的敬宗睦族的传统，也没改变过一家之主的理念。他编纂家族在上海的支谱《南关杨公镇东支谱》，目的是有鉴于“自欧风东渐，渐惑于平等自由之说”“不知木本水源，往往于期功之亲，休戚

[1] 荣德生：《人道须知》，《荣德生文集》，第 377 页。

[2] 蒋维乔：《女权说》，《女子世界》1904 年第 5 期。

[3]《杨梅南哀思录》，民国铅印本。

不相关，顾祖免而外，生死不相往来，甚至父子夫妇兄弟之间反眼，若不相识，世衰道向，伦常纲纪荡然无存于此”，“欲救其弊”，提倡“爱亲事长，尊祖敬宗”的传统。[1] 他甚至引用罗兰夫人的“自由自由，天下古今多少罪恶，假汝之名以行。尔等应知戒之”，加来尔的“不能服从规则，不能自由”，卢梭的“自由无德不能存”等外国名言来证明，新的自由观必须建立在传统的道德之上，“男正位乎外，女正位乎内，男女正，天下之大义也”。[2] 荣德生编纂《人道须知》，是为了要让“吾乡社会必可改良，民众知识趋于进步”，要改“人才教育”为“公民教育”，而要做到公民教育，就要让“孝悌、忠信、礼义、廉耻”这些“人人同有之性”的“良知”培之使厚，守之使固，如此方能培养出“良好国民”，奠定“立国基本”。他更认为“尊崇礼义，为中外一理之公论”，否定传统道德，才使本为“礼义之邦”的中国“荡检逾闲，恬不为怪”，长此以往，将使“陶唐以来四千余年文明之古邦，断送于弃礼篾义者之手”。[3]

从我们今人的角度而言，虽然如前文所讨论的，传统道德观固有弊端，但另一方面，首先，正如陈家栋所言，人之所以为人是因为人有道德，而道德作为人的基本准则其实也并不分西东和新旧，旧道德自然有其存在的价值，而当旧道德被批判，新道德又无法自行构建的时候，整个社会自然就处于一种道德真空。所以虽然有必要承认和正视传统道德观中出现的一些消极、糟粕性的内容；但也不必因噎废食、对其全盘否定，而应反本溯源，吸取其中有价值的精华。近代家风家训中的道德教育曾经做出过这种尝试和努力，其成功与否，姑且不论，但其过程和内容值得我们今人借鉴和反思。

另一方面，不论立场是保守或进步，道德修身中有些内容在当时是取得一致共识的，也由此使得近代的家风家训呈现出一种与之前迥然不同的面貌，这其中包括对某些陋习的反对，如赌博、鸦片、迷信等；也包括对一些良好行为的提

[1] 杨梅南：《曾祖镇东公支谱缘起》，《南关杨公镇东支谱》，1932 年铅印本。

[2]《家训》，《南关杨公镇东支谱》，1932 年铅印本。

[3] 荣德生：《人道须知》，《荣德生文集》，第 377 页。

倡，比如讲究卫生。

如前章所述，中国传统家风家训历来就有规范弟子行为，避免沾染社会陋习的传统，近代家风家训中除了继承禁止子弟赌博、斗殴、酗酒、狎妓的传统外，还因时代的不同出现了新的内容，禁止族人吸食鸦片和反对迷信是近代家族教化的一个突出特点。

近代中国深受鸦片毒害，故家风家训中对此深恶痛绝，曾国藩在道光中《与诸弟书》中训诫诸弟“若吃鸦片烟，则万不可对”。郑观应就更作《鸦片歌》警戒子弟：“鸦片出印度，祸人比鸩毒……一自饵中华，吾民偏嗜欲。约计将百年，贻害何竣酷。烟管呼作枪，杀人乃削竹。初试小疾愈，久吸瘾已伏。一锅可消金，半榻还倚玉。瘾来时不忒，所需无此速。始则售衣物，继乃弃田屋。不念祖宗遗，讵顾妻孥哭。竟变黑心肝，复成青面目。瘦如鸡骨支，命仗鸾胶续。欲罢竟不能，身家从此覆。万事付蹉跎，一生委沟渎。苦海茫无涯，自愿寿限促。予久具婆心，长歌劝污俗。待集同志人，广设戒烟局。兼造挨户册，并绘图数幅。凡有烟瘾者，黑籍另编牍。贬之为下流，庶以判清浊。仕宵谪远方，士子屏世族。商贾议罚锾，农工改衫服。不许列衣冠，何啻羁牢狱。限以三年期，章程严教育。断瘾备良方，痛改自拔澄。如果能戒净，周易占来复。邻右互保结，具状察令牧。亲验良不虚，勾除黑籍辱。尽扫云雾瘴，不唱相思曲。迷路肯回头，终享清平福。振笔疾声呼，晨钟警梦觉。”[1]家族中往往也有“戒吸鸦片”的规训，如上海的泗泾秦氏：“鸦片流毒，未绝根株，堕落青年，不知凡几。论其害，则足以伤身，亦足以倾家。强壮之身渐致瘠弱，富有之家终致贫困。中斯毒害，则精神委顿，而事业废弛矣。吾族子弟有犯此者，亟宜戒之。”[2]上海朱氏家族鼓励子弟进行无损道德，有益身心的游戏活动，但是“惟鸦片赌博一概禁绝”。[3]

儒家强调“子不语怪力乱神”，所以往往有反淫祀等行为，在传统家风家训

[1]（清）郑观应:《鸦片吟》,《郑观应集》, 第1300—1301页。

[2]《泗泾秦氏宗谱》卷一，1917年铅印本。

[3]（清）朱澄叙:《族会缘起》,《上海朱氏族谱》卷八《外录》, 1928年木活字本。

中也多有提及。而近代的“迷信”，据沈洁等人[1]的研究，始于戊戌维新之后，如伯伦知理所著《国家论》言“近世君主，欲擅其威福，乘民之迷信宗教，托于神者有之”。此后，迷信成为非科学，非理性的思维习惯的代称。发表于1907年的《中国宗教流弊论》认为“吾国数千年来学问不进之故，皆由于迷信鬼神”。[2]迷信不仅与反科学联系一起，还意味着专制统治下大众的盲从。此后，无论是传统士人认为大众的“愚昧”，还是新知识分子反迷信，出于不同立场的人对于民众所谓虚妄的信仰的反对是一致的。这反映在家风家训中也是如此。庄鼎臣在改革家政时，十条内容中有多条与反迷信有关，如“灶为五祀之一，黄羊祀灶，由来已久，乃俗有送灶接灶之说。试问送之何往，接自何方？颇难索解。今仍于腊月廿三设祭，祭毕，将牌位移至中堂，俟翌日厨房打扫洁净，即用香烛仍奉原处。俗于端、秋、年三节供路头宅神，夫五路乃行神，古人远行则祀之，今以为财神，误矣！宅神尤无考，或以奥神，实之殊鲜确据，且媚奥媚灶，均为孔圣所不取。今除灶神暂行从俗设祀外，余概敬而远之”。又如“俗用纸元宝祀神，纸银锭祭祖，皆汉唐以前所无，爆竹以御山魈，今以送神，尤属不伦，应皆不用”。又如“丧礼于三日内择时大殓，至亲不待告，疏远不必告，不点树灯，不拜素忏，七中不延僧道，讽经不烧化纸锭”。[3]曾懿在《女学》中也指出教育小孩子时，如果“演神鬼，及荒诞不经之说，使之迷信”，就会让小孩形成一种畏首畏尾的葸懦之性质。[4]新知识分子更是强调反迷信，蒋维乔曾与父亲讨论改良家俗，如撤去五路神等祭祀。他听说家乡有绅士求雨，又兴龙舟，且议建城隍庙梳妆楼、县庙戏楼看台，感慨“社会知识如此，诚可叹也”。[5]母亲去世，大哥唤道士礼忏，兄弟轮值，他不得不执行，也只是因为“母亲在日最信礼忏，故为此，

[1] 沈洁：《“反迷信”话语及其现代起源》，《史林》2006年第2期。

[2] 王钟麒：《中国宗教流弊论》，《南方报》1907年1月18、19日。

[3]（清）庄鼎臣：《家政改良十则》，《毗陵庄氏族谱》卷一一。

[4]（清）曾懿：《女学篇》，第7239页。

[5] 蒋维乔：《因是子日记》光绪三十年六月初五日。

以竟其志”，只得“未能免俗，聊复尔尔”。[1]詹雁来在文章中指出现在家庭百弊丛生，其中最大的一个弊病就是迷信之弊，他说：“尝见有某姓儿童，闻雷声，问其母日，雷为何物。母日，空中气也。因将教科书中关于雷电者，按诸物理，反复而说明之，儿颇能令领悟。未几霹雳一声，儿身震动，家中人呼日，雷殛妖矣。儿复问日，雷何物也，日神也。儿自此信雷为神而非电气矣。”认为迷信教育阻碍了儿童接受科学知识。[2]孙钰也指出：“家庭可以说是一个迷信、传说、保守、因袭的机关，信鬼神，信风水，信命运，信祖宗，信传说，信占卜，信吉日，可以说家庭中一切的活动，都被迷信支配着，尤其是没有知识的乡村妇女，迷信的程度更深。就是受过新教育的人，有时回到家去，仍旧不免去烧香，去向祖宗跪拜，遇到父母有病，仍旧不免求神问卜。”认为要破除一般人的迷信，就“非先从家庭中着手不可”。[3]影响所及，普通家族中也多有反迷信的内容。如常熟海禄园钱氏家训中有破迷一条，即“破除无谓之迷信，禁止三姑六婆之往来”。苏州庞氏家训在“速安葬”一条中也提出，传统的欲求富贵，必须择风水是迷信，因为尝闻风水先生说：“葬地若能造命，如吾辈者皆当富贵寿考，子孙满堂矣，何以吾之贫穷如故也，吾之无嗣如故也”，这种“现身说法，足破迷信”。[4]

“卫生”一词始于《庄子》：“若趎之闻大道，譬犹饮药以加病也，趎愿闻卫生之经而已矣。”“卫生”在古籍中意即养生。医书多有《卫生方》之类，即所谓“卫民之生”，故也有医疗之义。近世西方的卫生（Hygiene）则意味着用科学知识，以社会与国家的力量去改造外在生存环境，以使之更为适合人的健康需要。明治维新时，日人近代卫生体制的创建者长与专斋用“卫生”一词来翻译Hygiene，意即医药保健事务，此后为中国人所引入。1881年傅兰雅翻译《化学卫生论》，由江南制造局出版，这是目前所知最早冠以“卫生”之名，且与近代

[1] 蒋维乔：《因是子日记》宣统二年九月初一日。
[2] 詹雁来：《论住家在教育上宜以分居为必要》，《妇女杂志》1916年第2卷第1期。
[3] 孙钰：《家庭教育与儿童不良习惯的养成》，《教育杂志》1936年第26卷第12号。
[4]《苏州庞氏家谱》，1942年铅印本。

卫生概念密切相关的著作。次年嘉约翰译的《卫生要旨》中除介绍一般日常卫生知识外，已经开始涉及国家卫生行政的内容，此后西方的一系列关于医疗卫生和公共卫生的著作引入中国，“卫生”的概念始进入中国人的视野中。[1]

中国人对“卫生”的体验还与上海密不可分。1843 年上海建立租界以后，在不到十年的时间里其发展尤其是卫生状态与上海县城形成了强烈反差。1872 年，《申报》对租界与华界的环境卫生状况进行如下的对比：“上海各租界之内，街道整齐，廊檐洁净，一切秽物亵衣无许暴露，尘土拉杂无许堆积，偶有遗弃秽杂等物，责成长夫巡视收拾，所以过其旁者，不必为掩鼻之趋，已自得举足之便。甚至街面偶有缺陷泥泞之处，即登时督石工为之修理；炎天常有燥土飞尘之患，则常时设水车为之浇洒；虑积水之淹浸也，则遍处有水沟以流其恶；虑积秽之熏蒸也，则清晨纵粪担以出其垢。盖工部局之清理街衢者，正工部局之加意闾阎也……试往城中比验，则臭秽之气，泥泞之途，正不知相去几何耳。而炎蒸暑毒之时，则尤宜清洁，庶免传染秽气，而谓可任其芜秽，纵其裸裎耶？达时务者，尚以予言为然乎？”[2] 郑观应也有同样的感慨：“余见上海租界街道宽阔平整而洁净，一入中国地界则污秽不堪，非牛溲马勃即垃圾臭泥，甚至老幼随处可以便溺，疮毒恶疾之人无处不有，虽呻吟仆地皆置不理，唯掩鼻过之而已。可见有司之失败，富室之无良，何怪乎外人轻侮也。”[3] 在租界与县城形成的巨大落差中，人们开始了对自身的反省和批判，对公共卫生意识有所认同。1896 年 8 月 15 日和 17 日的《申报》发表《卫生论》，对西方的卫生学进行了较为系统地介绍，全面阐述了光、热、空气、水以及饮食等卫生，并论述了保持其卫生对于人的发展和养生的重要意义。论者认为应该按照卫生的习惯来安排生活，并指出了虽然富家大室有经济能力使家庭合乎卫生要求，但是贫寒之家也可以有自己的家庭卫生习惯，并且提出“人于居家时，即于光、热、空气、水、饮食五端随处考求，务

[1] 参见余新忠《晚清“卫生”概念演变探略》，《新世纪南开社会史文集》，天津人民出版社 2010 年版。

[2]《租界街道清洁说》，《申报》同治十一年六月十五日。

[3]（清）郑观应：《盛世危言 · 修路》，《郑观应集》，上海人民出版社 1982 年版，第 663 页。

期合度”。[1]20世纪初，日本人中川恭次郎曾经广泛征集名医有关家庭卫生的著述，将其编为丛书，后引入中国，书中大力强调家庭卫生的重要，认为其不仅可以保全家庭的安宁，改良家庭生活，而且可以增进国民的健康，从而谋取国家的幸福。可以说，这是近代江南地区最早的关于家庭卫生教育的译著。1906年6月20日，《申报》曾发表《论家庭卫生宜注意》一文对其进行介绍，并结合我国的家庭卫生情况提出了若干要求，认为要“尽力提倡，以冀一般社会，皆知家庭卫生之必要，则其有益于国家，非浅鲜矣”。进入民国，卫生教育更被纳入教科书，并被提高到保护人的生命健康权的高度。1912年，蔡元培在其所编的《中学修身教科书》中说：“康强其身为第一义”“吾身之康强与否，即关于本务之尽否，故人之一身，对于家族若社会若国家，皆有善自摄卫之责”。

在人们大力提倡要树立卫生意识的过程中，一部分先进知识分子的家庭已经在自觉地运用西方卫生学的知识来安排家庭生活，并把其作为教育子弟的一项重要内容，如郑观应是其中的典型，1890年，他在家乡养病期间撰成《中外卫生要旨》，虽然郑观应的道家色彩浓郁，他也非常重视养生，但也介绍了很多西方卫生知识，其中卷四专论“泰西卫生要旨”。[2]他在平时也提倡家庭卫生，并教导子弟们要讲卫生，特别是饮食起居。在起居上，他认为，“居处惟以清洁为第一，几案四壁勿蒙尘垢”，要经常开窗通风，以利于保持空气的新鲜。在饮食上，他强调要多吃新鲜蔬菜，少吃腌制食品，更不能吃已经腐烂的食品。[3]与郑观应相仿，李鸿章也很重视家庭卫生教育。他在致四弟的信中曾经指出人们由于不合卫生习惯而容易导致生病的诸多原因，要求子弟们引以为戒。如“终年懒于洗浴，污垢堵塞皮肤几无排泄之功用”“晚餐甫毕，即就寝，或就寝时，饱食干点心”“终日坐卧，不甚运动，不出门户，不见日光”、“终日畏风，所呼吸者，惟屋

[1]《续卫生说》，《申报》1896年8月17日。

[2] 郑观应：《盛世危言后编》卷一。

[3]（清）郑观应：《致许君奏云述戚君有之卫生论》，《郑观应集》，上海人民出版社1982年版，第1233—1234页。

内之浊空气，卧时又以被覆其首”等等，[1]他认为只有克服这些不良习惯，并养成良好的卫生习惯，才能保持健康的体魄。像聂云台更是“笃信卫生西法，广购其书读之”“如日光浴也，空气浴也，逐日清水浴也，饮食之配分，淀粉质、油脂质、蛋白质也，夜卧必开窗也，体操也，游戏也”，[2]日常告诫子女要养成一些必要的卫生习惯，如公共面巾容易传染红眼病，尽量用洗净的手去擦拭，或者索面盆，要热水，自搓手巾等等。[3]

这种对卫生的重视同样反映在家训中。毗陵庄氏在改造家政时也强调饮食要“但主洁净，变味者相戒不食，并不得委之仆婢，致害卫生”。同时，“起居有时，饮食有节，不徒于卫生有益，即于动作，亦复有关”。[4]黎阳郁氏的家教中也有“窒嗜欲讲卫生”之条，认为“有健全之精神，然后有健全之事业，而体育尚焉。彼夭折不能终其天年者，率皆戕贼其身使然，既疾病相寻者，亦以平日不讲卫生所致”。所以“举凡魄力学术之不如人，丰功伟烈之末由显，莫不由于体弱之一端”。而且“纵嗜欲而不讲卫生之人，子孙必多夭折，后嗣必不蕃衍”，会影响家族的繁荣，“所生子女每多单，弱子每像父，虽单弱而亦多嗜欲，再传而后薄之又薄，弱之又弱，以致覆宗绝祀者”，所以倡议“凡我族人务须力窒嗜欲、勤讲卫生，则不独有益于己，且大有造于子孙也”。[5]

6. 关于爱国爱乡的内容

在中国，“国家”一词原分二义，诸侯统治的疆域为“国”，大夫统治的疆域为“家”，“国”“家”合称，最早见于《尚书》《周易》等先秦典籍。《尚书·立

[1]（清）李鸿章:《致四弟》,《清代四名人家书》,《近代中国史料丛刊》续编第63辑，文海出版社1973年版。

[2] 聂云台:《卫生以心理为重说》,《聂氏家语旬刊》1926年第100期。

[3] 聂云台:《公共面巾之注意》,《聂氏家言选刊》1928年第5期。

[4]（清）庄鼎臣:《续订家规四则》,《毗陵庄氏族谱》卷一一。

[5]《黎阳郁氏家谱》卷一二，1933年铅印本。

政》云："继自今立政，其勿以憸人，其惟吉士，用劢相我国家。"很多研究者认为，传统社会的中国人只讲天下，而无国家，只有天朝在朝贡制度下之宗主权观念，"国"这一名词往往与朝廷、君主联系在一起，并不具备近代国家及国家主权的概念。不过这并不等于没有爱国思想。如前所述，传统社会一直强调"修身齐家治国平天下"，家风家训中虽偏重于家事或族事，也多有廉政爱民及对国家、民族命运深刻关怀的内容，并不局限于效忠于一家一姓之君主。

近代以来，"国家""国民""祖国"的概念和爱国主义思想逐渐由西方传入，并日益深入人心。1833 年 6 月的《东西洋考每月统纪传》："国民之犹水之有分派，木之有分枝。"虽然这只是传教士称呼中国民众，但也是"国民"这一概念的最早出现。不过此时爱国仍多与忠君密不可分，林则徐在充军新疆前与家人诀别时虽写"苟利国家生死以，岂因祸福避趋之"，但也告诫儿子"男儿读书，本为致君泽民"。此后列强入侵，人始知中国之外尚有他国，"国家"概念渐渐萌芽。甲午战争居然被原先的藩属国日本所打败，更让很多人从天朝大梦中惊醒。而陈独秀曾说自己要直到 1900 年八国联军以后，才明白世界"是分作一国一国的。……我们中国也是世界万国中之一国。……我生长二十多岁，才知道有个国家，才知道国家乃全国人的大家，才知道人人有应当尽力于这大家的大义"。[1]有人统计，1895 年康有为发动《公车上书》，全文 16147 个字，其中"国字"竟出现了 155 次，包括国家、国命、国体、国政、亡国、富国等。而中国人第一次系统地了解西方的国家主权观念则要到变法维新之后，当时梁启超避走日本，习日本文，读日本书，广泛接触西方政治学说。1899 年 4 月 10 日，《清议报》第 11 期开始刊载伯伦知理（Johann Bluntschli）《国家论》[2]，这可以看作是近代政治学意义上的国家理念在中国的最初传播。此后，他介绍了卢梭"社会契约论"

[1] 陈独秀：《说国家》，《陈独秀著作选》，上海人民出版社 1993 年版，第 55—57 页。

[2] 根据巴斯蒂的研究，这是梁启超抄录节选的日人吾妻兵治的译本，参见［法］巴斯蒂《中国近代国家观念溯源：关于伯伦知理〈国家论〉的翻译》，《近代史研究》，1997 年第 4 期。

的“主权在民”理念[1]，并在《少年中国说》等一系列论文中赋予“国家”“国民”以明确的涵义：“夫国也者，何物也？有土地，有人民，以居于其土地之人民，而治其所居之土地之事，自制法律而自守之；有主权，有服从，人人皆主权者，人人皆服从者”。[2]他认为，国家属于国民所有，“国家者，全国人之公产也”[3]“民者，国土之主也”。[4]认为中国“不知国家与天下之差别”“不知国家与朝廷之界限”，[5]指出朝廷与国家的区别在于“朝也者，一家之私产也。国也者，人民之公产也”。[6]而国民则是国家的主人，“国也者，积民而成，国家之主人为谁？即一国之民是也”，应当“以一国之民治一国之事，定一国之法，谋一国之利，捍一国之患”。[7]1901年5月出版的《国民报》创刊号上，也有一篇未署名文章《原国》讨论“国者”的概念，以为“自外视之，则土地虽割而国不亡，朝代虽易而国不亡，政府虽复而国不亡，惟失其主权则国亡”，[8]同样明确地将“朝代”与“国家”区分开来，并提出“主权”的概念。在“国家”概念逐步确立之后，爱国主义始渐与“朝廷”“君主”分离，对国家和民族命运的担忧和关心超越了一朝一代的统治，还有更多的人要为国家和人民的利益去推翻专制统治。

这种爱国主义思想，伴随着近代中国的内忧外患而日益强烈，几乎渗透到每个中国人的心中，而这些情感也自然在家风家训中有明显的反映，各个家族（家庭）越来越多的把目光从自己一个家族（家庭）本身放到更大的家——国家上面，开始更多地为社会和国家的命运着想。常州庄鼎臣于光绪二十九年（1903）撰写的《家政改良十则》鲜明地体现了这种爱国情怀：“外侮狎至，内患丛生。朝廷日言变法自强，而蚩蚩者顽固如故，泄沓如故。人心风俗诡谲波靡，日甚一

[1] 参见《卢梭学案》，《清议报》第99册，1901年10月21日，第4页。

[2] 梁启超：《少年中国说》，《清议报》第35册，1900年1月11日，第2页。

[3] 梁启超：《积弱溯源论》，《清议报》第77册，1901年3月11日，第3页。

[4] 梁启超：《义士乱党辩》，《清议报》第18册，1899年5月11日，第2页。

[5] 梁启超：《少年中国说》，《清议报》第35册，1900年1月11日，第2页。

[6] 梁启超：《积弱溯源论》，《清议报》第77册，1901年3月11日，第3页。

[7] 梁启超：《论近世国民竞争之大势及中国前途》，《清议报》第30册，1899年10月25日，第1页。

[8] 佚名：《原国》，《国民报》1901年第1卷第1期《社说》。

日。转移风气，邦人士与有责焉。顾可仅仅诿诸肉食者耶？”[1]这种希望中国能够通过变法走向自强的迫切心情跃然纸上。此后，人们在家风家训中更重视用爱国主义精神培育出合格的国民，为国家和人民贡献力量。如吴县彭氏家族在创办学校时，把培育具有高尚人格、文明修养和科学素质的人才作为办学目的与宗旨，其课程中有“国民科”，可见家族培养的人才不仅是家族所需的人才，而且是能够成为合格“国民”的治国人才[2]。同样的对国民人格的培养，也可以从茅盾的经历中得窥一二。茅盾的父亲沈永锡在重病时，还天天与他谈论国家大事，讲日本通过明治维新走上强国的历史，常常勉励茅盾要以天下为己任。茅盾在《我的小学时代》回忆说：“那年春天，他已自知不起，叫我搬出他的书籍和算草本来整理。有十几本《新民丛报》，几套《格致汇编》，还有一本《仁学》，他吩咐特别包起来，说：‘不久你也许能看了。’特别是那本《仁学》，他叮嘱我将来不可不读。他似乎很敬重这位晚清思想界的彗星谭嗣同先生。”[3]父亲去世后，母亲陈爱珠不仅教育儿子要奋发学习，而且常读上海新出的杂志报纸。她与儿子一起议论国家大事，谈论民族前途，谈论他们父亲的抱负和宏愿，激励教育两个儿子成才。日后，茅盾成了著名的文学家，其弟沈泽民则成为中共的早期党员，都是受到其父母从小新思想的灌输和培养。

进入民国以后，中国民族、阶级矛盾日益加剧，外有强敌环伺，内有军阀纷争，国内的爱国主义情绪日益高涨，人们从不同的阶级立场出发，积极探索民族独立和富强的道路，当时几乎所有的新修家训都有对国家和时局的关注，体现着强烈的爱国主义思想。如崇德老人曾纪芬为其夫家聂氏家族制定家训时，谆谆告诫子孙：“日本常演习巷战，无论对俄对美，将来难免以我国为尾闾，可畏也”，要求子孙“各人自尽责任，努力奋斗，以冀不作朝鲜东三省之续为幸耳”。[4]南

[1]（清）庄鼎臣：《家政改良十则》，《毗陵庄氏族谱》卷一一。

[2]《彭氏宗谱》，1922年刻本。

[3] 茅盾：《我的小学时代》，《茅盾专集》第1卷上，福建人民出版社1983年版，第388页。

[4] 聂曾纪芬：《聂氏家训》。

翔陈氏的陈家栋也认为："迩者西方异种高唱共管谬调，东方同种力肆侵略，暴图环顾，国中内乱也，共祸也，凶荒也，疫疠也，凡我同胞救死犹恐不遑，乃复自相残杀，生齿削减，自兹以往，不待外人之侵夺屠戮，而毁家灭族之惨，不旋踵至"，要求举国上下"团结精神，积无数各别之家庭、宗族，以成惟一整个之伟大民族，不足以挽劫运而救民生"，要求自己家族的子孙讲究自强，不做"辱国之民"。[1] 订立于1931年的慈东方家堰方氏的《族约新增》则要求族人参加抵制日货的运动，规定："国家多难，若遇抵制仇货时代，族人有愿作奸商、暗中活动者，作辱祖论。一经查出，丁簿除名。"[2] 钮永建之子钮幼华回忆其父经常教导自己的子女："作为一个中国人，要关心国家的前途。一定要重视学点历史，研究点地理，特别是注意与中国接壤的邻国。"他还说："中国事情最重要的是要人民有教育，大家要团结，都为国为民。"[3] 著名革命家陈修良在回忆其母亲陈馥对自己的教育时说："在我童年时，母亲经常谈白莲教、红灯照和义和团农民运动的故事，使我神往。我也想用剪刀剪出纸兵，用口吹气，变成真的人，或者像红灯照的女英雄一般，去打洋人。辛亥革命的故事，最令我欣羡的是秋瑾女侠慷慨就义的情景。母亲不知道多少次朗诵秋瑾殉难时的诗句：'秋雨秋风愁煞人'，使我感动。"陈馥在陈修良参加革命后，不仅积极配合做好革命工作，还对留在自己身边的孙子孙女进行革命主义的教育，陈修良回忆："母亲在'孤岛'很寂寞，她疼爱我的女儿，成了孩子的启蒙老师。她虽已失明，但还能写字，或者讲故事给孩子听。在她的教导下，我的女儿很快能识字读书，看到报上的消息，就去告诉我母亲。她时常想到我们会在前线牺牲，后来说，她想把我们的孩子抚养成为革命的接班人，在无可奈何的被压迫的条件下，她只能尽到这一份责任了。"[4]

众多革命者更是以身作则地传播爱国主义思想，其家风家训尤其突出为了国

[1] 陈家栋：《训声翔》，《南翔陈氏宗谱》卷一，1934年铅印本。

[2] 《慈东方家堰方氏宗谱》卷首，1931年木活字本。

[3] 钮幼华：《满怀故乡情长记叮咛语：缅怀先父钮永建》，《上海文史资料选辑》第70辑，1992年。

[4] 陈修良：《记众家姆妈陈馥的革命事迹》，《上海文史资料选辑》1982年第3辑，第37—58页。

家和人民的利益奋勇战斗，不怕牺牲的崇高理想和革命精神。如著名革命家俞秀松在家书中写道："我的志向早已决定了，我要救中国最大多数人的劳苦群众，我不能不首先打倒劳苦群众的仇敌——其实全中国的仇敌——便是军阀。"邹韬奋则在遗嘱中写道："我正增加百倍的勇气和信心，奋勉自励，为我伟大祖国与伟大人民继续奋斗，但三四年来，由于环境的压迫，我的行动不能自由，最近更不幸疾病经年，呻吟床褥，不得不暂时停止我二十余年来几于日不停挥，用笔管为民族解放，及人民自由进步文化事业呼喊倡导的工作。我个人的安危早置度外，但我心怀祖国，倦念同胞，苦思焦虑，中夜彷徨，心所谓危，不敢不告，故强支病体，愿以最沉痛的迫切的心情，提出几个当前最严重的问题，对海内外同胞作最诚恳恳切的呼吁，希望共同奋起，各尽所能，挽此危机，保卫祖国。"[1]

民主斗士李公朴所在的董庄李氏《家训》提到："我祖宗世笃忠贞，家传清白。凡我子姓，幸列仕途，务修臣节，尽忠报国，光耀宗祧，如作奸罔上及贪污被黜者，不许入祠。"[2]李公朴的尽忠报国并不仅仅是停留在传统的忠贞上，他爱的是祖国而非某个领袖。他在北伐胜利后，就成为被当局通缉的革命者，他仍然冒着生命的危险在国统区宣传他的民主思想，并公开发表反对当局黑暗统治的主张，提出具有纲领性质的《中国政治问题讨论大纲》，在其四十多岁就惨遭杀害，为中国的民主事业献出了宝贵的生命。这些都与李公朴对国家的热爱紧密相关，李公朴对国家的热爱到最终已经升华成为一种理想及信念。在这种理想和信念的支撑下，他倾注其毕生的精力追求民主真理，并将个人的追求完全融入整个社会与民族的追求之中。他也把自己的这种爱国主义精神努力灌输给自己的子女。1931年，他的女儿出生，此时因为正值"国家多难"之际，他将女儿命名为国男，"难"与"男"是谐音，希望她像男儿一样将来为国效命。1933年，儿子出身，他又取名叫"国友"，"友"是"为国担忧"的"忧"字的谐音。他因"七君子事件"被捕，从此蓄起了胡须，以抗议当局对抗日民主斗争的压迫。1945年

[1] 邹韬奋：《对国事的呼吁》，《韬奋全集》第10册，上海人民出版社2015年版，第805页。
[2]《董庄李氏续修宗谱》卷一，1914年木活字本。

抗日战争胜利了，子女问他：“胡子可以剃了吧？”他却严肃地说：“日本帝国主义是打倒了，但国家还有内战的危机，真正的和平、民主还没有到来。”为此他还专门写了一首《不要教胜利冲昏头脑》的诗。他因积极宣扬民主，受到了威胁和恐吓，在“校场口血案”中更受了伤，但是他在给自己家人的信中却说，这次流血使他觉悟出许多道理，“革命没有不流血的。我流的血不过几百CC，只是血海中的几滴而已，这算得了什么呢？为了中国的前途，只要能团结更多的人，死又何足惜！”家人担心他的安全，他却说：“我的两只脚跨出门，就不准备再跨回来！”[1]最终他饮弹倒下，为民主而牺牲，他以实际行动践行了自己的信念与誓言，无愧为中华民族的大勇者。从李公朴的身上，我们也可以看到以“尽忠报国”为基础的爱国主义在新的时代是可以赋予新的意义和内涵，可以有新的升华。

如前章所述，传统家训中都有赡族济邻的内容，近代以后这部分内容也依然存在，如钱氏家训中有“利在一身勿谋也，利在天下必谋之”之语，荣德生《人道须知》也说：“爱国而忘家，急公而忘私，义也。”[2]众多家族也以身作则，倡导公益，如前文所述，族塾改学堂是典型。但是陈独秀曾批评过，传统家族的宗法制度有四大恶果，其中之一是“养成依赖性，戕贼个人之生产力”。[3]荣德生《人道须知》也指出：“顾在孤寒少年之有志者，尚能奋自成立，终无需乎此款；而在无志之徒，转因得此资助，养成倚赖性质，此早年失学之子所以多，而终于贫困者遂至不振也，有养无教，爱之适以害之。”[4]因此随着教育理念的逐步完善，近代家族相比于“养”而言，更重视“教”，更关心人格的培养和树立，改“有养无教”为“教重于养”成为这一时代的家族慈善事业新的特征。

家塾改造成先进的新式学校是“重教于养”的典型，前文所述族学个案均是如此。据荣德生回忆，1906年前后，无锡荣氏族中在议办新义庄时发生争议，荣

---

[1] 张国男：《严师与慈父：回忆我的父亲李公朴》，《父母必读》1984年第12期。

[2] 荣德生：《人道须知》，《荣德生文集》，第377页。

[3] 陈独秀：《东西民族思想之根本差异》，《陈独秀文集》，人民出版社2013年版，第130页。

[4] 荣德生：《人道须知》，《荣德生文集》，第377页。

德生提出以教育为主，“不以仅吃公账米半升为然，鳏寡则养之”，主张不办义庄办学校，日后荣德言：“后来各事归根于此。”[1]如前所述，当时办学，虽然在总体上有利于本家族子弟，但制定的制度却淡化家族色彩、强调亲疏平等。此外荣氏家族、叶鸿英家族以及上海的朱氏家族还创办面向全民的图书馆，为“具善读之资，而苦于无书可读”[2]的有志青年提供帮助。

重教于养是当时很多人的共识，如著名的职业教育家黄炎培在订立家族的雪社社约时引入了他自己的职业教育理念，社约第一条是要求族人有一技之长，自食其力，并指出这是处世的必要常识，认为靠职业谋生计、自力更生为族人的第一要务，不能只依靠家族的救济，只有这样才能成为善良公民。另外，为了使族人能够自力更生，雪社社约规定社员子女最少要完成义务教育，因为拥有一定的文化基础才能够更好地习得一技之长，谋得职业自食其力。[3]南翔陈氏的陈家栋也认为在新时代，如果义庄还是仅停留在赡族层面，“其利未云溥也”，他做出了以下一段精辟的论述：

> 方今之世，生存竞争，人苟不择一术，各专一业，即无以自立于世界之上。则教育为最要矣。一国宜教育其人民，一家即宜教育其子弟。夫积家成族，积族成国，家族之组织，即国家之机体，家族之例规，即国家之制度。义庄之养老怀幼诸举，与国家之慈善事业同一旨趣。国家为全民族之总枢，敷施政治，经纬万端，或有未能兼顾者。若以族为单位之自治团体，每一家族各有一义庄，则全国之慈善机关几若恒河沙数，岂复有无告之民乎？是义庄者，代国家养老怀幼也。余以为养老之义当从狭，怀幼之义当从广，一族之教育普及，则子弟皆能自立，而养老怀幼，自有负责之人。老有所养，幼有所育，则国家自强矣。加以待

[1] 荣德生：《荣德生自述》，第44页。

[2]（清）朱澄叙：《族会缘起》，《上海朱氏族谱》卷八《外录》，1928年木活字本。

[3] 黄炎培：《雪社社约》，《黄氏雪谷公支谱》卷十《雪社社务》，1923年铅印本。

赡者日少，而积资日多，则可推至亲戚邻里之子弟皆能自立，则无一族无义庄矣。如谓家有义庄，已可终身仰给，而废时失业，造成惰民，殊非设立义庄之本旨。[1]

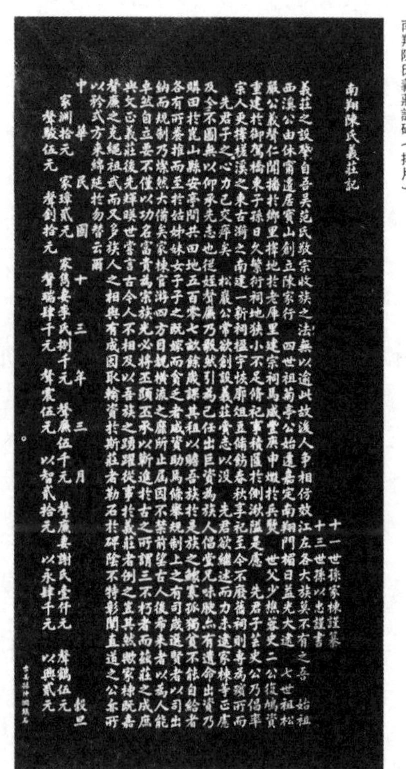

《南翔陈氏义庄记》

日后他更是身体力行地将义庄所有收入全部捐赠给了地方公益事业，并修复被日军破坏的南翔古漪园。

整体而言，近代家风家训的自我调整的过程，是个相当艰难的过程，庄启曾经引用成毅的一段话来表明改革的艰难以及传统观念的保守性。“大抵言礼之家，每多泥古而不深求于古人仪礼之意，与夫后世时势之所不可行者，不敢变而通之，无惑乎礼教之愈微也。”[2] 由此可见，从传统到近代的嬗变是一个痛苦而又漫长过程，新旧交织与矛盾其实是这个时代的特点，也是家风家训变迁的真实写照。但是毕竟时代不同，人们的观念也在发生着变化，改良的步伐虽然缓慢，但一旦开始便已无法停步。

[1] 陈家栋:《义庄汇录序》,《南翔陈氏宗谱》卷一《杂著》。

[2] 庄启:《重订谱例概述》。

第四章　新时代长三角地区优良家风的探索与思考

一、新时代长三角地区优良家风建设的成功经验

改革开放以来，长三角地区的家风家训文化顺应时代的变化，有了新的发展。以上海为例，党的十八大以来，上海市积极推进“传承优良家风”活动，在市精神文明建设委员会办公室的倡导下，全市各区县结合自身实际，挖掘“家训家风”区域资源，开展文化引导、艺术熏陶、习惯养成等各类群众活动，将核心价值观日常化、具体化、形象化、生活化，得到了市民的热烈反响，取得了良好成效，总体而言，有以下几方面的成功经验。

一是传统家风资源的整理发掘初见成效。首先是家谱收藏和整理成就斐然。上海图书馆是全国收藏家谱最为丰富的机构，共收藏有各类家谱 3 万多种 30 万余册，涉及姓氏 365 个，是国内外收藏中国家谱原件最多的收藏机构，其收藏量几乎是全国其他公共藏书机构所藏家谱的总和。2000 年，上海图书馆出版了《上海图书馆藏家谱提要》，收录家谱 11730 种。2003 年，上图家谱数据库上线。此后，上海图书馆又推出了《中国家谱总目》《中国家谱资料选编》《中国家谱通论》

《中国祠堂通论》《上海图书馆藏珍稀家谱丛刊》等成果。2017 年，又精选 500 种家谱率先向互联网开放，并开发完成了家谱知识库原型系统，以“时间轴”“地图”等可视化方式为研究者和普通读者提供可交互的数据展示。2018 年，上图在全国公共图书馆界率先推出基于关联数据开放的数字人文服务——“华人家谱总目·上海图书馆家谱知识服务平台”。至目前为止，上图提供公众可以免费在线阅览的家谱超过 8000 种，在传统家训整理和传播上，全国领先。2013 年，“钱氏家训及家教传承”被确定为上海市非物质文化遗产，成为中国第一个家训类的省级非遗。钱氏是一个颇有声望的大家族，自吴越王钱镠（852 年—932 年）以来家族就有族谱，钱氏精英不断涌现。《钱氏家训》是在吴越王钱镠的“八训”“遗训”和钱文选的“新家训”基础上合成的一部古代家训文献资料。“八训”“遗训”距今已 1000 余年，是《钱氏家训》的重要思想来源，“新家训”则汇集钱氏各支家规家训，采辑其他名人家训和治家格言，分为个人、家庭、社会和国家四个篇章，弘扬孝亲、勉学、敬祖、节俭、仁爱、尽忠等价值观念。上海钱镠研究会每次祭祀、会议都要恭读《钱氏家训》，研究会成员娶媳嫁女都赠送《钱氏家训》，在普陀区中山北路曹杨路口长城大厦前，他们还恭立了一块巨碑——钱王训示碑，上面刻有《钱氏家训》中“利在一身勿谋也，利在天下则必谋之”的家训。2017 年 6 月，上海钱镠研究会与嘉定文明办等联合主办了《钱氏家训，家教传承》展，分为“千年家训”“核心价值”“弘扬传承”三部分，弘扬中国优秀家风家教，传承嘉定 800 年历史文化，推动“钱氏家训及其家教传承”的活态传承。2017 年 11 月，在上海举行的首届钱氏家教家风高峰论坛上，上海钱镠文化研究会秘书长、上海著名女企业家钱俭俭女士还宣读了传承中华优秀家教家风的倡议书，倡议从我做起，从现在做起，践行好家训，传承好家风，争当好表率，具体包括以下五个方面：“加强爱国教育，筑牢为国为民思想；坚持以德治家，树立诚信清廉榜样；倡导以书润家，养成自觉学习的习惯；崇尚以俭持家，营造清正家风的氛围；推动家谱续修，挖掘优秀家风的精华。”此外，在 2007 年被列入了第一批上海非物质文化遗产保护名录的翰林匾额博物馆中收集各类匾额数千余方，其中收集了近400余个家族堂号和祠堂家训，按照姓氏、来历、特色进行了分类整理，并积极尝试堂号匾额复制和堂号与家训的研究。凡此种种，都为上海地区的家风家训的传承奠定了扎实的基础。

二是基层新家风的建设硕果累累。全市涌现了奉贤杨王村、浦东界龙村等一批富有地域特色、充满文化底蕴、深受群众喜爱的基层典型。如从20世纪90年代起，浦东界龙村陆续开展了《劝民歌》、《家训词》、“现代生活指导”、“十星级家庭评比”、《新三字经》等“五部曲”文明创建活动。全国文明村奉贤杨王村自2006年起发动全体村民开展了“书写家训”活动，村民用家训规范家庭成员言行，实现以家风带动民风、村风的目标。在杨王村的示范带动下，奉贤区各地全面开展“好家训好家风”培育活动，锦梓家园111户家庭家家有家训装裱上墙，户户有感人家风故事。在浦东、奉贤的带动下，此后全市各区县均开展了家风家训活动。如黄浦区以“家训展新风，梦圆浦江情”为主题，通过群众喜闻乐见的宣传活动方式，积极开展“最美家庭·五星家庭”等活动。嘉定区面向全区青少年儿童，开展“五个一”优秀家风、家训征集活动，出版《嘉定家训》，并依托道德论坛、“我们的节日”和“经典诵读”等活动，传播家风家训正能量，弘扬传统家风家训。普陀区向居民区家庭，以及机关事业单位、商务楼宇、经济园区等职业女性群体发放了《弘扬传统美德，树立良好家风，创建最美家庭》倡议书近万份。闵行区以“我的美丽闵行——家有好传统，心有好风尚”为主题，广泛开展“家训·家规·家风尚”征集评选和道德践行活动。通过开展“寻找幸福——最美瞬间照片秀”、“寻找感动——最美情境漫画林”、“寻找智慧——最美语录家训集”、“寻找温暖——最美真情故事会”、“寻找梦想——最美期待愿望树”五微作品征集，举办家庭美德大讨论、讲述最美家庭故事、名门家风讲座、家训书法作品征集等活动。闸北区立足全区206个居（村）“妇女之家”，组织动员25万户家庭通过自荐、互荐、推荐，挖掘、寻找身边的“好家训”，分享夫妻和睦、尊老爱幼、科学教子、勤俭持家、邻里互助等感人故事。崇明县通过开展晒家训——家训家规征集，讲故事——家庭美德故事大家讲，话家教——家庭教育大家谈，秀家美——幸福家庭生活秀，扬家风——选树“最美崇明人家”，过佳节——“我们的节日”家庭文化等系列活动，发动群众共同构建可代际传承、催人奋进的家风。静安区用贴近性、生活化，接地气的方式，深入开展家风家训培育工作，“谈家风、话美德、和谐一家亲”家庭美德大讨论覆盖全区每个街道。虹口区将“好家风 好家训”活动与“海上最美家庭”活动相结合，先后开展了“好家风、扬新风”家训大讨论、“我的家庭我来说”故事分享会、“好爸好妈好家风”交流会等现场互动活动。金山区涌现出了一批彰显时代文明的典型，如亭林镇“区域家庭小基地”、廊下镇“相邀宅基头”、山阳镇“家＋家”亲子邻里点、石化街道楼组15条“零公约”、金山工业区小区“五和”楼道建设、张堰镇“高氏家训家风”等。自2004年以来，徐汇区康健街道每年开展家庭档案建档和展示活动，运用多种形式建立普通居民家庭的档案，使家庭档案成为相伴社区居民一生的美好回忆。为更好地挖掘和传承好家风好家训，推广宣传社区里的道德模范、身边好人等先进典型的家庭美德，杨浦区以寻找“好家训好家风”活动为主要抓手，引导社区家庭树立良好家风，传承中华民族的家庭美德，倡议家家争做“最美家庭”的参与者、示范者和宣传者。松江区培育“好家训，好家风”工作，重点在新浜镇、泗泾镇、泖港镇、永丰街道等6家试点单位开展。新浜镇自2006年被评为上海市新农村建设试点镇以来，通过“评典型、扬家风、晒家训”等举措，努力以家风带民风，以民风带乡风。评典型，把立家规家训与“百颗星”文明创评活动结合；扬家风，依托“道德讲堂”，把典型的家风事迹形象化、具体化；晒家训，开展“画说新风”农民画绘制、“文明家风悬厅堂”等活动，让人们在体验中领悟，自觉践行家规家训。长宁区结合全国文明城区创建工作，立足基层、发动群众，开展颂扬“好家风好家训”活动。全区共举办家风家训评议会169次，征集家规家训千余条，晒出幸福家庭合家欢照片1200余幅，举办故事分享会85次。宝山区顾村镇自“好家风好家训”征集活动开展以来，辖区居民踊跃投稿、积极参与，涌现出许多诗礼传家、勤俭持家、尊老爱幼、明事知礼等优秀家训信条。青浦区通过村、街镇、区三级发动，评选表彰了26户青浦区“最美家庭”，并挖掘提炼家训，拍摄专题宣传片。

2014 年 9 月 29 日，中央文明办、全国妇联在上海市奉贤区召开了“传承好家风、奉敬贤德人”华东地区现场会，总结推广奉贤区家训家风活动经验。2017 年 3 月 5 日，习近平同志在参加全国人大上海代表团审议时，也曾询问上海奉贤区“奉贤”之含义，肯定上海的家风、村风与民风建设。由此可见，上海地区的家风文化建设已经得到了中央领导的肯定。可以说，上海地区的“传承优良家风”活动探索出了弘扬优秀传统文化的新路子，取得了一系列瞩目的成果。

二、新时代优良家风传承与创新的思考

当然我们也必须承认，长三角地区家风家训的传承和推广，仍然遇到了很多问题。具体表现在以下几个方面：

一是思想不统一。目前无论是政府、学术界还是基层社区对于培育新时代家风家训的意义基本上已经取得了共识，但是仍然有部分人对如何认识家风家训及家族活动的性质方面还存在着一定的分歧，这种思想的不统一，使得有些部门在制定政策和具体执行时往往会出现不一致的情况，在一定程度上影响了家风文化建设的深入推进。**二是资源未整合**。以上海地区为例，“传承优良家风”的推进工作涉及政府、学术界、基层社区和家庭多个层面，目前虽然有市文明办的倡导和各级政府的积极推动，但是还没有充分整合各个方面的资源。特别是学者和家庭、个人各自为政，学术界只关注学术研究，个人更重视如何扩大本家族的影响，导致了对家风家训的研究和实践略显脱节。**三是基础不扎实**。要传承优良家风，必须建立在对传统家风家训充分了解和解读的基础之上。但是目前对于长三角家风家训的历史研究和文献整理刚刚开始，相关的学术研究往往流于表面，很多只是为了应付政府的需求。而各个家族和家庭由于本身的利益原因，对本家族家风家训的解读缺乏基本学术素养，夸大甚至歪曲的情况所在多有。综上所述，

如何总结先进经验，有效地解决目前存在的问题，对长三角传统家风家训进行创造性转化、创新性发展，建设新时代的优良家风文化，成为一个重要课题。

（一）当代家风的现实状况

2016年，江苏师范大学“传统家训文献资料整理与优秀家风研究课题组”采用抽样与随机调查相结合的方法，对苏、鲁、豫、皖、京、浙、桂、川、陕、辽等10省、市进行了当前我国家风家教现状的调查。[1]调查共发放问卷6000份，回收有效问卷5642份，其中城市的有3462人，农村的有2180人，分别占总数的61.36%和38.64%。调查对象涵盖了国家机关工作人员、教育工作者、教育以外事业单位职工、国企负责人、企业员工、民营企业家和个体工商户、农民、学生、军人等群体。调查对象更多侧重小学、初中、高中、大学（含研究生）各阶段的孩子家长，因此30周岁到50周岁的被调查者居多，占总数的86.35%。在选取调查样本时，调查组称尽可能考虑到被调查对象的城乡差别、家庭状况等因素，东中西部和东北地区调查地域和样本数量大致相当。在问卷调查基础上，还辅以电话访谈等方式，以求更为真实地了解我国家庭教育和家风建设的状况。这个调查虽然在具体设计问题上未尽科学，但确实能在很大程度上反映当前中国家庭的基本情况、家风家训建设的基本现状以及国人对于家风家训建设的认识和期望。

如关于当代中国家庭的基本状况，被调查的家庭中，独生子女占56.15%，非独生子女占38.85%。40岁以下育龄阶段的人群中，打算要二孩的为49.20%。就家庭结构类型来看，核心家庭（两代同住）较多，约占总数的57.14%，主干家庭（三世同堂）约占27.53%。调查显示，“父母共同承担”孩子平时教育任务的为38.36%，由“母亲”承担孩子教育任务的占32.43%，“父亲”承担孩子教育任务占16.56%，“爷爷奶奶”或“外公外婆”承担孩子教育任务占11.24%。在“孩子

[1] 张琳、陈延斌：《当前我国家风家教现状的实证调查与思考》，《中州学刊》2016年第8期。

的爷爷奶奶、外公外婆是否参与孩子的教养”的调查中，“参与”的约占总数的17.26%，“不参与”的占总数的38.23%，“部分参与”的占总数的41.65%，“不适用（家中没有健在老人）”占总数的22.20%。这两组数据说明，绝大多数孩子的教育任务是由父母双方或者父母一方承担的。

但是由于大量人口迁移，外出打工，很多地方单亲家族占了相当大的数量，据调查，“长期与孩子共同生活的成年人”中，与“父母”双方共同生活的仅占22.39%，和“父亲”或者“母亲”一方生活的分别占20.46%和25.77%，而与“爷爷奶奶”或“外公外婆”共同生活的也占到四分之一多，此外还有5.73%的与“保姆”“兄弟姐妹”共同生活。在与“爷爷奶奶”或“外公外婆”共同生活的孩子中，农村比城市超过一倍。在承担教育义务方面，“父母共同承担”平时教育任务的仅为38.36%，而由“母亲”承担孩子教育任务的占32.43%，“父亲”承担孩子教育任务的仅占16.56%。在具体教育过程中，虽然选择为了孩子“将来能够生活幸福”的比例占了接近三分之一（32.34%），但选择“将来成为优秀人才”“能在激烈竞争中不被淘汰”“考上好大学”“为父母增光”的人数加起来则达到了63.69%。

对于“当前中国的家庭教育主要存在哪些问题”，调查显示这些问题主要有：“家长与孩子沟通少”（15.05%），“过度保护”（14.42%），“重视知识轻视能力培养”（13.55%），“重智轻德”（12.07%），“重视身体健康忽视心理健康”（9.6%），“家长忽视自身学习与发展”（8.23%），“家庭教育以辅导课程为主”（7.15%），“重视言教忽视身教”（6.62%），“过度严厉”（5.95%），“忽视家风建设”（5.09%），“重视营养忽视保健”（2.7%）。关于“您认为哪些办法有利于提高家庭教育效果”这一问题，家长会选择“多和孩子沟通”（20.32%）、“多向孩子学习，与孩子一起成长”（16.45%）、“通过培育良好家风促进家庭教育”（14.24%）、“与学校积极配合与合作”（12.80%）、“家长互相交流家教经验”（10.66%）等更加平等、互动的办法可以提高家庭教育效果。

如对家风的意义和作用方面，对“今天的家庭仍然是社会的细胞，应重视家庭建设，将家庭建设作为社会建设的基点”这一观点，55.19%的被调查者“充分赞成"，38.89% 的被调查者"部分赞成"。在"重视家庭建设，注重家庭家教家风对国家、民族和社会的意义"的调查中，30.28% 的被调查者认为家庭和谐社会才能和谐，25.65% 的被调查者认为能促进社会风气改善，23.53% 的被调查者认为注重家庭家教家风有利于增强家庭观念、促进家庭和谐，19.89% 的被调查者认为能促进社会道德领域存在问题的解决，仅有 5.3% 的被调查者认为重视家庭建设"没有什么意义"。对于"家风建设在促进当代中国家庭教育中发挥什么样的作用"问题，有 25.68% 的人认为家风建设"对家庭成员加强道德修养有导向作用"; 24.43% 的被调查者认为家风建设发挥着"传承中国优秀传统文化"的作用; 20.70% 的人认为家风建设发挥着"促进家庭凝聚力的提升"的作用; 15.74% 的人认为家风建设在促进当代中国家庭教育中发挥着"改进、提高家庭教育的方法和效果"的作用; 12.29% 的人认为家风建设在促进当代中国家庭教育中"有助于构建新型家庭成员关系"; 只有 0.97% 的人对此认为"没有太大的作用"。也就是说，有超过 99% 的调查者，从不同方面肯定了家风建设对于促进我国当前家庭教育的积极作用。

在被调查者中，高达 85.67% 的人认为家风对社会风气影响很大（30.18%）或较大（55.49%）; 认为家风对社会风气影响不大或没有影响的人，仅占总数的 8.29% 和 0.92%; 另外有 4.57% 的人表示"说不清"。28.45% 的被调查者认为社会风气对家风影响很大，54.75% 的人认为社会风气对家风影响较大，两者的人数也达到 83.2%。认为社会风气对家风影响不大或没有影响的只占总数的 11.88%。

被调查者中，29.81% 的人认为"家风建设有利于提高家庭教育效果"; 22.54% 的人认为"家风建设引领家庭教育方向"; 19.14% 的人认为"家庭教育是家风建设的具体体现"; 22.94% 的人认为"家庭教育对家风建设具有促进作用"; 仅有 1.61% 的人认为"家风建设与家庭教育没有太大的关系"。在被调查者中，31.46% 的人认为家风在"奠定人生观、价值观、道德观的基础"方面影响较大，21.80% 的人认为家风在"为人处世的基本依据"方面影响较大，20.11% 的人认为家风在"家庭的和谐幸福"方面影响较大; 25.80% 的人认为家风在"良好行为习惯与性格的培养”方面影响较大。

但对“当前中国的家风状况评价”的统计数据显示，被调查者认为当前中国的家风状况“很好”（4.22%）和“比较好”（26.94%）的不足三分之一；而评价当前中国家风状况“不太好”（45.52%）和“很不好”（7.59%）的则为53.11%。关于当前中国家风状况不好的原因，“社会道德风气不良严重影响优良家风培育”居于首位，占26.75%。其次是“传统孝道衰落，亲子矛盾凸显”，占20.68%。第三位的原因是“家庭观念弱化破坏了家风传承的纽带”，占16.04%。此外，还有一些原因被选择，依次是“传统家风难以适应时代要求”（13.12%）、“大家庭成员分居各地影响家风传承”（11.33%）、“市场经济的消极影响”（11.60%）。

关于目前家风建设的现状，对于“您家有传承下来的家规、家训吗”这一问题，认为“有，且有文字记载”的仅占被调查对象的5.49%，“有，但无文字记载”的也只占26.76%，而“没有”和“不知道”的则占54.43%和12.57%。被调查者中，有45.23%的人认为有必要明确自己家的家风家训的具体内容，25.56%的人认为没有必要明确自己家的家风家训的具体内容，27.90%的人说不清楚。被调查者中，57.96%的人对自己家庭的家风是“满意”的，“不太满意”和“不满意”的约占总数的31.39%，10.05%的人“说不清”。另外，61.10%的被调查者对自己营造的家风是“满意”的，“不太满意”和“不满意”的占28.71%，“说不清”的约占8.74%。被调查者中，认为自己从小长大的家庭与自己组建的家庭在家风家规上是“完全一致”（6.88%）和“比较一致”（57.28%）的达到了64.16%，另外20.28%的人认为“比较不一致”，仅有5.74%的人认为自己从小长大的家庭与自己组建的家庭在家风家规上是“完全不一致”，还有8.90%的人“说不清”。

数据显示，近95%的被调查者不同程度地接触和了解到家训文化。其中，通过“网络、电视等新媒体”了解的占36.33%；通过“书籍、报刊等平面媒体”了解的占26.19%；通过“听身边人讲”了解的占15.71%；通过“家谱中的家规族训”了解的占9.65%；通过“专题讲座或报告会”了解的占6.94%；完全“没了解过”的占5.19%。对于近年来是否新修家谱、族谱的问题，回答“以前有，近年来重新修订了”的约占21.45%，“以前没有，近年来新修了”的约占总数的9.22%，“以前没有，打算今后修订”的约占总数的29.16%，这些加起来近60%。

在被问及是否与孩子“讨论过”家风家训的相关问题时，谈论过的家长只占34.12%，而“没讨论过”相关问题的接近一半（49.49%）；另有13.91%的人表示“说不清楚”。在与孩子“讨论过”家风家训的相关问题的家长中，39.6%的城市孩子的家长表示讨论过，而农村为27.7%。

在“现代优良家风的内涵”方面，依照选项的高低，被调查者认为优良家风的内涵包括孝亲敬长（18.13%）、家庭和睦（17.02%）、诚实守信（14.53%）、勤劳节俭（12.69%）、自强自立（11.91%）及夫妻恩爱（6.96%）、爱国爱家（6.75%）、邻里友善（5.53%）、科学教子（3.18%）、乐善好施（2.69%）、民主平等（0.58%）等内容。

关于“形成优秀家风的措施有哪些”的问题，选择提高家长自身素质的占24.29%，积极营造宽松、和谐、平等的家庭环境的占24.43%，家长以身作则、率先垂范占18.67%，改变家长对子女的态度占10.47%。74.9%的被调查者对“父母是孩子最早的老师，也是最长久的老师”观点表示非常赞同。在被调查者中有高达79.33%的人认为应将一些优秀的家风家训教育内容融入学校德育之中。在“您认为传承优良家风的有效途径主要有哪些”的调查者中，“长辈言传身教”占31.43%、“家庭、学校与社会配合”占27.64%。

从这一调查来看，虽然很多人认识到了家风家训的优点，认识到了家风家训的价值，但是对于家风家训的理解和认识仍然处于初步阶段。诸如，绝大多数人意识到优良家风家训是家庭教育的关键，但是对如何建设好的家风却并不明晰。甚至绝大多数人对家风家训的认识甚至存在着互相矛盾的观点，受调查的大部分人对自己的家风比较满意，但是对中国的家风状况的评价均是负面占多数；大部分人认为和子女沟通很重要的，但是要和子女讨论家风的却是少数；大多数人认为家风对社会风气影响很大，大多数人也认为社会风气影响家风，那么社会风气与家风的关系究竟如何却相对模糊。凡此种种，都从一个侧面显示了当前优良家风家训建设的基本状况，也向我们提示出建设优良家风家训中存在的一些问题，特别是在如何认识新时代的家风家训，如何建设新时代优良的家风家训方面，仍然需要进一步理清概念，明晰思路。

（二）正确认识新时代的优良家风

优良家风对家庭成员而言就是一种综合素质教育，内涵包括人格品质、生活习惯、情感态度、精神风貌、生活情趣及其他心理因素等多方面。家风家教可以说是一个社会最基础、最直接、最有效的教育方式。通过家庭里长辈们的言传身教，对晚辈们产生潜移默化的教化作用，从而把道德规范、原则传递给家庭成员，使家庭成员的行为合乎道德及法律的要求。

改革开放四十多年来，中国社会发生了天翻地覆的变化，近代中国人常说这是“百年来未有之大变局”，而实际上我们今天同样处在这一大变局当中，甚至其变动之剧烈，格局之复杂远甚于百年前。中国的家庭也同样处在这样一个大变局中。如 2010 年全国第六次人口普查数据表明，我国现阶段家庭规模变小（平均每个家庭户的人口为 3.10 人，比 2000 年人口普查的 3.44 人减少 0.34 人）、人口趋于老龄化（0—14 岁人口占 16.60%，比 2000 年人口普查下降了 6.29%；60 岁及以上人口占 13.26%，比 2000 年人口普查上升了 29.3%，其中 65 岁及以上人口占 8.87%，比 2000 年人口普查上升了 19.1%）、迁移流动人口增加（2009 年我国流动人口数量达到 2.11 亿人）、受教育程度在上升（与 2000 年人口普查相比，每十万人中具有大学文化程度的由 3611 人上升为 8930 人；文盲率为 4.08%，比 2000 年人口普查的 6.72% 下降 2.64 个百分点）。家庭规模变小，人口趋于老龄化，家庭成员受教育程越来越高，人员的迁移流动频率越来越大，传统家庭结构深刻调整，婚姻家庭观念深刻变革，家庭功能日益弱化，中国今天的家庭不要说与传统社会的家庭相比，即使与四十年前相比都已经千差万别。在这种情况下，如果我们的家风家训建设跟不上这种变化的步伐，只能最终走向被淘汰的命运。

家庭是社会的基础，家风是文明的缩影，如果家庭教育跟不上时代发展的脚步，我们国家的精神文明建设、法制道德建设乃至人民群众的教育都会面临危机。但另一方面，中国各地的情况千差万别，各个家庭也各有其实际，这也注定了今天的家风建设就不可能限定了一种单一的模式。为今天的优良家风家训建设规定一条道路，提出一种模式，也非本书所能做到。在此，仅提供一些初步的想法和思路，以供参考。

1. 建设优良家风，要处理好以下几个关系

一是优良家风与社会风气的关系问题。

家庭是社会的细胞，家庭是人生的第一所学校，家风是一个家庭或家族的精神内核，同时也是一个社会的价值缩影，家风家训连着社风民风，家庭作为一个社会最基础的组成单位，其道德状况和文明程度与整个社会风气的良好与否密切相关。优良家风源于生活又归于生活，与人们的日常生活紧密结合，非常具体，会将道德规范内化于心，外化于行。它往往以具体而微的形式贯穿于人们的日常社会生活中。从这个角度来说，家风家训不是引导家庭成员从德向善的道德教化口号，而是融入社会道德中规范人们日常生活行为的有机组成部分，它影响着人们的是非辨别、价值观的形成和行为习惯的养成。生活在家庭中，必然会不知不觉地受到家风的影响和熏陶，言行举止必定带有这个家庭家风的特征，自觉不自觉地形成独特的价值理念、特定的行事风格。这种润物细无声的影响，可触及灵魂并涤荡心灵。一方面，优良家风可以对家庭内部成员起到积极正面的道德教化作用；另一方面，家庭成员在良好家训家风的教化和约束之下具有高尚的品行和文明的举止，在其社会交往过程中也会潜移默化地对其他社会成员起到正面引导和辐射带动作用。可以这么说，如果一个家庭的家风是健康积极的，那么家庭成员在家风的约束和影响下，就能形成良好的道德操守和行为规范，也就不会或很少出现违背公序良俗甚至违法犯罪的不良行为。因此，建设优良家风是推进道德

规范建设，促进社会风气好转的重要途径。

但另一方面，社会思想意识、道德标准、文化认知、价值观念等，也会有意无意地对家庭成员产生影响，如果一个社会风气不正，很难相信这个社会中的家风会处于一种健康的状态。本书之前讨论传统社会家风家训的局限性时指出，很多家风家训的局限性都是整个社会的诸多问题的缩影。一个家庭如果形成了恶俗庸俗低俗的家风，这种不良风气也会被其家庭成员带到社会上，对整个社会风气的改善产生消极影响。

由此可见，每个家庭都需要从我做起，塑造起整个家庭崇德向善的精神气象，一点点累积，努力影响社会风气的好转和促进社会文明的进步。同时，政府和社会也应该提倡传承弘扬优良家风，对整个社会风气的改善形成道德辐射力和影响力。这样，优良家风和健康向上的社会风气之间才会形成一种良性的互动，相互促进，相互补充。

二是家风家训与法律的关系问题。

现代社会是一个法制社会。在化解家庭矛盾时，家风和法制采取的处理方式截然不同，但二者并不冲突。家风希望通过道德和亲情来缓解家庭矛盾，维护家庭关系。法制则较为强硬，当家庭矛盾激化到不可调和的地步时，法制的介入，可以保护家庭中每个成员的基本权益。因此，如果家风开展得好，家庭成员可以通过自我约束实现家庭内部关系的自我调节，法律的运用就可以降到最小范围。反之，如果家风不能解决矛盾，法治则可以维护公平和正义。家风和法制实施后的实际效果也有所差别，家风既可以不伤及亲情又能维护家庭和睦，法律则有可能导致家庭关系的彻底崩塌。可见，家风不仅不会妨碍法制的实施，还对法制社会建设具有辅助作用。

必须指出的是，中国传统文化是一种德文化，德治思想源远流长，往往忽视和否定法律的作用。讲“德”并没什么不对，但过分忽略了法的约束力讲道德是不现实的，是妄谈空论。人人讲道德只是理想的状态，但道德的约束要靠人的自觉，然而，这个约束虽然有些人能够约定成俗的遵守，可也总有人穿梭在道德的边缘。而且当今社会转型，引发人们的思想观念多元多样多变，各种利益分歧、矛盾冲突相互交织，纯粹依靠道德，并不一定能够有效整合各种张力、化解各种冲突。

从世界各国道德建设法制化的经验表明，道德立法一个显著特点就是预防性规定多于处罚性规定，即立法目的不在于处罚多少违法者、抓住多少犯罪分子，而在于立规矩、明戒律、树形象。事实证明，建立制度化、法制化道德规范是可行的，也是优良家风建设的重要保障。

另一方面，优良家风是塑造家庭成员的性格、气质、行为习惯和道德品质的过程，既需要长期的潜移默化，也需要在家庭生活树立法制观念，规矩意识，才是形成优良家风的保障。比如说，有很多家庭认为孩子是自己的，想怎么样管理就怎么样管理，完全把孩子当自己口袋的物品来处置。这都需要通过法律观念的培养来进行改善，也需要用“义务教育法”“未成年人保护法”来进行监督和防范。

总而言之，我们国家正在建设社会主义法治社会，这就要求从一个个家庭做起，坚持把依法治国和以德治国结合起来，既重视道德对公民行为的教育作用，发挥优良家风促进社会和谐稳定的“催化剂”作用。也要让家风建设与社会主义法治文化顺接，发挥法律对道德的保障作用，使法治理念、法治精神融入每个家庭和每个公民的日常道德行为中。

三是家风家训与学校教育关系的问题。

家庭是社会的基础，学校是学生从家庭走向社会的桥梁。学校教育需要家长的配合与监督，家风家教是学生进入学校之前接受教育的基础，会深刻地影响到学生在学校的学习和生活，其教育的成果也需要在学校中得到检验。学校与家庭相辅相成、共同促进学生的成长。学生不仅要在家庭中继承优良的家风，也要在学校里学习知识，学会如何与人相处，以便将来在社会上做一个有才有德的人。学生每天都在家庭与学校中往返，如何顺利地完成角色的转换和接受来自两方面的教育是一个非常重要的问题。如果家庭的教育与学校的教育相违背，那么学生在接受教育过程中就会感到困惑和不安，会在两种模式中左右为难，影响其教育的成果。比如说现在很多家庭往往是独生子女家庭，即使是二胎家庭，对子女也都比较宠爱，如果学校中对其严格要求，较容易引起部分家长的猜疑和不满，这种猜疑和不满的情绪传递到学生，就会使其产生对学校教育的不信任，可能会影响在学校的教育成果。在这种情况下，保持家庭与学校紧密的关系，建立家庭与学校的一体化教育模式是必须的。

家庭的家风教育和学校的教育在目标上具有一致性，即都是要培养德才兼备、全面发展的人才，优良的家风教育与学校教育的相融合，可以让学生无论是在家庭还是学校都能受到正面的陶染，并且能够将二者自主地结合在一起。优良的家风能够为学生在学校的教育打下基础，好的家风也可以走进学校的教材，学校的教育也能促进优良家风教育的弘扬，丰富其内容，所以有必要探索建立家庭、学校一体化的联动机制，有助于促进学生的健康成长。

2. 以社会主义核心价值观为指导，推动优良家风家训的创造性转化和创新性发展

（1）社会主义核心价值观是优良家风家训的基本内容

社会主义核心价值观是在对社会主义核心价值体系进行归纳总结的基础上得出的正确的、合理的价值观，展现核心价值体系的根本内核与践行要求，折射核心价值体系的根本特征与性质，是社会成员需要自觉认同与遵循的基本价值准则，能够规范个体的言行，对社会成员的言行举止起着导向与评价的作用，是推动我国各方面发展的重大理论支撑与强大精神支柱。

在讨论新时代优良家风的内容时，很多人有各种各样的思路和考虑。有人在讨论社会主义核心价值观与优良家风的关系时，也提到社会主义核心价值观对社会领域的其他价值观应该起着主导与支配的作用，同样对优良家风应该起到指引和引领的作用。但个人以为，社会主义核心价值观不仅是优良家风的指引和引领，也应该是新时代优良家风的基本内容。只有这样，才可以将社会主义核心价值观的基本精神融入日常的家庭教育过程，以生活化的方式，来潜移默化地影响每一个家庭，优化家庭环境。只有这样，才能通过对主流道德规范的自觉遵守与

主流价值观的自觉维护，来提高家庭成员中每个人修养，以确保优良家风建设符合我国精神文明建设以及社会和谐发展的要求，为良好社会风气的形成奠定基础。

为什么必须以社会主义核心价值观作为新时代优良家风的基本内容，这是和我们的国情密切相关的，也是和目前家风家训建设的形势密切相关的。目前我们整个家风家训的建设仍处于滞后和各自为政的状况，加上社会环境复杂，如果不以社会主义核心价值观为基本内容，一些错误、落后思想就有可能会在家风家训建设的过程中沉渣泛起，甚至有可能成为家风家训的主流，所以有必要以社会主义核心价值观为基本内容建设优良家风家训，由此去剔除那些违背国家、民族、人民利益，落后于时代的思想观念，以免家风建设走向歧路。

另一方面，以社会主义核心为优良家风的基本内容，也可以使社会主义核心价值观具体化、生活化。将社会主义核心价值观通过抽象、高度凝练的形式，使其真正做到深入浅出，形象生动、通俗易懂、利于民众接受。通过以社会主义核心价值为内容的优良家风建设，可以推动每个人在家做到尊敬父母、知书达礼、讲求诚信，在社会上展现出遵纪守法、爱国敬业、诚信友善等品质。如果他们从小接受家庭美德的良好教化，在社会生活中就能自觉地遵守职业道德与社会公德。借助优良家风这一细小切口，在家庭生活中不断熏陶感染、潜移默化，人们才能够在实践中感知、领悟社会主义核心价值观，在实践中感知、领悟，真正落小、落实、落细，融入个体的日常生活，转化为个体的自觉行动。

（2）友爱与责任是优良家风建设的基本准则

道德是处理人与人如何相处的问题，家风建设的核心问题就是一个家庭中的成员之间如何相处的问题。当今社会，各方面发展迅速，无论是社会还是家庭，成员间的问题与矛盾变得越来越显著，这就要求人们彼此之间的交往和相处需要遵循一个基本的准则，这就是友爱与责任。只有以友爱与责任为准则，才能在家庭中建立一个相互信任、彼此友爱的氛围。现实生活中，家庭成员之间难免会有冲突，但是只要在冲突的时候，每个人看到家庭的价值与意义，摆正自己的姿态，用开阔的心胸包容友爱，认真遵守和履行自己的责任和义务，就没有什么事情不好处理。如果每一个家庭成员都将友爱、责任的价值理念贯彻到社会上的人际交往，也必然会取得“好家风促进好社风”的成果。正所谓“取诸人以为善，是与人为善也。故君子莫大乎与人为善。”只有整个社会个体成员间都能做到团结友爱，担当责任，才能创造美好的社会环境。

一个家庭中成员之间相处，除了人身、财产的依附之外，更重要的是彼此相依相恋、相濡以沫的亲情关系。优良家风得以传承的一个重要原因是家庭成员之间存在着血缘亲情这一情感纽带，使得家庭成员之间存在信任感与亲密感。家庭教育是最早接触的教育形式，父母自然也成为最早的老师。夫妻相敬如宾，父母关爱幼小，子女明礼敬上，简单的日常生活无处不点缀着仁爱温情的人性滋养。因此，一个和谐的家庭必定建立在家庭成员融洽的关系之上，其中爱发挥着不可或缺的作用。在这一基础建立的优良家风，就会使整个家庭散发积极向上的气息，也让优良家风容易被家庭成员认同并得以代际传承。

这当中父子、母子、祖孙是由固有的血缘来维系，彼此之间的感情在传统社会中以孝来维系。现代社会中“孝”的概念应该化作代际之间，彼此之间的爱。爱自己、爱父母是爱家庭的前提和基础，爱家庭是爱社会的根源和动力。通过爱，可以将之从家庭延伸到整个社会，这样才能将孝真正升华成“老吾老以及人之老”的情怀，去关爱社会上的每个人，关爱社会，关爱国家。

夫妻关系不同于血缘之亲，但是对于“爱”的理解应该更为深刻。两个起初的陌生人如何维系感情，培养亲情，就需要双方付出努力、共同“经营”。以真诚、尊重、包容的态度，通过经常性的沟通交流来促进彼此之间的爱，彼此之间的理解，这样才能更好地享受婚姻家庭的幸福和快乐，也才能在家风建设中发挥核心作用，给他人带来幸福和快乐。

从更为宽泛的角度来看，家庭的人性滋养还能让我们跳出小家庭的认识格局，置身于时代的进步当中。当每个人都能用仁爱温情去看待身边人，处理身边事的时候，社会的人际关系将更加融洽，尊老爱幼、互帮互助的良好风尚也会自然形成。

新时代的爱国也应该取代传统社会中的“忠”，让每个人都热爱国家和人民。只有当每个人把自己和家庭的前途命运与国家、民族的前途命运紧密相连，意识到国家强盛才有人格尊严，民族崛起才有人民幸福时，个人才能与国家共同成长，国家才能成为归属之地、幸福之源。

优良的家风光有爱还远远不够，还需要有一种约束机制与之互补，这就是责任。人的发展其实可以分成两个阶段，第一阶段中，主体基于自身的欲望或需求，自发地从善与恶的行为中做出选择，以血缘为基础的亲情，以两性关系为基础的爱情都是这种自发的选择过程。而在第二阶段，主体要对其行为选择及其后果承担责任，即践履行为要在法律和道德的约束下进行。因此责任与感情并举的伦理规范就应该是家庭伦理的基本准则，同样也是优良家风建设的基本准则。

家庭本身是责任的代名词，作为子女，我们有赡养父母的责任；作为配偶，我们有尊重婚姻的责任；作为父母，我们有教养子女的责任；作为社会的一分子，我们要同社会成员守望相助，有为社会服务的责任；作为国家的一分子，我们有为国家和民族贡献力量的责任，只有承担起属于自己的责任，才能真正做到爱父母、爱配偶、爱子女、爱社会、爱国家。责任是家风建设的基础，只有融入家庭责任的因素，树立“爱家”“担当”意识，承担起每个人应尽的责任和义务，才能建设好优良家风。

（3）促进每个人自由而全面的发展是优良家风家训的基本目标

马克思曾提出：“任何人的职责、使命、任务就是全面地发展自己的一切能力。”[1] 因此，人的全面发展就是人的思想、能力、需要、劳动、社会关系以及人的个性的全面发展，即作为一个真正“完整的”“全面性的”人的发展，而且是每个社会成员都能得到自由的、充分的发展。全面发展的个人应该是独立自主、自由自觉和创造性充分发挥的个人。新时代社会主义先进文化建设要促进每个人自由而全面的发展，优良家风的建设自然要以家庭成员的全面发展为基本目标。

[1] 马克思：《新约：“我”》，《马克思恩格斯全集》第3卷，人民出版社1995年版，第330页。

古代家庭培养子女往往要求“人人皆成尧舜，满街都是圣人”，今天很多家庭也强调要培养子女的全面发展，但是这只是“能学的都学，各种知识都发展”的全面发展，而恰恰忘记了人的全面发展不是发展成“全能手”“万事通”“大圣人”，而是让每个人在各方面的充分、自由的最大限度的发展。比如说今天家长让子女上音乐、绘画的培训班，如果只是培养艺术人才，将来有个好工作，那这是功利主义、实用主义的教育观，和古代家庭努力要让后代读书，参加科举考试没有什么分别，反而会导致孩子形成自我中心主义、缺乏责任感和自理能力差等后果。提高各方面的素质和能力，促进每个人的完满人格的塑造和陶冶，才应该是家庭教育的核心宗旨，也是优良家风建设的基本目标。

在促进家庭成员全面发展的过程中，家长起到了极为重要的作用。首先，要做到言传身教，所谓言传，就是用言之有理的话去进行教育；身教，就是身体力行，躬亲示范，一言一行，点点滴滴都要慎思、慎行，任何事情都要成为表率。其次，要努力为孩子树立自信心，教育他们不要妄自菲薄，要充分发现孩子们的长处，调动其主观能动性，在孩子成长的过程中多扮演支持者的角色，多鼓励，少责难，帮助孩子克服人生中的各种挑战。第三，要营造一种和谐的家庭氛围，尽可能地多关心孩子的一言一行，多与孩子在一起，严格和关爱并重。总之要通过优良家风的建设，引导家庭成员发展方向，提升其精神境界，丰富其精神生活，凝聚家庭力量，实现家庭成员的价值目标，最终达到家庭成员自由而全面的发展。

（4）民主协商，和谐相处是优良家风家训建设的基本方式

如前文所述，传统社会的家风有着严格的等级制度，而对平等的追求则是近百年家风嬗变的肇始。在改革开放四十余年间，经过国家持续而全面的改革，体制对个性的束缚逐渐降低，家庭民主和个人权利得到法律的有效保护和激励，中国的家风再次发生了超越和嬗变。其内在变迁逻辑就是要努力摆脱传统体制对个性的无理束缚，培养民主法治意识，使每个家庭成员的个人合法权利日益得到不断被完善的法律法规的有效保护。今天我们这个社会，国家元首不再是高高在上的君主，而成为为人民服务的公仆，精神文化更加开放和多元，严苛的家长制也

已经不复存在，取而代之的是家庭成员之间相对平等的地位和权利。

新时代人人平等，都是独立的个体，即使在家庭中也不例外。这要求优良的家风建设既要注重家庭和谐发展，也要关注家庭成员的平等与自由。我们现在的家庭中，还有很多不尊重对方，不能平等对待家庭成员的现象存在。值得注意的是，现代社会中家庭内部的不平等，不仅存在于家长对子女的不平等，也有子女对家长的不平等。很多子女自恃自己受过高等教育，思想新潮，甚至主导家庭经济大权，往往会不将父母放在眼中。正由于种种的不平等，才会导致家庭中的纷争不断。如有时候，家长认为子女理应无条件支持自己，想不明白为什么自己的想法经常被否定。儿女会认为父母观念过时，父母觉得子女不够节俭；丈夫觉得妻子不够体贴，妻子觉得丈夫不会挣钱，这些偏见都是因为没有以自由独立的意识看待家庭成员，其结果只能是感受到偏差，致使家庭失和。所以要包容家庭成员的自由与独立，每个人都不能将自己的意志强加于对方身上

新时代的优良家风，要做到和谐相处，就必须做到民主平等，这既是对传统权威型家庭的超越，也是衔接新时代发展潮流的方向，具有重大的时代意义。民主在家庭生活中表现为关系民主和事务民主。在关系民主上表现为男女两性和父母子女在社会主体以及家庭主体上的权利，保障家庭成员的民主平等权利，使民主平等和公平正义成为家庭文化建设中文化规范和价值观。在事务民主上表现为在生活中相互关心，事务上积极支持，家庭教育上充分沟通，事关个体和集体利益要商量着来。在管理模式上，家庭民主不应该是票数程序民主，而是协商民主。在家庭管理出现问题时，要广泛听取家庭成员的意见，沟通协商后由最擅长处理家庭事务的成员代为做出最有利的决定。当然民主并不等于是无条件的自由，不是没有规矩，要制定适当的家庭规章、制度来要求家中的每个成员，如果不遵守规矩，不听教育，就要受到惩罚，而这一规矩的前提也仍然是民主与平等，即应该是每个家庭成员平等遵守的，处罚不是由家长或者某个人说了算，而要由全体家庭成员协商一致后决定。

（5）传统家风家训的创造性转化和创新性发展是优良家风家训建设的重要途径

传统的家风家训作为中国优秀传统文化的精华，承载着中华民族的精神基因，积淀着中华民族的精神追求，浸润在每个中国人的血脉深处，凝结为深厚的家国情怀，具有强烈的道德感召力。但同时，正如前文指出的，传统的家风家训中有很多被当时社会所容纳认可，但却具有鲜明专制性、等级性的内容，这些已不适应现代社会的发展要求，如传统家风下男尊女卑的等级观念和家长制等有违个性自由发展的陈腐观念要予以清理，但对于那些良莠并存，却又对现实社会尚能发挥一定积极影响的传统家风则要合理进行转化，剔除其糟粕成分，保留其合理内核，并赋予新的时代内涵。

另外，近代以来很多有识之士对传统家风家训的内容进行批判、改造、扬弃和重建，是今天我们对传统家风家训进行创造性转化和创新性发展的最为坚实的基础。虽然近年来也有些学者反思，近代道德教育出现了基本偏失，一方面把狭隘功利主义引入文化领域并作为评判文化价值的标准，一切与富国强兵无直接关联的人文价值均遭排斥；一方面不能了解价值理性在文明发展中的连续性，把价值传统当成与现代完全对立必加去除的垃圾。这也是今后对传统文化改造过程中应该竭力避免与反对的。但并不应该因此就忽视、否定近代以来，无数卓越先辈如谭嗣同、严复、康有为、梁启超、陈独秀、李大钊、毛泽东、鲁迅、胡适等所做出的极大努力，可以说没有他们的工作，很多传统文化中的糟粕无法肃清，很多新的思想、新的观念无从确立，他们的工作也是传统优秀家风家训文化的重要组成部分，甚至可以说是关键部分。很多人在研究中国传统家训家风文化时，有意无意地将近代这些成果忽略，只谈古代家训家风文化的价值和意义，这是非常不合适，也是非常不应该的。中国优秀的传统家风家训文化不等于是古代的家风家训文化，如果这一点认识不清楚，就等于是否定以上众多志士仁人们付出过无数血和泪的艰辛努力，否定历史的发展进程。

目前对待包括家风家训，有着很多不同的看法，错误的历史观念在社会上流行，在理论界也有很多杂音存在。有人认为中华传统文化是过时的文化形态，在今天已经失去了价值和意义，必须全盘否定和彻底摒弃；又有人认为中华传统文化都是好的，要一切按古人的行为方式行事。这其实都是值得我们警惕。其实，习近平同志早就指出，要努力实现传统文化的创造性转化、创新性发展，使之与现实文化相融相通，共同服务以文化人的时代任务。所谓创造性转化，就是要按照时代特点和要求，赋予传统文化以新的时代内涵和现代表达形式，激活其生命力；创新性发展，就是要按照时代的新进步和新发展，对优秀的传统文化加以拓展、完善，增强其影响力和感召力。因此必须把弘扬优秀传统文化和发展现实文化有机统一起来，坚持古为今用、推陈出新，既不能搞全盘否定，也不能搞厚古薄今、以古非今，这样才能充分认识和发掘传统文化的现代价值，为中国特色社会主义建设事业提供不竭的精神动力和智力源泉。[1]

（三）正确认识新时代的家族活动

根据当代学者的定义，中国的家族有以下几个特点，一是以父系单系世系为构建原则，二是基本价值表现为共同认定之世系的延续和维系，三是有明确限定范围的社会性组织。更简单来说，家族是以世系为认定原则，以世系的延续和维系为基本目标的有明确限定范围（即直系和旁系及其配偶）的社会性组织。根据这一定义，我们可以确认，家族赖以维系的基础是既定的世系规则和共同的利益，世系和利益才是家族的基本属性，乡土性并不是家族本身不可或缺的属性，只是他们在当时的社会环境中最优选择的结果。家族本身是一个注重实利的社会组织，如果时代环境发生变化，家族能在乡土中获得利益的可能开始减少，那么早晚有一天，他也会离开乡土，不断调整和适应，寻找新的发展道路。早在明清时期，根据笔者的研究，随着城市化、商业化进程的加快，家族社会分化开始加剧，乡居家族中的成功者开始迁居城市，并逐渐主导原本以乡村为中心的家族社会，由此使得家族内部的“私”利益得到了空前的膨胀和强化，亲情淡漠和宗法

[1] 习近平：《在纪念孔子诞辰2565周年国际学术研讨会暨国际儒学联合会第五届会员大会开幕会上的讲话》，2014年9月24日。

关系薄弱成为普遍现象。但是这种家族分化，并不一定会导致家族的消亡，反而有可能会推进家族新的发展。家族可以通过“公产”等形式保持着整体上的经济力量，以“祭祖”“续谱”“族规”“祠堂”“家训”等形式来保证其拥有的绝对的精神力量，从而强化了各分支对家族共生共存的依赖性。所以并没有脱离传统中国的内在逻辑，也没有彻底造成社会的分化和城乡的分离，而是在流动性和乡土性之间形成属于自身的独特发展轨迹，构建了一种复杂而又多元的互动关系。到了近代以后，随着城市化的发展和新思想的传播，家族又被迫进行了更为彻底的调整和改良。除了坚持父系原则之外，家族等级、家族法规都可以被更加民主和文明的形式所取代，家族教育可以被现代学校所取代，家族本身也开始向着现代意义上的社会组织演进。这种改良步伐虽然缓慢，但一旦开始已无法停步。

同样，和家族制度一样，家规家训在中国历史上从先秦到近代的发展历程，也是推陈出新，不断扬弃，最终实现自我创新的过程。家规家训的创作者从帝王皇室到文人墨客再到普通百姓，其形式从口头训诫到成文规范，其对象从子女、家庭成员到面向整个家族，其内容从道德教育到行为规范再到惩戒制度，其关注点从对“门第”的倚重到对“礼教”的重视，再到对“族产”的强调，都是在长期发展过程不断改变、不断妥协、不断扬弃和不断发展的表现。因此随着时代的发展，家规家训中的落后思想也会逐渐变革、颠覆，使其与先进的物质文明和精神文明发展相适应。

1949 年之后，家族组织由于国家的强制力量，逐渐在中国大陆销声匿迹，但却依然没有彻底死亡。到 1980 年代以后，家族组织再次开始出现复兴的趋向，尤其是近十年来，在苏南、浙南、江西、湖南等地，重新出现了兴建祠堂、修撰家谱的潮流，因此很多学者都提出了家族复兴的概念。在台湾、香港地区及海外等地，大量宗亲会持久发展的状况也显示了家族组织内部调整的一种方向。面对这一现象，理论学术界出现了众多的争论，如何认识新时代的家族活动成为一个引发无数争议的课题。

其实正如吕思勉等人在一百多年前曾经说过的，纯粹概念上的宗法社会和家族组织，在宋明以后已不再存在。随着现代社会的发展，即便是明清时的家族组织也已经不可能被长久的维持。今天的家族组织、宗亲会大多是同姓的联宗关系，虽然在有必要时仍可追溯共同的历史渊源，但实际生活中已经不存在太多的联系，除了世系上的意义以外，没有太多的宗法性质，因此很难将其等同于明清时期的家族组织。正如有学者所言，这只是一种“后宗族形态”，只是可以维系某种既得利益，实现族源认同的一种工具而已。另外，还要对不同地区的家族组织进行不同的细分，不能笼统地将其视为统一体，作出武断的结论。如在某些相对边远的乡村，外来的冲突较小，同族聚居仍然存在，这里家族组织可能仍然存在着宗法性和保守性。而相对发达地区的家族组织则大多属于“后宗族形态”，宗法性已经基本不再那么明显。

我们必须承认，传统的家族组织会对国家政权造成一定的阻碍，而且也影响现代社会新型人际关系的形成和发展，这是毋庸置疑。因此，对于部分地区仍然具有宗法性的家族组织参与乡村基层事务，地方政府须持一定的关注。在很多城市中，外来人口仍然是以血缘、地缘为纽带联系在一起，很多地方，同一地区性同姓的人往往会从事类似的行业，他们很容易形成紧密或松散的群体，这种群体已经在部分地区形成了一定的影响力，并影响社会稳定。对于这一问题，政府也应该加以注意。但是我们也必须注意到以下几点。一，在今天，不受现代文明冲击的地区已经少之又少了，由于人口数量、居住方式、家族结构、生产关系、法律制度等家族赖以生存的外在条件均已明显区别于古代乃至近代社会，因此，无论是宗法性稍强的农村家族组织还是宗法性基本消失的“后宗族形态”在性质上与传统类型的家族组织有显著的差异，不可能再发展成为传统类型的家族组织。二，必须深入研究今天家族组织存在的原因，正视家族复兴背后社会生存方式和社会利益的多元选择，如果一味反对或禁止，不可能取得应有的效果。三，家族的现代转型和其所在的环境有关。如果其人员素质较高，生存的环境较为规范，制度较为健全，那么家族更容易实现现代转型。因此，只要营造合适的环境，推进社会进步，提高人民整体素质，那么家族在一定条件下可以通过改造成为现代意义上的社会团体。这种改造过的家族组织有可能在整个社会保障网络尚未完全建立的情况下，成为一定的社会安全调节阀，在社会稳定、社区维系、经济建设等方面产生一定的作用。如外来人口形成的地缘或者血缘组织，如果善加利用，可以达到促进社会安全稳定，促进外来人口管理的效果。这些都应该是摆在政府面前的重要课题，海外的宗亲会、同乡会均是可以借鉴的良好范例。更何况，家族组织在促进国家统一、传承弘扬中国文化、构建新型现代家庭伦理观念等方面还能起到一些不可替代的作用。

在中国的很多地方，只要同一地区同一姓氏的外来者聚集到一定规模，他们之间的联络会增强，并开始逐渐组织化。这背后的原因，不能简单的用安全需要、经济利益来解释。正如很多研究者所发现的，即使在经济活动多元化，法律相当健全的海外华人社区，只要同姓者出现一定规模的聚居，会逐步形成家族组织。因此，有学者认为，汉族人对自身以及自身所属群体的历史合理性和归属性的执著需求，其实是中华汉族文化的一个基本特征。家族组织、族谱、祠堂在很大程度上是为了满足这种人们深层的心理需要而出现的。特别是处于高速发展的现代社会的今天，人们对这种群体归属性也出现了新的追求，很多家族活动的重兴也与之密切相关，并非是简单的所谓保守落后宗法制度的卷土重来。因此，作为研究者，需要的是耐心的观察、思考，在某些方面善意的引导，而不是贬低、嘲讽，更不是粗暴的干涉。只有这种情况下，我们才能准确理解包括家规家训在内的家族活动的历史和现实意义，推动实现家族的现代转型。

（四）下一步如何推进长三角地区传承优良家风活动的建议

习近平同志在 2015 年春节团拜会上提到：“家庭是社会的基本细胞，是人生的第一所学校。不论时代发生多大变化，不论生活格局发生多大变化，我们都要重视家庭建设，注重家庭、注重家教、注重家风，紧密结合培育和弘扬社会主义核心价值观，发扬光大中华民族传统家庭美德。”[1] 2016年在会见第一届全国文明家庭代表时，他又提到：“家风是社会风气的重要组成部分。家庭不只是人们身体的住处，更是人们心灵的归宿。家风好，就能家道兴盛、和顺美满；家风差，难免殃及子孙、贻害社会，正所谓‘积善之家，必有余庆；积不善之家，必有余殃’。诸葛亮诫子格言、颜氏家训、朱子家训等，都是在倡导一种家风。毛泽东、周恩来、朱德同志等老一辈革命家都高度重视家风。”[2] 习近平同志不断强调发扬光大中华民族传统家庭美德，建设新时代的家风文化并不是偶然的。

中华民族在五千多年的文明发展进程中创造了博大精深的中华文化，中华文化是中华民族生生不息、发展壮大的丰厚滋养，是中华文明数千年长盛不衰的“文化密码”。当前，中华民族正处在伟大复兴的进程之中，民族的复兴必然与文化的复兴相关联。从这个意义上来说，没有文化的复兴也就谈不上民族的复兴。因此，习近平同志对包括家风文化在内的传统文化的高度重视和强调，并不仅仅只是出于对传统文化的感情，更是基于对党和国家发展走向的深刻研判，基于对中华民族前途命运的理性考量。中共中央将“廉洁齐家，自觉带头树立良好家风”首次写入《中国共产党廉洁自律准则》是这一进程的一个重要尝试。

在这种情况下，挖掘家风文化中丰富的思想道德资源，使之焕发经久不衰的精神力量，建设新的优良家风就成为我们在当代面临的重要任务。近年来长三角地区的实践也证明了，经过创造性转化、创新性发展的优良家风，是可以用来规范民众的现代生活方式，帮助家庭成员确立法律规范和社会道德准则，解决当代家庭教育中所面临的种种困惑和矛盾，发展成与时俱进的新时代的家风文化。这对于完善当代家庭道德教育体系，促进社会主义精神文化建设，有着重要的积极意义。

2018年11月5日，在首届中国国际进口博览会开幕式上，习近平主席发表主旨演讲时指出，决定支持长三角区域一体化发展并上升为国家战略，长三角的发展面临着前所未有的新机遇。但也必须承认，这一区域的发展还存在一些阻碍

[1] 习近平：《在2015年春节团拜会上的讲话》，新华网，2015年2月17日。

[2] 习近平：《在会见第一届全国文明家庭代表时的讲话》，新华网，2016年12月15日。

发展的制约性因素，这些制约因素很大程度上来自支撑它的文化背景，文化上的这种局限性直接影响了长三角进一步的腾飞。对于长三角地区而言，要适应新时代的要求，就必须进行深刻的历史转型，努力克服自身的历史局限，总结历史上的宝贵经验，实现文化创新，为新一轮的腾飞提供新的动力支持。而要做到对长三角文化的创造性转化、创新性发展，很重要的一点是必须植根于国情和实际，从现实的文化沃土之中汲取资源，寻找启迪；同时，又要用开放包容的胸怀从其他文化中汲取养分，融汇一切优秀文化成果。江南文化的研究应该如此，江南家风家训文化的研究也同样应该如此，只有把弘扬优秀传统文化和发展现实文化有机统一起来，唯此方能充分认识和发掘江南家风家训文化的现代价值，为长三角未来的发展和建设提供不竭的精神动力和智力源泉。

有鉴于此，本书建议制定如下的措施和对策，来促进长三角区域新时代良好家风的建设和传承活动。

1. 构建长三角地区家风文化建设研究平台

如前所述，长三角各地在推广传承优良家风文化方面已经取得了很多成功的经验，可供利用的相关资源非常丰富。以上海为例，2013 年，“钱氏家训及家教传承”成为中国第一个家训类的省级非遗。而早在 2007 年，收集了近 400 余个家族堂号和祠堂家训的翰林匾额博物馆已经被列入了第一批上海非物质文化遗产保护名录。上海图书馆则是全国收藏家谱最丰富的机构。此外如上海地方志办公室、上海档案馆、上海社会科学院及相关高校在家风家训研究方面也取得了很多进展。因此，建议各地确定如文明办等部门为牵头单位，整合相关的资源，将资料整理、学术研究、非遗展示、基层实践等有机地融合在一起，组建一个由相关政府部门、学术研究机构、博物馆、民间姓氏宗亲组织等社会团体共同组成的长三角地区家风文化建设研究平台，共同总结提炼新时代长三角家风文化的特点，探讨推进当代长三角家庭伦理规范体系建设的具体措施，全面推进长三角地区的家风文化建设。

2. 加强家风家训文献的整理和解读

加强对长三角地区现存的家规家训进行全面的收集整理，并在此基础上进行翔实的历史阐释，以汲取传统家风文化的精髓，继承和弘扬中国传统家风文化的精华。仅以上海地区为例，经统计，目前上海地区家规家训有传世专著文献约十种，或是单独成书，或是收入于作者文集之中，总字数约 20 万字。另据《中国家谱总目》统计，上海地区现存于各大图书馆的家谱约 400 种，涉及近 300 个家族，其中大部分家谱中都有家规家训的内容，总字数超过 50 万字。因此，本课题在研究的同时，也将编纂完成《上海地区家规家训文献集成》，并计划于今年出版，同时在此基础上建立家规家训文献数据库，让长三角地区的家风文化建设基础更加扎实。

3. 推进家风家训思想的诠释和普及

在充分整理文献的基础上，要深入挖掘传统家规家训中家风文化的思想内涵及其应用价值，以史为鉴，古为今用，一方面对传统家规家训中优秀的思想进行系统挖掘和现代转化，一方面客观评判传统家规家训中负面因素，让人们认清其历史局限性，并从中汲取教训，引以为戒，以“破与立”“扬与弃”的双重视角，去粗取精，以传统家规家训的创造性转化和创新性发展，使得当代家庭伦理建设最终落到实处。我们下一步将在《上海地区家规家训文献集成》的基础上，经过去芜存精，编纂《上海传统家风通俗读本》《上海传统家风与廉政》《上海传统家风与教育》《上海传统家风与家庭道德》等读物，方便广大干部群众阅读学习。在此基础上，将理论与实践相结合，将历史研究与回答现实问题相结合，向政府及社会各个层面提供智力服务，诸如协助政府部门利用家风家训推动社区教育，促进廉政建设，加强外来人口管理；又如推动优良家风家教进入中小学课堂，使之与乡土教学，德育教学相结合；又如指导帮助有需求的市民百姓将传统的家规家训转化成为反映新时代精神的新家风等等，为推动长三角地区新时代家风文化建设作出贡献。

参考文献

中文文献

A

《爱日草堂诸子——常州学派之萌坼》，陆宝千，《中央研究院近代史研究所集刊》16期。

《安得长者言》，（明）陈继儒，《四库全书存目丛书》子部94册，齐鲁书社1997年版。

《安阳杨氏族谱》，1914年敦睦堂木活字本。

B

《八十忆双亲》，钱穆，《钱宾四先生全集》51册，台北联经出版事业公司1998年版。

《白虎通疏证》，（清）陈立，中华书局1994年版。

《白苎派朱氏宗谱》，光绪十三年刻本。

《宝山钟氏族谱》，1930 年铅印本。

《抱经堂文集》，（清）卢文弨，《续修四库全书》集部第 1432 册，上海古籍出版社 1995 年版。

《北东园笔录》，（清）梁恭辰，笔记小说大观本。

《北华捷报》。

《北渠吴氏翰墨志》，光绪五年木活字本。

《北山杨氏侨外支谱》，1919 年铅印本。

《北溪大全集》，（宋）陈淳，《景印文渊阁四库全书》第 1168 册，台湾商务印书馆 1986 年版。

《北夏墅姚氏宗谱》，1915 年木活字本。

《被展示的尸体》，［日］上田信，载孙江主编《事件、记忆、叙述》，浙江人民出版社 2004 年版。

C

《蔡元培教育文选》，蔡元培，人民教育出版社 1980 年版。

《蔡元培年谱长编》，高平书，人民教育出版社 1998 年版。

《常州公立冠英小学简章》，庄鼎彝等，上海图书馆藏盛宣怀档案。

《陈独秀文章选编》，陈独秀，三联书店 1984 年版。

《陈独秀著作选》，陈独秀，上海人民出版社 1993 年版。

《陈衡哲散文选集》，陈衡哲，百花文艺出版社 2004 年版。

《陈确集》，（清）陈确，中华书局 1979 年版。

《澄江冯氏宗谱》，1916 年大树堂木活字本。

《耻言》，（明）徐祯稷，《四书未收书辑刊》第 6 辑 12 册，北京出版社 1998 年版。

《崇百药斋文集》，（清）陆继辂，《续修四库全书》集部第 1496 册，上海古籍出版社 1995 年版。

《崇川镇场单氏宗谱》，道光二十五年木活字本。

《(崇祯)松江府志》,《上海府县旧志丛书·松江府卷》，上海古籍出版社2011年版。

《畸隐居士自订年谱》，丁福保,《北京图书馆珍本年谱丛刊》第197册，北京图书馆出版社1997年版。

《出入中西之间：近代上海买办社会生活》，马学强、张秀莉，上海辞书出版社2009年版。

《出使英法义比四国日记》,(清)薛福成，商务印书馆2016年版。

《川沙黄氏家族的近代变迁》，杨桢，上海师范大学硕士论文2016年。

《钏影楼回忆录》，包天笑，大华出版社1971年版。

《春秋繁露》,(汉)董仲舒，中华书局2011年版。

《纯常子枝语》,(清)文廷式,《续修四库全书》集部第1165册，上海古籍出版社1995年版。

《慈东方家堰方氏宗谱》，1931年木活字本。

D

《大诰续编》,(明)朱元璋,《续修四库全书》史部第862册，上海古籍出版社1995年版。

《大理院判例解释民法集解》，周东白编辑，世界书局1928年版。

《大明律》,(明)朱元璋等，怀效锋点校，法律出版社1999年版。

《大明律集解附例》,(明)佚名，清光绪三十四年刻本。

《大清会典事例》，中华书局2012年影印版。

《大清律辑注》,(清)沈之奇，法律出版社2001年版。

《大清律例》，田涛、郑秦点校，法律出版社1999年版。

《大清律例通考》，吴坛著，马建石等编，中国政治大学出版社1992年版。

《大清民律草案》，杨立新点校，吉林人民出版社2002年版。

《大学衍义》,(明)邱濬,《景印文渊阁四库全书》第712册，台湾商务印书馆 1986 年版。

《大云山房文稿初集》,（清）恽敬,《续修四库全书》集部 1482 册，上海古籍出版社 1995 年版。

《“单名制”与“废族姓”问题》,《民国日报》1920 年 3 月 20 日。

《当法律遇上经济：明清中国的商业法律》，邱澎生，五图图书出版公司 2008 年版。

《当前我国家风家教现状的实证调查与思考》，张琳、陈延斌,《中州学刊》2016 年 8 期。

《珰溪金氏家谱补戚篇》,（明）金应宿，万历十四年刻本。

《定例汇编》，嘉道间刻本。

《东林列传》,（清）陈鼎，广陵书社 2007 年版。

《东林书院志》,（清）许献、高廷珍等修,《中国历代书院志》第 7 册，江苏教育出版社 1995 年版。

《董庄李氏续修宗谱》，1914 年木活字本。

《洞庭东山沈氏宗谱》，1933 年石印本。

《读礼通考》,（清）徐乾学,《景印文渊阁四库全书》第 112 册，台湾商务印书馆 1983 年版。

《读例存疑点读》,（清）薛允升著，胡星桥、邓又天主编，中国人民公安大学出版社 1994 年版。

《独秀文存》，陈独秀，首都经济贸易大学出版社 2018 年版。

《端虚勉一居文钞》,（清）张成孙,《丛书集成》续编集部第 135 册，上海书店出版社 1994 年版。

《段庄钱氏族谱》，1927 年锦树堂木活字本。

E

《二程集》,（宋）程颢、程颐著，王孝鱼点校，中华书局 2004 年版。

F

《法意》，［法］孟德斯鸠著，严复译，商务印书馆 1981 年版。

《"反迷信"话语及其现代起源》，沈洁，《史林》2006 年 2 期。

《范氏义庄规矩》，（宋）范仲淹，《中国历代家训集成》第 1 册，浙江古籍出版社 2017 年版。

《方氏家言》，（清）方楷，清刻本。

《方孝孺集》，（明）方孝孺，浙江古籍出版社 2013 年版。

《费孝通文集》，费孝通，群言出版社 1999 年版。

《冯氏宗谱》，道光十七年木活字本。

《冯氏宗谱》，光绪三十二年伦正堂木活字本。

《奉常家训》，（清）王时敏，《中国历代家训集成》第 6 册，浙江古籍出版社 2017 年版。

《夫椒丁氏宗谱》，1947 年木活字本。

《夫椒许氏世谱》，1941 年木活字本。

《伏惟尚飨：清代中期立嗣继承研究》，史志强，《中国社会历史评论》12 卷。

《抚吴公牍》，丁日昌，广州古籍书店 1988 年影印本。

《妇女运动决议案》，《政治周报》1926 年 6/7 期。

G

《改良家族制度论》，吴贯因，《大中华杂志》1915 年 3 期。

《高子遗书》，（明）高攀龙，《文渊阁四库全书》第 1292 册，台湾商务印书馆 1983 年版。

《革命军》，（清）邹容，中华书局 1958 年版。

《格致书院课艺》，上海图书馆编，上海科学技术文献出版社 2016 年版。

《古今图书集成》，（清）陈梦雷，鼎文书局 1977 年影印本。

《顾氏汇集宗谱》，1930 年刻本。

《观堂集林》,《殷周制度论》，河北教育出版社 2003 年版。

《观庄赵氏支谱》，1928 年木活字本。

《光绪嘉定县志》,《上海府县旧志丛书·嘉定县卷》，上海古籍出版社 2012 年版。

《光绪南汇县志》,《上海府县旧志丛书·南汇县卷》，上海古籍出版社 2009 年版。

《光绪三十三年分一次教育统计图表》，学部总务司,《中国近代史料丛刊》三编第 93 册，台北文海出版社 1971 年版。

《光绪松江府续志》,《上海府县旧志丛书·松江府卷》，上海古籍出版社 2011 年版。

《光绪武阳志余》,《中国地方志集成江苏府州县志辑》第 38 册，江苏古籍出版社 1990 年版。

《广阳杂记》,（清）刘献廷，中华书局 1957 年版。

《广志绎》,（明）王士性,《元明史料笔记丛刊》，中华书局 1981 年版。

《国朝闺秀正始集》,（清）恽珠，清道光十一年刻本。

《国民政府司法例规补编》，大东书局 1946 年版。

《国史概论》，钱穆，三联书店 2001 年版。

H

《海昌祝氏宗谱》，光绪七年刻本。

《海瑞集》,（明）海瑞，中华书局 1962 年版。

《海盐任氏宗谱》，1933 年铅印本。

《汉晋家族研究》，阎爱民，上海人民出版社 2005 年版。

《何翰林集》（明）何良俊,《四库全书存目丛书》集部第 142 册，齐鲁书社 1997 年版。

《何氏八百年医学》，何时希，学林出版社 1987 年版。

《洪亮吉集》,（清）洪亮吉，中华书局 2001 年版。

《鸿洲先生家则》,（明）徐三重,《四库全书存目丛书》子部第 106 册，齐鲁书社 1997 年版。

《胡适全集》，胡适，安徽教育出版社 2003 年版。

《湖南农民运动资料选编》，夏立平等编，人民出版社 1988 年版。

《涣亭存稿》,（明）吴宗达，原国立北平图书馆甲库善本丛书，国家图书馆出版社 2014 年版。

《皇朝经世文编》,（清）贺长龄编,《近代中国史料丛刊》初编第 731 册，台北文海出版社 1975 年版。

《皇朝经世文续编》,（清）盛康编,《近代中国史料丛刊》初编第 831 册，台北文海出版社 1975 年版。

《皇帝与祖宗：华南的国家与宗族》，科大卫著，卜永坚译，江苏人民出版社 2009 年版。

《黄氏家乘》，1914 年刻本。

《黄氏雪谷公支谱》，1948 年铅印本。

《黄炎培教育论著选》，黄炎培，人民教育出版社 2018 年版。

《徽州的族会与宗族建设》，胡中生,《徽学》第 5 卷。

《徽州家族的承继问题》，［日］臼井佐知子，周绍泉、赵华富主编《95 国际徽学学术讨论会论文集》，安徽大学出版社 1997 年版。

J

《击壤集》,（宋）邵雍,《景印文渊阁四库全书》第 1101 册，台湾商务印书馆 1987 年版。

《记常州粹化女学开办始末及劣绅仇阻情形》，粹化女学，光绪三十二年石印本。

《季氏家乘》，光绪刻本。

《家范》,（宋）吕祖谦,《中国历代家训集成》第 1 册，浙江古籍出版社 2017

年版。

《家规》,（清）倪元坦，清嘉庆二十三年读易楼刻本。

《家戒》,（清）冯班,《中国历代家训集成》第 6 册，浙江古籍出版社 2017 年版。

《家劝》,（元）华悰韡,《中国历代家训集成》第 2 册，浙江古籍出版社 2017 年版。

《家庭、私有制和国家的起源》,［德］恩格斯，人民出版社 2003 年版。

《家庭改制的研究》，沈雁冰,《民铎》2 卷 4 号。

《家庭革命说》，家庭立宪者,《江苏》第 7 期，1904 年。

《家庭教育》，陈鹤琴，教育科学出版社 1994 版。

《家庭教育中之家训》，李元蘅,《中华教育界》1916 年 5 期。

《家与中国社会结构》，麻国庆，文物出版社 1999 年版。

《家载》,（明）陈龙正,《中国历代家训集成》第 5 册，浙江古籍出版社 2017 年版。

《家族传承与文化霸权，1368—1911 年的宁波士绅》,［美］卜正民,《中国经济史研究》，2004 年 1 期。

《(嘉靖）徽州府志》,《北京图书馆古籍珍本丛刊》史部地理类第 29 册，书目文献出版社 1988 年版。

《(嘉庆）松江府志》,《上海府县旧志丛书 · 松江府卷》，上海古籍出版社 2011 年版。

《(嘉庆）重修扬州府志》,《中国地方志集成 · 江苏府县志辑》第 42 册。

《蒹葭堂稿》,（明）陆楫,《续修四库全书》集部第 1354 册，上海古籍出版社 1995 年版。

《建炎以来系年要录》,（宋）李心传，上海古籍出版社 1989 年版。

《江村经济》，费孝通，上海人民出版社 2013 年版。

《江南三角洲与宗族问题讨论》,［日］滨岛敦俊，复旦大学“江南城市的发展与文化交流”国际学术研讨会 2010 年。

《江南望族家训研究》，曾礼军，中国社会科学出版社 2017 年版。

《江南重赋原因的探讨》，范金民，《中国农史》1995 年 3 期。

《蒋剑人先生年谱》，滕固，蒋敦复《抱芬室文存》，辽宁教育出版社 2003 年版。

《蒋氏家训》，（清）蒋伊，《中国历代家训集成》第 6 册，浙江古籍出版社 2017 年版。

《蒋廷黻回忆录》，蒋廷黻，岳麓书社 2003 年版。

《近代山区社会的习惯、契约和权利》，杜正贞，中华书局 2018 年版。

《近代上海大事记》，汤志钧主编，上海辞书出版社 1989 年版。

《近代中国法制与法学》，李贵连，北京大学出版社 2002 年版。

《晋陵黄氏宗谱》，1928 年木活字本。

《晋书》，（唐）房玄龄等修，中华书局 1974 年版。

《经义杂记》，（清）臧琳，《续修四库全书》经部第 172 册，上海古籍出版社 1995 年版。

《荆川稗编》，（明）唐顺之，万历九年刻本。

《旌义编》，（宋）郑义，《中国历代家训集成》第 1 册，浙江古籍出版社 2017 年版。

《警管区制研究》，汪勇，中国人民公安大学出版社 2012 年版。

《旧上海人口变迁的研究》，邹依仁，上海人民出版社 1980 年版。

《橘社金氏族谱》，乾隆元年刻本。

K

《康南海自编年谱》，康有为，中华书局 1992 年版。

《（康熙）嘉定县志》，《上海府县旧志丛书·嘉定县卷》，上海古籍出版社 2012 年版。

《康有为大同论二种》，康有为，中西书局 2012 年版。

《康有为全集》，康有为，上海古籍出版社 1990 年版。

《昆山安定胡氏》，雍正六年刻本。

《昆山琅琊安阳支王氏世谱》，1936 年刻本。

L

《冷厂文存》，李法章，民国铅印本。

《冷庐杂识》，（清）陆以恬，上海古籍出版社 2012 年版。

《黎阳郁氏家谱》，1933 年铅印本。

《李鸿章全集》，安徽教育出版社 2008 年版。

《李氏迁常支谱》，光绪二十二年木活字本。

《练西黄氏宗谱》，1915 年铅印本。

《梁启超全集》，梁启超，北京出版社 1999 年版。

《梁溪荣氏家族史》，荣敬本、荣勉韧，中央编译出版社 1995 年版。

《林屋民风》，（清）王维德，《四库全书存目丛书》史部第 239 册，齐鲁书社 1996 年版。

《刘礼部集》，（清）刘逢禄，《续修四库全书》集部第 1501 册，上海古籍出版社 1995 年版。

《留青日札》，（明）田艺蘅，上海古籍出版社 1985 年版。

《柳亚子文集》，柳亚子，上海人民出版社 1993 年版。

《六大以前》，中共中央书记处编，人民出版社 1981 年版。

《龙溪盛氏宗谱》，1943 年木活字本。

《鲁迅全集》，鲁迅，人民文学出版社 1973 年版。

《陆学士杂著》，（明）陆树声，明万历刻本。

《潞城邓氏宗谱》，1948 年木活字本。

《论女子财产继承权》，胡长清，《法律评论》1929 年 6 卷 33 期。

M

《马君武集》，马君武，华中师范大学出版社2011年版。

《毛泽东选集》，毛泽东，人民出版社1966年版。

《民抄董宦事实》，（明）佚名，《中国野史集成》第27册，巴蜀书社1993年版。

《（民国）定海县志》，《中国地方志集成》浙江府县志辑第38册，上海古籍出版社1990年版。

《（民国）上海县续志》，《上海府县旧志丛书·上海县卷》，上海古籍出版社2015年版。

《民国时期社会调查丛编》，福建教育出版社2014年版。

《民国时期社会调查丛编一编·乡村社会卷》，福建教育出版社2005年版。

《（民国）吴县志》，《中国地方志集成·江苏府县志辑》第11册，江苏古籍出版社1990年版。

《民事习惯调查报告录》（修订版），南京国民政府司法行政部编，中国政法大学出版社2005年版。

《明代徽州家谱中的嫡庶之争，〈珰溪金氏家谱补戚篇〉解读》，冯应辉，《安徽史学》2013年5期。

《明代江南逋赋治理研究》，胡克诚，东北师范大学博士论文2011年。

《明代江南造园之风与士大夫生活：读明人潘允端〈玉华堂日记〉札记》，杨嘉祐，《社会科学战线》1981年3期。

《明代松江何氏之变迁》，［日］滨岛敦俊，《相聚休休亭，傅衣凌教授诞辰100周年纪念文集》，厦门大学出版社2011年版。

《明稿本〈玉华堂日记〉中的经济史资料研究》，张安奇，《明史研究论丛》1991年。

《明会典》，（明）申时行等，中华书局1989年版。

《明会要》，（清）龙文彬，中华书局1959年版。

《明经世文编》，（明）陈子龙等编，中华书局1962年版。

《明清福建家族组织与社会变迁》，郑振满，湖南教育出版社 1992 年版。

《明清徽州的共业与宗教礼俗》，林济，《华南师范大学学报》2000 年 5 期。

《明清徽州宗族的异姓承继》，栾成显，《历史研究》2005 年 3 期。

《明清江南进士数量、地域分布及其特色分析》，范金民，《南京大学学报》1997 年 2 期。

《明清江南人口社会史研究》，吴建华，群言出版社 2005 年版。

《明清江南望族与社会经济文化》，吴仁安，上海人民出版社 2001 年版。

《明清以来苏州文化世族与社会变迁》，徐茂明，中国社会科学出版社 2011 年版。

《明实录》，“中研院”历史语言研究所校印本 1962 年版。

《明史》，（清）张廷玉等，中华书局 1974 年版。

《明史纪事本末》，（清）谷应泰，中华书局 1977 年版。

《明中后期的上海士人与地方社会》，贾雪飞，复旦大学博士论文 2012 年。

N

《南关杨公镇东支谱》，1932 年铅印本。

《南吴旧话录》，（清）李延昰，《瓜蒂庵藏明代掌故丛刊》，上海古籍出版社 1985 年版。

《南翔陈氏宗谱》卷一，1934 年铅印本。

《聂氏家言选刊》。

《聂氏家语旬刊》。

《女学报》。

《女学篇》，（清）曾懿，《中国历代家训集成》12 册，浙江古籍出版社 2017 年版。

《女子财产继承权详解》，张虚白编，上海法政学社 1933 年版。

《女子家庭革命说》，丁初我，《女子世界》1904 年 4 期。

P

《潘光旦文集》，潘光旦，北京大学出版社 1993 年版。

《彭氏宗谱》，1922 年刻本。

《毗陵芳茂里方氏宗谱》，1928 年木活字本。

《毗陵费氏重修宗谱》，同治八年活字本。

《毗陵胡氏重修宗谱》，光绪二年木活字本。

《毗陵吕氏家谱》，光绪四年木活字本。

《毗陵孟氏六修宗谱》，1928 年木活字本。

《毗陵盛氏族谱》，1915 年思成堂木活字本。

《毗陵孙氏家乘》，道光十三年木活字本。

《毗陵唐氏家谱》，1948 年铅印本。

《毗陵伍氏己巳庚午修谱收支清账》，1929 年钞本。

《毗陵邢村杨氏十一修宗谱》，1947 年务本堂木活字本。

《毗陵薛墅吴氏族谱》卷首，光绪九年木活字本。

《毗陵余氏族谱》，光绪三十四年木活字本。

《毗陵庄氏族谱》，1935 年铅印本。

《平湖徐氏世系》，1916 年石印本。

《浦阳潼塘朱氏宗谱》，光绪十四年木活字本。

《谱例商榷》，许同莘，《东方杂志》1946 年 16 号。

Q

《钱氏菱溪族谱》，1929 年木活字本。

《（乾隆）上海县志》，《上海府县旧志丛书·上海县卷》，上海古籍出版社 2015 年版。

《亲属法论》，史尚宽，中国政法大学出版社 2000 年版。

《琴堂谕俗编》，（南宋）郑至道等编，《中国历代家训集成》第 2 册，浙江古籍出版社 2017 年版。

《清稗类钞》，徐珂编，中华书局 1984 年版。

《清朝中期江南的一宗族与区域社会，以上海曹氏为例的个案研究》，[日]佐藤仁史，《学术月刊》1996 年 4 期。

《清代的婚姻制度与妇女的社会地位述论》，冯尔康，《清史研究集》第 5 辑，光明日报 1986 年版。

《清代闺阁诗人征略》，（清）施淑仪，上海书店 1990 年版。

《清代徽州的“会”与“会祭”，以祁门善和里程氏为中心》，刘淼，《江淮论坛》1995 年 4 期。

《清代祁门善和里程氏的“会”组织》，刘淼，《文物研究》第 8、9 辑。

《清代苏州宗族义田的发展》，范金民，《中国史研究》1995 年 3 期。

《清末民初的宗族议会，以变求通的一朵历史浪花》，汪兵，《天津师范大学学报》2002 年 1 期。

《清实录》，中华书局 1985 年版。

《清史稿》，赵尔巽等，中华书局 1976 年版。

《清廷〈圣谕广训〉之颁行及民间之宣讲拾遗》，王尔敏，《中央研究院近代史研究所集刊》1993 年第 22 期。

《清议报》。

《仇氏宗谱》，宣统元年刻本。

《全地五大洲女俗通考》，[美]林乐知，广学会 1903 年版。

《全国专家关于读经问题的意见》，何炳松，《教育杂志》1935 年 5 期。

《全宋文》，巴蜀书社 1990 年版。

《劝善金箴：清代善书研究》，游子安，天津人民出版社 1999 年版。

《确庵文稿》，（清）陈瑚，《四库禁毁书丛刊》第 184 册，北京出版社 1998 年版。

R

《人范须知》,（清）盛隆，同治二年刻本。

《人论》,（德）卡西尔著，甘阳译，上海译文出版社 1985 年版。

《日知录集释》,（清）顾炎武著，黄汝成集释，上海古籍出版社 2006 年版。

《荣德生文集》，荣德生，上海古籍出版社 2002 年版。

《容斋随笔》,（宋）洪迈，上海古籍出版社 1998 年版。

S

《三冈识略》,（清）董含,《新世纪万有文库》，辽宁教育出版社 2000 年版。

《三十五年来之中国教育史》，庄俞等编，商务印书馆 1933 年版。

《山阴州山吴氏族谱》，1924 年木活字本。

《上海曹氏续修族谱》，1925 年铅印本。

《上海葛氏家谱》，1928 年木活字本。

《上海公共租界史稿》，蒯世勋编著，上海人民出版社 1980 年版。

《上海开埠初期对外贸易研究（1843—1863）》，黄苇，上海人民出版社 1961 年版。

《上海明墓》，何继英主编，文物出版社 2009 年版。

《上海市工人数统计》，上海市政府社会局编印，1934 年。

《上海通史》，熊月之主编，上海人民出版社 1999 年版。

《上海文史资料存稿》，上海政协文史资料委员会编，上海古籍出版社 2001 年版。

《上海闲话》，姚公鹤，上海古籍出版社 1989 年版。

《上海研究资料》，上海书店出版社 1984 年版。

《上海移民》，朱国栋、刘红、陈志强，上海财经大学出版社 2008 年版。

《上海朱氏家谱》，1935 年抄本。

《上海朱氏族谱》，1928 年木活字本。

《上虞桂林朱氏族谱》，康熙四十二年刻本。

《少仪外传》,（宋）吕本中,《中国历代家训集成》第1册，浙江古籍出版社2017年版。

《申报》。

《莘村李氏宗谱》，1937年天叙堂木活字本。

《圣约翰大学史》，熊月之、周武主编，上海人民出版社2007年版。

《施善与教化：明清的慈善组织》，梁其姿，河北教育出版社2001年版。

《施氏宗谱》，清刻本。

《十八世纪以来中国家族的现代转向》，冯尔康，上海人民出版社2005年版。

《石林治生家训要略》,（宋）叶梦得,《中国历代家训集成》1册，浙江古籍出版社2017年版。

《实政录》,（明）吕坤著，王国轩等整理,《吕坤全集》，中华书局2008年版。

《史通》,（唐）刘知几，上海古籍出版社2009年版。

《世载堂杂忆》，刘禺生，中华书局1997年版。

《释江南》，周振鹤,《中华文史论丛》第49辑，上海古籍出版社1992年版。

《双堂庸训》,（清）汪辉祖,《中国历代家训集成》第9册，浙江古籍出版社2017年版。

《司法公报》。

《四友斋丛说》,（明）何良俊，中华书局1997年版。

《泗泾秦氏宗谱》，1917年铅印本。

《泗阳徐氏宗谱》，1934年木活字本。

《松窗梦语》,（明）张瀚,《元明史料笔记丛刊》，中华书局1985年版。

《嵩渚文集》,（明）李濂,《四库全书存目丛书》集部第70册，齐鲁书社1997年版。

《讼师秘本〈萧曹遗笔〉的出现》,［日］夫马进,《中国法制史考证》丙编四卷，中国社会科学出版社2003年版。

《宋朝诸臣奏议》,（宋）赵汝愚编，上海古籍出版社1999年版。

《宋氏家要部》《宋氏家仪部》《宋氏家规部》，（明）宋诩，《北京图书馆藏珍本古籍丛刊》第 61 册，北京图书馆出版社 2000 年版。

《苏州庞氏家谱》，1942 年铅印本。

《诉讼与伸冤，明清时期的民间法律意识》，徐忠明，《案件、故事与明清时期的司法文化》，法律出版社 2006 年版。

《孙庵幼年塾课选辑》，钱基厚辑，1961 年稿本。

《孙中山全集》，孙中山，中华书局 1982 年版。

T

《太函集》，（明）汪道昆，《四库全书存目丛书》集部第 117 册，齐鲁书社 1997 年版。

《谭嗣同集》，（清）谭嗣同，岳麓书社 2012 年版。

《檀园集》，（明）李流芳，《景印文渊阁四库全书》第 1295 册，台湾商务印书馆 1986 年版。

《汤氏家乘》，同治十三年木活字本。

《唐代三大地域文学士族研究》，李浩，中华书局 2008 年版。

《唐文恪公文集》，（明）唐文献，《四库全书存目丛书》集部第 170 册，齐鲁书社 1997 年版。

《弢园文录外编》，（清）王韬，上海书店出版社 2002 年版。

《陶行知全集》，陶行知，四川教育出版社 2005 年版。

《天下郡国利病书》，（清）顾炎武，《顾炎武全集》第 13 册，上海古籍出版社 2011 年版。

《庭书频说》，（明）黄标，（清）张师载辑《课子随笔抄》，《四书未收书辑刊》第 5 辑 9 册，北京出版社 1998 年版。

《通志二十略》，（宋）郑樵，中华书局 1995 年版。

《(同治）上海县志》，《上海府县旧志丛书·上海县卷》，上海古籍出版社

2015 年版。

《屠氏毗陵支谱》，1931 年敬齐堂木活字本。

《土山湾坟园记》，赵凤昌，《东方杂志》1918 年 15 卷 12 号。

W

《宛邻诗》，（清）张琦，《丛书集成续编》集部第 133 册，上海书店出版社 1994 年版。

《晚清“卫生”概念演变探略》，余新忠，《新世纪南开社会史文集》，天津人民出版社 2010 年版。

《万恶之源》，傅斯年，《新潮》1919 年 1 卷 1 号。

《万国公报》。

《（万历）嘉定县志》，《上海府县旧志丛书·嘉定县卷》，上海古籍出版社 2012 年版。

《（万历）上海县志》，《上海府县旧志丛书·上海县卷》，上海古籍出版社 2015 年版。

《万历野获编》，（明）沈德符，中华书局 1959 年版。

《忘山庐日记》，（清）孙宝瑄，上海古籍出版社 1983 年版。

《为“三纲”正名》，方朝晖，华东师范大学出版社 2014 年版。

《韡园自订年谱》，（清）潘霨，抄本。

《卫氏续修宗谱》，光绪七年木活字本。

《未信编》，（清）潘月山，《官箴书集成》第 3 册，黄山书社 1997 年版。

《问心堂章氏本支录》，嘉庆稿本。

《我国女子取得财产继承权的经过》，刘郎全，《妇女杂志》1931 年第 3 期。

《我俩的治家规约》，沈沛霖、俞杏人，《妇女杂志》1927 年第 1 期。

《吴虹玉牧师自传》，吴虹玉口述，朱友渔记，徐以骅译，《近代中国》1997 年。

《吴郡图经续记》，（宋）朱长文，江苏古籍出版社 1999 年版。

《吴郡志》，（宋）范成大，江苏古籍出版社 1999 年版。

《吴氏宗谱》，嘉庆二十四年刻本。

《吴县叶氏宗谱》，宣统三年木活字本。

《吴虞文录》，民国丛书 2 编，上海书店 1989 年影印本。

《五礼通考》，（清）秦惠田，《景印文渊阁四库全书》第 138 册，台湾商务印书馆 1983 年版。

《伍氏宗谱》，1929 年木活字本。

《武进西营刘氏旅沪通讯录》，上海档案馆藏，卷宗号 Y4-1-291。

《武岭蒋氏家谱〉纂修始末》，沙孟海，《浙江文史资料选辑》38 辑，1988 年版。

《武山西金村吴氏世谱》，康熙二十二年木活字本。

X

《西盖赵氏族谱》，光绪十二年永思堂木活字本。

《西林岑氏族谱》，光绪二十三年活字本。

《西学与义学的融合，近代上海沙船著姓王氏办学研究》，胡端，《安徽史学》2019 年 1 期。

《西营刘氏五福会支谱》，1929 年铅印本。

《西营刘氏宗谱家谱》，1929 年铅印本。

《西源马氏宗谱》，乾隆三十八年刻本。

《下浦陆氏本支谱》，光绪十八年善庆堂木活字本。

《显志堂稿》，（清）冯桂芬，《续修四库全书》集部第 1535 册，上海古籍出版社 1995 年版。

《乡土中国 · 生育制度 · 乡土重建》，费孝通，商务印书馆 2015 年版。

《项氏家训》，（明）项乔《项乔集》，上海社会科学院出版社 2006 年版。

《小畜集》，（宋）王禹偁，《景印文渊阁四库全书》第 1086 册，台湾商务印书馆 1986 年版。

《辛亥革命前十年间时论选集》1 卷，三联书店 1960 年版。

《新妇篇》，（清）陆圻，《中国历代家训集成》第 6 册，浙江古籍出版社 2017 年版。

《新河徐氏宗谱》，咸丰二年存桂堂木活字本。

《新青年》。

《修身讲义》，陆费逵，商务印书馆 1912 年版。

《徐光启集》，（明）徐光启著，王重民辑校，中华书局 1962 年版。

《徐愚斋自叙年谱》，（清）徐润，《近代中国史料丛刊》续编第 50 辑，文海出版社 1978 年版。

《许鼎臣家书拓本笺证》，周铮，《中国历史博物馆馆刊》1998 年。

《许氏贻谋》，（明）许相卿，《中国历代家训集成》第 3 册，浙江古籍出版社 2017 年版。

《许氏族谱》，康熙五十二年刻本。

《续资治通鉴》，（清）毕沅，中华书局 1957 年版。

《续资治通鉴长编》，（宋）李焘，中华书局 2004 年版。

《蓄斋集》，（清）黄中坚，《四库未收书辑刊》第 8 辑 27 册，北京出版社 1998 年版。

《薛福成选集》，（清）薛福成，上海人民出版社 1987 年版。

《学道纪言》，（明）周思兼，《四库全书存目丛书》子部第 85 册，齐鲁书社 1997 年版。

《学古绪言》，（明）娄坚，《景印文渊阁四库全书》第 1295 册，台湾商务印书馆 1986 年版。

《训俗遗规》，（清）陈宏谋辑，《续修四库全书》子部第 951 册，上海古籍出版社 1995 年版。

Y

《烟火接续：明清的收继与亲族关系》,［美］沃特纳，曹南来译，浙江人民出版社 1999 年版。

《严复集》，严复，中华书局 1986 年版。

《研堂见闻杂记》,（清）王家桢,《痛史》五种，商务印书馆 1914 年版。

《颜氏家训集解》,（北齐）颜之推著，王利器集解，上海古籍出版社 1980 年版。

《颜氏学记》,（清）戴望，中华书局 1958 年版。

《俨山集》,（明）陆深,《景印文渊阁四库全书》第 1268 册，台湾商务印书馆 1987 年版。

《阳明文录》,（明）王守仁,《明别集丛刊》第 1 辑 89 册，黄山书社 2013 年版。

《杨梅南哀思录》，民国铅印本。

《养一斋文集》,（清）李兆洛,《四库备要》本。

《姚氏家乘》，光绪十五年刻本。

《一团盛氏支谱》，1925 年铅印本。

《宜武董氏合修家乘》，1927 年木活字本。

《宜兴任氏家谱》，1927 年木活字本。

《宜兴尚觉渎王氏宗谱》，1943 年三槐堂木活字本。

《宜兴汤渎王氏续修宗谱》，光绪三年三槐堂木活字本。

《乙酉笔记》,（清）曾羽王，陈左高编《清代日记汇抄》，上海人民出版社 1982 年版。

《因是子日记》，蒋维乔，上海图书馆藏稿本。

《鄞城华氏宗谱》，光绪二十三年刻本。

《英轺私记》,（清）刘锡鸿，湖南人民出版社 1981 年版。

《涌幢小品》,（明）朱国桢，中华书局 1959 年版。

《由拳集》,（明）屠隆,《四库全书存目丛书》集部第 180 册，齐鲁书社 1997 年版。

《于右任先生文集》，于右任，台北“国史馆”1985 年版。

《余姚江南徐氏宗谱》，1916 年木活字本。

《虞氏庄氏世谱》，1922 年木活字本。

《虞阳席氏世谱》，光绪七年木活字本。

《郁氏家乘》，1933 年铅印本。

《谕儿书》,（清）吴汝伦,《中国历代家训集成》第 12 册，浙江古籍出版社 2017 年版。

《袁氏世范》,（宋）袁采,《中国历代家训集成》第 2 册，浙江古籍出版社 2017 年版。

《阅世编》,（清）叶梦珠，中华书局 2007 年版。

《云间第宅志》,（清）王沄,《丛书集成新编》第 95 册，台北新文丰出版公司 1985 年版。

《云间据目抄》卷五,（明）范濂，1928 年铅印本。

《云间谳略》,（明）毛一鹭,《历代判例判牍》第三册，中国社会科学出版社 2005 年版。

Z

《中华民国立法史》，谢振民，中国政法大学出版社 2000 年版。

《中华民国民法》，文明书局 1931 年版。

《中华民国民法亲属继承》，郭元觉辑校，上海法学编译社 1930 年版。

《中华全国风俗志》，胡朴安编，上海科学技术文献出版社 2008 年版。

《中华文化通志・宗族志》，常建华，上海人民出版社 1998 年版。

《中国宗族社会》，冯尔康，浙江人民出版社 1994 年版。

《忠诚赵氏支谱》，1922 年铅印本。

《重修五龙溪王氏宗谱》，1943 年三槐堂木活字本。

《重修俞氏统宗谱》，明天启元年刻本，上海图书馆藏。

《周氏族谱》，1915 年木活字本。

《朱邦宪集》，（明）朱察卿，《四库全书存目丛书》集部第 145 册，齐鲁书社 1997 年版。

《竹初诗钞》，（清）钱维乔，《续修四库全书》集部第 1460 册，上海古籍出版社 1995 年版。

《竹冈李氏族谱》，1921 年铅印本。

《庄百俞先生年谱》，庄俞，1940 年铅印本。

《紫阳朱氏家乘》，1920 年铅印本。

《自西徂东》，［德］花之安，上海书店出版社 2002 年版。

《宗规》，（明）何士晋，《中国历代家训集成》第 5 册，浙江古籍出版社 2017 年版。

《宗族的世系学研究》，钱杭，复旦大学出版社 2011 年版。

《走近讼师秘本的世界》，孙家红，《比较法研究》2008 年 4 期。

《祖宗革命》，真，《新世纪》1907 年 2、3 期。

《最高法院解释例全文》，郭卫编，上海法学编译社 1930 年版。

《左氏宗谱》，光绪十六年木活字本。

《佐治药言》，（清）汪辉祖，《续修四库全书》史部第 755 册，上海古籍出版社 1995 年版。

外文文献

Chinese communist society，C.K. Yang，M.I.T. Press，1959.

Statesmen and Gentlemen，*The Elite of Fu-Chou*，*Chiang-Hsi*，*in Northern and*

Southern Sung，Robert Hymes，NY，Cambridge University Press，1987.

《明代江南は「宗族社会」なりしや》，[日]滨岛敦俊，《中國の近世規範と秩序》，东京研文出版社 2014 年版。

后　记

我对家风家训的研究始于2018年。这年上半年，在我工作的上海社会科学院的支持下，由历史研究所古代史研究室和院图书馆联合组成调研小组，对上海地区家风家训的历史和发展现状进行了调研和探讨，撰写了专报，刊登于本院的《新智库专报》中。是年底，我以“江南家风家训的传承、发展与创新”为题，申报2018年上海哲学社会科学规划江南文化系列课题，并幸运地获得立项。由于本人一直致力于族谱文献的收集和家族史的研究，之前有一定的史料积累，工作开展得较为顺利。至2020年初，这项工作基本完成，并通过了市社联组织的验收，获得了优秀的成绩。这本书就是此研究过程的一个小结。同时，本人还在此期间进行了江南各地区家风家训文献的整理，其中江苏常州地区的家风家训文献，在常州市天宁区政协的支持下，已经以《常州家承》为名由江苏人民出版社出版；上海地区的家风家训文献汇编，在本院创新工程的资助下，也即将由上海社会科学院出版社出版。日后，这一工作还将继续进行下去，希望能够为对江南地区的家族史和家训史研究尽一点绵薄之力。当然，我心中也明白现在这个研究，疏漏乃至错误所在多有，这些不足之处，尚祈海内外专家以及读者不吝斧正。

本书从立意到立项到结项，一直受到上海市社联和我工作的上海社会科学院及历史研究所的支持和帮助。在编纂过程中，我的研究生刘雨佳帮助进行了资料收集工作，研究团队中的本室同事王健、陈磊、秦蓁、张晓东、池桢、徐佳贵以及院图书馆高明、刘海琴同样付出了辛勤的努力。上海书店出版社的邓小娇编辑仔细审阅了全稿，使书稿质量有所提高。在查阅资料过程中，得到了上海图书馆、常州家谱馆朱炳国先生、常州家风馆陈建萍女士等人的支持。熊月之、马学强、王振忠、范金民等先生以及各位结项评审专家均对这一研究提出了非常宝贵的意见。在此，我要一并向以上提到的以及没有提到的所有人表达自己最诚挚的谢意。如果这一研究有一点的价值和意义，其实是和他们给予的帮助分不开的。

本书的研究对象是家庭和家风，但是百年前鲁迅提出的“今天怎样做父亲”对我来说依旧是一个难题，从理论到实践，都需要不断学习和摸索。将此书献给我最可爱的女儿，感谢她给我带来的快乐，祝愿她健康成长，也希望我能在她未来的成长过程中扮演好一个合格的父亲角色。

本书的最后撰稿始于 2019 年 10 月，完成于 2020 年 3 月。动笔之初，我正于香港中文大学访学，搁笔之时，则在上海家中避疫。从沙田到沪上，由于众所周知的原因，五六个月间有一大半时间均处于坐困愁城状态。这也许给了我相对充分的写作时间，但也曾感慨不已，胸中似有千言万语，可最后却都凝于笔端，欲说还休，只是想起当年乡贤刘逢禄曾言“天地之心，无平不陂，无往不复”，谨以此语自勉。

叶舟

二〇二一年初夏于沪上

图书在版编目(CIP)数据

诗礼传家:江南家风家训的变迁/叶舟著. —上海:上海书店出版社,2021.7(2022.6 重印)
(江南文化研究)
ISBN 978-7-5458-2065-2

Ⅰ.①诗… Ⅱ.①叶… Ⅲ.①家庭道德-研究-华东地区 Ⅳ.①B823.1

中国版本图书馆 CIP 数据核字(2021)第 129052 号

责任编辑 邓小娇
封面设计 郦书径

诗礼传家:江南家风家训的变迁
叶 舟 著

出　　版 上海书店出版社
(201101 上海市闵行区号景路 159 弄 C 座)
发　　行 上海人民出版社发行中心
印　　刷 常熟市文化印刷有限公司
开　　本 710×1000 1/16
印　　张 27.5
字　　数 360,000
版　　次 2021 年 7 月第 1 版
印　　次 2022 年 6 月第 2 次印刷
ISBN 978-7-5458-2065-2/B·103
定　　价 98.00 元